ESV
ERICH
SCHMIDT
VERLAG

Kostenrechnung I

Einführung – mit Fragen, Aufgaben, Fallstudien und Lösungen

Von

Prof. Dr. Lothar Haberstock

fortgeführt von

Prof. Dr. Philipp Haberstock

15., durchgesehene Auflage

ERICH SCHMIDT VERLAG

Bibliografische Information der Deutschen Nationalbibliothek
Die Deutsche Nationalbibliothek verzeichnet diese Publikation in der Deutschen Nationalbibliografie; detaillierte bibliografische Daten sind im Internet über https://dnb.d-nb.de abrufbar.

Weitere Informationen zu diesem Titel finden Sie im Internet unter
https://ESV.info/978-3-503-20599-8

Hinweis für Dozenten
Bei Einsatz dieses Buches in Lehrveranstaltungen können bei Nachweis der Lehrtätigkeit vergrößerte Vorlagen der zahlreichen Abbildungen und Tabellen über das Internet im PDF-Format bezogen werden. Sie können rein zu Präsentationszwecken in Lehrveranstaltungen verwendet werden. Bei Interesse wenden Sie sich bitte an den Erich Schmidt Verlag, Buchvertrieb, Genthiner Str. 30 G, 10785 Berlin. E-Mail: *Buchvertrieb@ESVmedien.de*

1. Auflage 1972
...
13. Auflage 2008
14. Auflage 2020
15. Auflage 2022

Die 1. bis 9. Auflage erschienen teilweise im Betriebswirtschaftlichen Verlag Dr. Th. Gabler, Wiesbaden, teilweise im S+W Steuer- und Wirtschaftsverlag, Hamburg.

ISBN 978-3-503-20599-8

www.ESV.info

Druck: docupoint, Barleben

Vorwort zur 15. Auflage

Bei der vorliegenden Auflage handelt es sich um die durchgesehene und korrigierte Version der 14. Auflage der „Kostenrechnung I“. Dabei wurde ein besonderer Fokus auf die Aktualisierung der Aufgaben und Lösungen sowie die didaktische Weiterentwicklung der Fallstudien gelegt, um Studierenden und Praktikern die selbstständige Anwendung der theoretischen Methoden in realistischen Fällen der unternehmerischen Praxis zu ermöglichen. Zudem wurde die zweite Case Study grundlegend überarbeitet und ergänzt.

Ein besonderer Dank gilt Frau Claudia Splittgerber vom Erich Schmidt Verlag für die Unterstützung bei der Durchsicht und Überarbeitung dieser Auflage. Ich danke allen Leserinnen und Lesern, die uns Anregungen für Verbesserungen und Korrekturen gegeben haben, und wünsche viel Freude beim Lesen des Buchs. Für Hinweise und Anregungen bin ich dankbar und nehme Ihr Feedback und Ihre Verbesserungsvorschläge sehr gerne unter *philipp.haberstock@ism.de* entgegen.

Hamburg, im Februar 2022 Philipp Haberstock

Vorwort zur 14. Auflage

Mit der 14. Auflage wird der Übergang in die nächste Autorengeneration langfristig in die Wege geleitet: Für mich ist es eine Ehre und gleichzeitig Herausforderung, den „Haberstock“ ganz im Sinne seines Urhebers fortzuführen. Dabei möchte ich am bewährten Prinzip festhalten, betriebswirtschaftliche Zusammenhänge mit einfachen Worten zu erklären, ohne dabei den klassischen Charakter dieses Lehrbuchs zu verändern.

Die Neuauflage wurde durchgehend überarbeitet, verschiedene Themenbereiche wurden vertieft und aktuelle Themen ergänzt. Neu sind Ausführungen zur kurzfristigen Erfolgsrechnung nach dem Umsatz- und Gesamtkostenverfahren sowie zur Deckungsbeitragsrechnung und zur Prozesskostenrechnung. Im neuen fünften Abschnitt des Buchs werden ausgewählte Elemente des Kostenmanagements wie z. B. das Target Costing, die Lebenszyklusrechnung sowie die Gemeinkostenwertanalyse kurz dargestellt und in den Gesamtkontext eingeordnet. Neben der Aktualisierung der Quellenangaben wurden sämtliche Abbildungen und Schaubilder überarbeitet und sollen den Lesern einen schnellen, einprägsamen Überblick über die Lehrinhalte ermöglichen.

Eine Vielzahl von Übungsfragen und -aufgaben mit Lösungshinweisen und -wegen dienen der Lernzielkontrolle. Zu den neuen Bereichen des Buchs wurden Wiederholungsfragen und Übungsaufgaben sowie eine zweite Fallstudie ergänzt. Interessierte Lehrende haben die Möglichkeit, zur eigenen Lehrunterstützung das Kompendium dieser Abbildungen in strukturierter Form per E-Mail beim Verlag anzufordern: Buchvertrieb@ESVmedien.de.

Ganz herzlich bedanken möchte ich mich bei Herrn Prof. Dr. Breithecker, der dieses Buch im Sinne meines Vaters über viele Jahre weiterentwickelt und aktualisiert hat. Für seine Leistung und Unterstützung, ohne die dieses Buch in seiner jetzigen Form nicht hätte entstehen können, bin ich ihm zu großem Dank verpflichtet!

Mit dem Erich Schmidt Verlag stand dieser Neuauflage wieder ein professioneller Partner zur Seite. Mein besonderer Dank gilt der Lektorin Frau Claudia Splittgerber für die vertrauensvolle Zusammenarbeit und die Geduld, diese Neuauflage kompetent bis zum Druck des Buchs begleitet zu haben.

Auch in diese 14. Auflage mögen sich an der einen oder anderen Stelle Unvollkommenheiten eingeschlichen haben. Besonders verbunden sind wir daher denjenigen Lesern, die uns mit ihrem Feedback darauf aufmerksam machen. In diesem Sinne freuen wir uns auf Kritik und sind für Anregungen offen und dankbar.

Hamburg, im März 2020 Philipp Haberstock

Vorwort zur 9. Auflage

Die Kostenrechnung kennt keine gesetzliche Grundlage und ist somit – im Gegensatz zu anderen Feldern der Betriebswirtschaftslehre – nicht von den Aktivitäten des Gesetzgebers abhängig. Gleichwohl unterliegt auch die Kostenrechnung Veränderungen. Ursache hierfür sind sowohl die Entwicklung in der Theorie des betriebswirtschaftlichen Rechnungswesens als auch geänderte Bedürfnisse in der unternehmerischen Kostenrechnungspraxis. Deshalb müssen auch Lehrbücher zur Kostenrechnung im Zeitablauf eine Anpassung erfahren.

Die jetzt vorgelegte 9. Auflage der „Kostenrechnung I" löst die vor 10 Jahren von meinem hochverehrten akademischen Lehrer, Prof. Dr. Lothar Haberstock, veröffentlichte 8. Auflage ab. Nach seinem plötzlichen Tod im Januar 1996 habe ich die Arbeit übernommen, sein Werk fortzuführen und neu zu bearbeiten; hierbei sind auch zahlreiche Anmerkungen und Ideen Haberstocks von mir aufgegriffen und integriert worden. Überarbeitet wurden insbesondere das 1. Kapitel über die Aufgaben und Teilgebiete des betriebswirtschaftlichen Rechnungswesens, die Kapitel über Kostenbegriffe, Prinzipien der Kostenverrechnung und über Kostenrechnungssysteme. Zudem erfolgte eine Ausgliederung des früheren Exkurses über Produktionsfaktoren/Betrieb, Unternehmung, Wirtschaftlichkeit und Rentabilität in den Aufgaben- und Lösungsteil, sowie eine Erweiterung um die umfangreiche TENO-Kostenrechnungsfallstudie. Den in den Vorbemerkungen zu dieser Fallstudie von Lothar Haberstock ausgedrückten Dank an seinen damaligen Wissenschaftlichen Mitarbeiter gebe ich heute gerne weiter an meinen Kollegen, Herrn StB Prof. Dr. Bruno Rauenbusch.

Die Neuauflage hat äußerlich und innerlich eine Wandlung durchlaufen; für die ersten wichtigen Textübernahmen in die EDV geht mein Dank an Frau Heide Kegler. Das Layout besorgte mein Wissenschaftlicher Mitarbeiter Dipl.-Kfm. Ralf Klapdor, der auch den formalen Überblick behielt; auch ihm danke ich sehr. Inhaltliche Unterstützung erhielt ich in wesentlichem Maß von meiner Wissenschaftlichen Mitarbeiterin Frau Dipl.-Kff. Ute Zisowski; in der lange währenden Überarbeitungsphase hat sie sich trotz vieler anderweitiger Verpflichtungen engagiert eingebracht und das Projekt vorangetrieben. Ihr gilt mein ganz besonders herzlicher Dank!

Verbesserungsvorschläge und wertvolle positive Kritik erhielt ich auch von den Herren Dipl.-Kfm. Bernd Mellenthin, Dipl.-Kfm. Osman Tig und von Dipl.-Kfm. Oliver Hill. Als Bearbeiter dieser Neuauflage danke ich ihnen genauso wie den hilfsbereiten UnterstützerInnen Kerstin Hilbers, Alexandra Simons und Christian Stollenwerk.

Die umfassende vollständige redaktionelle Überarbeitung, die Vielzahl der eingearbeiteten Änderungen, Übungsaufgaben und der neu konzipierten Fallstudie geben uns im selben Verhältnis Möglichkeiten, materielle und formelle Schwächen beibehalten oder begründet zu haben. Wir sind dankbar für alle kritischen Anmerkungen der Leser und insbesondere derjenigen Personen, die dieses Lehrbuch als Unterrichtsmaterial einsetzen. Alle Dozenten, die nachweislich mit oder nach diesem Buch arbeiten (und die ich leider nicht kenne), bitte ich, ein Handexemplar der jeweils neuesten Auflage vom Verlag anzufordern!

Duisburg, im April 1997 Volker Breithecker

Vorwort zur 1. Auflage

Dieses Buch soll als Lehr- und Lernmaterial für das Fach Kostenrechnung dienen. Seine Zielsetzung besteht darin, dem Studierenden einen Überblick über Theorie und Praxis der Kostenrechnung sowie die Stellung der Kostenrechnung innerhalb des betrieblichen Rechnungswesens zu vermitteln. Es werden keinerlei Vorkenntnisse vorausgesetzt; dennoch ist es vorteilhaft, wenn sich der Leser bereits das elementare Buchführungswissen angeeignet hat.

Die umfangreiche Sammlung von Fragen, Aufgaben und Lösungen am Schluß des Buches soll es dem Studierenden ermöglichen, seine Kenntnisse und sein Verständnis der Kostenrechnung zu prüfen und zu festigen. Fragen und Aufgaben unterscheiden sich dadurch, daß mit ersteren eine Art Repetitorium des Stoffes beabsichtigt ist – die Antworten können im Text nachgeschlagen werden –, während die Aufgaben, für die sich nicht jedes Kapitel geeignet hat, bereits eine Anwendung des Stoffes darstellen; ihre Lösungen – meist Rechenergebnisse – sind am Schluß angegeben. Die Literaturhinweise sind gleichzeitig als Quellen des Textes sowie als Anregungen zu vertiefenden Studien zu verstehen.

Für Kritik und Verbesserungsvorschläge ist der Verfasser dankbar.

Saarbrücken, im Mai 1972 Lothar Haberstock

Inhaltsverzeichnis

1 Kostenrechnung und Rechnungswesen

1.1 Aufgaben des Rechnungswesens

Aufgabe des Betriebes = Leistungsprozess

Die Aufgabe jedes Betriebes sind die Produktion und der Absatz von Gütern und/oder Dienstleistungen. Die Betriebswirtschaftslehre bezeichnet und erklärt diesen **Prozess der Leistungserstellung und Leistungsverwertung** (Leistungsprozess) als eine Kombination von Produktionsfaktoren. Hierbei wird nach GUTENBERG[1] der Einsatz der **Elementarfaktoren** (menschliche Arbeitsleistungen, Betriebsmittel, Werkstoffe und Dienstleistungen) durch den **dispositiven Faktor** (Betriebs- und Geschäftsleitung) gesteuert. Die Geschäftsleitung nutzt dabei das betriebswirtschaftliche Rechnungswesen, um eine ordnungsgemäße **Planung, Steuerung, Überwachung und Kontrolle des Kombinationsprozesses** zu gewährleisten.

> Das **(betriebswirtschaftliche) Rechnungswesen** ist das **Informationssystem des Unternehmens.**[2] In ihm werden wirtschaftlich relevante Informationen über angefallene oder geplante Geschäftsvorgänge und -ergebnisse erfasst, gespeichert und entsprechend dem zugrundeliegenden Rechnungszweck verarbeitet sowie an die Informationsadressaten weitergegeben.[3]

Erkenntnisobjekte des Rechnungswesens

Die Erkenntnisobjekte des Rechnungswesens sind folglich der Leistungsprozess (Beschaffung, Produktion, Absatz) und der Finanzprozess (Kapitalbindung, -freisetzung, -zuführung, -entziehung), der von der Unternehmensführung entsprechend den Unternehmenszielen (z. B. Maximierung des Erfolgs/Gewinns unter Sicherung der Liquidität) gesteuert wird.[4] Zur Erfüllung der Führungsaufgaben bedarf es der Informationsversorgung durch das **Rechnungswesen,** so dass dieses zum **Instrument der Unternehmensführung** wird.[5]

„Betriebswirtschaftliches" Rechnungswesen

Während in der Literatur bzgl. der grundlegenden Bedeutung des Rechnungswesens weitestgehend Konsens besteht, gilt dies nicht in gleicher Weise für die Nomenklatur. In der betriebswirtschaftlichen Literatur

---

1 Vgl. grundlegend Gutenberg (1983), S. 1 ff.

2 Vgl. Schierenbeck/Wöhle (2016), S. 601 ff.; Coenenberg/Fischer/Günther (2016), S. 7; Hoitsch/Lingnau (2007), S. 2; Kloock/Sieben/Schildbach/Homburg (2005), S. 9; Eisele/Knobloch (2011), S. 8 ff. oder Schweitzer et al. (2015), S. 30 ff.

3 Vgl. Wöhe/Döring/Brösel (2016), S. 630 ff.

4 Vgl. Hoitsch/Lingnau (2007), S. 5–6.

5 So explizit bei Coenenberg/Fischer/Günther (2016), S. 7; Hoitsch/Lingnau (2007), S. 7 und Bea/Friedl/Schweitzer (2005) im Vorwort ihrer Lehrbuchreihe zur Allgemeinen BWL. Zu Informationsversorgungssystemen vgl. auch Horvath/Gleich/Seiter (2015), S. 172 ff. oder Reichmann/Kißler/Baumöl (2017), S. 540 ff.

lassen sich u. a. die folgenden Begriffe unterscheiden: „betriebliches Rechnungswesen“[6], „betriebswirtschaftliches Rechnungswesen“[7] oder „Unternehmensrechnung“[8]. Eine umfassende begriffliche Umschreibung des gesamten Rechnungswesens wird am ehesten durch den Begriff „**betriebswirtschaftliches Rechnungswesen**“ erreicht.[9]

Aufgaben Rechnungswesen und Kostenrechnung

Die **Aufgaben** des betriebswirtschaftlichen Rechnungswesens allgemein und speziell der Kostenrechnung bestehen nach überwiegender Auffassung in

1. Planungsaufgaben,
2. Kontrollaufgaben,
3. Dokumentationsaufgaben.[10]

Planungsaufgabe Rechnungswesen

Planungsaufgaben (Dispositionsaufgaben) erfüllt das Rechnungswesen durch die Bereitstellung von Unterlagen für die Dispositionen der Geschäftsleitung. Dabei bezieht sich die Planungsaufgabe auf kurz-, mittel- und langfristige Entscheidungen in allen Teilbereichen des Unternehmens.

Beispiele für **Planungsaufgaben in der Kosten- und Erlösrechnung** sind die Bereitstellung von Informationen

- für die Wahl zwischen verschiedenen Bezugsquellen oder Beschaffungswegen,
- für die Berechnung optimaler Bestellmengen und Seriengrößen,
- für die Bestimmung von Preisobergrenzen für Produktionsfaktoren,
- für die Bestimmung des optimalen Produktionsprogramms,
- für die Wahl des optimalen Produktionsverfahrens,
- für die Wahl der Vertriebsmethode, des zu bevorzugenden Kundenkreises und der Absatzwege,
- für die Bestimmung von Preisuntergrenzen,
- für die Wahl zwischen Eigenfertigung und Fremdbezug („make or buy“).[11]

---

6 Vgl. Schierenbeck/Wöhle (2016); S. 601; Hoitsch/Lingnau (2007), S. 11; Kloock/Sieben/Schildbach/Homburg (2005), S. 9; Eisele/Knobloch (2011), S. 8 ff.

7 Vgl. Coenenberg/Fischer/Günther (2016), S. 4; Wöhe/Döring/Brösel (2016), S. 631 ff.

8 Vgl. Schweitzer et al. (2015), S. 25; Ewert/Wagenhofer (2014).

9 Vgl. auch Schneider (1997), S. 4. Die Bezeichnung „Betriebswirtschaftliches Rechnungswesen“ verwendete allerdings schon Schmalenbach (1919), S. 347.

10 So auch Coenenberg/Fischer/Günther (2016), S. 6; Hoitsch/Lingnau (2007), S. 4; Kloock/Sieben/Schildbach/Homburg (2005), S. 13–18.

11 So z. B. auch Kloock/Sieben/Schildbach/Homburg (2005), S. 16 f.

Die **Kontrollaufgabe des Rechnungswesens** besteht in der „Unterrichtung der Unternehmensleitung über Tatsachen durch Kontrolle einzelner Sachverhalte, insbesondere der Handlungen von Beauftragten".[12]

Kontrollaufgabe Rechnungswesen

Die Kontrollaufgabe in der Kosten- und Erlösrechnung betrifft die Wirtschaftlichkeitskontrolle[13] (insbesondere in der Kostenstellenrechnung) und die Kontrolle unternehmerischen Erfolges.

Kontrollaufgabe Kosten- und Erlösrechnung

Die (externen) **Dokumentationsaufgaben des Rechnungswesens** bestehen in der Rechenschaftslegung über die Vermögens-, Finanz- und Ertrags- bzw. Erfolgslage des Unternehmens gegenüber externen Adressaten. Zu dieser Rechenschaftslegung kann das Unternehmen gesetzlich oder vertraglich verpflichtet sein (siehe z. B. §§ 238 ff., 242 ff., 264 ff. HGB und §§ 140, 141 AO) oder z. B. durch Gesellschaftsvertrag oder gegenüber Kreditinstituten.

Dokumentationsaufgabe Rechnungswesen

Dokumentationsaufgaben der Kosten- und Erlösrechnung sind die Selbstkostenermittlung im Rahmen der Leitsätze für die Preisermittlung auf Grund von Selbstkosten (LSP) und die Ermittlung der bilanziellen Herstellungskosten. Mit letzterer „hilft" die Kostenrechnung, die handels- und steuerrechtlich vorgeschriebene Rechnungslegung zu erfüllen, die jedoch in den Aufgabenbereich der Bilanzrechnung[14] fällt.

Dokumentationsaufgabe Kosten- und Erlösrechnung

1.2 Teilgebiete des Rechnungswesens

Das Rechnungswesen besteht in seiner inhaltlichen Strukturierung aus **unterschiedlichen Teilgebieten,** die nicht im Zusammenhang als ein System, sondern eher **unabhängig voneinander entwickelt** wurden. Ihre Gemeinsamkeit besteht in der Zugehörigkeit zum Informationssystem und in den daraus abgeleiteten Planungs-, Kontroll- und Dokumentationsaufgaben. Sie unterscheiden sich hinsichtlich mehrerer Kriterien, z. B. nach dem Rechnungsziel (auch Entscheidungsziel), der Rechnungsgröße,[15] der gesetzlichen Fixierung, dem Adressaten oder nach dem Zeitbezug.

Rechnungswesen – Gliederung

Somit ist eine Gliederung des Rechnungswesens, in der nach (nur) einem Kriterium systematisiert wird, in zahlreichen unterschiedlichen

12 Schneider, Dieter (1997), S. 28.

13 Dabei ist Wirtschaftlichkeit definiert als Quotient aus Istkosten durch Sollkosten (wobei mit Istkosten die effektiven Kosten und mit Sollkosten die geringsten möglichen Kosten für eine bestimmte Leistung gemeint sind).

14 Zur Ableitung der (bilanziellen) Herstellungskosten aus den (kostenrechnerischen) Herstellkosten vgl. z. B. Möller/Zimmermann/Hüfner (2005), S. 97–106.

15 Hier werden die einzelnen Rechnungsgrößen noch ohne exakte Definition verwandt. Da sie jedoch für das weitere Verständnis sehr wichtig sind, erfolgt eine genaue Abgrenzung in Abschnitt 1.3.

Formen möglich.[16] Hier soll die Gliederung nach dem Systematisierungskriterium Rechnungsziel vorgestellt werden.

Gliederung nach Rechnungszielen

In Abhängigkeit vom Rechnungsziel wird das Rechnungswesen in folgende Teilgebiete gegliedert[17] (s. Abb. 1):

- Bilanzrechnung,
- Kosten- und Erlösrechnung,
- Investitionsrechnung sowie
- Finanzrechnung.

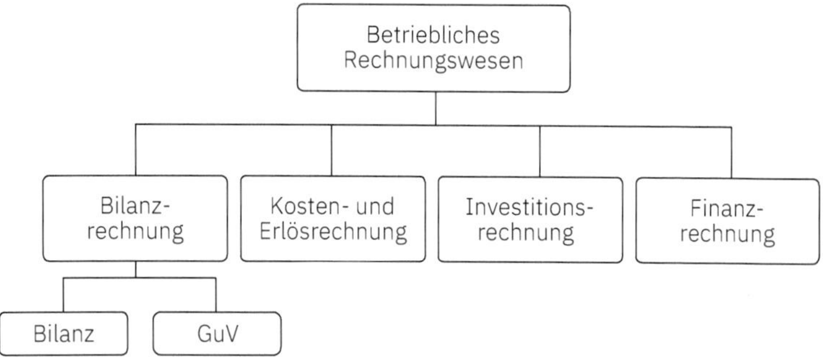

***Abb. 1:** Teilgebiete des betriebswirtschaftlichen Rechnungswesens*[18]

Die Kriterien Rechnungsgröße, gesetzliche Fixierung, Adressat und Zeitbezug bleiben jedoch nicht unberücksichtigt. Sie werden vielmehr dazu verwendet, um die Unterschiede der Rechnungen aufzuzeigen.[19]

16 Von den bereits genannten Kriterien wird häufig die Unterteilung nach dem Adressaten gewählt. Kloock/Sieben/Schildbach/Homburg (2005, S. 10 ff.) unterteilen das Rechnungswesen gemäß den Informationsanforderungen. Als weitere Systematisierungskriterien sind das oberste Ziel oder verschiedene strategische Implikationen zu nennen; siehe dazu z. B. Coenenberg/Fischer/Günther (2016), S. 10.

17 So explizit Schweitzer et al. (2015), S. 31 ff. Im Ergebnis, wenn auch zum Teil mit anderen Bezeichnungen, auch Hoitsch/Lingnau (2007), S. 32 oder Schierenbeck/Wöhle (2016), S. 601 f.

18 In Anlehnung an Schweitzer et al. (2015), S. 31.

19 Eine bestimmte Rechnung lässt sich immer als eine Kombination verschiedener, von den jeweiligen Rechnungszielen abhängiger Kriterienausprägungen charakterisieren (vgl. Coenenberg/Fischer/Günther (2016), S. 12 ff.). Diese Kombination verschiedener Kriterienausprägungen kommt auch bei Schneider zum Ausdruck, der eine Struktur des Rechnungswesens mit den folgenden fünf Dimensionen entwickelt hat: (1) zeitliche Blickrichtung der Rechnungen (2) Aufgaben des Rechnungswesens (3) Empfängerkreis, (4) Rechnungsgrößen und (5) Trennung zwischen laufendem und fallbezogenem Rechnungswesen (vgl. Schneider (1997), S. 30 ff).

Mit Hilfe der Bilanzrechnung soll die Vermögenslage dargestellt und der (Perioden-)Erfolg[20] eines Unternehmens ermittelt werden. Dies geschieht zum einen durch die stichtagsbezogene Aufstellung des Vermögens und der Schulden in einer (zeitpunktbezogenen) Beständerechnung (= Bilanz) sowie durch die Gegenüberstellung von Aufwendungen und Erträgen in einer (zeitraumbezogenen) Bewegungsrechnung (= Gewinn- und Verlustrechnung).[21] Dieser nach **handels- und/oder steuerrechtlichen Vorschriften** ermittelte Erfolg dient **externen Adressaten,** z. B. Eigentümern, Gläubigern, Arbeitnehmern und dem Staat zur Information.

Ziel der Bilanzrechnung

Darüber hinaus leiten einige Personen aus dieser Größe ihre Ansprüche gegen das Unternehmen ab. So bildet z. B. der nach handelsrechtlichen Vorschriften ermittelte Erfolg die Grundlage für die Dividendenansprüche der Aktionäre[22]. Der Fiskus ermittelt aus dem sich aus der Steuerbilanz[23] ergebenden Erfolg die Höhe der Steuerschuld.

Ansprüche: Aktionäre/Fiskus

Das Ziel der **Kosten- und Erlösrechnung**[24] ist wie in der Bilanzrechnung die Ermittlung des (Perioden-)Erfolges;[25] darüber hinaus wird aber auch der Stückerfolg der erstellten Güter und Dienstleistungen errechnet. Adressat dieser Rechnung ist die Unternehmensführung **(interner Adressat)**. Die Erfolgsgröße ergibt sich somit nicht aus handels- oder steuerrechtlichen Vorschriften; sie wird vielmehr durch das Unternehmen selbst bestimmt. Als Rechnungsgrößen werden Kosten und Erlöse verwendet. Die Kosten- und Erlösrechnung setzt sich aus zwei Rechnungen zusammen. In der **Kostenrechnung** wird der bewertete Güterverbrauch abgebildet. In ihr wird damit nur eine Seite des Erfolges erfasst. Die **Erlösrechnung** befasst sich mit den bewerteten erbrachten Leistun-

Ziel der Kosten- und Erlösrechnung

20 Wobei die Periode i. d. R. ein Jahr umfasst, siehe § 242 HGB.

21 Zur Bilanzrechnung gehört darüber hinaus die Finanzbuchführung, bei Kapitalgesellschaften auch der nach § 264 Abs. 1 HGB zu erstellende Anhang und natürlich sämtliche Rechnungen, die nach handelsrechtlichen Vorschriften bei besonderen Anlässen im ‚Leben' des Unternehmens (z. B. Sonderbilanzen) oder nach steuerrechtlichen Vorschriften zu erstellen sind (z. B. die Steuerbilanz/Vermögensaufstellung oder Rechnungen, die aus der Einheits- oder Steuerbilanz den steuerlichen Gewinn ermitteln). Siehe hierzu z. B. ausführlich Breithecker/Schmiel (2003) oder Breithecker (2016), S. 160 ff.

22 Siehe § 174 AktG.

23 Dies kann eine Einheits- oder eine „reine" Steuerbilanz sein.

24 Die Kosten- und Erlösrechnung wird auch als Kosten- und Leistungsrechnung bezeichnet, so z. B. von Kloock/Sieben/Schildbach/Homburg (2005). Der Periodenerfolg der Kosten- und Leistungsrechnung kann für beliebige Perioden (z. B. Quartale, Monate oder Wochen) als unterjährige Zeiträume ausgewiesen werden.

25 Es wird allerdings i. d. R. ein kürzerer Betrachtungszeitraum als in der Bilanzrechnung gewählt.

gen und damit mit der anderen Seite des Erfolges.[26] Die Gegenüberstellung der Erlöse einerseits und der Kosten der Erzeugnisse andererseits führt zur **(kurzfristigen) Erfolgsrechnung.**[27]

Drei Teilbereiche der Kostenrechnung

Gegenstand dieses Lehrbuches ist die **Kostenrechnung,** die sich wiederum in die drei folgenden Teilbereiche[28] gliedert (vgl. Abb. 2):

Kostenartenrechnung

- Die **Kostenartenrechnung** steht am Anfang der Kostenrechnung und dient der Erfassung und Gliederung aller im Laufe der jeweiligen Abrechnungsperiode angefallenen Kostenarten

  > Ihre Fragestellung lautet also: *Welche* Kosten sind insgesamt in welcher Höhe angefallen?

Kostenstellenrechnung

- In der **Kostenstellenrechnung** werden dann die Kosten auf die Betriebsbereiche/Abteilungen (Kostenstellen) verteilt, in denen sie angefallen sind. Diese Verteilung wird mit Hilfe des Betriebsabrechnungsbogens (BAB) vorgenommen und verfolgt einen doppelten Zweck: Einmal muss man für die Kostenkontrolle und -beeinflussung wissen, wo die Kosten entstanden sind, und zum anderen ist eine genaue Stückkostenberechnung nur möglich, wenn die betrieblichen Leistungen mit den Kosten derjenigen Stellen belastet werden, die diese Leistungen erbringen.

  > Die Fragestellung der Kostenstellenrechnung lautet also: *Wo* sind welche Kosten in welcher Höhe angefallen?

Kostenträgerrechnung

- Die **Kostenträgerrechnung** wird unterteilt in die Kostenträgerstückrechnung und die Kostenträgerzeitrechnung. Die **Kostenträgerstückrechnung**[29] (auch: Selbstkostenrechnung, Stückkostenrechnung, Kalkulation) hat die Aufgabe, für alle erstellten Güter und Dienstleistungen (Kostenträger) die Stückkosten zu ermitteln.

  > Ihre Fragestellung lautet: *Wofür* sind welche Kosten in welcher Höhe pro Stück angefallen?

26 Vgl. Jórasz (2009), S. 36 ff.

27 Vgl. zu Erfolgsrechnungen und Erfolgsrechnungssystemen Haberstock (1993a).

28 Vgl. Abb. 2. Die Kostenarten- und die Kostenstellenrechnung lassen sich unter dem Begriff „Betriebsabrechnung“ zusammenfassen. Die Kostenrechnung besteht dann aus der Betriebsabrechnung, der Kalkulation und der Kostenträgerzeitrechnung.

29 Exakter ist die Bezeichnung „Kostenträgereinheitsrechnung“, da auch andere Mengeneinheiten Verwendung finden.

Die **Kostenträgerzeitrechnung** ist eine Periodenrechnung. In ihr werden – nach Leistungsarten gegliedert – die insgesamt angefallenen Kosten einer Abrechnungsperiode und ihre Verteilung auf die Kostenträger bestimmt.

> Ihre Fragestellung lautet somit: *Welche* Kosten sind in der zu betrachtenden Periode für welche Kostenträger angefallen?

Abb. 2: *Teilbereiche der Kostenrechnung*

Ziel der Investitionsrechnung

Das Rechnungsziel der (dynamischen) **Investitionsrechnung** ist ebenfalls der Erfolg. In Abgrenzung zu den bisher genannten Rechnungen handelt es sich hier jedoch nicht um eine ein-, sondern um eine mehrperiodige Erfolgsgröße, z. B. den Kapitalwert, die Annuität oder den internen Zinsfuß.[30] Die Funktion der Investitionsrechnung besteht darin, der Unternehmensführung (interner Adressat) Unterlagen über die

30 Vgl. z. B. Breithecker (2016), S. 124–128 oder Küpper/Friedl/Hoffmann/Pedell (2013), S. 195 ff.

- Ermittlung der Vorteilhaftigkeit einer einzelnen Investition,
- Vorteilhaftigkeitswahl zwischen sich technisch ausschließenden Investitionsalternativen,
- Bestimmung der Rangfolge von konkurrierenden Investitionsvorhaben und die Fixierung des Investitionsprogramms

zu liefern. Dafür werden die aus der Investition resultierenden und sich i. d. R. über mehrere Perioden erstreckenden (erwarteten) Ein- und Auszahlungen/Einnahmen oder Ausgaben betrachtet.[31] Die Durchführung einer Investitionsrechnung ist gesetzlich nicht vorgeschrieben, sondern liegt im Ermessen der Unternehmensleitung.

Ziel der Finanzrechnung

Die **Finanzrechnung** soll die Liquidität eines Unternehmens gewährleisten. Dabei wird Liquidität verstanden als die Fähigkeit eines Unternehmens, zu jeder Zeit seine fälligen Zahlungsverpflichtungen zu erfüllen. Die Gewährleistung der Liquidität ist eine notwendige Nebenbedingung im Zielsystem des Unternehmens. Illiquidität führt – unabhängig von der Rechtsform – zur Insolvenz des Unternehmens.[32] In der (gesetzlich nicht vorgeschriebenen) Finanzrechnung werden (erwartete) Ein- und Auszahlungen/Einnahmen oder Ausgaben einer Periode gegenübergestellt. Die Unternehmensführung – als interner Adressat der Finanzrechnung – muss diese Zahlungsströme so aufeinander abstimmen, dass die zukünftige Zahlungsfähigkeit des Unternehmens unter Beachtung der Unsicherheit zu jedem Zeitpunkt gewährleistet ist und gleichzeitig das Rentabilitätsziel berücksichtigt wird.[33]

Teilgebiete des Rechnungswesens

Die Merkmalsausprägungen der Teilgebiete des Rechnungswesens sind in **Tab. 1** zusammengefasst.[34]

	Teilgebiete				
	Bilanzrechnung				
Merkmale	**Bilanz**	**Gewinn- und Verlustrechnung**	**Kosten- und Erlösrechnung**	**Investitionsrechnung**	**Finanzrechnung**
Rechnungsziel	Periodenerfolg	Periodenerfolg	Stückerfolg; Periodenerfolg	Mehrperiodiger Erfolg	Liquidität
Rechnungsgröße	Vermögen Schulden	Erträge Aufwendungen	Erlöse Kosten	Einzahlungen Auszahlungen	Einzahlungen Auszahlungen

31 Zu den Verfahren der dynamischen Investitionsrechnung siehe z. B. Schierenbeck/Wöhle (2016), S. 387 ff.;
Wöhe/Döring/Brösel (2016), S. 482 ff.; Olfert (2015), S. 203 ff.

32 Siehe z. B. §§ 130a HGB, 64 Abs. 1 GmbHG, 92 Abs. 2 AktG.

33 Vgl. Coenenberg/Fischer/Günther (2016); S. 16 f.

34 Vgl. Schweitzer et al. (2015), S. 31.

	Teilgebiete				
	Bilanzrechnung				
Merkmale	Bilanz	Gewinn- und Verlustrechnung	Kosten- und Erlösrechnung	Investitionsrechnung	Finanzrechnung
gesetzliche Fixierung	Handels- und Steuerrecht	Handels- und Steuerrecht	grds. keine, aber Ausnahmen	keine	keine
Adressat	extern	extern	intern	intern	intern
Zeitbezug	Zeitpunkt	Zeitraum	Zeitraum	mehrere Zeiträume	Zeitraum

Tab. 1: *Merkmalsausprägungen des betrieblichen Rechnungswesens*

Adressatenkreis extern/intern

Betrachtet man die einzelnen Rechnungen so wird deutlich, dass die Bilanzrechnung sich vornehmlich an **externe Adressaten** richtet, während die Kosten- und Erlösrechnung, die Investitionsrechnung sowie die Finanzrechnung vornehmlich an die Unternehmensführung und somit intern adressiert ist. Deshalb wird in der Literatur die Bilanzrechnung häufig als **externes Rechnungswesen,** die Kosten- und Erlösrechnung, Investitionsrechnung sowie die Finanzrechnung als **internes Rechnungswesen** bezeichnet.[35]

Aufbauorganisation des Rechnungswesens

Versucht man die hier vorgenommene inhaltliche Untergliederung des Rechnungswesens in der Aufbauorganisation eines Unternehmens wiederzufinden, stellt man fest, dass hier in der Regel zwischen der **Geschäftsbuchhaltung** und der **Betriebsbuchhaltung** differenziert wird:

- die **Geschäftsbuchhaltung** verfolgt primär die Aufgaben der Bilanz- und Finanzrechnung sowie sekundär die Aufgaben der Kosten- und Erlösrechnung und der Investitionsrechnung,
- die **Betriebsbuchhaltung** (mit den primären Aufgaben der Kosten- und Erlös- sowie der Investitionsrechnung und den sekundären Aufgaben der Bilanz- und Finanzrechnung).

In Abhängigkeit von der Unternehmensgröße und der Branchenzugehörigkeit sind u. U. weitere eigenständige Abteilungen wie die Materialabrechnung (Lagerbuchhaltung), Lohn- und Gehalts- sowie die Anlagenabrechnung vorzufinden. In diesem Lehrbuch wird im weiteren Verlauf

35 Vgl. Jórasz (2009), S. 36 oder Fischer/Möller/Schultze (2015), S. 21 ff. Es wird dann das oben genannte Systematisierungskriterium „Adressat" verwandt. Diese Bezeichnung benutzen z. B. Ewert/Wagenhofer (2014), die allerdings von externer und interner Unternehmensrechnung sprechen.

von der aufbauorganisatorischen Gliederung des Rechnungswesens weitestgehend abstrahiert.[36]

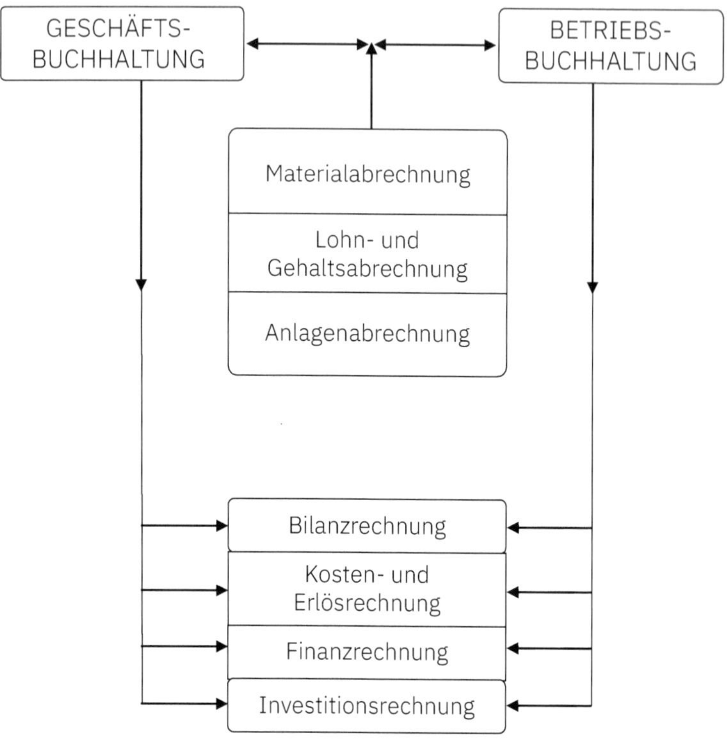

Abb. 3: *Informationsströme im Rechnungswesen*

wirtschaftssystemabhängige Verpflichtungen

Abschließend bleibt anzumerken, dass in unserem Wirtschaftssystem alle (größeren, gewerblichen) Unternehmen über eine **Bilanzrechnung** verfügen müssen, da diese aufgrund handels- und steuerrechtlicher Vorschriften unabdingbar ist.[37] Kosten- und Erlösrechnung, Investitions-, und Finanzrechnung sind in unserem Wirtschaftssystem gesetzlich nicht vorgeschrieben; zumindest für die Kosten- und Erlösrechnung kann wohl gesagt werden, dass nur wenige Unternehmen auf dieses wertvolle Instrument der Unternehmensführung verzichten.

36 Vgl. Abb. 3 mit den Informationsströmen im Rechnungswesen, die auch die Aufbauorganisation mit erfasst, sowie Einzelanmerkungen zur Datenerfassung im Rahmen der Kostenartenrechnung.

37 Vgl. zur Buchführungs- und Aufzeichnungspflichten z. B. Breithecker (2016), S. 160 ff. oder Britt (2015), S. 103.

1.3 Grundbegriffe des Rechnungswesens

Terminologien im Rechnungswesen

In den einzelnen Teilgebieten (Teilrechnungssystemen) des betriebswirtschaftlichen Rechnungswesens wird mit unterschiedlichen **ökonomischen Größen** gearbeitet, für die sich bestimmte Begriffe herausgebildet haben. Bevor mit der detaillierteren Behandlung der Kostenrechnung begonnen wird, erscheint deshalb die Klärung der wichtigsten Grundbegriffe des betriebswirtschaftlichen Rechnungswesens (Rechnungsgrößen) angebracht, weil

- zum einen saubere terminologische Abgrenzungen späteren Missverständnissen entgegenwirken (man denke etwa an die vielfach synonyme Verwendung der Begriffspaare „Auszahlungen und Ausgaben" oder „Aufwand und Kosten"), und
- zum anderen das Verständnis für die Probleme der Datenbeschaffung in der Kostenrechnung und den darauf aufbauenden Teilgebieten des Rechnungswesens erleichtert wird.

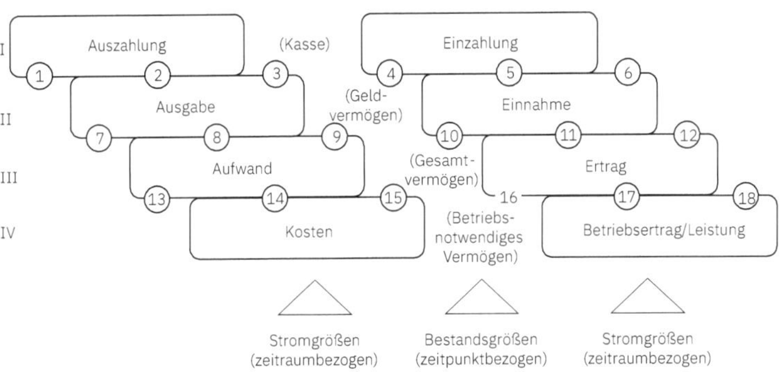

***Abb. 4:** Grundbegriffe des betriebswirtschaftlichen Rechnungswesens*

I/II: Ebene der Finanz- und Liquiditätsplanung
III: Ebene der Finanzbuchhaltung (Bilanz und GuV)
IV: Ebene der Kostenrechnung und kurzfristigen Erfolgsrechnung

In der Abb. 4 ist ein Schema der wichtigsten Grundbegriffe gegeben, die dann in der Tab. 2 einzeln definiert sind. Die 18 Ziffern im Schema sollen im Folgenden als Struktur zur systematischen Erläuterung der Unterschiede und Gemeinsamkeiten zwischen den einzelnen Begriffen anhand von Beispielen[38] dienen:

Stromgrößen	
Auszahlung:	Abgang liquider Mittel (Bargeld und Sichtguthaben) pro Periode
Einzahlung:	Zugang liquider Mittel (Bargeld und Sichtguthaben) pro Periode
Ausgabe:	Wert aller zugegangenen Güter und Dienstleistungen pro Periode (= Beschaffungswert)
Einnahme:	Wert aller veräußerten Leistungen pro Periode (Umsatz)
Aufwand:	Wert aller verbrauchten Güter und Dienstleistungen pro Periode (genauer: ..., der aufgrund gesetzlicher Bestimmungen in der Finanzbuchhaltung verrechnet wird)
Ertrag:	Wert aller erbrachten Leistungen pro Periode (genauer: vgl. „Aufwand“)
Kosten:	Wert aller verbrauchten Güter und Dienstleistungen pro Periode und zwar für die Erstellung der „eigentlichen“ (typischen) betrieblichen Leistungen
Bestandsgrößen	
Kasse:	Bestand an liquiden Mitteln (Bargeld und Sichtguthaben)
Geldvermögen:	Kasse (wie vorher) + Forderungen ⁒ Verbindlichkeiten
Gesamtvermögen:	Geldvermögen (wie vorher) + Sachvermögen
Betriebsnotw. Vermögen:	Gesamtvermögen (kostenrechnerisch bewertet ⁒ nicht-betriebsnotwendiges (neutrales) Vermögen)

Tab. 2: *Definitionen im betriebswirtschaftlichen Rechnungswesen*

Auszahlung ≠ Ausgabe

Mit **Fall 1** wird ein Beispiel (Geschäftsvorfall) für eine Auszahlung gesucht, die nicht gleichzeitig – d. h. in derselben Periode – zu einer Ausgabe führt. Ein solcher Geschäftsvorfall ist die Begleichung einer (aus der Vorperiode stammenden) Lieferantenverbindlichkeit in bar. Es handelt sich um eine Auszahlung, da eine Barzahlung den Abgang liquider Mittel bedeutet (vgl. die Definition in Tab. 2). Eine Ausgabe liegt nicht vor, da keine Güter und Dienstleistungen zugegangen sind und der Beschaffungswert somit Null ist. Zum gleichen Ergebnis gelangt man auch bei einer Betrachtung der zugehörigen Bestandsgrößen:[39] Der Kassenbestand nimmt bei obigem Geschäftsvorfall ab; also handelt es sich um eine Auszahlung. Das Geldvermögen dagegen bleibt unverändert, denn

38 Die Beispiele entstammen alle dem Leistungssektor; von Einlagen oder Entnahmen wird abstrahiert.

39 Bestandsgrößen werden durch die zugehörigen Strömungsgrößen erhöht oder verringert: Anfangsbestand + Zugang – Abgang = Endbestand.

der Kassenverringerung steht eine entsprechende Abnahme der Verbindlichkeiten gegenüber; also liegt keine Ausgabe vor.

Im **Fall 2** entspricht einer Auszahlung auch eine Ausgabe in der gleichen Periode: Bareinkauf von Rohstoffen.

Auszahlung = Ausgabe

Im **Fall 3** soll eine Ausgabe genannt werden, die in der gleichen Periode nicht zu einer Auszahlung führt: Zieleinkauf von Rohstoffen. Wird in einer späteren Periode die hier entstandene Verbindlichkeit bar bezahlt, liegt Fall 1 vor.

Ausgabe ≠ Auszahlung

Beispiele für die **Fälle 4–6** können analog gebildet werden.

> Man erkennt, dass Ausgaben und Auszahlungen sowie Einnahmen und Einzahlungen immer dann auseinanderfallen, wenn Kreditvorgänge stattfinden. Wenn sich die Bestände an Forderungen und Verbindlichkeiten dagegen nicht verändern, dann bedeutet jede Veränderung der Bestandsgröße „Kasse" eine gleiche Veränderung der Bestandsgröße „Geldvermögen". Man erkennt weiter, dass die Strömungsgrößen der Ebenen I und II umso eher auseinanderfallen, je kürzer die zugrunde liegende Periode ist. Auf genügend lange Sicht führt (im Normalfall) jede Ausgabe auch zu einer Auszahlung.

Im **Fall 7** wird ein Beispiel gesucht für eine Ausgabe, die nicht gleichzeitig einen Aufwand bedeutet: Kauf und Lagerung von Rohstoffen. Es handelt sich um einen Zugang von Gütern, die noch nicht verbraucht werden. Mit diesem Fall wird nichts darüber gesagt, ob auch gleichzeitig noch eine Auszahlung stattfindet oder nicht. Dazu wäre anzugeben, ob der Kauf von Rohstoffen gegen Kasse oder auf Ziel erfolgt. Es läge dann entweder eine Kombination der Fälle 7 und 2 oder der Fälle 7 und 3 vor.

Ausgabe ≠ Aufwand

Als Beispiel für **Fall 8** trifft ein Kauf von Rohstoffen zu, die noch in derselben Periode verbraucht werden.[40]

Ausgabe = Aufwand

Dem **Fall 9** entspricht eine Lagerentnahme von in der Vorperiode gekauften Rohstoffen für die Fertigung. Dieser Fall ist zeitlich dem Fall 7 nachgelagert.

Aufwand ≠ Ausgabe

Die **Fälle 10–12** sind wieder analog zu behandeln.

40 Ein Aufwand liegt rein abrechnungstechnisch für die Finanzbuchhaltung schon dann vor, wenn die Rohstoffe vom Lager in die Fertigung gegeben werden und dort noch nicht verbraucht sind. Die Abgänge werden aufgrund der Materialentnahmescheine in der Lagerbuchhaltung verbucht und in der Finanzbuchhaltung als Aufwand (Gesamtvermögensminderung) betrachtet, und zwar unabhängig von ihrer aktuellen Verwendung.

> Als Fazit lässt sich festhalten, dass Ausgaben und Aufwendungen sowie Einnahmen und Erträge immer dann auseinanderfallen, wenn Lagerbestandsveränderungen bei der Beschaffung von Produktionsfaktoren oder dem Absatz von betrieblichen Leistungen stattfinden. Daraus folgt weiter, dass bei nicht lagerfähigen Gütern und Dienstleistungen die Ebenen II und III zusammenfallen; es gibt dann keine Unterschiede zwischen Ausgaben und Aufwendungen oder zwischen Einnahmen und Erträgen. Beispiele hierfür sind etwa der Bezug elektrischer Energie oder der Absatz von Dienstleistungen.

Aufwand ≠ Kosten = neutraler Aufwand

Bei **Fall 13** wird ein Aufwand gesucht, dem nicht gleichzeitig auch Kosten entsprechen. Bei genauer Betrachtung der Definitionen muss es sich hierbei um einen Aufwand handeln, der in der Kostenrechnung nicht in derselben Periode als Wert von Gütern und Dienstleistungen verrechnet wird, die für die Erstellung der betrieblichen Leistungen verbraucht wurden. Man spricht in diesen Fällen von neutralem Aufwand und unterscheidet folgende Unterarten:

betriebsfremder Aufwand

1. **Betriebsfremder Aufwand** ist der „reinste" Fall von neutralem Aufwand, da er in keinerlei Beziehung zur betrieblichen Leistungserstellung steht, also nicht durch die Produktions- und Absatztätigkeit verursacht ist.
   Beispiele sind: Spenden für karitative Zwecke, Kursverluste bei einer nicht betriebsnotwendigen Wertpapieranlage, Reparaturen an betrieblich nicht notwendigen Gebäuden.

periodenfremder Aufwand

2. **Periodenfremder Aufwand** ist zwar betriebsbezogen, fällt aber erst in einer späteren Periode an als in der, in der die entsprechenden Produktionsfaktoren verbraucht werden.
   Ein Beispiel für diesen (relativ seltenen) Fall: Der Betrieb muss (aufgrund einer steuerlichen Außenprüfung) eine Gewerbesteuer-Nachzahlung für frühere Perioden leisten. Würde man jetzt die Gewerbesteuer als Kosten verrechnen,[41] so würde nicht nur ein früheres – jetzt ohnehin nicht mehr korrigierbares – Betriebsergebnis falsch sein, sondern auch noch die Kostenhöhe und damit das Betriebsergebnis der laufenden Periode.[42]

41 Auf die Frage, wann und ob die Gewerbesteuer eine Kostensteuer darstellt, wird in Abschnitt 3.2.3.4 eingegangen.

42 Der periodenfremde Aufwand wird fälschlicherweise oft in Verbindung gebracht mit der sogenannten „zeitlichen Abgrenzung" von Aufwendungen. Diese Abgrenzung findet bereits zwischen den Ebenen II und III, d. h. zwischen Ausgaben und Aufwand, statt.

3. **Betrieblicher außerordentlicher Aufwand**[43] ist ebenfalls betriebsbedingt, jedoch nach Höhe und Art so außergewöhnlich, so dass er nicht als Kostengröße verrechnet wird. Dahinter steht die Vorstellung, als Kosten nur den normalen (durchschnittlichen, gewöhnlichen) Werteverzehr zu verrechnen, da anderenfalls die Ergebnisse der Kostenrechnung durch Zufallsschwankungen verzerrt werden und als Grundlage „normaler" Dispositionen nicht mehr verwendbar sind.
   Beispiele: Katastrophenschäden oder Verkäufe gebrauchter Anlagegüter unter ihrem Buchwert.

außerordentlicher Aufwand

Die Aufspaltung des Aufwandes in neutralen Aufwand und Kosten ist in Abb. 5 graphisch dargestellt.

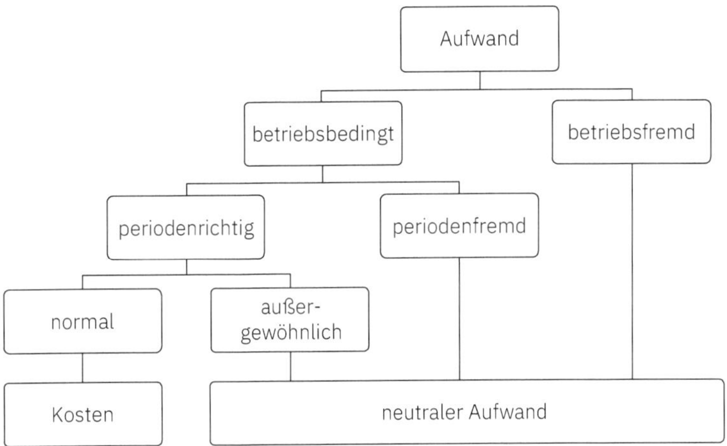

***Abb. 5:** Aufspaltung des Aufwands in neutralen Aufwand und Kosten*

Als nächstes Beispiel **(Fall 14)** sind Aufwendungen gesucht, die zugleich Kosten sind. Dieser Fall tritt sehr häufig auf; das Zahlenmaterial der Finanzbuchhaltung wird unverändert in die Kostenrechnung übernommen. Man spricht dann von Zweckaufwand und von Grundkosten. Beispiele sind Akkordlöhne oder der Verbrauch von Verpackungsmaterial.

Aufwand = Kosten

43 Der Begriff des außerordentlichen Aufwands ist auch in der Bilanzrechnung bekannt (vgl. § 275 Abs. 2 Nr. 16 HGB). Die frühere inhaltliche Identität der Rechnungsgröße der Bilanzrechnung und der Kosten- und Erlösrechnung ist seit dem BiRiLiG (1985) nicht mehr gegeben.

Kosten ≠ Aufwand = kalkulatorische Kosten

Bei **Fall 15** handelt es sich um Kosten, denen kein Aufwand gegenübersteht. Man bezeichnet sie als kalkulatorische Kosten, weil sie eigens für kostenrechnerische Zwecke „kalkuliert“ werden. Da hierauf im Kapitel über die Kostenartenrechnung noch näher eingegangen wird, sollen die kalkulatorischen Kosten an dieser Stelle nur so weit behandelt werden, wie dies für Zwecke der Systematisierung der Grundbegriffe des betriebswirtschaftlichen Rechnungswesens notwendig erscheint.

Kalkulatorische Kostenarten sind:

- kalkulatorische Abschreibungen,
- kalkulatorische Zinsen,
- kalkulatorischer Unternehmerlohn,
- kalkulatorische Mieten,
- kalkulatorische Wagnisse.

Als Beispiel sei die Verrechnung von **kalkulatorischem Unternehmerlohn** und von **kalkulatorischen Zinsen** herausgegriffen:

kalkulatorischer Unternehmerlohn

In Personen- und Kapitalgesellschaften kann als Entgelt für die Arbeitsleistung der Geschäfts- und Betriebsleitung (auch wenn diese selbst Gesellschafter sind) ein vertraglich vereinbartes Gehalt gezahlt werden. Dieses Gehalt verrechnet man in der Finanzbuchhaltung als Aufwand[44] und in der Kostenrechnung als Kosten (vgl. Fall 14). In Einzelunternehmen dagegen fehlt für einen Vertragsabschluss mit dem Einzelunternehmer der zweite Vertragspartner; solche Verträge sind also zivilrechtlich unmöglich. Folglich kann auch mit handels- und steuerrechtlicher Wirkung die Arbeitsleistung der Inhaber nicht durch ein Gehalt vergütet werden, sondern ist aus dem Gewinn zu decken. Aufwand entsteht also nicht.[45] Dieses Ergebnis ist bei den Einzelunternehmen (aber auch bei den Personen- und Kapitalgesellschaften, die auf Gesellschafter-Geschäftsführer-Anstellungsverträge verzichtet haben) für die kostenrechnerischen Zielsetzungen unbefriedigend, da tatsächlich ein Verbrauch von Produktionsfaktoren stattfindet. Dieser Verbrauch wird deshalb mit Hilfe des kalkulatorischen Unternehmerlohns erfasst.

kalkulatorische Zinsen

In ähnlicher Weise werden die Zinsen für Gesellschafter-Fremdkapital in der Finanzbuchhaltung als Aufwand verrechnet, nicht dagegen Zinsen für das Eigenkapital in Einzelunternehmen (als Dividenden oder Gewinnentnahmen). Dieses ebenfalls unbefriedigende Ergebnis führt dazu,

44 Diese Handhabe ist unbeeinflusst von der steuerlichen Umqualifizierung der Gesellschafter-Geschäftsführerentgelte in Personengesellschaften gem. § 15 Abs. 1 Nr. 2 EStG. Vgl. zur Umqualifizierung z. B. Breithecker (2016), S. 195.

45 Vgl. den Zusatz bei der Definition des Aufwands in Tab. 2.

dass man in der Kostenrechnung – unabhängig von den gezahlten Fremdkapitalzinsen – kalkulatorische Zinsen auf das betriebsnotwendige Kapital verrechnet.

Unter Berücksichtigung dieser beiden Beispiele kann man die kalkulatorischen Kosten wie folgt differenzieren:

Zusatzkosten

1. **Zusatzkosten** sind kalkulatorische Kosten, denen überhaupt kein Aufwand gegenübersteht (Beispiel: kalkulatorischer Unternehmerlohn).

Anderskosten

2. **Anderskosten**[46] sind kalkulatorische Kosten, denen Aufwand in anderer Höhe gegenübersteht (Beispiel: kalkulatorische Zinsen).

Die Abgrenzung zwischen Aufwand und Kosten gehört zu den wichtigsten kostenrechnerischen Vorarbeiten. Man bezeichnet sie als sachliche (Fall 13) und kalkulatorische Abgrenzung (Fall 15). Einen Überblick hierzu bietet Abb. 6.

gesamter Aufwand

Zweckaufwand

mit dem gleichen Wert als Kosten verrechneter Zweckaufwand

nicht mit dem gleichen Wert als Kosten verrechneter Zweckaufwand

Grundkosten

Anders-kosten[1]

Zusatz-kosten

kalkulatorische Kosten

gesamte Kosten

Abb. 6: *Abgrenzung zwischen Aufwand und Kosten*

Anmerkung:
1 Anderskosten können größer oder kleiner sein als der entsprechende Zweckaufwand, der nicht als Kosten verrechnet wird.

46 Der Begriff der Anderskosten wurde von Kosiol (1964), S. 35 f. geprägt.

Beim **Fall 16** handelt es sich um einen neutralen Ertrag; die Ausführungen zum neutralen Aufwand gelten hier analog.

Abgrenzung von Ertrag und Betriebsertrag

Im **Fall 17** werden betriebliche Leistungen erstellt, die auch in der Finanzbuchhaltung als Ertrag verbucht werden.

Fall 18 stellt das Pendant zu den kalkulatorischen Kosten dar. Es muss sich um kalkulatorische Betriebserträge handeln, denen in der Finanzbuchhaltung entweder überhaupt kein Ertrag oder ein Ertrag in anderer Höhe gegenübersteht. Beispiel ist die Bewertung der unfertigen/fertigen Erzeugnisse für Zwecke der kurzfristigen Erfolgsrechnung (oder für kostenrechnerische Planungsaufgaben – make or buy –). Diese sind zu Herstellkosten (unter Einbeziehung kalkulatorischer Kosten) anzusetzen. In die Herstellkosten[47] für Bilanzierungszwecke dürfen die kalkulatorischen Kosten nicht einbezogen werden, sondern lediglich die tatsächlichen Aufwendungen – soweit sie überhaupt anfallen. Ein weiteres Beispiel ist die Bewertung der betrieblichen Leistungen zu erwarteten höheren Marktpreisen; für dispositive Zwecke kann dieses Vorgehen geboten sein, für Bewertungszwecke in der Bilanz dürfen nach § 253 Abs. 1 Satz 1 HGB höchstens die Herstellungskosten angesetzt werden.

Damit sind alle 18 Fälle der Abb. 5 erörtert. Viele Geschäftsvorgänge lassen sich jedoch nicht durch einen dieser Fälle beschreiben, sondern stellen Kombinationen verschiedener Fälle dar, wie bereits bei Fall 7 angedeutet. Ein Beispiel für die Kom-bination der Fälle 14, 8 und 2 ist der Kauf und die Barzahlung von Rohstoffen, die noch in der gleichen Periode für Zwecke der betrieblichen Leistungserstellung verbraucht werden. Ein Beispiel für das gleichzeitige Vorliegen der Fälle 16, 11 und 6 ist der Verkauf einer Maschine über dem Buchwert auf Ziel.

47 HGB und Einkommensteuergesetz sprechen von Herstellungskosten.

2 Theoretische Grundlagen der Kostenrechnung

2.1 Kostenbegriffe

Kostenbegriff

Mit den Grundbegriffen des Rechnungswesens sind die Kosten bereits definiert worden als der Wert aller verbrauchten Güter und Dienstleistungen pro Periode für die Erstellung der „eigentlichen" (typischen) betrieblichen Leistungen. Diese Definition soll auch im Folgenden – allerdings etwas umformuliert – beibehalten werden:

> Kosten sind der bewertete Verzehr von Produktionsfaktoren und Dienstleistungen, der zur Erstellung und zum Absatz der betrieblichen Leistungen sowie zur Aufrechterhaltung der Betriebsbereitschaft (Kapazitäten) erforderlich ist.

wertmäßiger Kostenbegriff

Diese wertmäßige Definition der Kosten geht auf SCHMALENBACH zurück.[48] Sie wird in der Kostentheorie nicht einheitlich[49], aber von der herrschenden Meinung vertreten.[50]

Der **wertmäßige Kostenbegriff** ist durch drei Merkmale gekennzeichnet:

Merkmal 1: Güterverzehr

1. **Es muss ein Güterverzehr vorliegen,** d.h. die eingesetzten Güter verlieren die Fähigkeit, zur Hervorbringung betrieblicher Ausbringungsgüter beizutragen.[51] Verbrauchsgüter (Repetiergüter, z.B. Roh-, Hilfs-, und Betriebsstoffe) werden mit ihrem Einsatz in der Produktion verzehrt. Langlebige Gebrauchsgüter (Potentialgüter, z.B. Maschinen) führen bei ihrer Anschaffung zu Ausgaben und erst beim „Verzehr" des in ihnen vorhandenen Nutzungsvorrates im Laufe der Zeit zu Kosten. Auch immaterielle Güter können verzehrt werden,

48 Vgl. Schmalenbach (1963), S. 6, der gleichzeitig ausführt, dass es sich hierbei um eine allgemeingehaltene Definition der Kosten und nicht um eine absolute Größe handelt. Schmalenbach betont ebenda, dass der Kostenbegriff zweckabhängig ist; es „hängt vom verfolgten Rechnungszweck ab, ob und in welchem Umfange der für betriebliche Leistungen erfolgte Güterverzehr als Kosten in Ansatz zu bringen ist." Zum Kostenbegriff vgl. auch Graumann (2017), S. 71 ff., Jórasz (2013), S. 39 f. oder Drosse (2014), S. 27 f.

49 Vgl. Kloock/Sieben/Schildbach/Homburg (2005), S. 30 ff. Zum anderen werden beide Kostenbegriffe insofern kritisch hinterfragt, als dass sie in Einzelfällen bestimmte Größen nicht als Kosten erfassen, obwohl diese Größen entscheidungsrelevant sind und damit in einer Kostenrechnung, die den Rechnungszweck „Planung" erfüllen soll, berücksichtigungspflichtig wären. Ein Beispiel für diese Größen sind die Steuern.

50 Vgl. Schneider (1997), S. 60 f.

51 Vgl. Schweitzer et al. (2015), S. 35 ff.

wie z. B. ein Patentschutz im Laufe der Zeit. Kapital kann als Verfügungspotential (Nutzungsmöglichkeit) über Güter betrachtet werden; der Preis dieses Verfügungsrechts ist der Zins.[52]

Merkmal 2: Leistungsbezogenheit

2. **Der Güterverzehr muss eine Leistungsbezogenheit (Sachzielbezogenheit)[53] aufweisen.** Damit dies erfüllt ist, muss eine Beziehung zwischen dem Güterverbrauch und der Leistung bzw. dem Sachziel bestehen. Dies ist z. B. bei einer Spende an das Rote Kreuz nicht der Fall, deshalb liegen auch keine Kosten, sondern neutrale Aufwendungen vor. Die Frage, wann Leistungs- bzw. Sachzielbezogenheit vorliegt, wird bei der Behandlung der Kostenverrechnungsprinzipien noch einmal aufgegriffen.

Merkmal 3: Bewertung (zu Grenzauszahlungen, zum Grenzgewinn oder zu Opportunitätskosten)

3. **Der Güterverzehr muss einer Bewertung unterliegen,** da anderenfalls die verschiedenen Produktionsfaktorarten nicht verglichen werden können. Es kommen verschiedene Preise als Kostenwerte in Betracht. Man kennt Bewertungen zu Anschaffungs-, Wiederbeschaffungs-, Tages-, Börsen-, Durchschnitts-, Verrechnungs- oder Knappheitspreisen (Schattenpreisen, Lenkungspreisen). Dem wertmäßigen Kostenbegriff liegt nun die Vorstellung zugrunde, dass der Kostenwert so zu wählen ist, dass er die Wirtschaftsgüter in ihre optimale Verwendungsform lenkt.[54] Er besteht grundsätzlich aus der Grenzauszahlung, dem Grenzgewinn oder den Opportunitätskosten (= Kosten der entgangenen Gelegenheit) der eingesetzten Güter.[55]

pagatorischer Kostenbegriff

In diesem letzten Merkmal „Bewertung" besteht der Unterschied zwischen dem wertmäßigen und dem pagatorischen Kostenbegriff. Der Begriff **pagatorische Kosten** geht auf KOCH zurück, der hierunter „die mit Herstellung und Absatz einer Erzeugniseinheit bzw. einer Periode verbundenen, ‚nicht kompensierten' [im Sinne von erfolgswirksamen, Anm. d.V.] Ausgaben"[56] versteht.

entscheidungsorientierter Kostenbegriff

Eine (modifizierte) Form des pagatorischen Kostenbegriffs ist der **entscheidungsorientierte Kostenbegriff** nach RIEBEL. Für RIEBEL sind

52 Nach Kosiol (1964), S. 26, ist Kapital somit ein „Wert sui generis, der zu der jeweiligen spezifischen Gütereigenschaft als individuelles Real- oder Nominalgut noch hinzutritt. [...] Dieses besondere Wirtschaftsgut Kapital ist stets nur zeitlich verfügbar, es verzehrt sich unaufhaltsam im kontinuierlichen Zeitablauf".

53 Zum Teil wird in der Literatur das Kriterium Leistungsbezogenheit durch das Kriterium Sachzielbezogenheit ersetzt. Vgl. z. B. Kloock/Sieben/Schildbach/Homburg (2005), S. 30 f. oder auch Schweitzer et al. (2015), S. 35 ff.

54 Vgl. Schmalenbach (1963), S. 141.

55 Vgl. Kosiol (1964), S. 34 f.; Kloock/Sieben/Schildbach/Homburg (2005), S. 32.

56 Koch (1958), S. 361; Kloock et al. bauen ihre Überlegungen auch auf dem pagatorischen Kostenbegriff auf (vgl. Kloock/Sieben/Schildbach/Homburg [2005], S. 36).

Kosten „die durch die Entscheidung über das betrachtete Objekt ausgelösten zusätzlichen – nicht kompensierten – Auszahlungen und kreditorischen Ausgaben“[57].

Anders als beim wertmäßigen Kostenbegriff, nach dem über die Auszahlung hinaus auch Opportunitätskosten zu den Kosten zählen, bestimmt beim pagatorischen Kostenbegriff (nur) der Anschaffungspreis (d. h. die Auszahlung oder Ausgabe) den Kostenwert.[58] Der pagatorische Kostenbegriff als „spezielle Ausgabenkategorie“[59] beinhaltet somit keine Zusatzkosten.[60]

2.2 Produktions- und Kostentheorie als Grundlage der Kostenrechnung

Kostenfunktion

Im vorhergehenden Kapitel wurden verschiedene Kostenbegriffe erläutert. Dabei wurden Kosten u. a. definiert als bewerteter, leistungsbezogener Güterverbrauch. Ein Instrument zur Quantifizierung von Kosten sind **Kostenfunktionen.** Mit Hilfe von Kostenfunktionen soll aufgezeigt werden, „welche Kostenbestimmungsfaktoren die Kosten einer Planungs- oder Abrechnungsperiode verursachen und welche funktionalen Zusammenhänge hierbei wirksam werden.“[61]

Produktionsfunktion

Kostenfunktionen leiten sich wiederum aus **Produktionsfunktionen** ab. Innerhalb der betriebswirtschaftlichen Theorie hat nun die Produktions- und Kostentheorie die Aufgabe übernommen, die funktionalen Beziehungen der Kombination der Produktionsfaktoren zu erforschen und modellhaft darzustellen. Die theoretischen Erkenntnisse der Produktions- und Kostentheorie finden ihren Niederschlag vor allem in der praktischen Ausgestaltung der Kostenrechnung und der übrigen Teilge-

57 Riebel (1994), S. 15. Riebel begründet die Verwendung des pagatorischen statt des wertmäßigen Kostenbegriffs u. a. damit, dass „der so angesetzte Geldbetrag ‚im Ist‘ intersubjektiv nachprüfbar“ ist. Der von ihm verwendete Kostenbegriff steht im engen Zusammenhang mit dem von ihm entwickelten Identitätsprinzip (vgl. Riebel [1994], S. 16).

58 Vgl. Wöhe/Döring/Brösel (2016), S. 846 f. zur Abgrenzung des pagatorischen und wertmäßigen Kostenbegriffs.

59 Riebel (1994), S. 15.

60 Inwieweit der pagatorische Kostenbegriff Anderskosten beinhalten kann, ist abhängig davon, ob der pagatorische Kostenbegriff nur realisierte pagatorische Preise (Anschaffungspreise) oder auch nichtrealisierte pagatorische Preise (gegenwärtige und zukünftige Anschaffungspreise) umfasst.

61 Kilger/Pampel/Vikas (2012), S. 101.

biete des betriebswirtschaftlichen Rechnungswesens; sie dienen damit der optimalen Gestaltung unternehmerischer Dispositionen.[62]

Während die **Produktionstheorie** ihr Augenmerk in erster Linie auf die **mengenmäßigen Beziehungen** des Produktionsprozesses[63] richtet, beschäftigt sich die Kostentheorie (meist daran anschließend) mit den **wertmäßigen Relationen.**

Ertragsfunktion

Im Mittelpunkt der Produktionstheorie steht die Produktionsfunktion. Sie gibt die funktionalen Beziehungen zwischen Produktionsfaktor-Einsatzmengen und den Ausbringungsmengen wieder. Man nennt sie auch **Ertragsfunktion oder Input-Output-Funktion** und schreibt sie in allgemeiner Form

(1) $$x = f(r_1, r_2, \dots, r_n)\,,$$

wobei x die Ausbringung (in Stück, kg, kWh etc.) und r_1 bis r_n die einzelnen Mengen an eingesetzten Produktionsfaktorarten wiedergeben.[64]

Im Mittelpunkt der Kostentheorie steht die Kostenfunktion als funktionale Beziehung zwischen Ausbringungsmenge und Gesamtkosten (K); sie leitet sich formal aufgrund einfacher Überlegungen aus der Produktionsfunktion ab.

monetäre Produktionsfunktion

Bewertet man in der Produktionsfunktion (1) die Faktormengen mit ihren Preisen q_1 bis q_n, so erhält man als monetäre Produktionsfunktion

(2) $$x = f(r_1 \times q_1, r_2 \times q_2, \dots, r_n \times q_n)\,.$$

Nun entsprechen aber die mit ihren Preisen bewerteten Produktionsfaktoren dem Wert aller verbrauchten Güter und Dienstleistungen, also den Kosten:

(3) $$x = f(K)\,.$$

62 Umgekehrt empfängt aber auch die Produktions- und Kostentheorie aus den praktischen Problemen einzelner Teilgebiete des betriebswirtschaftlichen Rechnungswesens, insbesondere der Investitions- und Finanzrechnung, neue Impulse für weitere Forschungen.

63 Unter dem Begriff der Produktion wird im Folgenden nicht nur die Leistungserstellung, sondern auch die Leistungsverwertung verstanden.

64 Graphisch gesehen werden die Produktionsfaktoren auf der Abszisse, die Ausbringungsmenge auf der Ordinate abgetragen.

Bildet man hierzu die Umkehrfunktion, so erhält man die Kosten (abhängige Variable) als Funktion der Ausbringung[65] (unabhängige Variable):[66]

(4) $$K = f(x).$$

Es kommt nun darauf an, welche Gestalt die Kostenfunktion für einen bestimmten Betrieb (oder Betriebsteil oder Arbeitsplatz) aufweist, d. h. wie sich die Kostenhöhe bei Änderungen der Ausbringung ändert.

Kostenverläufe

Man kann grundsätzlich die in Abb. 7 dargestellten **Möglichkeiten des Gesamtkostenverlaufs** in Abhängigkeit von der Ausbringung[67] unterscheiden:

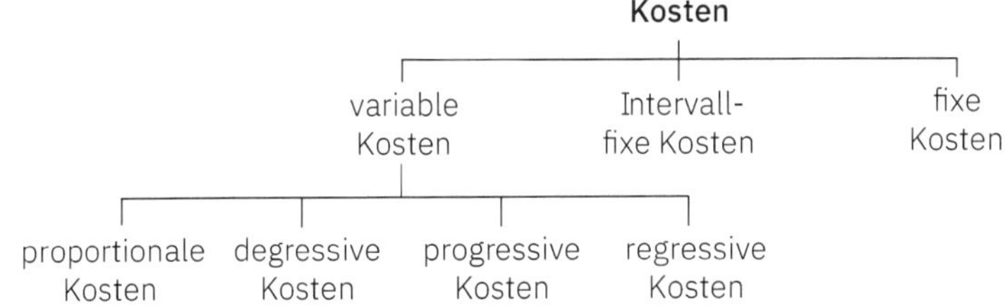

Abb. 7: *Kostenverläufe in Abhängigkeit von der Ausbringung*

proportional

1. **Proportionaler (linearer) Verlauf:** Jede (relative) Beschäftigungsänderung (in %) führt zur gleichen (relativen) Änderung der Kostenhöhe. Wenn sich z. B. die Ausbringung verdoppelt, dann verdoppeln sich auch die Gesamtkosten; sie verlaufen also linear.

degressiv

2. **Degressiver Verlauf:** Eine relative Beschäftigungsänderung führt zu einer geringeren relativen Kostenänderung. Die Kosten steigen langsamer als die Ausbringung; sie verhalten sich unterproportional.

progressiv

3. **Progressiverer Verlauf:** Die Kosten steigen schneller als die Ausbringung; sie verhalten sich überproportional.

65 Es sei darauf hingewiesen, dass sich die Produktions- und Kostentheorie nicht darauf beschränkt, die Kosten in Abhängigkeit von der Ausbringung (Beschäftigung) zu untersuchen, sondern dass sie versucht, die Kosten als Funktion einer ganzen Reihe von Kostenbestimmungsfaktoren zu analysieren. Die Ausbringung (Beschäftigung) ist nur einer dieser Kostenbestimmungsfaktoren; Gutenberg (1983), S. 344–347, unterscheidet fünf Haupt-Kosteneinflussgrößen: Faktorqualität, Beschäftigung, Faktorpreise, Betriebsgröße und Fertigungsprogramm. Ein sehr differenziertes System der Kostenbestimmungsfaktoren findet sich bei Haberstock (2008), S. 35–45 und Kilger/Pampel/Vikas (2012), S. 115 ff.

66 Graphisch gesehen wird nun die Ausbringungsmenge auf der Abszisse und die Gesamtkosten werden auf der Ordinate abgetragen.

67 Da durch die Ausbringungsmenge der Beschäftigungsgrad determiniert wird, beschreibt dieser Kostenverlauf gleichzeitig auch das Verhalten der Gesamtkosten bei Änderungen des Beschäftigungsgrades.

regressiv

4. **Regressiver Verlauf:** Jede relative Beschäftigungsänderung führt zu einer relativen Kostenänderung mit umgekehrtem Vorzeichen; wenn die Beschäftigung steigt, dann sinken die Gesamtkosten absolut und umgekehrt. Der Verlauf der Regression kann wiederum linear, unter- oder überproportional sein.

fix

5. **Fixer Verlauf:** Jede relative Beschäftigungsänderung führt zu einer relativen (und absoluten) Kostenänderung von Null. Die Gesamtkosten verändern sich also nicht bei Ausbringungsschwankungen; sie verhalten sich fix (konstant).

intervallfix

6. **Intervallfixer Verlauf:** Innerhalb bestimmter Beschäftigungsbereiche verhalten sich diese Kosten fix. Beim Überschreiten bestimmter Beschäftigungsgrenzen steigen die Kosten sprunghaft an, um dann bis zum nächsten Beschäftigungsintervall wieder fix, aber auf höherem Niveau, zu verlaufen. Man nennt sie auch Sprungkosten oder relativ-fixe Kosten.

variable Kosten

Die Gesamtkosten nach 1. bis 4. bezeichnet man als **variable Kosten,** weil sie sich im Gegensatz zu den fixen Kosten bei Beschäftigungsschwankungen ändern. Die intervallfixen Kosten nehmen eine Mittelstellung zwischen variablen und fixen Kosten ein. In Abb. 8 sind die verschiedenen Gesamtkostenverläufe graphisch dargestellt. Von den regressiven Kosten sind nur die unterproportionalen abgebildet.

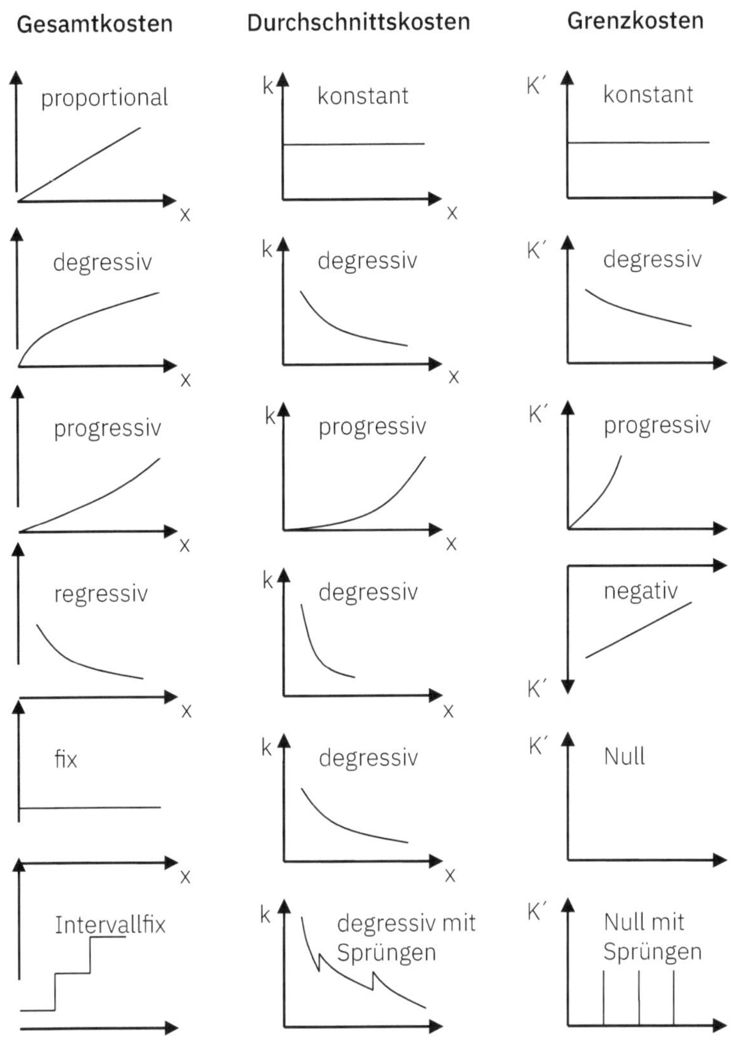

***Abb. 8:** Graphische Darstellung der Kostenverläufe*

Da die Gesamtkosten eines Unternehmens (oder Unternehmensteils) selten in der reinen Form einer der in Abb. 8 abgebildeten Kostenkurven verlaufen, seien im Folgenden als Beispiele einige Kostenarten angegeben, die tendenziell den angegebenen Verläufen entsprechen können.[68]

typische Kostenarten je Kostenverlauf

Typisches Beispiel für **proportionale Kosten** sind Akkordlöhne, die per definitionem für jedes Stück in gleicher Höhe gezahlt werden. Degressiv können bestimmte Werkstoffkosten verlaufen, wenn beim Einkauf gestaffelte Mengenrabatte gewährt werden oder wenn die Arbeitskräfte aufgrund der mit steigender Ausbringung wachsenden Übung und Erfahrung Lerneffekte[69] erzielen. Progressiv verhalten sich z. B. Energiekosten, wenn Anlagen mit überhöhten Intensitäten gefahren werden (man denke an den Benzinverbrauch eines Ottomotors).[70] Regressive Kosten treten so selten auf, dass sie eher von akademischem als praktischem Interesse sind. Als Beispiel seien die Heizungskosten in einem Kino, die Warmhaltekosten in Gießereien sowie die Füllmenge offener Kühltruhen im Einzelhandel genannt. Fixe Kosten sind z. B. die Abschreibungen auf Betriebsgebäude oder die Steuern und Versicherungen für den Fuhrpark. Intervallfix können z. B. Vorarbeitergehälter oder Maschinenabschreibungen sein.

Durchschnittskosten

Die **Durchschnittskosten (k)** sind die **Kosten je Produkteinheit** (Einheitskosten oder durchschnittliche Stückkosten). Man errechnet sie, indem man die Gesamtkosten durch die Ausbringungsmenge dividiert:

$$k = \frac{K}{x} \quad (5)$$

Graphisch lassen sich die Durchschnittskosten aus der Gesamtkostenkurve ableiten, indem aus dem Ursprungspunkt des Koordinatensystems eine Gerade an einen bestimmten Punkt der Gesamtkostenkurve gelegt und diese Gerade parallel verschoben wird, bis sie die Abszisse im Punkt –1 schneidet. Die Höhe der betreffenden Durchschnittskosten kann dann an der Ordinate in jenem Punkt abgelesen werden, in dem sie von der parallel verschobenen Gerade geschnitten wird. Wendet man dieses Verfahren mehrfach für verschiedene Punkte der Gesamtkostenkurve an, so erhält man die dazugehörigen Durchschnittskosten, die sich ebenfalls als Funktion der Ausbringung kurvenförmig darstellen lassen.

Grenzkosten

Die Grenzkosten (K') sind der Gesamtkostenzuwachs, der durch die Produktion der jeweils letzten Ausbringungseinheit verursacht wird. Sie

68 Vgl. auch Wöltje (2016), S. 55 ff.

69 Vgl. zur „Theorie der Lernkurven" Haberstock (2008), S. 163–170. Diese Lernkurven haben enge Verwandtschaft zum Kostenerfahrungskurvenkonzept, das jedoch über das Konzept der Lernkurven hinausgeht. Siehe zum Erfahrungskurvenkonzept Fischer/Möller/Schultze (2015), S. 136 ff.

70 Vgl. zur Ableitung der Kostenverläufe bei Intensitätsänderungen Haberstock (2008), S. 144–155.

sind ebenfalls auf eine Einheit bezogen und entsprechen der Zunahme (Abnahme) der Gesamtkosten bei Erhöhung (Verringerung) der Ausbringung um diese Einheit. Mathematisch gesehen stellen sie das Steigungsmaß der Gesamtkostenkurve dar und werden durch die erste Ableitung dieser Funktion berechnet:

(6) $$K' = \frac{dK}{dx}$$

Graphisch kann man die Grenzkosten(-kurve) in Analogie zu den Durchschnittskosten ableiten, indem man nicht die Gerade durch den betreffenden Punkt der Gesamtkostenkurve parallel verschiebt, sondern die Tangente an diesem Punkt der Gesamtkostenkurve. Es sei bereits hier darauf hingewiesen, dass Durchschnitts- und Grenzkosten gleich sind, wenn die Gerade und die Tangente zusammenfallen, also die gleiche Steigung aufweisen.

In Abb. 8 sind zu den verschiedenen Gesamtkostenverläufen auch die entsprechenden Durchschnitts- und Grenzkostenkurven abgebildet. Terminologisch ist zu beachten, dass sinkende Durchschnitts- und Grenzkosten nicht regressiv, sondern „degressiv“ genannt werden. Leider ergeben sich hieraus immer wieder Sprachverwirrungen.

Einige Zahlenbeispiele sollen die graphische Darstellung ergänzen. Auf **den Reagibilitätsgrad** (R = Kostenänderung zu Beschäftigungsänderung) wird jeweils verwiesen.

Proportionale (lineare) Gesamtkosten (R = 1):

Ausbringungsmenge (x)	Gesamtkosten (K)	Durchschnittskosten (k)	Grenzkosten (K')
1	15	15	15
2	30	15	15
3	45	15	15
4	60	15	15
5	75	15	15

Degressive Gesamtkosten (0 < R < 1):

Ausbringungsmenge (x)	Gesamtkosten (K)	Durchschnittskosten (k)	Grenzkosten (K')
1	15	15	15
2	28	14	13
3	39	13	11
4	48	12	9
5	55	11	7

Progressive Gesamtkosten (R > 1):

Ausbringungsmenge (x)	Gesamtkosten (K)	Durchschnittskosten (k)	Grenzkosten (K')
1	15	15	15
2	32	16	17
3	51	17	19
4	72	18	21
5	95	19	23

Regressive Gesamtkosten (R < 0):

Ausbringungsmenge (x)	Gesamtkosten (K)	Durchschnittskosten (k)	Grenzkosten (K')
1	15	15,00	15
2	11	5,50	−4
3	8	2,67	−3
4	6	1,50	−2
5	5	1,00	−1

Fixe Gesamtkosten (R = 0):

Ausbringungsmenge (x)	Gesamtkosten (K)	Durchschnittskosten (k)	Grenzkosten (K')
1	15	15,00	15
2	15	7,50	0
3	15	5,00	0
4	15	3,75	0
5	15	3,00	0

Intervallfixe Gesamtkosten (R = 0; 1):

Ausbringungsmenge (x)	Gesamtkosten (K)	Durchschnittskosten (k)	Grenzkosten (K')
1	15	15,00	15
2	15	7,50	0
3	15	5,00	0
4	30	7,50	15
5	30	6,00	0
6	30	5,00	0
7	45	6,43	15
8	45	5,63	0
9	45	5,00	0

Es stellt sich nun die Frage, mit welchem Kostenverlauf man in der Kostentheorie und Kostenrechnungspraxis vorwiegend arbeitet. Zur Beantwortung soll wieder auf die Produktionsfunktion und die Art der ihr zugrunde liegenden Produktionsfaktoren zurückgegriffen werden.

limitationale und substitutionale Produktionsfaktoren

Man unterscheidet in der Produktionstheorie **substitutionale und limitationale Produktionsfaktoren.** Erstere sind dadurch gekennzeichnet, dass sie zur Erstellung der gleichen Ausbringung mehr oder weniger stark gegeneinander ausgetauscht (substituiert) werden können,[71] z. B. menschliche Arbeit gegen Maschinenarbeit oder Werkstoff A gegen Werkstoff B. Die limitationalen Produktionsfaktoren dagegen können nur in einem ganz bestimmten Verhältnis zueinander kombiniert werden. So erfordert (insbesondere in der chemischen Industrie) etwa eine Verdoppelung der Produktionsmenge auch eine Verdoppelung der eingesetzten Rohstoffmengen. Es ist hier nicht möglich, Rohstoff A durch Rohstoff B zu substituieren.

Aus dieser Unterscheidung in substitutionale und limitationale Produktionsfaktoren resultieren zwei verschiedene Typen von Produktionsfunktionen[72] und daraus wiederum **zwei Typen von Kostenfunktionen**, nämlich

71 Gutenberg (1983) nennt einen vollständigen Austausch alternative Substitution (S. 302) und einen nur teilweisen Austausch periphere oder Rand-Substitution (S. 312).

72 Die beiden Produktionsfunktionen (vom Typ A und Typ B) werden hier nicht mehr explizit beschrieben. Ausführliche verbale, graphische und mathematische Erläuterungen finden sich z. B. bei Haberstock (2008), S. 105 ff.

1. die **s-förmige Gesamtkostenfunktion** (auch ertragsgesetzliche Gesamtkostenfunktion genannt),
2. **die lineare Gesamtkostenfunktion.**

Produktionsfunktion Typ A

ad 1. (s-förmige Gesamtkostenfunktion): Die **s-förmige Gesamtkostenfunktion** basiert auf der **Produktionsfunktion vom Typ A,** die eine lange Tradition in der Volkswirtschaftslehre hat und deren Grundlage das sog. Ertragsgesetz oder (genauer) „Gesetz vom abnehmenden Ertragszuwachs" ist. Es geht von **substitutionalen Produktionsfaktoren** aus und besagt (in groben Zügen), dass man durch zunehmenden Einsatz eines Produktionsfaktors bei Konstanz aller anderen Faktoren Erträge erzielt, die zunächst progressiv ansteigen, dann degressiv weitersteigen und schließlich absolut abnehmen (regressiv verlaufen). Die entsprechende ertragsgesetzliche Gesamtkostenfunktion hat den in Abb. 9 dargestellten s-förmigen Verlauf.

Als Rechenbeispiel zur ertragsgesetzlichen Gesamtkostenkurve sei folgende Funktion gegeben:

(7) $$K = 600 + 60x - 1{,}5x^2 + 0{,}02x^3$$

Hierin gibt das erste Glied die Fixkosten (K_F) an und die anderen drei Glieder beschreiben den Verlauf der variablen Kosten (K_v).

Einige Werte dieser Funktion sind in der folgenden Wertetafel zusammengestellt und in Abb. 9 maßstabgetreu abgebildet:

	0	**1**	**10**	**20**	**30**	**40**	**50**	**60**
K	600	658,5	1.070	1.360	1.590	1.880	2.350	3.120

Es sollen nun die Funktionen der

- Grenzkosten (K'),
- gesamten Durchschnittskosten (k) und
- variablen Durchschnittskosten (k_v)

kritische Kostenpunkte

untersucht und bestimmte Werte, die sogenannten kritischen Kostenpunkte, errechnet werden. Man kann dies z. B. erreichen, indem man eine Tabelle aufstellt und für alternative Ausbringungsmengen die verschiedenen Kostenwerte ermittelt. Im Folgenden wird dagegen analytisch vorgegangen.

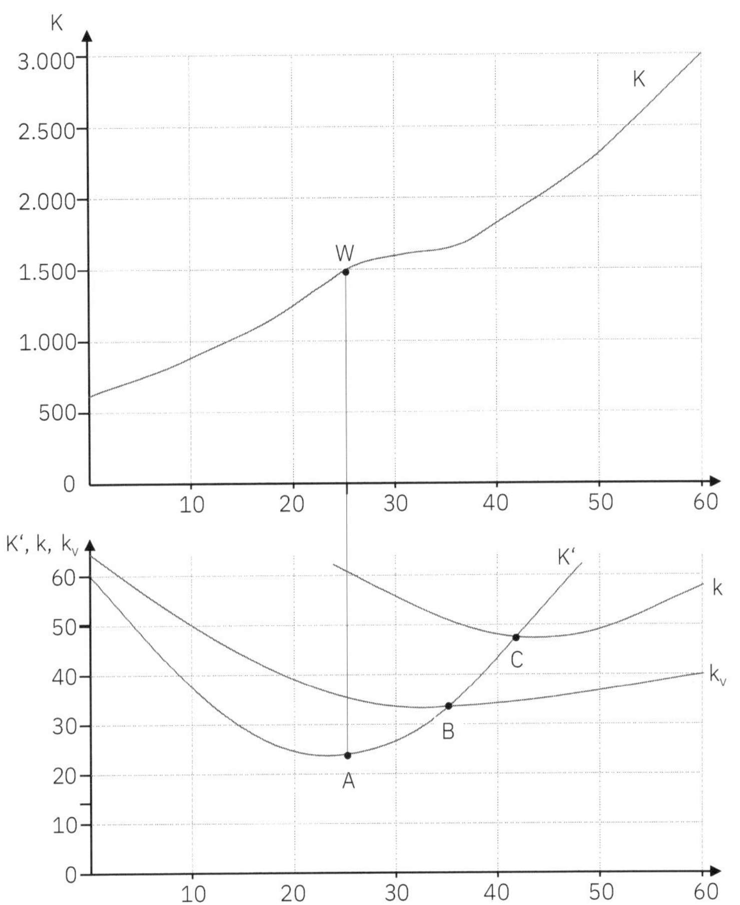

Abb. 9: *Ertragsgesetzlicher Kostenverlauf der Produktionsfunktion „Typ A"*

Die Grenzkosten als 1. Ableitung von (7) entsprechen der Funktion

(8) $$\frac{dK}{dx} = K^{'} = 60 - 3x + 0{,}06x^2$$

Man erhält ihr Minimum (vgl. Punkt A in Abb. 9), das durch den Wendepunkt der Gesamtkostenkurve gekennzeichnet ist, indem man die zweite Ableitung Null setzt, nach x auflöst und wieder in (8) einsetzt:

(9) $$K^{''} = 0 = -3 + 0{,}12x$$

$$x = 25$$

$$K'_{Min} = 22{,}50$$

Betriebs-
optimum

Die **gesamten Stückkosten** (gesamten Durchschnittskosten) haben wegen (5) den Verlauf

(10) $$\frac{K}{x} = k = \frac{600}{x} + 60 - 1{,}5x + 0{,}02x^2$$

Ihr **Minimum** (vgl. Punkt C in Abb. 9) liegt dort, wo die Kurve der gesamten Stückkosten die der Grenzkosten schneidet, denn bei diesem Abszissenwert hat die Tangente an die Gesamtkostenkurve die gleiche Steigung wie die Gerade aus dem Ursprungspunkt; man setzt also (8) und (10) gleich, löst nach x auf und setzt in (8) oder (10) ein:

(11) $$60 - 3x + 0{,}06x^2 = \frac{600}{x} + 60 - 1{,}5x + 0{,}02x^2$$

$$x \approx 44{,}93$$

$$k_{Min} \approx 46{,}33$$

Der Punkt C (Minimum der gesamten Stückkosten) wird häufig **Betriebsoptimum** genannt, denn hier ist die Relation von Ausbringung und Gesamtkosten am günstigsten.[73] Man kann ihn auch als langfristige Preisuntergrenze bezeichnen, weil auf lange Sicht der Preis nicht unter die gesamten Stückkosten sinken darf.

Die **variablen Stückkosten** (variablen Durchschnittskosten) haben den Verlauf

(12) $$\frac{K_V}{x} = k_V = 60 - 1{,}5x + 0{,}02x^2$$

Ihr **Minimum** (vgl. Punkt B in Abb. 9) liegt dort, wo die Kurve der variablen Stückkosten die der Grenzkosten schneidet, denn bei diesem Abszissenwert hat die Tangente an die Gesamtkostenkurve die gleiche Steigung wie die Gerade aus dem Schnittpunkt der Kurve mit der Ordinate. Die Berechnung erfolgt analog zu k; man setzt (8) und (12) gleich, löst nach x auf und setzt in (8) oder (12) ein:

(13) $$60 - 1{,}5x + 0{,}02x^2 = 60 - 3 + 0{,}06x^2$$

$$x = 37{,}5$$

$$k_{v,\ Min} = 31{,}875$$

Kurzfristige
Preisuntergrenze

Der Punkt B wird häufig **Betriebsminimum** genannt, denn die variablen Stückkosten geben die kurzfristige (absolute) Preisuntergrenze an.

73 Das Betriebsoptimum darf nicht mit dem Gewinnmaximum verwechselt werden. Letzteres wird bei der Ausbringungs- bzw. Absatzmenge erreicht, bei der die Grenzkosten gleich dem Grenzumsatz sind.

Wenn der Preis diese Kosten nicht deckt, muss (normalerweise) die Produktion eingestellt werden.

Die Minima der variablen und gesamten Stückkosten kann man auch einfacher errechnen, indem man die 1. Ableitung der Funktionen (10) bzw. (12) bildet, diese Null setzt und nach x auflöst.

Gutenberg-Produktionsfunktion Typ B

ad 2. (lineare Gesamtkostenfunktion): Die lineare Gesamtkostenfunktion basiert auf der Produktionsfunktion vom Typ B, die maßgebend von GUTENBERG entwickelt wurde und die von limitationalen Produktionsfaktoren ausgeht. In einer Produktionsfunktion – wie in (1) formuliert – werden direkte Abhängigkeiten der Faktorverbrauchsmengen von der Ausbringung wiedergegeben. GUTENBERG geht an dieser Stelle gleichsam einen Schritt zurück und untersucht, welche Faktoren wiederum den Faktorverbrauch bestimmen. Er kommt zu dem Ergebnis:

> *„Die Verbrauchsmengen sind nicht unmittelbar, sondern mittelbar von der Ausbringung abhängig und zwar über die ‚zwischengeschalteten' Produktionsstätten (Betriebsmittel, Arbeitsplätze, Anlageteile). In ihnen werden die Beziehungen zwischen Produktmengen und Verbrauchsmengen wie in einem Prisma gebrochen. Es sind die technischen Eigenschaften der Aggregate und Arbeitsplätze, die den Verbrauch an Faktoreinsatzmengen bestimmen. Und zwar in durchaus gesetzmäßiger und keineswegs willkürlicher Weise.“*[74]

Diese Gesetzmäßigkeiten, nach denen sich der Faktorverbrauch vollzieht, werden von GUTENBERG durch sog. Verbrauchsfunktionen ausgedrückt.

Verbrauchsfunktion

Eine **Verbrauchsfunktion** gibt die funktionalen Beziehungen zwischen dem Verbrauch einer Faktorart für eine Ausbringungseinheit und der technischen Leistung (Intensität) eines Betriebsmittels wieder. Die Intensität (Laufgeschwindigkeit) eines Betriebsmittels entspricht hierbei dem physikalisch-technischen Begriff der „Arbeit pro Zeiteinheit“ und wird durch Maßgrößen wie z. B. „Ausbringungsmenge pro Stunde“ oder „Umdrehungen pro Minute“ ausgedrückt.[75]

Für viele Maschinen besteht aufgrund ihrer technischen Daten ein Spielraum, in dem man die Intensität (stufenweise oder stufenlos) variieren kann. Seine Obergrenze ist die Maximalintensität, seine Untergrenze die Minimalintensität, die meistens nicht bei null, sondern darüber liegt,

74 Gutenberg (1983), S. 328.

75 Verbrauchsfunktionen sind Spezialfälle der sog. „engineering production functions“, die aufgrund naturwissenschaftlicher und technischer Überlegungen den Faktorverbrauch in Abhängigkeit von einer Reihe technischer Größen darzustellen versuchen.

weil erst ab einer bestimmten Mindestintensität von einer ‚einwandfreien' Funktion des Betriebsmittels gesprochen werden kann.

Der Verbrauch an Produktionsfaktoren pro Ausbringungseinheit ist grundsätzlich für jeden Intensitätsgrad verschieden; man kennt deshalb auch sehr unterschiedliche Verläufe von Verbrauchsfunktionen. Typisches und in der Literatur oft zitiertes Beispiel ist die u-förmige Verbrauchsfunktion für den Benzinverbrauch eines Ottomotors: Wird die Drehzahl pro Minute über die Normalintensität hinaus gesteigert, so sinkt zunächst der Benzinverbrauch pro Arbeitseinheit (z. B. pro 100 km Fahrstrecke). Nach Erreichen des Optimums (beim minimalen Kraftstoffverbrauch pro 100 km) steigt aufgrund der erhöhten Leistung des Motors auch der Benzinverbrauch wieder an.

Änderungen der Intensität haben also in der Regel auch Änderungen der Faktorverbrauchsmengen zur Folge; allerdings verhalten sich die Faktorverbrauchsmengen zueinander bei jeder Intensität limitational.

linearer Gesamtkostenverlauf

Das wichtigste Ergebnis der Theorie GUTENBERGs besteht nun darin, dass die aus den Verbrauchsfunktionen über die Produktionsfunktionen vom Typ B abgeleiteten Gesamtkostenverläufe immer dann linear verlaufen, wenn man von der Voraussetzung einer konstanten Intensität der Betriebsmittel ausgeht.[76]

Als Rechenbeispiel zur linearen Gesamtkostenkurve sei folgende Funktion gegeben:

(14) $$K = 500 + 40x$$

Hierin gibt das erste Glied wiederum die Fixkosten (K_F) an.

Einige Werte dieser Funktion sind in der folgenden Tabelle zusammengestellt und in Abb. 10 abgebildet:

	0	1	10	20	30	40	50	60
K	600	658,5	1.070	1.360	1.590	1.880	2.350	3.120

76 Vgl. hierzu ausführlich Haberstock (2008), S. 115 ff.

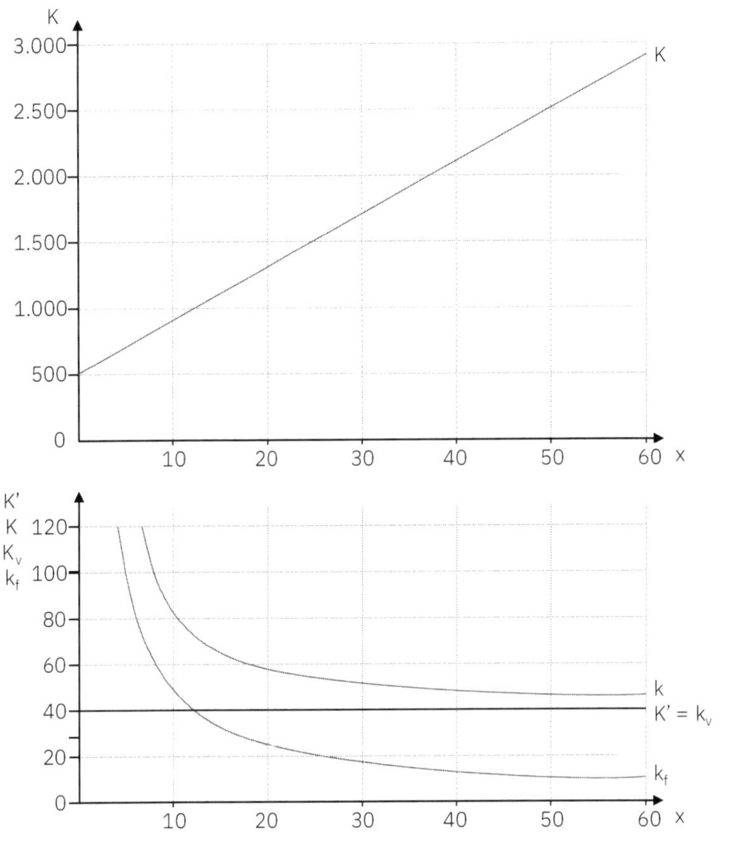

***Abb. 10:** Linearer Kostenverlauf der Produktionsfunktion „Typ B“*

Die Grenzkosten als Steigung der Funktion sind konstant und betragen:

(15) $$\frac{dK}{dx} = K^{'} = 40$$

Die variablen Durchschnittskosten sind ebenfalls konstant und so hoch wie die Grenzkosten; sie betragen

(16) $$\frac{K_V}{x} = k_V = \frac{40x}{x} = 40$$

Die fixen Stückkosten (fixen Durchschnittskosten, k_F) errechnet man, indem man die Fixkosten durch die jeweilige Ausbringung dividiert:

(17) $$\frac{K_F}{x} = k_F = \frac{500}{x}$$

Fixkostendegression

Sie weisen den typischen hyperbolischen Verlauf auf, den man allgemein als Fixkostendegression bezeichnet.[77]

Die gesamten Stückkosten setzen sich aus den variablen und den fixen Stückkosten zusammen. Ihre Funktion verläuft also stets in Höhe der (konstanten) variablen Stückkosten über der Funktion (17):

$$(18) \qquad k = \frac{K}{x} = \frac{K_F}{x} + \frac{K_V}{x} = k_F + k_V = \frac{500}{x} + 40$$

In der Betriebswirtschaftslehre hat man lange Zeit diskutiert, ob das Ertragsgesetz und die aus ihm abgeleiteten Kostenverläufe, die ursprünglich aufgrund land- und forstwirtschaftlicher Überlegungen konzipiert wurden, auch für die industrielle Produktion repräsentativ sind. Diese Frage kann auch heute noch nicht als erschöpfend geklärt angesehen werden, zumal empirische Kostenuntersuchungen wegen ihrer praktischen Schwierigkeiten und begrenzten Aussagefähigkeit keine eindeutige Antwort gebracht haben. Man neigt jedoch dazu, den linearen Gesamtkostenverlauf für die industrielle Produktion als repräsentativ zu betrachten, denn in der Mehrzahl der Fälle wird mit konstanten (und optimalen) Intensitäten gearbeitet. Damit wird nicht ausgeschlossen, dass in bestimmten Situationen auch nicht-lineare Kostenverläufe auftreten können; so lässt sich z. B. nachweisen, dass bei rein intensitätsmäßiger Anpassung eines Betriebsmittels, welches eine u-förmige aggregierte Verbrauchsfunktion aufweist, ein s-förmiger Gesamtkostenverlauf resultiert, der äußerlich dem ertragsgesetzlichen Kostenverlauf entspricht, wenngleich er einen völlig anderen theoretischen Hintergrund, nämlich die Produktionsfunktion vom Typ B, hat.[78]

Kostenfunktionen für Betriebsteile

Ein weiterer wesentlicher Unterschied zwischen der Kostentheorie aufgrund der Produktionsfunktionen vom Typ A und B besteht darin, dass die GUTENBERGsche Theorie im Gegensatz zum Ertragsgesetz nicht mehr zu Kostenfunktionen für den (Einprodukt-)Gesamtbetrieb führt, sondern nur noch Kostenfunktionen für betriebliche Teilbereiche (Abteilungen, Maschinen, Arbeitsplätze) aufstellt und neben der Ausbringungsmenge auch andere Bezugsgrößen (z. B. Maschinenstunden, Intensitäten, Rüststunden, Arbeitsverrichtungen) als Maßstab der Kostenverursachung verwendet.

77 In Abb. 9 ist diese Funktion aus Gründen der Übersichtlichkeit nicht enthalten, wohl aber in Abb. 10.

78 Vgl. auch den Hinweis auf die unterschiedlichen Prämissen hinsichtlich „partieller" und „totaler" Faktorvariation bei Haberstock (2008), S. 160.

> Die Kostenrechnung, insbesondere in der Form der Grenzkostenrechnung, geht heute primär von linearen Kostenverläufen aus.

2.3 Prinzipien der Kostenverrechnung

Grundprinzipien der Kostenverrechnung

Die Verrechnung (Verteilung, Zurechnung, Zuordnung) der Kosten innerhalb der Kostenarten-, Kostenstellen- und Kostenträgerrechnung erfolgt nach bestimmten Grundprinzipien, die sich in Theorie und Praxis im Laufe der Zeit herausgebildet haben. Dabei lassen sich zwei Arten von Kostenverrechnungsprinzipien unterscheiden: Zum einen Prinzipien, mit denen eine **möglichst wirklichkeitsgetreue Abbildung der Kostenentstehung** erzielt werden soll. Hierzu zählen das:

- Verursachungsprinzip,
- Identitätsprinzip.

Zum anderen (Hilfs-)Prinzipien, die die Kosten, die nicht verursachungs- oder identitätsgerecht zurechenbar sind, **nach bestimmten Verfahren** verteilen. Hierzu gehören das:

- Durchschnittsprinzip,
- Tragfähigkeitsprinzip.

Verursachungsprinzip allgemein

Das **Verursachungsprinzip** besagt in seiner allgemeinen Form, dass einem bestimmten Bezugsobjekt nur jene Kosten zugerechnet werden dürfen, die dieses verursacht hat. Solche Bezugsobjekte können neben dem einzelnen Kostenträger beispielsweise sein: Die Gesamtheit der Kostenträger einer Produktart, eine Produktgruppe, eine Kostenstelle, ein Betriebsbereich. Man kann das Verursachungsprinzip über die Kostenträger- und Kostenstellenrechnung hinaus auch für die Kostenartenrechnung als gültig betrachten: Dort besagt es, dass als Kosten nur jener bewertete Verzehr an Gütern und Dienstleistungen verrechnet werden darf, der durch die (typische) betriebliche Leistungserstellung verursacht worden ist; andernfalls liegt neutraler Aufwand vor.[79]

Verursachungsprinzip speziell

> In seiner speziellsten und praktisch bedeutsamsten Form bezieht sich das Verursachungsprinzip nur auf den Kostenträger und besagt, dass dem einzelnen Kostenträger nur jene Kosten zugerechnet werden dürfen, die dieser verursacht hat.

Das Verursachungsprinzip ist unterschiedlich weit formuliert worden:

79 In der Kostenartenrechnung wird das Verursachungsprinzip dazu verwandt, den Leistungs- bzw. Sachzielbezug zu konkretisieren.

Kausalitätsprinzip

> Nach kausaler Interpretation (Kausalitätsprinzip) besteht zwischen dem Kostenträger und den Kosten ein **Ursache-Wirkungs-Zusammenhang.**

Der Kostenträger ist der Kostenverursacher. Dem Kostenträger sind nur jene Kosten zurechenbar, die bei der Erstellung einer zusätzlichen Kostenträgereinheit zusätzlich anfallen bzw. bei der Einschränkung der Leistungserstellung um eine Einheit wegfallen.

Behandlung von Fixkosten

Wie leicht einzusehen ist, kann das Kausalitätsprinzip bei der Verrechnung der Fixkosten in der Kostenträgerrechnung nicht eingehalten werden;[80] daraus ergibt sich die Konsequenz, Fixkosten überhaupt nicht mehr auf einzelne Kostenträger zu verrechnen. Diesen Weg geht die Grenzkostenrechnung, die den einzelnen Kostenträgern nur die variablen Kosten zurechnet, weil nach dem Kausalitätsprinzip nur diese verursachungsgerecht zugeordnet werden können.

Finalitätsprinzip

> In seiner finalen Interpretation wird das Verursachungsprinzip als **Zweck-Mittel-Beziehung** aufgefasst.

Während nach dem Kausalitätsprinzip die Kosten durch die Leistungserstellung verursacht werden (d. h. die Kosten würden ohne die Leistung nicht entstehen), sind nach dem Finalitätsprinzip die Kosten (nur) Mittel zum Zweck der Leistungserstellung (d. h. die Leistung würde ohne die Kosten nicht entstehen; es können aber Kosten ohne Leistung entstehen). Sie wirken auf die Leistungserstellung ein, weshalb man mit KOSIOL auch vom „Kosteneinwirkungsprinzip" spricht.[81]

Behandlung von Fixkosten

Wie sieht nun die Lösung des **Fixkostenproblems nach dem Finalitätsprinzip** aus? Die Fixkosten sind als Mittel zum Zweck der Aufrechterhaltung der Betriebsbereitschaft eingesetzt worden und können deshalb der Gesamtheit der im Rahmen dieser Kapazität hergestellten Leistungen zugerechnet werden.[82] Bestimmte Fixkosten können danach auch einer einzelnen Kostenstelle[83] oder einem einzelnen Kostenträger[84] verursachungsgerecht zugerechnet werden. Es können aber auch nach

80 Darüber hinaus wird deutlich, dass das Kausalitätsprinzip nicht als Maßstab der Sachzielbezogenheit in der Kostenartenrechnung Verwendung finden kann, da für fixe Kosten keine Leistungsbezogenheit nach dem Kausalitätsprinzip vorliegt.

81 Vgl. Kosiol (1969), S. 27 f.

82 Nach dem Finalitätsprinzip wird somit der Leistungs-, bzw. Sachzielbezug auch für Fixkosten bejaht.

83 Z. B. das Gehalt eines in einer Kostenstelle tätigen Meisters.

84 Z. B. der Zeitlohn eines Beschäftigten, der diesen Kostenträger bearbeitet bzw. hergestellt hat.

dem Finalitätsprinzip nicht alle Fixkosten verursachungsgerecht verteilt werden. Man denke z. B. an das Gehalt eines in einer Kostenstelle tätigen Meisters, das den in dieser Stelle bearbeiteten Produktarten zugeordnet werden soll. Die Konsequenz einer verursachungsgerechten Zurechnung im Sinne des Finalitätsprinzip wäre eine Kostenrechnung, die variable und bestimmte Fixkosten dem Kostenträger zurechnet.[85]

Identitätsprinzip

Nach RIEBEL bestehen „zwischen verzehrten Kostengütern und den entstandenen Leistungsgütern weder kausale noch finale Beziehungen.“[86] Ausgehend von der Überlegung, dass die eigentlichen Kostenquellen in einem Unternehmen die Entscheidungen (= Dispositionen) sind, ist eine Kostenzurechnung nach RIEBEL nur nach dem **Identitätsprinzip** möglich.[87]

> Nach dem **Identitätsprinzip** sind Kosten „einem Untersuchungsobjekt nur dann eindeutig und zwingend zurechenbar, wenn die Existenz dieses Untersuchungsobjekts durch dieselbe Disposition ausgelöst worden ist wie eben diese zuzurechnenden ... Kosten ...“[88].

Nur diese von RIEBEL auch als echte Einzelkosten[89] bezeichneten Kosten sind dem Bezugsobjekt zuzuordnen bzw. auf den Kostenträger zu verteilen.[90]

Für jene Fälle, in denen man ohne Rücksicht auf das Verursachungsprinzip oder Identitätsprinzip volle Stückkosten ermitteln möchte (z. B. für die steuerbilanzielle Bestandsbewertung), behilft man sich mit dem Durchschnitts- oder Tragfähigkeitsprinzip.

---

85 Ein anderer Versuch, das Verursachungsprinzip zu konkretisieren, wurde mit dem Proportionalitätsprinzip unternommen. Danach soll eine Zurechnung nur aufgrund proportionaler Beziehungen zwischen Kosten und Kostenträger erfolgen. Kritisch ist hier allerdings anzumerken, dass Proportionalität nicht zwingend Verursachung bedeutet.

86 Riebel (1990), S. 75.

87 Vgl. Riebel (1994), S. 13 ff.

88 Riebel (1972), S. 272.

89 Einzelkosten sind die Kosten, die dem Kostenträger unmittelbar zurechenbar sind; Gemeinkosten sind dagegen dem Kostenträger nur indirekt zurechenbar. Riebel belegt die Begriffe Einzel- und Gemeinkosten also mit einem anderen Inhalt.

90 Riebel macht somit eine Zurechnung von Kosten auf die Kostenträger nicht – wie z. B. die Grenzkostenrechnung – davon abhängig, ob es sich um variable oder fixe Kosten, sondern vielmehr davon, ob es sich um Einzel- oder Gemeinkosten handelt. Die Abgrenzung zwischen Kausalitäts- und Identitätsprinzip ist schwierig, da auch das Identitätsprinzip kausale Zusammenhänge berücksichtigt. Deshalb wird das Identitätsprinzip in der Literatur zum Teil auch als Konkretisierung des Kausalitätsprinzips verstanden. Gegen diese Interpretation spricht sich Riebel aber explizit aus (vgl. Riebel (1994), S. 13 f.).

Durchschnitts-prinzip

Beim **Durchschnittsprinzip** (Prinzip der Durchschnittsbildung) lautet die Fragestellung: Welche Kosten entfallen im Durchschnitt auf welchen Kostenträger?

- Im Falle eines Einprodukt-Betriebes werden also die gesamten Fixkosten einfach durch die gesamte Leistungsmenge dividiert.
- Im Falle des Mehrprodukt-Betriebes muss diese Verteilung mit Hilfe bestimmter Schlüsselgrößen (Bezugsgrößen) vorgenommen werden.[91]

Tragfähigkeits-prinzip

Nach dem **Tragfähigkeitsprinzip** (Prinzip der Kostentragfähigkeit, Belastbarkeits- oder Deckungsprinzip) verrechnet man die nicht verursachungsgemäß (bzw. identitätsgerecht) zurechenbaren Kosten im proportionalen Verhältnis zu den Absatzpreisen oder Deckungsbeiträgen[92] der Kostenträger auf eben diese Kostenträger.

Für Kontroll- und dispositive Zwecke sind derartige Kalkulationsergebnisse ungeeignet, da sie nicht mehr das reine Spiegelbild des innerbetrieblichen Kombinationsprozesses sind, nachdem die Absatzmarktpreise als externe Daten die Kostenhöhe beeinflussen.[93]

91 Es wird deutlich, dass durch die Anwendung des Durchschnittsprinzips lediglich eine rechnerische Proportionalität zwischen Kosten- und Kostenträger entsteht. Man spricht in diesem Zusammenhang auch von der Proportionalisierung der Fixkosten.

92 Unter dem Deckungsbeitrag eines Kostenträgers (Produktes) versteht man die Differenz zwischen Stückerlös und variablen Stückkosten. Der Deckungsbeitrag wird auch Bruttogewinn genannt und vom Nettogewinn unterschieden, der die Differenz zwischen Preis und gesamten Stückkosten angibt.

93 Nach Kilger kommt die Verrechnung der Kosten nach dem Tragfähigkeitsprinzip insbesondere für die Bestimmung von Wertansätzen zur Bewertung von Halb- und Fertigfabrikaten in Frage (vgl. Kilger (1993), S. 6). Relativ häufige Anwendung findet das Tragfähigkeitsprinzip bei der Kuppelkalkulation nach der Verteilungsmethode.

3 Teilbereiche der Kostenrechnung

3.1 Übersicht

Skizzierung der Teilbereiche der Kostenrechnung

Die Kostenrechnung gliedert sich in die **Teilbereiche Kostenarten-, Kostenstellen- und Kostenträgerrechnung.** In der **Kostenartenrechnung** werden zunächst sämtliche Kosten erfasst und nach Kostenarten gegliedert. Dabei erfolgt u. a. eine Untergliederung nach Kosten, die den Kostenträgern unmittelbar zugerechnet werden können (Einzelkosten) und nach Kosten, bei denen diese unmittelbare Zurechnung nicht möglich ist (Gemeinkosten). Diese Gemeinkosten werden in der **Kostenstellenrechnung** den Kostenstellen (möglichst) verursachungsgerecht zugeordnet. Die Beanspruchung der einzelnen Kostenstellen durch die Kostenträger ist dann Maßstab für die (indirekte) Zuordnung der Gemeinkosten auf die Kostenträger. Dies geschieht in der **Kostenträgerrechnung,** in der auch die Einzelkosten aus der Kostenartenrechnung den Kostenträgern direkt zugerechnet werden. Dieser Zusammenhang ist noch einmal in Abb. 11 dargestellt.

Aufgabenorientierung der Kostenarten-, Kostenstellen-, Kostenträgerrechnung

Die konkrete Ausgestaltung dieses sehr grob skizzierten Abrechnungsweges wird bestimmt durch das zugrundeliegende Kostenrechnungssystem. Hierunter versteht man Systeme, die die Kosten nach vorgegebenen Regeln erfassen, speichern und auswerten. Die Ausgestaltung des Kostenrechnungssystems und damit auch der Kostenarten-, Kostenstellen-, und Kostenträgerrechnung ist ausgerichtet an der Aufgabe **(Planung, Kontrolle, Dokumentation)**, die durch das System erfüllt werden soll. „Je nach dem zu verfolgenden Zweck wird die Umgrenzung, Gliederung und Bewertung der Kosten ... sowie das rechnungstechnische Verfahren verschieden sein."[94] So ist z. B. eine andere Ausgestaltung der Kostenrechnung notwendig, wenn Zahlenmaterial für die Disposition der Geschäftsleitung (sogenannte entscheidungsrelevante Kosten),[95] für die **Wirtschaftlichkeitskontrolle** oder für die **Berechnung bilanzieller Herstellung**skosten geliefert werden soll.

94 Schmalenbach (1963), S. 269.

95 Hummel definiert diese entscheidungsrelevanten Kosten als „die Kosten, die in einer bestimmten Entscheidungssituation zusätzlich in Kauf genommen werden müßten, wenn man eine geplante Aktion ausführte, bzw. die wegfielen oder gar nicht erst entstünden, wenn man die erwogene Maßnahme nicht ergriffe." (Hummel (1992), S. 79).

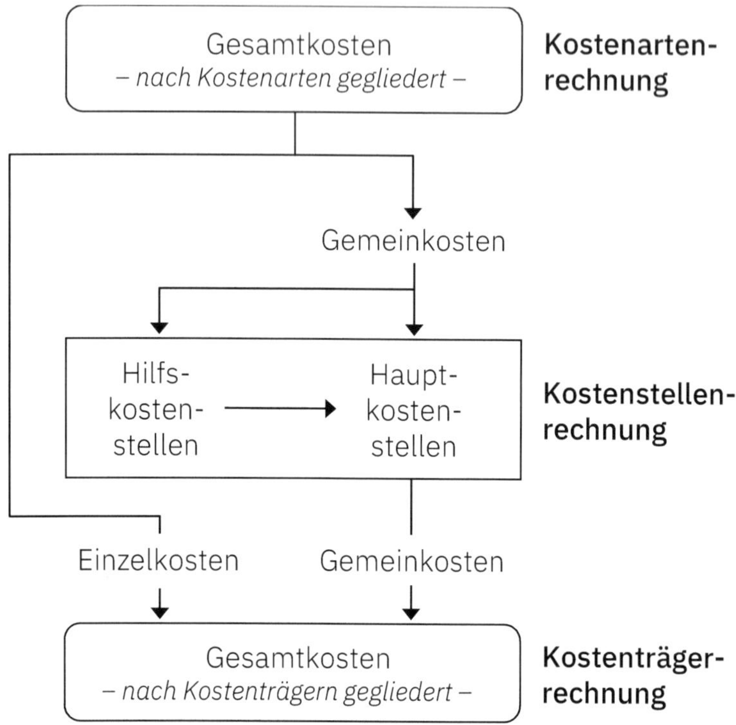

Abb. 11: *Verrechnung der Kosten von der Kostenarten – über die Kostenstellen – in die Kostenträgerrechnung*

Die folgenden Ausführungen zur Kostenarten- und auch zur Kostenstellen- und Kostenträgerrechnung sollen – soweit wie möglich – unabhängig vom Rechnungszweck den Abrechnungsweg der Kosten über die drei Teilbereiche der Kostenrechnung aufzeigen.

3.2 Kostenartenrechnung

3.2.1 Aufgaben der Kostenartenrechnung

Erfassung statt Rechnung

Die Kostenartenrechnung steht am Anfang der laufenden Kostenrechnung und dient der Erfassung und Gliederung aller im Laufe der jeweiligen Abrechnungsperiode angefallenen Kostenarten. Ihre Fragestellung lautet: **Welche Kosten sind angefallen?** Es handelt sich also bei der Kostenartenrechnung nicht um eine besondere Art der Rechnung, sondern lediglich um die geordnete **Erfassung der Kosten**.[96] Diese Erfassung der Kosten wird in Zusammenarbeit mit den organisatorischen Teileinheiten des Unternehmens durchgeführt. Vergleiche insoweit den Informationsfluss in Abb. 3.

Die Kostenartenrechnung hat somit die Aufgabe

Aufgaben der Kostenartenrechnung

- zunächst zu klären, was Kosten sind (dies hängt vom verwendeten Kostenbegriff ab);
- die Grundlagen für eine exakte, überschneidungsfreie und eindeutige Zuordnung der Kosten auf Kostenstellen und Kostenträger zu schaffen; sie dient somit der Vorbereitung der Kostenstellen- und Kostenträgerrechnung;[97]
- eine kostenartenorientierte Planung und Kontrolle zu ermöglichen;[98]
- eine Informationsbasis für Entscheidungszwecke bereitzustellen.

3.2.2 Einteilungsmöglichkeiten der Kosten

Die gesamten Kosten einer Abrechnungsperiode lassen sich nach verschiedenen Gesichtspunkten einteilen. Die **wichtigsten Einteilungsmöglichkeiten,** die allerdings für die Kostenartenrechnung nicht alle gleich bedeutsam sind, werden im Folgenden aufgezählt:[99]

Einteilung nach Produktionsfaktoren

1. Verwendet man als Gliederungskriterium die **Art der verbrauchten Produktionsfaktoren,** so erhält man folgende Einteilung:
    - Werkstoffkosten,
    - Personalkosten,
    - Dienstleistungskosten,
    - Steuern, Gebühren, Beiträge,
    - Betriebsmittelkosten.[100]

96 Vgl. zur Kostenartenrechnung auch Däumler/Grabe (2013a), S. 105 ff., Friedl/Hofmann/Pedell (2017), S. 157 ff. oder Weber/Weißenberger (2015), S. 313 ff.

97 Hierunter fallen somit eine zweckentsprechende Gliederung, die Festlegung der Zuordnung und die vollständige und richtige Erfassung der Kosten.

98 Vgl. Friedl/Hofmann/Pedell (2017), S. 156 ff. Dies lässt sich auch als Kostenarten-Controlling bezeichnen.

99 Vgl. Wöhe/Döring/Brösel (2016), S. 859 ff; vgl. Weber/Weißenberger (2015), S. 313 ff.

100 Die Betriebsmittelkosten umfassen die Abschreibungen, Reparatur- und Instandhaltungskosten sowie die Zinsen. Bei der Erfassung ausgewählter Kostenarten werden im Folgenden nicht die Betriebsmittelkosten als solche, sondern die kalkulatorischen Kosten (Abschreibungen, Zinsen, Unternehmerlohn, Mieten und Wagnisse) behandelt.

Diese Gruppen lassen sich natürlich noch weiter differenzieren, doch sollen hier zunächst lediglich das Grundprinzip dargestellt werden.

Einteilung nach Funktionen

2. Nach den **betrieblichen Funktionen** unterteilen sich die Kosten in
   - Beschaffungskosten,
   - Fertigungskosten,
   - Vertriebskosten,
   - Verwaltungskosten.

Diese Einteilung stimmt bei weiterer Differenzierung mit der Verteilung der Kosten auf die Kostenstellen überein.

Einteilung nach Verrechnungsart

3. Nach der **Art der Verrechnung** gliedert man in
   - Einzelkosten,
   - Gemeinkosten.[101]

Einzelkosten

Einzelkosten (direkte Kosten) lassen sich direkt den einzelnen betrieblichen Leistungen (Kostenträgern) zurechnen, d. h. sie werden unmittelbar aus der Kostenartenrechnung ohne Verrechnung über die Kostenstellen auf die Kostenträger kalkuliert. Beispiele sind das Holz in der (Holz-)Möbelindustrie (Einzelmaterialkosten) oder die meisten Akkordlöhne (Einzellohnkosten).

Sondereinzelkosten

Sondereinzelkosten sind zwar nicht pro Stück, aber **pro Auftrag** erfassbar. Zu den Sondereinzelkosten der Fertigung zählt man z. B. die Kosten für Modelle, Spezialwerkzeuge oder Lizenzgebühren. Sondereinzelkosten des Vertriebs sind Kosten für Verpackungsmaterial, Frachten, auftragsbezogene Werbekosten usw.

Gemeinkosten

Gemeinkosten (indirekte Kosten) dagegen sind nicht unmittelbar, sondern nur indirekt den einzelnen Kostenträgern zurechenbar. Bei ihnen ist das Verursachungsprinzip schwerer (oder gar nicht) einzuhalten, weil sie nicht von einer Produkteinheit allein verursacht worden sind; sie werden deshalb abrechnungstechnisch über die einzelnen Kostenstellen geleitet und mit Hilfe besonderer Bezugsgrößen (Schlüsselgrößen) verteilt. Beispiele sind die Gehälter der Unternehmensleitung, die Feuerversicherungsprämien für die Produktionsgebäude oder die Treibstoffkosten des Fuhrparks.

unechte Gemeinkosten

Von **unechten Gemeinkosten** spricht man bei Kosten, die den Leistungen zwar direkt zurechenbar sind, also Einzelkosten sind, die aber aus Gründen der abrechnungstechnischen Vereinfachung wie Gemeinkosten behandelt werden. Beispiele können die Kosten für Hilfs- und Be-

101 Vgl. Wöhe/Döring/Brösel (2016), S. 860; Vahs/Kunz (2015), S. 455.

triebsstoffe sein; man denke an Schrauben, Lacke oder Leim in der Möbelindustrie.[102]

Kostenstelleneinzel- und -gemeinkosten

Der bisher erörterten Einteilung der Kosten in Einzel- und Gemeinkosten liegt die Art der **Verrechnung auf die Kostenträger** zugrunde; gelegentlich spricht man aber auch von **Kostenstelleneinzel- und Kostenstellengemeinkosten** und meint damit die direkte oder indirekte Art der Zurechnung der Kosten auf die Kostenstellen. Diese Begriffe werden hier nicht weiter verwandt, da sie leicht entbehrlich sind und im Übrigen sehr mit der Art und Größe der jeweiligen Kostenstelleneinteilung variieren.

Einteilung nach Beschäftigungsabhängigkeit

4. Die Gliederung der Kosten nach der **Art ihrer Beschäftigungsabhängigkeit** wurde bereits erörtert und führt zu den
   - variablen Kosten,
   - fixen Kosten.

An dieser Stelle stellt sich die Frage nach den Beziehungen zwischen Einzel- und Gemeinkosten einerseits sowie fixen und variablen Kosten andererseits.

Da Einzelkosten durch ein Stück (eine Einheit) verursacht sind, zählen sie eindeutig zu den variablen Kosten, denn sie würden nicht anfallen, wenn dieses Stück (diese Einheit) nicht produziert würde. Eine ebenso eindeutige Aussage ist für die Gemeinkosten nicht möglich; sie können als nicht direkt zurechenbare Kosten sowohl variabel als auch fix sein. In umgekehrter Richtung lässt sich aber eindeutig feststellen, dass fixe Kosten immer Gemeinkosten sein müssen, denn sie werden nicht durch eine einzelne Leistung, sondern durch die Aufrechterhaltung der Betriebsbereitschaft verursacht. Als Ergebnis (vgl. Abb. 12) lässt sich feststellen:[103]

> Fixkosten sind immer Gemeinkosten, aber Gemeinkosten sind nicht immer Fixkosten!

102 Vgl. Coenenberg/Fischer/Günther (2016), S. 75 f.; Friedl/Hofmann/Pedell (2017), S. 163.

103 Vgl. Coenenberg/Fischer/Günther (2016), S. 79 f.

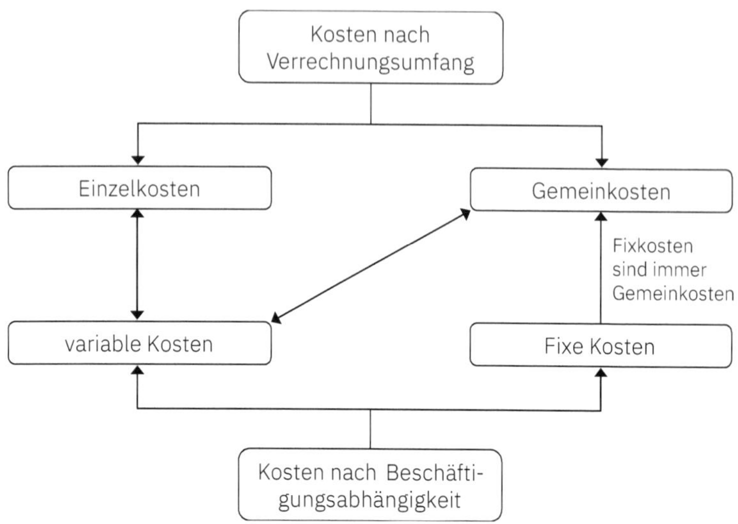

Abb. 12: *Verhältnis Einzel- und Gemeinkosten, variable und fixe Kosten*

Einteilung nach Kostenerfassung

5. Nach der **Art der Kostenerfassung** unterscheidet man
   - aufwandgleiche Kosten,
   - kalkulatorische Kosten.

aufwandgleiche/ kalkulatorische Kosten

Die aufwandgleichen Kosten, die im Normalfall den größten Teil der Kosten ausmachen, stimmen mit den entsprechenden Zahlen der Bilanzrechnung aus der Finanzbuchhaltung überein. Die kalkulatorischen Kosten dagegen werden eigens für Zwecke der Kostenrechnung ermittelt.

Einteilung nach Kostenherkunft

6. Nach der **Art der Herkunft der Kosten** unterscheidet man
   - primäre Kosten,
   - sekundäre Kosten.

primäre Kosten

Die **primären Kosten** werden auch ursprüngliche oder einfache Kosten genannt; ihnen liegen Faktormengen zugrunde, die der Betrieb von den Beschaffungsmärkten, d. h. von außen bezogen hat. Beispiele: Lohnkosten oder Kosten für Büromaterial.

sekundäre Kosten

Sekundäre Kosten sind das geldmäßige Äquivalent des Verbrauchs an innerbetrieblichen Leistungen. Sie entstehen also erst (abrechnungstechnisch in der Kostenstellenrechnung) bei der Erstellung der innerbetrieblichen Leistungen und stellen gleichsam den „Preis“ dieser Leistungen dar, den jene Kostenstellen entrichten müssen, die die Leistungen empfangen. Da zur Erstellung der innerbetrieblichen Leistungen primäre (und auch sekundäre) Kosten erforderlich sind, bezeichnet man die sekundären Kosten auch als gemischte, zusammengesetzte oder abgeleitete Kosten. Beispiele sind Kosten für selbsterstellte Energie, soziale Dienste, Druckerei, Grundstücke und Gebäude, Transport, Kantinenessen oder Reparaturen, die von eigenen Werkstätten ausgeführt werden.[104]

7. Auch nach **Kostenträgern (oder Kostenträgergruppen)** kann man die Gesamtkosten gliedern:
   - Kosten des Produkts 1,
   - Kosten des Produkts 2 etc.

Einteilung nach Kostenträgern

Es stellt sich nun die Frage, nach welchen Kriterien man die Kosten in der Kostenartenrechnung gliedert. Vergegenwärtigt man sich die Weiterverrechnung der Kosten in den anderen kostenrechnerischen Teilbereichen, so erkennt man, dass für die Aufstellung eines Kostenartenplanes[105] kostenstellenorientierte Kriterien (vgl. 2. und 6.) und kostenträgerorientierte Kriterien (vgl. 7. und 3.) nur geringere Bedeutung haben können. Man stellt in erster Linie auf sachliche Kriterien ab, d. h. man **gliedert die Kostenarten regelmäßig nach der Art der verbrauchten Kostengüter** (vgl. 1.). In weiteren Unterteilungen werden dann allerdings auch andere Gliederungsgesichtspunkte zusätzlich berücksichtigt, etwa 3. und/oder 2. Eine solche weitere Gliederung der Kosten könnte wie folgt aussehen:

Gliederung nach Kostengütern

104 Vgl. Coenenberg/Fischer/Günther (2016), S. 90 und 122 f.

105 Vgl. Friedl/Hofmann/Pedell (2017), S. 158 ff. Hierbei handelt es sich um einen umfassenden Katalog aller Kostenarten, die in dem jeweiligen Betrieb auftreten können.

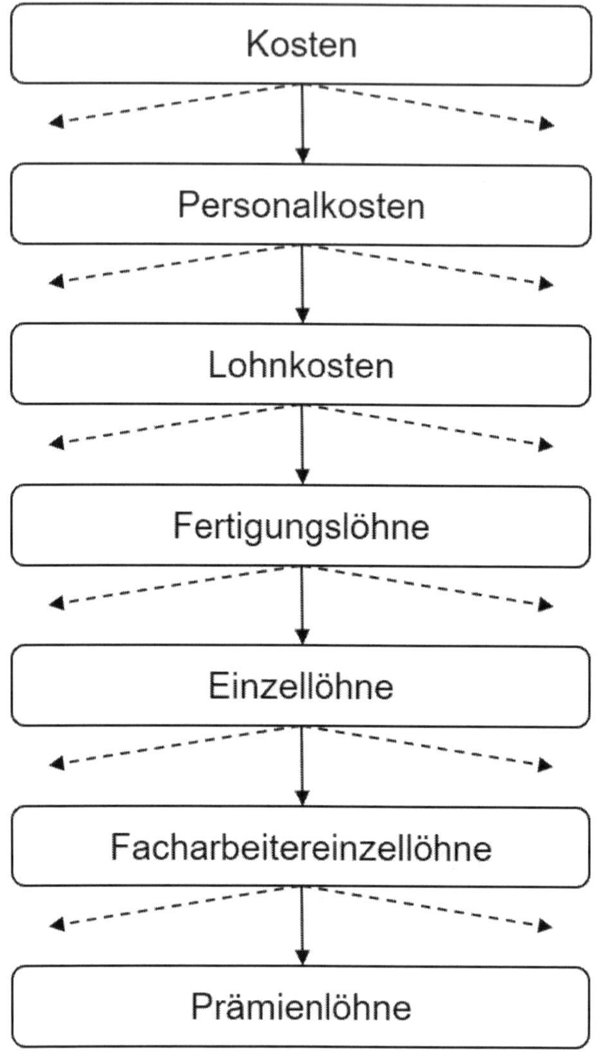

Abb. 13: *Weitere Gliederung von Kostenarten*

Nach den bisherigen Ausführungen zu den Einteilungsmöglichkeiten der Kosten lassen sich vier Grundsätze der Kostenartenrechnung herausstellen:

- **Grundsatz der Reinheit**
  Der Grundsatz der Reinheit (Eindeutigkeit) besagt, dass für den Inhalt einer Kostenart nur eine (primäre) Kostengüterart bestimmend sein darf. Mit der Einhaltung dieses Grundsatzes schafft man „saubere Kostenarten“,[106] denen die anfallenden Kosten zweifelsfrei zugeordnet werden können. Ein Beispiel für „unsaubere Kostenarten“ („Mischkostenarten“) wäre das gleichzeitige Auftreten von „Schlossereikosten“ und „Lohnkosten“. Welcher Position sollen nun die anfallenden Schlosserlöhne zugerechnet werden? Eine unsaubere Kostenart liegt auch fast immer mit den „Sonstigen Kosten“ vor.

Grundsatz der Reinheit

- **Grundsatz der Einheitlichkeit**
  Der Grundsatz der Einheitlichkeit (Überschneidungsfreiheit) besagt, dass durch eindeutige, einheitliche und überschneidungsfreie Kontierungsvorschriften sichergestellt sein muss, dass die Zurechnung der Kosten (Kontierung) aufgrund der vorliegenden Belege einheitlich und schnell erfolgen kann. Aus Gründen der Vergleichbarkeit der Ergebnisse der Kostenrechnung ist es wichtig, die gleichen Kostengüter auch in jeder Abrechnungsperiode den gleichen Kostenarten zuzuordnen. Kontierungsvorschriften können sehr umfangreich sein, da sie den Inhalt jeder Kostenart genau beschreiben und anhand von Beispielen Lösungshinweise für Zweifelsfragen geben.

Grundsatz der Einheitlichkeit

- **Grundsatz der Vollständigkeit**
  Der Grundsatz der Vollständigkeit besagt, dass in die Kostenartenrechnung alle Kosten aufgenommen werden müssen, die in Abhängigkeit vom verwendeten Kostenbegriff die Kosteneigenschaft erfüllen.

Grundsatz der Vollständigkeit

- **Grundsatz der Wirtschaftlichkeit**
  Der Grundsatz der Wirtschaftlichkeit besagt, dass die Kostenartendifferenzierung so zu erfolgen hat, dass die vorgenannten Grundsätze in ökonomisch sinnvoller Weise erfüllt werden können. Je mehr die Grundsätze der Reinheit und Einheitlichkeit erfüllt sind, desto feingliedriger ist die Differenzierung der Kostenarten und desto aufwendiger wird die Tätigkeit der Kostenerfassung.

Grundsatz der Wirtschaftlichkeit

Kostenartenplan (GKR)

Ihren praktischen Niederschlag finden die obigen Überlegungen bei der Ausgestaltung der **Kostenartenpläne** der Betriebe. Ein Beispiel für einen solchen Kostenartenplan findet sich in Abb. 14 mit einer Kurzfassung der Klasse 4 des **„Gemeinschaftskontenrahmens der Industrie“**. Dieser Gemeinschaftskontenrahmen der Industrie (GKR) ist eine 1948/1949 vom Bundesverband der Deutschen Industrie erarbeitete

106 Kilger (1969), S. 868, vgl. Eisele/Knobloch (2011) S. 799 ff.

Gliederungsempfehlung für die Konten der Finanz- und Betriebsbuchhaltung industrieller Betriebe, die sich weitgehend durchgesetzt hat. Es handelt sich hierbei um ein **Rahmenschema,** dessen Anwendung nicht zwingend vorgeschrieben ist, und das nach betriebsindividuellen Gesichtspunkten unterschiedlich gegliedert oder differenziert werden kann.[107]

Bei der Klasse 4 des GKR, den Kostenarten, hängt die Gliederungstiefe von der Art und Größe des Betriebes sowie von dem angestrebten Grad der Genauigkeit bezüglich Kostenkontrolle, Kalkulation und Ermittlung entscheidungsrelevanter Kosten ab.[108] Auf die Gliederung der Klasse 4 des GKR wird auch im folgenden Abschnitt über die Erfassung ausgewählter Kostenarten zurückgegriffen.[109]

40/41	**Material**
400	Stoffverbrauch-Sammelkonto
401-402	Einsatzstoffe
...	...
410-411	Hilfsstoffe
412-415	Betriebsstoffe
416	Verpackungsstoffe
...	...
42	**Brennstoffe, Energie usw.**
420-424	Brenn- und Treibstoffe
425-429	Energie und dergleichen
43-44	**Personalkosten und dergleichen**
45	**Instandhaltung, verschiedene Leistungen**
450-454	Instandhaltung
455	Allgemeine Dienstleistungen
456	Entwicklungs-, Versuchs- und Konstruktionskosten
457-459	Mehr- und Minderkosten
46	**Steuern, Gebühren, Beiträge, Versicherungsprämien u. dergleichen**
460-463	Steuern
464-467	Abgaben, Gebühren und dergleichen
468	Beiträge und Spenden
469	Versicherungsprämien
47	**Mieten, Verkehrs-, Büro- und Werbekosten und dergleichen**
470-471	Raum-, Maschinenmieten und dergleichen
...	...
479	Finanzspesen und sonst. Kosten
48	**Kalkulatorische Kosten**
480	Betriebsbedingte Abschreibungen
481	Betriebsbedingte Zinsen
482	Betriebsbedingte Wagnisprämien
483	Betriebsbedingter Unternehmerlohn
484	Sonstige kalkulatorische Kosten
49	**Innerbetriebliche Kosten und Leistungsverrechnung, Sondereinzelkosten und Sammelverrechnungen**

Abb. 14: *Kurzfassung der Klasse 4 (Kostenarten) des Gemeinschaftskontenrahmens der Industrie (GKR)*

107 Vgl. Coenenberg/Mattner/Schultze (2016), S. 125 ff.; Olfert (2016), S. 242; Däumler/Grabe (2013a), S. 27 oder Weber/Weißenberger (2015), S. 315 ff.

108 Eine sehr weitgehende Unterteilung der Konten findet sich in dem „Gemeinschafts-Kontenplan der Industrie", einer Anlage zum GKR.

109 Im Jahre 1971 ist vom Betriebswirtschaftlichen Ausschuss des Bundesverbandes der Deutschen Industrie ein „Industrie-Kontenrahmen (IKR)" veröffentlicht worden, der sich an der Bilanz- und Gewinn- und Verlustrechnungsgliederung des HGB anlehnt. Vgl. Coenenberg/Fischer/Günther (2016), S. 109 ff.; Drosse (2014), S. 57 f.

3.2.3 Erfassung ausgewählter Kostenarten

3.2.3.1 Werkstoffkosten

Verbrauchsmengenermittlung

Werkstoffkosten (Materialkosten, Stoffkosten) sind die **mit ihren Preisen bewerteten Verbrauchsmengen** an Roh-, Hilfs- und Betriebsstoffen. Ihre Erfassung erfolgt in zwei Schritten: Zunächst werden die Verbrauchsmengen ermittelt und dann bewertet. Hierbei sind organisatorisch die Materialabrechnung, die Betriebsabrechnung und die Finanzbuchhaltung beteiligt. In der Materialabrechnung werden die Verbrauchsmengen festgestellt, die Betriebsabrechnung nimmt die Bewertung[110] und Weiterverarbeitung der Kostenwerte vor, und die Finanzbuchhaltung liefert das für die Bewertung erforderliche Zahlenmaterial.

Zur **Erfassung der Werkstoffverbrauchsmengen** haben sich insbesondere drei Methoden herausgebildet:[111]

1. Inventurmethode,
2. Skontrationsmethode,
3. Rückrechnung (retrograde Methode).

Inventurmethode

Die **Inventurmethode** (Befundrechnung, Bestandsdifferenzrechnung) errechnet den gesamten Verbrauch am Ende der Abrechnungsperiode, indem sie den Lagerabgang als Differenz zwischen Anfangsbestand (AB) und Zugängen einerseits und Endbestand (EB) laut Inventur andererseits bildet:

$$\text{Verbrauch} = \text{AB} + \text{Zugang} - \text{EB}$$

Aus kostenrechnerischer Sicht weist die Inventurmethode eine Reihe von **Nachteilen** auf:

- Da der Verbrauch durch Saldierung ermittelt wird, lässt sich nicht feststellen, für welche Kostenstellen (bzw. Kostenträger) die Lagerentnahmen erfolgten.
- Bestandsminderungen aufgrund von Schwund, Verderb und Diebstahl sind nicht feststellbar und damit auch nicht beeinflussbar. Mit anderen Worten lassen sich Differenzen zwischen Ist- und Sollverbrauch nicht analysieren.
- Da die Abrechnungsperiode in der Kostenrechnung gewöhnlich ein Monat ist, erfordert die monatliche Inventur einen hohen Arbeitsaufwand.

110 Die Bewertung der Werkstoffverbrauchsmengen erfolgt oft auch schon in der Materialabrechnung.

111 Vgl. Wöhe/Döring/Brösel (2016), S. 864 f., Drosse (2014), S. 60 ff.

Man kann also feststellen, dass für Zwecke einer aussagefähigen Kostenrechnung die Inventurmethode im Normalfall wenig geeignet ist.[112] Sie bietet nur in jenen seltenen Fällen Vorteile, in denen körperlich leicht und schnell erfassbare Werkstoffe, die nicht der Gefahr der Bestandsminderung ausgesetzt sind, auch eindeutig in ihrem Verwendungsort und -zweck bekannt sind.

Skontrationsmethode

Die Mängel der Inventurmethode haben zur **Skontrationsmethode (Fortschreibungsmethode)**[113] geführt, bei der nicht nur die Lagerzugänge, sondern auch die Lagerabgänge belegmäßig **mit Hilfe von Materialentnahmescheinen** innerhalb der Lagerbuchhaltung erfasst werden. Den Abgang (Verbrauch) erhält man durch Addition der auf den Materialentnahmescheinen festgehaltenen Mengen:[114]

Verbrauch	=	Summe der Entnahmemengen laut Materialentnahmescheinen

Die Skontrationsmethode beseitigt die Mängel der Inventurmethode; ihre **Vorteile** sind deshalb:

- Verwendungsort und -zweck der Werkstoffe sind genau feststellbar, da jeder Materialentnahmeschein neben anderen Daten die empfangende Kostenstelle und die Auftragsnummer enthält. Sehr gute Möglichkeiten der Weiterverrechnung bietet dabei die elektronische Lagerbuchhaltung.
- Bestandsverminderungen innerhalb des Lagers aufgrund von Diebstahl etc. sind errechenbar, wenn man den buchmäßigen Endbestand mit dem Endbestand laut Inventur vergleicht. Man muss dann zwar auch eine Inventur (mit dem hohen Arbeitsaufwand) durchführen, jedoch nicht monatlich, sondern jährlich oder halbjährlich. Außerdem braucht diese Inventur keine Stichtagsinventur zu sein, sondern kann als permanente Inventur ausgestaltet sein.

Retrograde Methode

Die dritte Möglichkeit zur Ermittlung der Materialverbrauchsmenge ist die **Rückrechnung (retrograde Methode)**. Hier werden die Verbrauchsmengen (unter Berücksichtigung unvermeidbarer Abfälle bei der Bear-

112 Für Zwecke der Finanzbuchhaltung ist sie – allerdings nur jährlich – unerlässlich (vgl. § 240 Abs. 2 HGB).

113 Vgl. zur Skontrationsmethode z. B. auch Döring/Buchholz (2018), S. 90 ff., Drosse (2014), S. 61 oder Eisele/Knobloch (2011), S. 804.

114 Die Schlussfolgerung, die Skontrationsmethode könne zur Ermittlung des Endbestandes für Bilanzierungszwecke verwandt werden, wäre jedoch verfehlt, weil sie lediglich einen Soll-Endbestand und nicht den (nur durch Inventur) feststellbaren Ist-Endbestand ermittelt.

beitung) aus den abgelieferten Stückzahlen der Halb- und Fertigfabrikate abgeleitet:

Verbrauch = Produzierte × Sollverbrauchsmenge pro Stück

Da es sich hierbei um Soll-Verbrauchsmengen handelt, können sonstige Bestandsminderungen an Werkstoffen nur durch zusätzliche Kontrollen, wie Materialentnahmescheine und/oder Inventur ermittelt werden. Die Analyse des Werkstoffverbrauchs wird umso genauer, je mehr der drei Methoden kombiniert angewandt werden.

Verbrauchsbewertung

Für die **Bewertung des Materialverbrauchs** stehen ebenfalls verschiedene Methoden zur Verfügung. Einmal kann man die Mengen mit den durchschnittlichen **Anschaffungspreisen (Einstandspreisen)** bewerten. Der Rechenaufwand ist erheblich, da in jeder Abrechnungsperiode ein neuer Durchschnitt errechnet werden muss. Dem Nachteil dieses Istpreis-Verfahrens[115] versucht man durch Ansatz von Festpreisen zu begegnen, in denen auch **Wiederbeschaffungspreise** oder andere Bewertungsgesichtspunkte berücksichtigt werden können. Festpreis-Verfahren haben darüber hinaus für die Kostenkontrolle eine große Bedeutung, da nur mit ihrer Hilfe Preisschwankungen, die den reinen Faktormengenvergleich stören würden, in Form von Preisabweichungen zu eliminieren sind.

3.2.3.2 Personalkosten

Lohn- und Gehaltsabrechnung

Die Personalkosten werden in erster Linie in der **Lohn- und Gehaltsabrechnung** ermittelt. Sie umfassen alle Kosten, die durch den Einsatz des Produktionsfaktors Arbeit unmittelbar und mittelbar entstanden sind, also folgende Hauptgruppen:

- Löhne,
- Gehälter,
- gesetzliche Sozialkosten,
- freiwillige Sozialkosten,
- sonstige Personalkosten.

Fertigungs- und Hilfslöhne

Bei den Löhnen unterscheidet man **Fertigungs- und Hilfslöhne.** Diese Trennung hat „rechnungstechnischen Charakter. Es sollen die Arbeits-

115 Andere Istpreis-Verfahren sind die Lifo-, Fifo- und Hifo-Methode, die jedoch in der Kostenrechnung keine Bedeutung haben, sondern bei der bilanziellen Bestandsbewertung eingesetzt werden. Vgl. zu diesen Methoden ausführlich Friedl/Hofmann/Pedell (2017), S. 166, Breithecker/Schmiel (2003), S. 210–212 oder Haberstock (1991), S. 128–131.

leistungen, die unmittelbar der Herstellung des Erzeugnisses dienen, von den Arbeiten getrennt werden, die nur mittelbar an der Herstellung beteiligt sind. Ein Werturteil über die Bedeutung der geleisteten Arbeit kann in dieser begrifflichen Unterscheidung nicht erblickt werden. Vielmehr können unter Umständen gerade die Löhne der für den Betrieb wichtigsten Arbeitergruppen (Vorarbeiter, gelernte Arbeiter) unter den Begriff der Hilfslöhne fallen. Auch eine Beurteilung der Wirtschaftlichkeit der Leistungserstellung nach dem Verhältnis der Hilfslöhne zu den Fertigungslöhnen ist nicht angängig, da sich die Höhe der Hilfslöhne aus einer weitgehenden Arbeitsteilung und einer Befreiung der Fertigungsarbeiter von allen nicht zu ihrer eigentlichen Aufgabe gehörenden Arbeiten ergeben kann."[116]

Akkord- und Zeitlohn

Löhne werden als **Akkord- oder Zeitlohn** gezahlt.[117] Diese Unterscheidung stimmt nicht mit der in Fertigungs- und Hilfslöhne und auch nicht mit der in Einzel- und Gemeinkostenlöhne überein. So wie Fertigungslöhne durchaus als Zeitlohn gezahlt werden können, kann es auch vorkommen, dass Hilfslöhne als Akkordlöhne berechnet werden. Einzellöhne (= Einzelkostenlöhne) können nur Fertigungslöhne sein, jedoch können Fertigungslöhne (als Zeitlöhne) auch Gemeinkosten sein. Gehälter sind das Arbeitsentgelt insbesondere für Angestellte; sie werden für bestimmte Zeitabschnitte gezahlt, entsprechen damit einer Zeitentlohnung und sind Gemeinkosten. Auch alle anderen Personalkosten sind stets Gemeinkosten. In Abb. 15 sollen diese Zusammenhänge verdeutlicht werden.

In der Vergangenheit wurden die Lohn- und Gehaltskosten mit Hilfe von Zeitlohnscheinen, Akkordscheinen, Prämienunterlagen, Zusatzlohnscheinen, Gehaltslisten etc. erfasst und weiterverrechnet. Sowohl bei der Erfassung als auch bei der Weiterverrechnung sind moderne IT-Systeme heutzutage Standard und bieten im Vergleich zu früher große Effizienzvorteile.

gesetzliche Sozialkosten

Die **gesetzlichen Sozialkosten** sind durch Gesetz, Verordnung oder Tarif bestimmt. Zu ihnen zählen insbesondere die Arbeitgeberanteile an der Renten-, Kranken-, Pflege- und Arbeitslosenversicherung sowie die allein vom Arbeitgeber aufzubringenden Beiträge zur Unfallversicherung (Berufsgenossenschaft). Gewöhnlich werden auch tariflich vereinbarte Leistungen, wie z. B. Krankengeldzuschüsse, hier eingeordnet.[118]

116 Bundesverband der deutschen Industrie (o. J.), Ziffer K 262.1.

117 Von Prämienlöhnen als Mischform soll hier abgesehen werden.

118 In Hinblick auf Urlaubs-, Krankheits- und Feiertagslöhne (und -gehälter) erfolgt eine Zurechnung entweder zu den Löhnen und Gehältern oder zu den Sozialkosten.

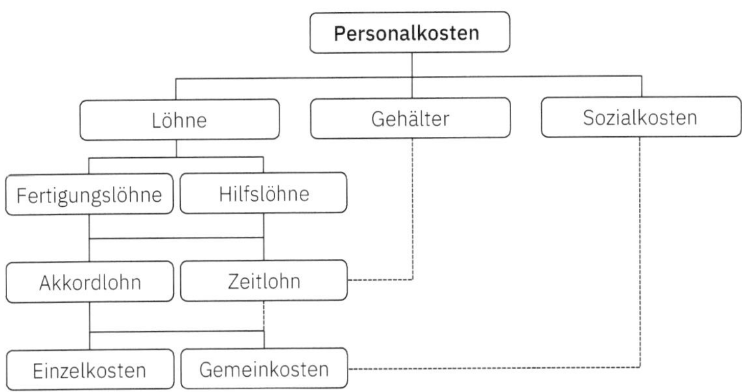

Abb. 15: *Gliederung und Verrechnung der Personalkosten*

Bei den **freiwilligen Sozialkosten** werden zwei Gruppen unterschieden. Primäre freiwillige Sozialkosten entsprechen direkten Leistungen an den Arbeitnehmer, wie z. B. zusätzliche Zahlungen an die Sozialversicherung, freiwillige Zusagen zur betrieblichen Altersversorgung, Beihilfen für Fahrt und Verpflegung, zur Ausbildung, zu Reha-Aufenthalten, Unterstützungszahlungen bei Geburten, Hochzeiten, Jubiläumsgeschenke etc. Sekundäre freiwillige Sozialleistungen(-kosten) kommen dem Arbeitnehmer „indirekt" zugute, z. B. die Kosten für die Sanitätsstation, Werksfürsorge, Röntgenreihenuntersuchungen, Bücherei, Werkszeitung, Sportanlagen, Kindergarten, Kantine etc.

freiwillige Sozialkosten

Sonstige Personalkosten entstehen insbesondere beim Personalwechsel durch Inserate-, Vorstellungs-, Umzugs- und Abfindungskosten.

sonstige Personalkosten

Besondere Abgrenzungsberechnungen ergeben sich bei den Personalkosten aufgrund der Tatsache, dass sich bestimmte Teile dieser Kosten ungleichmäßig auf das Jahr verteilen. Das gilt insbesondere für die Urlaubs-, Feiertags- und Krankheitslöhne sowie für die meisten Kategorien der Sozialkosten. Würde man beispielsweise die gesamten Urlaubslöhne in voller Höhe dem Monat anlasten, in dem das Werk Betriebsferien macht, so wäre die Kostenstruktur in Relation zum Produktionsvolumen erheblich gestört und die Aussagefähigkeit der Ergebnisse der Kostenrechnung sehr gering. Man schätzt also die voraussichtlichen Beträge für diese stoßweise anfallenden Teile der Personalkosten und verrechnet sie in gleichmäßigen Raten oder in Relation zu der jeweils

Abgrenzungsprobleme

gezahlten Lohn- und Gehaltssumme[119] der Abrechnungsperiode in die Kosten. Rechentechnisch wird hierzu ein Abgrenzungskonto eingerichtet, dem die tatsächlichen Zahlungen belastet und die verrechneten Beträge gutgeschrieben werden.

3.2.3.3 Dienstleistungskosten

Dienst- und Fremdleistungskosten

Der Begriff der **Dienstleistungskosten** soll hier weit gefasst werden. Unter Dienstleistungen werden zunächst alle ‚Lieferungen' außenstehender Dienstleistungsunternehmen verstanden, also z. B. Transport-, Reparatur-, Werbe-, Reise-, Rechtsberatungs-, Prüfungs-, Versicherungs- sowie Forschungs- und Entwicklungsleistungen.

Daneben fallen unter die Dienst- oder Fremdleistungskosten auch Mieten und Pachten sowie die Kosten für Wasser, Strom und Gas, obwohl die letzteren im strengen Sinne als Betriebsstoffkosten zu den Werkstoffkosten gehören.

Auch öffentliche Abgaben (in der Form der Gebühren und Beiträge) seien zu den Dienstleistungskosten im weiteren Sinne gerechnet. Dies lässt sich leicht vertreten, da ihnen (zum Teil) besondere Gegenleistungen der öffentlichen Hand gegenüberstehen.

Dienstleistungskostenerfassung

Bei der **Erfassung der Dienstleistungskosten** ergeben sich keine besonderen Probleme, wenn man einmal von der häufig notwendigen zeitlichen Abgrenzung absieht. In diesen Fällen (z. B. bei im Voraus gezahlten Versicherungsprämien oder bei unregelmäßig anfallenden Rechtsanwalts- und Prozesskosten) geht man abrechnungstechnisch so vor, wie soeben für die „Egalisierung" der Sozialkosten skizziert.

3.2.3.4 Steuern, Gebühren, Beiträge

Abgaben

Abgaben werden definiert als „Sammelbegriff für alle kraft öffentlicher Finanzhoheit zur Erzielung von Einnahmen erhobenen Zahlungen", **Steuern** als „Abgaben, die keine Gegenleistung für eine besondere Leistung eines öffentlich-rechtlichen Gemeinwesens (Bund, Länder, Gemeinden) darstellen und allen auferlegt werden, bei denen der Tatbestand des jeweiligen Steuergesetzes zutrifft" (vgl. § 3 Abs. 1 AO), **Gebühren** als „Abgaben, die für (freiwillig oder gezwungenermaßen in Anspruch genommene) besondere Einzelleistungen der öffentlichen

119 Die Personalnebenkosten beliefen sich in 2016 nach Berechnungen des Statistischen Bundesamtes (Statistisches Bundesamt (2017), S. 3) für das produzierende Gewerbe (Dienstleistungsgewerbe) auf durchschnittlich 28 % bezogen auf die gesamten Arbeitskosten. Man bezeichnet diese Kosten auch als Personalzusatz- oder -nebenkosten. Dieser „Sozialkostenprozentsatz" ist nach Wirtschaftszweigen und Betriebsgrößen unterschiedlich.

Hand erhoben werden“ und **Beiträge** als „Abgaben, die von jedem erhoben werden, dem ein dauernder Vorteil aus einer öffentlichen Einrichtung geboten wird, unabhängig von dem Ausmaß der Inanspruchnahme des Vorteils“.[120] Inwieweit nun Abgaben und insbesondere Steuern als Kosten zu qualifizieren sind, ist umstritten.

Abgaben und wertmäßiger Kostenbegriff

Eine Aufgabe der Kostenartenrechnung stellt die Klärung der Frage dar, was Kosten sind. Es wurde bereits festgestellt, dass die Antwort auf diese Frage von dem zugrunde gelegten Kostenbegriff abhängig ist.[121] Zunächst ist somit hier zu klären, ob Abgaben (= Steuern, Gebühren und Beiträge) nach wertmäßigen Kostenbegriff Kosten darstellen.

Der wertmäßige Kostenbegriff verlangt

- einen Güterverzehr,
- der leistungsbezogen und
- bewertet sein muss.

Fasst man die Gebühren und Beiträge als (staatliche) Dienstleistungen auf, da hierfür besondere Gegenleistungen der öffentlichen Hand gewährt werden, kann hier der wertmäßige Kostenbegriff als erfüllt angesehen, Gebühren und Beiträge als Kosten verrechnet werden. Bei Steuern fehlen aber definitionsgemäß die Gegenleistung der öffentlichen Hand und damit der leistungsbezogene Güterverzehr.

Kostensteuern

Die Literatur behilft sich zur Bestimmung von „**Kostensteuern**“ bisweilen über den Umweg,

- Steuern explizit als zusätzliche staatliche Dienstleistung zu definieren, die durch die betriebliche Leistungserstellung verursacht ist,
- Geldzahlungen zum Nominalgut zu erklären und die Steuerzahlung als Nominalgüterverzehr zu qualifizieren, oder
- Steuern als „Als-ob-Kosten“ zu definieren.

Steuern und Güterverzehr

Nach allen drei Erklärungsansätzen ist die Voraussetzung „**Güterverzehr**“ erfüllt. Das Kriterium der (verursachungsgerechten) Leistungsbezogenheit entscheidet dann allein darüber, ob Steuern Kosten oder neutraler Aufwand sind. Grundsätzlich werden danach mit Ausnahme der Ertragsteuern nahezu alle Steuern zu den Kosten gezählt (= Kostensteu-

120 Breithecker (2016), S. 5–6.

121 Bei den bisher behandelten Kostenarten Werkstoff-, Personal- und Dienstleistungskosten stellte sich diese Frage erst gar nicht, da ihre Kosteneigenschaft unumstritten ist.

ern).[122] Nach dem wertmäßigen Kostenbegriff stellen somit nicht alle, sondern nur bestimmte Steuern Kosten dar. Nur diese Kostensteuern gehen in die Kostenarten-, Kostenstellen- und Kostenträgerrechnung ein. Für Planungsaufgaben wird nur eine Teilmenge dieser Kostensteuern – **die entscheidungsrelevanten Kostensteuern** – berücksichtigt.

Aufgabenerfüllung der Kostenrechnung und Kostensteuern

Diesem Weg der Beurteilung der Kosteneigenschaft mit Hilfe des wertmäßigen Kostenbegriffs steht ein anderer gegenüber. Danach wird nicht gefragt, ob Steuern definitionsgemäß Kosten sind, sondern vielmehr, inwieweit die Berücksichtigung von Steuern in der Kostenrechnung zur Erfüllung ihrer Aufgaben notwendig ist. Die Aufgaben der Kostenrechnung lassen sich dabei mit

1. Planungsaufgaben,
2. Kontrollaufgaben und
3. Dokumentationsaufgaben

beschreiben.

Kontrollaufgabe und Steuern

Die **Kontrollaufgaben** bestehen insbesondere in einem Soll-Ist-Vergleich zur Wirtschaftlichkeitskontrolle. Die Berücksichtigung von Steuern zur Erfüllung der Kontrollaufgabe ist insoweit notwendig, als bei der Ermittlung der Sollgröße Steuern im selben Umfang wie bei der Ermittlung der Istgröße einbezogen werden.

Dokumentationsaufgabe und Steuern

Für die Erfüllung der **Dokumentationsaufgaben** der Kostenrechnung gilt, dass Steuern insoweit einbezogen werden wie sie in den zur Ermittlung der Selbstkosten im Rahmen der LSP oder zur Ermittlung der bilanziellen Herstellungskosten[123] vorgeschriebenen Rechenschemata Verwendung finden.

Planungsaufgabe und Steuern

Inwieweit die Erfüllung der **Planungsaufgaben** die Berücksichtigung von Steuern erfordert, bedeutet konkret danach zu fragen, ob die Einbeziehung von Steuern die zu treffenden Entscheidungen verbessert. Die nach dieser Fragestellung in die Planungsaufgabe einzubeziehenden Steuern entsprechen dem Teil der Steuerzahlungen, der einer Hand-

122 Hoitsch/Lingnau (2007), S. 137–138, zählen die Kraftfahrzeug- und die Grundsteuer „eindeutig" zu den Kostensteuern. Kloock/Sieben/Schildbach/Homburg (2005), S. 119, begründen vor dem Hintergrund des handelsrechtlichen Betriebsausgabenabzugs, dass alle sachzielbezogenen Ertragsteuern Kosten sind; gleiches gilt für die sonstigen Verkehr-, Verbrauch- und Substanzsteuern.

123 R 6.3 Abs. 6 EStR macht die Einbeziehung von Steuern in die steuerbilanziellen Herstellungskosten im Wesentlichen davon abhängig, ob die Steuerart zu den abzugs- und damit zu den aktivierungsfähigen oder nicht abzugsfähigen Betriebsausgaben zählt. Seit 2008 zählt die GewSt nicht mehr dazu (§ 4 Abs. 5b EStG).

lungsalternative als negative Entscheidungskomponente zugerechnet werden muss.[124] Welche (entscheidungsrelevanten) Steuern sind nun beispielhaft bei der Bestimmung von Preisuntergrenzen, bei der Frage „make or buy“ oder bei der Bestimmung des optimalen Produktionsprogramms zu berücksichtigen?

Im Rahmen von Planungsaufgaben sind solche Steuern zu erfassen, die eine „vor Steuern vorteilhafte Handlungsmöglichkeit unvorteilhaft werden“ lassen „(absolute Vorteilhaftigkeit) oder ... die Rangfolge zwischen mehreren Handlungsmöglichkeiten (relative Vorteilhaftigkeit)“ verändern.[125]

Steuern im Entscheidungskalkül

Welche Steuerarten dies im Einzelnen sind, kann nicht generell beantwortet werden. Hier ist jede Entscheidungssituation gesondert zu beleuchten; es spielen wegen der Betrachtung der Alternativ- oder Unterlassensentscheidung (der Vergleichsbasis) sowohl die Rechtsform, in der eine wirtschaftliche Aktivität durchgeführt wird, als auch deren Finanzierung oder das sich ständig ändernde Steuerrecht eine Rolle. Dabei kann der Fall eintreten, dass für Planungsaufgaben unter Umständen Steuern im Entscheidungskalkül zu berücksichtigen sind, die nach dem wertmäßigen Kostenbegriff überhaupt keine Kosten darstellen. **Der wertmäßige Kostenbegriff umfasst somit nicht unbedingt alle entscheidungsrelevanten Steuern.**

DÖRING analysiert sowohl theoretisch die Kosteneigenschaft von Steuern als auch deren praktische Berücksichtigung und kommt zu dem Ergebnis, dass für Planungsaufgaben[126]

- gewinnabhängige Steuern (ESt, KSt, GewSt, KiSt, SolZ) nur in geringem Maße und in seltenen Fällen entscheidungsrelevanten Kostencharakter besitzen;
- die GrdESt, die GrdSt und die USt keinen entscheidungsrelevanten Kostencharakter besitzen;
- die übrigen Verkehrssteuern (KfzSt, VersSt) und Verbrauchsteuern die geringsten Zuordnungsschwierigkeiten aufwerfen und häufig entscheidungsrelevanten Kostencharakter besitzen.

Kosteneigenschaft oder Entscheidungsrelevanz

Der Umfang der Berücksichtigung von Steuern in der Kostenrechnung hängt somit davon ab, ob man nach der Kosteneigenschaft oder der **Entscheidungsrelevanz von Steuern** fragt. Da nach dem wertmäßigen

124 Vgl. Döring (1984), S. 3.
125 Döring (1984), S. 107.
126 Die hier getroffenen Feststellungen gelten nur für kurzfristige, nicht die Kapazität verändernde Entscheidungssituationen; vgl. Döring (1984), S. 211–215. Vgl. auch Weber/Weißenberger (2015), S. 328 ff.

Kostenbegriff unter Umständen entscheidungsrelevante Steuern unberücksichtigt bleiben, muss das Kriterium Rechnungszweck darüber bestimmen, ob es sich bei den Steuern um Kosten handelt oder nicht. Ob Steuern Kosten sind, ist davon abhängig, ob es um die Erfüllung der Dokumentations-, Kontroll- oder Planungsaufgabe der Kostenrechnung geht und bei letzterer zusätzlich davon, ob die Steuern entscheidungsrelevant sind oder nicht.

3.2.3.5 Kalkulatorische Kosten

Zusatzkosten/ Anderskosten

Wie bereits oben dargestellt, sind kalkulatorische Kosten solche Kosten, denen entweder kein Aufwand **(Zusatzkosten)** oder Aufwand in anderer Höhe **(Anderskosten)** in der Finanzbuchhaltung gegenübersteht. Sie müssen verrechnet werden, damit – unbeeinträchtigt durch handels- und steuerrechtliche Vorschriften, die anderen Zwecken dienen – in der Kostenrechnung der – ‚richtige' – Werteverzehr an Produktionsfaktoren berücksichtigt wird, der mit den Aufgaben der Kostenrechnung als Planungs- und Kontrollinstrument in der Hand der Unternehmensleitung korrespondiert.[127]

Buchungstechnik

Allen kalkulatorischen Kostenarten ist folgende **buchungstechnische Verrechnung** gemeinsam, die – obwohl hier grundsätzlich keine buchhalterischen Vorgänge dargestellt werden – deshalb skizziert werden soll, weil sie einen instruktiven Einblick in den ökonomischen Charakter der kalkulatorischen Kosten gestattet:[128]

Buchungssatz

Man verbucht die kalkulatorischen Kosten stets entsprechend dem Buchungssatz

Klasse 4 an Klasse 2,

wobei zunächst unerheblich ist, um welche Konten es sich hierbei im Einzelnen handelt.

Klasse 4

Die Kostenrechnung kann damit ab **Klasse 4** mit den kalkulatorischen Kosten, d. h. mit dem betriebswirtschaftlich sinnvollen Werteverzehr, rechnen. Nach Verarbeitung und Auswertung der Zahlen in der Kostenstellen- und Kostenträgerrechnung finden sich die kalkulatorischen Kosten (im Umsatzkostenverfahren insgesamt nach Kostenträgern gegliedert) auf der Soll-Seite des Betriebsergebniskontos wieder. Dieses Konto wird über das Gewinn- und Verlust-Konto abgeschlossen. Die

127 Bei der „Richtigkeit" des Werteverzehrs wird hier der wertmäßige Kostenbegriff zugrunde gelegt. Zu einer anderen Auffassung käme man über den pagatorischen Kostenbegriff.

128 Alle Angaben in Hinblick auf den Kontenrahmen beziehen sich – wie schon bisher – stets auf den GKR.

gleichzeitig in der Klasse 2 gegengebuchten „verrechneten kalkulatorischen Kosten“ werden über das Neutrale Ergebnis (Abgrenzungssammelkonto) ebenfalls über das GuV-Konto abgeschlossen; sie finden sich dort auf der Haben-Seite. Im Ergebnis ist also die Verbuchung der kalkulatorischen Kosten erfolgsneutral.

Klasse 2

Die erfolgswirksame Verbuchung der Aufwendungen der Finanzbuchhaltung, die den kalkulatorischen Kosten entsprechen,[129] erfolgt im Soll der **Klasse 2.** Die hier benötigten Konten sind z. B. ‚Bilanzmäßige Abschreibungen‘ (23), ‚Zinsaufwendungen‘ (24), ‚Haus- und Grundstücksaufwendungen‘ (21), ‚Betriebliche außerordentliche Auf-wendungen‘ (25). Sie werden über das Neutrale Ergebnis auf das GuV-Konto verbucht und führen dort – nachdem die kalkulatorischen Kosten durch die Gegenbuchung bereits kompensiert wurden – zum gewünschten Ergebnis, nämlich in der GuV-Rechnung nur die Aufwendungen (und Erträge) der Finanzbuchhaltung auszuweisen.[130]

Beispiel

Dieser Buchungsablauf sei für das folgende Zahlenbeispiel skizziert:

Tatsächlich gezahlte Fremdkapitalzinsen	€ 500,00
Kalkulatorische Zinsen	€ 700,00

Klasse 4 kalkulatorische Zinsen	
(1) 700	(3) 700

Klasse 2 verr. kalkulat. Zinsen	
(4) 700	(1) 700

Klasse 2 Zinsaufwendungen	
(2) 500	(5) 500

Klasse 9 Betriebsergebnis	
(3) 700	(6) 700

Klasse 9 Neutrales Ergebnis	
(5) 500	(4) 700
(7) 200	

Klasse 9 GuV	
(6) 700	(7) 200

129 Soweit sie überhaupt – vgl. Unternehmerlohn – anfallen.

130 Vgl. hierzu auch die Ebene III in Abb. 4.

(1)	=	Verbuchung der kalkulatorischen Kosten.
(2)	=	Verbuchung des tatsächlichen Aufwandes für die Finanzbuchhaltung; die Gegenbuchung zu (2) findet auf einem Bestandskonto (hier z. B. Bank) statt.
(3)–(5)	=	Abschluss der Konten der Kl. 4 auf das Betriebsergebnis; Abschluss der Konten Kl. 2 auf das Neutrale Ergebnis. Zwischen der Haben- und der Soll-Buchung (3) steht im Einkreis-System noch die gesamte Kostenstellen- und Kostenträgerrechnung.
(6) u. (7)	=	Abschluss von Betriebsergebnis und Neutralem Ergebnis über GuV.

Fazit: Der Ausgangsbuchungssatz „Klasse 4 an Klasse 2" ermöglicht es, gleichzeitig die Interessen von Kostenrechnung und Finanzbuchhaltung zu wahren. Im Betriebsergebnis, das primär aus Sicht der Kostenrechnung und kurzfristigen Erfolgsrechnung interessiert, sind nur die kalkulatorischen Kosten (hier € 700) enthalten. In der Gewinn- und Verlustrechnung, die den erfolgsmäßigen Abschluss der Finanzbuchhaltung darstellt, sind per Saldo nur die Aufwendungen (hier € 500) enthalten.

3.2.3.5.1 Kalkulatorische Abschreibungen

Abschreibungen

Den planmäßigen **Wertverzehr am Anlagevermögen,** der in der Gewinn- und Verlustrechnung als Aufwand und in der Kostenrechnung als Kosten angesetzt wird, bezeichnet man als **Abschreibungen.** Daneben verwendet man den Begriff der Abschreibung auch für außerplanmäßige, außerordentliche Wertminderungen am Anlage- oder Umlaufvermögen (z. B. außergewöhnliche technische oder wirtschaftliche Wertminderungen an Maschinen, Sinken der Kurse von Wertpapieren, Forderungsverluste, Wertminderungen an Beständen).[131]

Aufgrund dieser Definition ergibt sich die in Abb. 16 wiedergegebene Systematik der Abschreibungen.

131 Vgl. Wöhe/Döring/Brösel (2016), S. 696 ff., Eisele/Knobloch (2011), S. 434 ff. oder Thommen/Achleitner (2016), S. 214 ff.

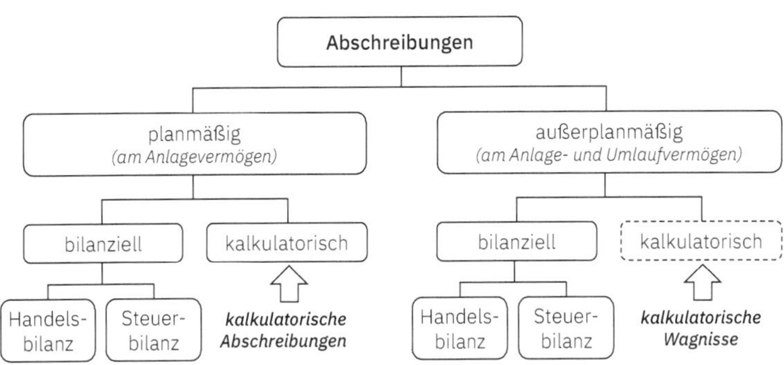

Abb. 16: *Systematik der Abschreibungen*

In diesem Zusammenhang interessieren nur die planmäßigen (normalen) Abschreibungen der Kostenrechnung, die man **kalkulatorische Abschreibungen**[132] nennt und deren Berechnung – ebenso wie die der bilanziellen Abschreibungen – in der Anlagenabrechnung (Betriebsmittelabrechnung) erfolgt.

kalkulatorische Abschreibungen

Während die bilanziellen Abschreibungen handels- und steuerbilanzpolitischen Zielen dienen, besteht die **Aufgabe der kalkulatorischen Abschreibungen** darin, für jede Abrechnungsperiode, während der ein mehrperiodig nutzbares und abnutzbares Betriebsmittel im Kombinationsprozess eingesetzt ist, den verursachungsgerechten Werteverzehr zu ermitteln.

Aufgabe der kalkulatorischen Abschreibung

Geht man davon aus, dass in jedem dieser Betriebsmittel ein bestimmter Nutzungs- oder Leistungsvorrat enthalten ist, dann lassen sich **drei Hauptgruppen von Ursachen des Werteverzehrs**, d. h. Abschreibungsursachen, unterscheiden:

1. Die **verbrauchsbedingten Ursachen** führen dazu, dass der Nutzungsvorrat **mengenmäßig** abnimmt. Im Einzelnen:
   - Abnutzung durch Gebrauch,
   - Abnutzung durch Zeitverschleiß,

verbrauchsbedingte Abschreibungsursache

132 „AfA" steht begrifflich für die nur steuerliche Bezeichnung „Absetzungen für Abnutzung".

- ○ Abnutzung durch Substanzverringerung, (hiervon spricht man bei Gewinnungsbetrieben, wie z. B. Kaliabbau oder Tongruben)
- ○ Abnutzung durch Katastrophen.

wirtschaftlich bedingte Abschreibungsursache

2. Die **wirtschaftlich bedingten Ursachen** führen dazu, dass der Nutzungsvorrat (bei gleicher Menge) **wertmäßig** abnimmt. Im Einzelnen gibt es folgende Ursachen, die sich teilweise überschneiden:
   - ○ Wertminderungen aufgrund des technischen Fortschritts,
   - ○ Wertminderungen aufgrund von Nachfrageverschiebungen,
   - ○ Wertminderungen aufgrund des Sinkens der Wiederbeschaffungskosten,
   - ○ Wertminderungen aufgrund des Sinkens der Absatzpreise,
   - ○ Wertminderungen aufgrund von Fehlinvestitionen.

zeitliche bedingte Abschreibungsursache

3. Die **zeitlich bedingten Ursachen,** die gelegentlich und vielleicht deutlicher auch als rechtlich bedingte Ursachen bezeichnet werden, ergeben sich daraus, dass der Nutzungsvorrat innerhalb einer bestimmten Zeit genutzt werden muss bzw. **nach Ablauf einer bestimmten Zeit** erschöpft ist:
   - ○ Ablauf der Grundmietzeit eines Leasingvertrages (bei wirtschaftlicher Zuordnung des Leasinggegenstandes zum Leasingnehmer) vor Ablauf der technischen Nutzungsdauer des Betriebsmittels,
   - ○ Ablauf von Schutzrechten (Patenten, Gebrauchsmustern etc.),
   - ○ Ablauf von Konzessionen.

Auf die tatsächliche Wertminderung eines Betriebsmittels, die es mit Hilfe der kalkulatorischen Abschreibung zu erfassen gilt, wirken stets mehrere der obigen Ursachen ein. Eine Trennung bzw. Quantifizierung der einzelnen Komponenten ist kaum möglich; man muss sich deshalb damit begnügen, den verursachungsgerechten Werteverzehr so gut wie möglich zu schätzen.

Abschreibungsmethoden

Zur Berechnung der kalkulatorischen Abschreibung stehen mehrere **Abschreibungsmethoden** zur Verfügung, die im Folgenden kurz erläutert werden sollen. Allen Methoden ist im Prinzip gemeinsam, dass sie bei Kenntnis des Gesamtwertes des Nutzungsvorrates eine Schätzung der Nutzungsdauer erfordern. Wie dann der Gesamtwert des Nutzungsvorrates auf die einzelnen Abrechnungsperioden der Nutzungsdauer verteilt wird, ergibt sich aufgrund der Beurteilung des Zusammenwirkens der obigen Abrechnungsursachen und der danach zu wählenden Abschreibungsmethode.

Folgende **Abschreibungsmethoden** werden hier unterschieden:

- lineare Abschreibung,
- degressive Abschreibung,
- progressive Abschreibung,
- variable Abschreibung.

Lineare Abschreibung

Die **lineare Abschreibung** unterstellt einen gleichmäßigen Werteverzehr während der Nutzungsdauer; man verteilt also die Anschaffungskosten zu gleichen Teilen auf die Jahre der Nutzung.[133] Bezeichnet man mit

A: die Anschaffungskosten des Betriebsmittels,

n: die geschätzte Nutzungsdauer in Jahren und

a: den jährlichen Abschreibungsbetrag,

so erhält man die lineare Abschreibung nach folgender Formel:

(19) $$a = \frac{A}{n}$$

Liquidationserlös

Wird für das Betriebsmittel nach Ablauf der Nutzungsdauer noch ein **Verkaufserlös** (**L** = **Liquidationserlös**) erzielt, so ist (19) entsprechend zu modifizieren:

(20) $$a = \frac{A-L}{n}$$

In der praktischen Kostenrechnung werden Liquidationserlöse gewöhnlich vernachlässigt, denn sie sind sehr schwer abzuschätzen. L = 0 ist auch deshalb gerechtfertigt, weil häufig der Fall auftritt, dass man einen Schrotterlös erzielt, der ungefähr den Abbruchkosten der Anlage entspricht oder gar Entsorgungskosten anfallen.[134]

Zahlenbeispiel:

		a	R
A = 1.000	1. Jahr	250	750
n = 4	2. Jahr	250	500
	3. Jahr	250	250
	4. Jahr	250	0

133 Die Kostenrechnung ist i. d. R. eine Monatsrechnung die Jahresabschreibungen sind also noch durch 12 zu dividieren. D. h. es wird in jedem Jahr der gleiche Prozentsatz der Anschaffungskosten als Abschreibung verrechnet.

134 In den folgenden Fällen werden die Liquidationserlöse nicht mehr berücksichtigt; alle Formeln können bei Bedarf leicht analog zu (19) und (20) formuliert werden.

R gibt den kalkulatorischen Restbuchwert am Ende des jeweiligen Jahres an.

degressive Abschreibung

Die **degressive Abschreibung** unterstellt einen im Laufe der Nutzungsdauer abnehmenden Werteverzehr. Nehmen die Abschreibungen in Form einer arithmetischen (geometrischen) Reihe ab, so spricht man von der arithmetisch- (geometrisch-)degressiven Abschreibung.

arithmetisch-degressiv

Die **arithmetisch-degressive Abschreibung** (auch digitale Abschreibung genannt) fällt jedes Jahr um den gleichen Degressionsbetrag = D, den man erhält, indem die Anschaffungskosten durch die Summe der in der Nutzungsdauer enthaltenen Jahresziffern dividiert werden:

(21) $$D = \frac{2 \times A}{n(n+1)}$$

Multipliziert man den Degressionsbetrag in umgekehrter Reihenfolge mit den Jahresziffern, so erhält man die Abschreibungsbeträge für die einzelnen Jahre t (t = 1, 2, ..., n):[135]

(22) $$a_t = D \times (n+1-t) = \frac{2 \times A}{n(n+1)} \left(n+1-t\right)$$

Zahlenbeispiel:

A = 1000
n = 4
(D = 100)

	a	R
1. Jahr	400	600
2. Jahr	300	300
3. Jahr	200	100
4. Jahr	100	0

geometrisch-degressiv

Der **geometrisch-degressive**[136] Abschreibungsbetrag fällt nicht mit konstanten Raten D, sondern fällt mit von Jahr zu Jahr kleiner werdenden Raten. Man errechnet die Abschreibungsbeträge, indem man einen konstanten Prozentsatz nicht auf den Anschaffungsbetrag wie bei der linearen Methode, sondern auf den jeweiligen Restbuchwert (in der ersten Periode ist dieser mit dem Anschaffungsbetrag identisch) anwendet. Deshalb wird das Verfahren häufig Buchwertabschreibung genannt. Da die Methode nie zu einem Restwert von Null führt, bezeichnet man sie auch als unendliche Abschreibung.

135 Die arithmetisch-degressive Abschreibung ist steuerlich nicht (mehr) zulässig. Die Abschaffung erfolgte, weil dieser Methode in der Praxis keine Bedeutung zukam. Das trifft auch für die Anwendung in der Kostenrechnung zu.

136 Die geometrisch degressive AfA ist seit dem 1. 1. 2008 in der Steuerbilanz nicht mehr zulässig. Der Gesetzgeber hat im Rahmen der Unternehmenssteuerreform 2008 alle degressiven Abschreibungen abgeschafft.

Will man also in relativ kurzer Zeit den größten Teil des Anschaffungswertes abschreiben, so muss man einen hohen Abschreibungs-prozentsatz (p) wählen. Dieser Prozentsatz, der vom angestrebten Restbuchwert (R) abhängig ist, kann nach folgender Formel errechnet werden, auf deren Herleitung hier jedoch verzichtet werden soll:

(23) $$p = 100\left(1 - \sqrt[n]{\frac{R}{A}}\right)$$

Zahlenbeispiel:

Will man ein Betriebsmittel mit einem Anschaffungsbetrag von 1.000 in vier Jahren bis auf einen Restbuchwert von 240,1 abschreiben, so beträgt der Prozentsatz p = 30%. Will man in der gleichen Zeit einen Restwert von 25,6 erreichen, so muss der Prozentsatz auf p = 60% erhöht werden.

	p = 30%		p = 60%	
	a	R	a	R
1. Jahr	300	700	600	400
2. Jahr	210	490	240	160
3. Jahr	147	343	96	64
4. Jahr	102,9	240,1	38,4	25,6

Die progressive Abschreibung unterstellt einen im Laufe der Nutzungsdauer ansteigenden Werteverzehr. Sie ist das Gegenstück zur degressiven Abschreibung und kann ebenfalls in der arithmetischen und geometrischen Variante ermittelt werden. Die Berechnung erfolgt in beiden Fällen zunächst genau wie bei der degressiven Abschreibung; man verrechnet die Abschreibungsbeträge dann nur in umgekehrter Reihenfolge.

progressive Abschreibung

Die **progressive Abschreibung** unterstellt einen im Laufe der Nutzungsdauer ansteigenden Werteverzehr. Sie ist das Gegenstück zur degressiven Abschreibung und kann ebenfalls in der arithmetischen und geometrischen Variante ermittelt werden. Die Berechnung erfolgt in beiden Fällen zunächst genau wie bei der degressiven Abschreibung; man verrechnet die Abschreibungsbeträge dann nur in umgekehrter Reihenfolge.

variable Abschreibung

Die **variable Abschreibung** unterstellt einen Werteverzehr gemäß der wechselnden Inanspruchnahme oder Substanzverminderung des Betriebsmittels. Sie wird deshalb auch Abschreibung nach der Inanspruchnahme oder Leistungsabschreibung genannt. Bezeichnet man mit

L_G den gesamten Leistungsvorrat des Betriebsmittels und

L_{Pt} die Leistungsentnahme in der Periode t,

dann gilt

(24) $$a_t = \frac{A}{L_G} \times L_{Pt}$$

Zahlenbeispiel:

Ein LKW mit einer geschätzten Gesamtkilometerleistung von 200.000 und Anschaffungskosten von € 100.000 fährt in der Abrechnungsperiode laut Kilometerzähler 12.350 km. Die Abschreibung für diese Periode beträgt

$$\frac{100.000}{200.000} \times 12.350 = €6.175$$

graphische Darstellung der Abschreibungsverläufe

Der Verlauf der Abschreibungsbeträge und Restbuchwerte in Abhängigkeit von der Zeit ist für die verschiedenen Abschreibungsmethoden in Abb. 17 graphisch zusammengefasst. Die Kurven sind nicht stufenförmig dargestellt, sondern kontinuierlich. Diese Darstellung lässt die Unterschiede besser hervortreten und kann bei genügend großer Periodenzahl (genügend kleiner Periodendauer) auch vertreten werden.

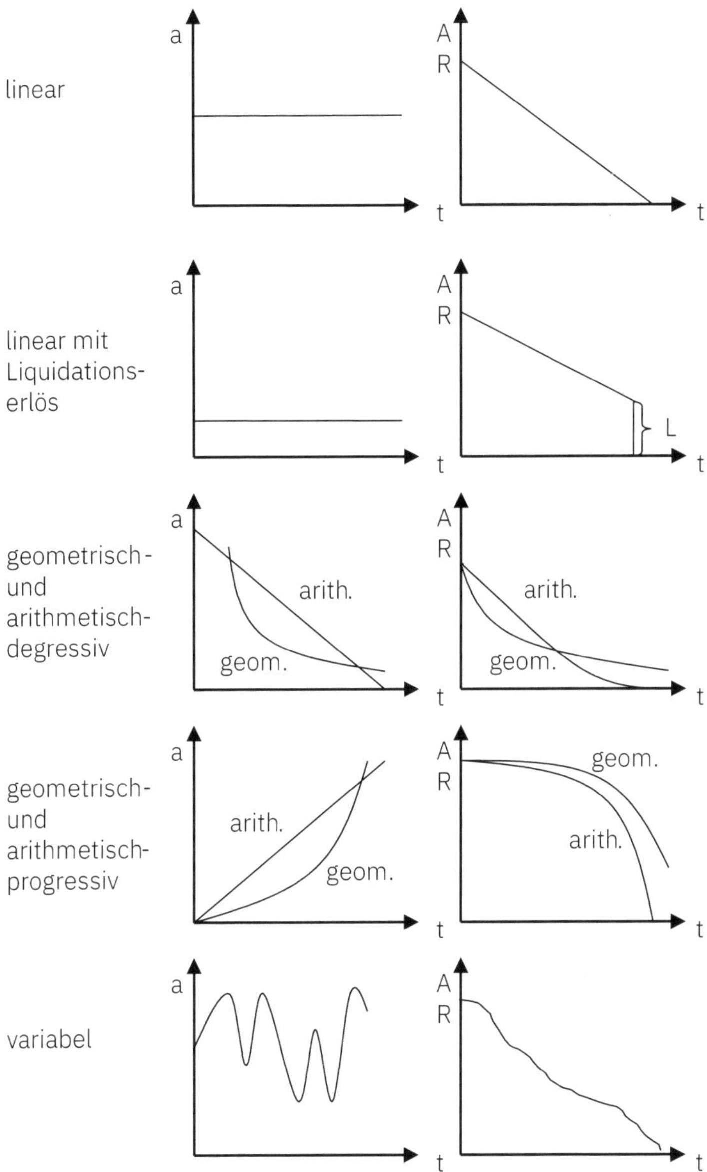

Abb. 17: *Abschreibungsbeträge und Restbuchwerte*

Bei den bisherigen Formeln wurde davon ausgegangen, dass der Gesamtnutzungsvorrat des Betriebsmittels zu den Anschaffungskosten (Anschaffungspreis + Beschaffungsnebenkosten) bewertet wird.

Nominelle Kapitalerhaltung

Dieses Vorgehen ist nach handels- und steuerrechtlichen Vorschriften gesetzlich vorgeschrieben, da in beiden der Grundsatz der **nominellen Kapitalerhaltung** gilt. In der Kostenrechnung gilt dieser Grundsatz nicht; hier orientiert sich der Wertansatz grundsätzlich am Bewertungszweck. Sehr oft wird das Prinzip der Substanzerhaltung angewandt: Es soll mit der Abschreibungsverrechnung gewährleistet werden, dass der Absatzmarkt in den Preisen mindestens jene Beträge zurückvergütet, die dazu ausreichen, das Betriebsmittel nach Ablauf der Nutzungsdauer wiederzubeschaffen.[137]

Substanzerhaltung

Man kann also feststellen, dass für **Substanzerhaltungszwecke** eine Abschreibung auf der Basis der Anschaffungskosten (sog. nominelle Abschreibung) nur geeignet ist, wenn sich die Preise der Betriebsmittel relativ konstant verhalten. In Zeiten steigender (sinkender) Preise muss von den veränderten Wiederbeschaffungskosten abgeschrieben werden (sog. substantielle Abschreibung). Der Ausgangswert – so sei im Folgenden das bisherige Symbol A interpretiert – ist dann gegenüber den Anschaffungskosten zu erhöhen (zu verringern).

Abschreibungsbemessungsgrundlage

Nun lassen sich aber die (zukünftigen) Wiederbeschaffungskosten nur sehr schwer bestimmen, weil der Zeitpunkt der Wiederbeschaffung zu weit in der Zukunft liegt und/oder weil rascher technischer Fortschritt das vorhandene Betriebsmittel vom Markt verdrängt. In diesen Fällen wählt man dann die zweitbeste Lösung und geht von den Tagespreisen (sog. **Zeitwertabschreibung**) aus. Einzelne Verbände geben Tabellen mit Preisindizes bestimmter Betriebsmittel heraus, die zur Umrechnung der Anschaffungskosten auf die Tagespreise verwandt werden können. Sind auch die Tagespreise nicht zu ermitteln oder ist diese Ermittlung zu aufwendig, dann wählt man als drittbeste Lösung die Abschreibung von den **Anschaffungskosten.**

Die Ermittlung der Abschreibungsbeträge beruht auf **Schätzungen,** insbesondere der Nutzungsdauer bzw. des Gesamtleistungsvorrats. Es stellt sich die Frage, wie man sich verhalten soll, wenn sich im Laufe der Nutzungsdauer diese Schätzungen als falsch herausstellen.

137 Dieser Grundgedanke findet sich auch bei der Behandlung des Liquidationserlöses (L); vgl. oben (20).

Fehleinschätzungen

Von den beiden Möglichkeiten,

1. effektive Nutzungsdauer größer als geschätzt (geplant),
2. effektive Nutzungsdauer kleiner als geschätzt (geplant),

soll die erste zur Erörterung anhand der linearen Methode herausgegriffen werden, weil diese Situation aufgrund konservativer Schätzungen in der Praxis häufiger auftritt.

Korrektur bei linearer Abschreibung

Für eine Anlage mit dem Ausgangswert A = 10.000 wurde die voraussichtliche Nutzungsdauer auf n = 8 Jahre geschätzt; nach sechs Jahren stellt sich (bei linearer Abschreibung) heraus, dass die Nutzungsdauer der Anlage zehn Jahre betragen wird. Das Unternehmen hat folgende Alternativen:

(a) Er behält den bisherigen Abschreibungsbetrag bis zum Ende des zehnten Jahres bei und schreibt damit insgesamt zu viel ab. Dieses Verfahren ist abzulehnen, denn es wird nicht der tatsächliche Werteverzehr der folgenden Abrechnungsperioden verrechnet.

(b) Er schreibt den am Ende des sechsten Jahres vorhandenen Restbuchwert nunmehr gleichmäßig in der ‚neuen' Restnutzungsdauer ab. Hierbei wird insgesamt zwar nur der Ausgangswert verrechnet, dennoch ist das Verfahren aus dem gleichen Grund wie oben abzulehnen.

(c) Er ermittelt den ‚richtigen' Abschreibungsbetrag aus dem Ausgangswert und der neuen Nutzungsdauer und verrechnet diesen Betrag in den folgenden Perioden. Insgesamt wird auch hierbei zu viel abgeschrieben.

Nur bei diesem Verfahren (c) werden die auf die veränderte Situation folgenden Perioden mit dem verursachungsgemäßen Werteverzehr belastet. Es sollte deshalb angewandt werden. Bei den beiden ersten Verfahren ist zu kritisiere, dass ein Fehler **der Vergangenheit durch einen weiteren zukünftigen Fehler kompensiert wird.**

Für das obige Zahlenbeispiel sehen die drei Alternativen tabellarisch und graphisch wie folgt aus:

	(a)		(b)		(c)	
	a	R	a	R	a	R
1. Jahr	1.250	8.750	1.250	8.750	1.250	8.750
:	:	|	:	|	:	|
:	:	|	:	|	:	|
:	:	↓	:	↓	:	↓
6. Jahr	1.250	2.500	1.250	2.500	1.250	2.500
7. Jahr	1.250	1.250	625	1.875	1.000	1.500
8. Jahr	1.250	0	625	1.250	1.000	500
9. Jahr	1.250	-1.250	625	625	1.000	-500
10. Jahr	1.250	-2.500	625	0	1.000	-1.500
Summe	**12.500**		**10.000**		**11.500**	

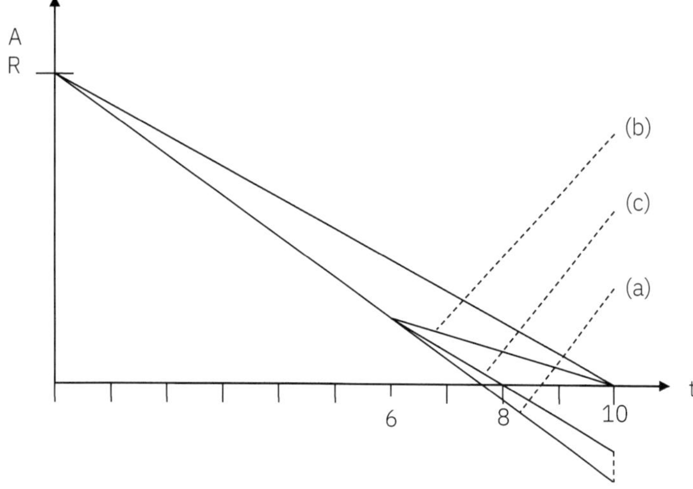

Abb. 18: *Auswirkung der drei Möglichkeiten*

Die Überlegungen zu den drei Alternativen (a)–(c) gelten analog auch für die zu optimistische Nutzungsdauerschätzung sowie für die Fehleinschätzung von A und L in beiden Richtungen. Die kostenrechnerisch richtige Lösung[138] führt dazu, dass insgesamt zu viel oder zu wenig

138 Wenn in der Praxis aus Bequemlichkeitsgründen häufig dennoch nach der Alternative (a) verfahren wird, so berührt dies nicht die Richtigkeit der Alternative (c).

abgeschrieben wird. Man bucht diese Beträge als neutrale Erträge bzw. Aufwendungen in der Klasse 2 ab und erfasst die kostenmäßigen Konsequenzen solcher Fehleinschätzungen mit Hilfe kalkulatorischer Wagnisse.

sinnvolle Abschreibungsmethode in der Kostenrechnung

Abschließend sei die Frage diskutiert, welche der **dargestellten Abschreibungsmethoden nun für Zwecke der Kostenrechnung** verwandt werden soll.

Allgemein lässt sich zunächst feststellen, dass jene Methode zu wählen ist, die den Wertminderungsverlauf, der sich als (komplizierte) Kombination obiger Abschreibungsursachen ergibt, verursachungsgerecht wiedergibt

Stellt man primär auf den Gebrauchs- und den Zeitverschleiß als die praktisch bedeutsamsten Abschreibungsursachen ab, so erscheint **die variable Abschreibung als nahezu ideal für kostenrechnerische Zwecke.**[139] Sie genügt in hohem Maße der Grundforderung der Kostenrechnung, nämlich so viel Kosten wie möglich verursachungsgemäß als Einzelkosten den betrieblichen Leistungen zuzurechnen. Variable Abschreibungen, die ja nach der Inanspruchnahme (Nutzungsabgabe) berechnet werden, sind stets variable Kosten. Leider sind die beiden Voraussetzungen für die Anwendung der variablen Abschreibung nur selten gegeben: Einmal muss der Gesamtnutzungsvorrat quantifiziert werden, und zum anderen muss die laufende Nutzungsentnahme pro Periode auch tatsächlich messbar sein. Bei einem Kraftfahrzeug hat man den Kilometerzähler; wie aber soll man die Nutzungsentnahme z. B. bei einem stationären Kran messen?

Abschreibungen fast immer Fixkosten

Es bleibt also nichts anderes übrig, als in der Mehrzahl der Fälle auf eine der **anderen Methoden** zurückzugreifen. Sie sind dann als Sonderfälle der variablen Abschreibung aufzufassen, wenn man den Gesamtnutzungsvorrat als die Periodenzahl interpretiert, während der das Betriebsmittel Leistungen abgeben kann. Von diesem Vorrat wird in jeder Periode eine Einheit entnommen. Damit sind die **Abschreibungen** unabhängig von der aktuellen Beschäftigungssituation und bei jeder der Methoden, mit Ausnahme der variablen Abschreibung, **Fixkosten.**[140]

Die progressive Methode kann man wohl aus den Betrachtungen ausklammern, denn sie dürfte höchstens in jenen seltenen Fällen ange-

139 Man muss allerdings den Gesamtnutzungsvorrat unter Berücksichtigung der voraussichtlichen Gesamtdauer der Leistungsabgaben so schätzen, dass hierin auch die Auswirkungen des Zeitverschleißes zum Ausdruck kommen.

140 Zu einem Versuch, näherungsweise eine Auflösung der Abschreibung in fixe und variable Bestandteile zu erreichen, vgl. Kilger/Pampel/Vikas (2012), S. 305–313.

wandt werden, in denen Grund zu der Annahme besteht, dass der Wertminderungsverlauf tatsächlich progressiv ist.

Zugunsten der degressiven Methoden wird angeführt, dass sie zusammen mit den Reparatur- und Instandhaltungskosten, die im Laufe der Nutzungszeit gewöhnlich steigen, einen relativ gleichmäßigen Verlauf der „Betriebsmittelkosten"[141] ergeben. Das ebenfalls häufig anzutreffende Argument, die Restwerte bei der degressiven Abschreibung stimmten mit dem Verlauf des Liquidationserlöses recht gut überein, ist für kostenrechnerische Zwecke unerheblich, da es nicht die Bestimmung der Betriebsmittel ist, veräußert zu werden.

lineare Abschreibung

Die **Praxis** geht in den meisten Fällen von der **linearen Methode** aus. Sie ist rechnerisch einfach und hat den Vorteil, die einzelnen Perioden mit gleichmäßigen Abschreibungsbeträgen zu belasten. Sie entspricht also dem oben schon mehrfach angetroffenen „Egalisierungsgedanken", der sich auch mit Hilfe des Verursachungsprinzips begründen lässt. Die steigenden Reparatur- und Instandhaltungskosten müssen dann ebenfalls in gleichen Raten auf alle Perioden der Nutzung verteilt werden.[142]

3.2.3.5.2 Kalkulatorische Zinsen

Gründe für kalkulatorische Zinsen

Die Notwendigkeit zur Verrechnung kalkulatorischer Zinsen als Kosten ergibt sich aus der einfachen Überlegung, dass das im Betrieb eingesetzte Kapital nur zeitlich begrenzt verfügbar ist, da es sich kontinuierlich im Zeitablauf verzehrt.[143] In der Finanzbuchhaltung werden als Aufwand nur die tatsächlich gezahlten Zinsen (für Fremdkapital) verrechnet. In der Kostenrechnung dagegen müssen kalkulatorische Zinsen auf das gesamte betriebsnotwendige Kapital verrechnet werden, also auch auf das Eigenkapital.[144] Dieses Eigenkapital verursacht zwar keine Zinszahlungen, es verursacht aber einen Nutzenentgang, nämlich die Zinsen, die der Kapitaleigner bei anderweitiger Anlage erzielen

141 Zu den „Betriebsmittelkosten" rechnet man als weitere wichtige Komponente noch die Zinskosten.

142 Zur gebrochenen Abschreibung, die einen Kompromiss zwischen der variablen und linearen Methode bildet, indem sie gleichzeitig den Gebrauchsverschleiß in Abhängigkeit von der Beschäftigung und den Zeitverschleiß in Abhängigkeit von der Nutzungsdauer erfasst, vgl. Haberstock (2008), S. 237–241.

143 Vgl. Kosiol (1964), S. 26.

144 Kalkulatorische Zinsen sind also nicht nur die Zinsen auf das Eigenkapital, sondern die Zinsen auf das betriebsnotwendige Kapital, das auch das betriebsnotwendige Eigenkapital beinhaltet. Anderenfalls wären die kalkulatorischen Zinsen Zusatzkosten.

könnte. Die Bewertung erfolgt somit zu Opportunitätskosten[145] (= ‚Kosten' der entgangenen Gelegenheit = entgangene Gewinne).

Man ermittelt die **kalkulatorischen Zinsen,** indem man einen Zinssatz auf das für die betriebliche Tätigkeit erforderliche Kapital anwendet. Da man dieses betriebsnotwendige Kapital nicht ohne weiteres kennt, fragt man nach dem **betriebsnotwendigen Vermögen,** in dem das Kapital gebunden ist. Das betriebsnotwendige Vermögen kann jedoch nicht aus der Aktivseite der Handels- oder Steuerbilanz ersehen werden, denn

betriebsnotwendiges Kapital

1. sind dort auch nicht betriebsnotwendige Vermögensteile aufgeführt und
2. sind die Bilanzpositionen nach den für die Kostenrechnung nicht maßgeblichen handels- und steuerrechtlichen Vorschriften bewertet.

Von den gesamten Vermögenswerten des Betriebes sind also **alle nicht betriebsnotwendigen Teile** auszuklammern; z. B.

nicht betriebsnotwendiges Kapital

- nicht oder landwirtschaftlich genutzte Grundstücke,
- Mietshäuser, in denen keine Betriebsangehörigen wohnen,
- stillgelegte Betriebsabteilungen,
- Wertpapiere, mit denen keine unternehmenspolitischen Beteiligungsziele verfolgt werden, usw.

Übrig bleiben die **betriebsnotwendigen Teile** des abnutzbaren und des nicht abnutzbaren Anlagevermögens sowie das betriebsnotwendige Umlaufvermögen.

betriebsnotwendiges Anlage- und Umlaufvermögen

Das betriebsnotwendige Umlaufvermögen ist dabei mit jenen Beträgen anzusetzen, die durchschnittlich während der Abrechnungsperiode gebunden sind.[146] Für das Anlagevermögen verwendet man die kalkulatorischen Werte der Anlagenabrechnung.

Umlaufvermögen

Nach der Art des Wertansatzes für das abnutzbare Anlagevermögen lassen sich zwei Methoden der Berechnung der kalkulatorischen Zinsen unterscheiden:

Anlagevermögen

1. Methode der Restwertverzinsung,
2. Methode der Durchschnittswertverzinsung.

Bei der **Restwertverzinsung** werden die Zinsen vom kalkulatorischen Restwert am Ende der jeweiligen Abrechnungsperiode berechnet.[147]

Restwertverzinsung

145 Opportunitätskosten existieren nur bei Anwendung des wertmäßigen (nicht bei Anwendung des pagatorischen) Kostenbegriffs.

146 Z. B. Anfangsbestand + Endbestand dividiert durch zwei.

147 Bei verfeinerten Varianten geht man vom mittleren Restwert aus.

Die kalkulatorischen Zinsen nehmen also im Laufe der Zeit mit den Restwerten ab.

Durchschnittswertverzinsung

Bei der **Durchschnittswertverzinsung** berechnet man die Zinsen vom halben Ausgangswert, denn dieser ist während der gesamten Nutzungsdauer des Anlagegutes (bei linearer Abschreibung) durchschnittlich im Betrieb gebunden. Hier sind die kalkulatorischen Zinsen im Laufe der Zeit konstant, soweit die Ausgangswerte nicht neu bewertet werden.

Zinsen und Fixkostencharakter

Fixkostencharakter haben die **kalkulatorischen Zinsen** jedoch i. d. R. nach beiden Methoden, denn die verrechneten Zinsen stehen in keiner Abhängigkeit vom Beschäftigungsvolumen der jeweiligen Periode. Die Zinsen auf das Umlaufvermögen können allerdings teilweise proportional sein.

Graphisch ergibt sich folgendes Bild für die kalkulatorischen Zinsen im Zeitablauf bei den beiden Methoden:

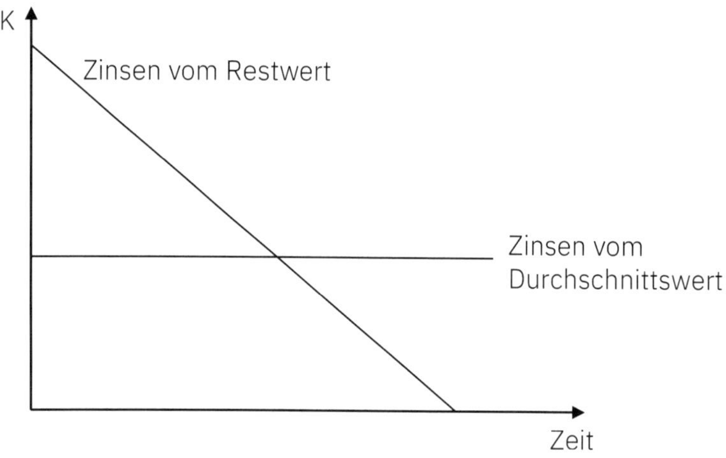

***Abb. 19:** Zinsen im Zeitablauf*

Egalisierungsstreben und Durchschnittsmethode

Für welche Methode sollte entschieden werden? Diese Frage ist eindeutig zugunsten der **Durchschnittsmethode** zu beantworten, denn sie hat einmal den Vorteil der einfacheren Berechnung und entspricht zum anderen mit der gleichmäßigen Zinsverrechnung dem schon bei anderen Kostenarten mit ungleichmäßigem Anfall angetroffenen **„Egalisierungsbestreben“**. Die Restwertmethode führt dagegen dazu, dass die Stückkosten im Falle einer Vollkostenrechnung bei völlig gleichen Produktionsbedingungen von Jahr zu Jahr fallen.

Damit sind die kalkulatorischen Zinsen (gemäß der Durchschnittsmethode) nach folgendem Berechnungsschema zu ermitteln:

Berechnungsschema

Zinssatz

Betriebsnotwendiges Anlagevermögen
a) nicht abnutzbare Teile (zu kalkulatorischen Ausgangswerten)
b) abnutzbare Teile (zu halben kalkulatorischen Ausgangswerten)
\+ Betriebsnotwendiges Umlaufvermögen (zu kalkulatorischen Mittelwerten)

= Betriebsnotwendiges Vermögen
= Betriebsnotwendiges Kapital
Betriebsnotwendiges Kapital × Zinssatz = kalkulatorische Zinsen

Abzugskapital

Abschließend sei auf einen in der Literatur häufig zu findenden Vorschlag für die Berechnung des notwendigen Kapitals eingegangen. Man vertritt die Auffassung, vom betriebsnotwendigen Vermögen müsse noch das sogenannte **Abzugskapital** abgezogen werden, um das betriebsnotwendige Kapital zu erhalten.[148] Unter dem Abzugskapital versteht man im Betrieb zinsfrei vorhandenes Fremdkapital, wie z. B. Kundenanzahlungen oder zinslose Kredite. Der vorgeschlagenen Berücksichtigung dieser Beträge kann nur zugestimmt werden, wenn die Gefahr einer Doppelerfassung (z. B. durch erhöhte Faktoreinstandspreise) besteht. Ansonsten ist auch der durch das Abzugskapital bewirkte Leistungsverzehr (hier mit dem Grenzgewinn) zu bewerten.[149]

3.2.3.5.3 Kalkulatorischer Unternehmerlohn

Im Zusammenhang mit der ökonomischen Begründung für die Verrechnung des kalkulatorischen Unternehmerlohns wurde bereits festgestellt, dass ein kalkulatorischer Unternehmerlohn in Einzelunternehmen immer anzusetzen ist. In Personen- und Kapitalgesellschaften ist nach dem wertmäßigen Kostenbegriff ein kalkulatorischer Unternehmerlohn anzusetzen, wenn der Gesellschafter einer Personen- oder Kapitalgesellschaft für seine Mitarbeit kein oder ein sehr niedriges Gehalt erhält und die Vergütung für seine Arbeitsleistung mit dem Gewinn abdeckt.

Unternehmerlohn und Rechtsform

Häufig wird in der Literatur zum **kalkulatorischen Unternehmerlohn** ausgeführt, dass dieser bei Einzelunternehmen und Personengesellschaften angesetzt werden muss. Diese in Bezug auf die Personengesellschaft falsche Aussage kann nur daraus resultieren, dass übersehen

148 Vgl. Kalenberg (2013), S. 60; Däumler/Grabe (2013a), S. 148; Schweitzer et al. (2015), S. 133.

149 Im Ergebnis führt die Nichtberücksichtigung des Abzugskapital dazu, dass die Höhe der kalkulatorischen Zinsen von der Finanzierung des Unternehmens unabhängig ist.

wird, dass Dienstleistungsverträge (zu den vereinbarten Entgelten) zwischen einer Personengesellschaft und deren Gesellschaftern handels- und steuerbilanziell Aufwand darstellen. Die (bekannte) fehlende Gewinnminderung wird erst durch eine steuerliche Umqualifizierung der Entgelte außerhalb der Bilanz der Personengesellschaft erreicht.[150]

Bewertung

Für die **Ermittlung der Höhe des kalkulatorischen Unternehmerlohnes** wird man sich in der Regel nach dem durchschnittlichen Gehalt eines leitenden Angestellten in einer vergleichbaren Position in einem vergleichbaren Betrieb richten.

In besonderen Fällen kann jedoch auch hier der **Opportunitätskostengedanke** eine Rolle spielen; man fragt dann nach dem Gehalt, das der betreffende geschäftsführende Eigentümer selbst an anderer Stelle erhalten könnte. Abweichungen dieses „entgehenden" Gehaltes vom oben skizzierten Durchschnittsgehalt können für bestimmte (außergewöhnliche) Dispositionen, z. B. Schließung des Betriebs, in der einen wie der anderen Richtung ausschlaggebend sein.

3.2.3.5.4 Kalkulatorische Miete

Gründe für kalkulatorische Miete

Kalkulatorische Miete wird für betrieblich genutzte Räume verrechnet, für die jedoch in der Finanzbuchhaltung kein Aufwand verbucht wird. Solche Fälle treten vor allem wegen des fehlenden Vertragspartners in Einzelunternehmen auf. In Ausnahmefällen sind kalkulatorische Mieten auch in Personen- oder Kapitalgesellschaften denkbar, wenn z. B. ein Gesellschafter seiner Gesellschaft Räume zu Verfügung stellt und dafür keine oder eine zu niedrige Miete erhält. Alle weiteren Überlegungen sind hier völlig analog denen beim kalkulatorischen Unternehmerlohn.

Abgrenzung zu anderen kalkulatorischen Kosten

Soweit allerdings für diese betrieblich genutzten (Privat-)Grundstücke schon kalkulatorische Abschreibungen oder kalkulatorische Zinsen verrechnet werden, erübrigt sich eine kalkulatorische Miete.

3.2.3.5.5 Kalkulatorische Wagnisse

Mit der unternehmerischen Tätigkeit sind bestimmte Risiken verbunden, die zu unvorhersehbarem Werteverzehr führen können. Bei diesen Risiken, auch Wagnisse genannt, unterscheidet man zunächst

Unternehmerrisiko

- das **allgemeine Unternehmerwagnis (Unternehmerrisiko)**, das das Unternehmen als Ganzes betrifft. Hierunter zählt man z. B. Rückgänge oder Änderungen in der gesamtwirtschaftlichen Nachfrage, Inflationen, technische Fortschritte etc.,

150 Vgl. zu dieser Umqualifizierung Breithecker (2016), S. 195.

- die **speziellen Einzelwagnisse (betriebsbedingte Wagnisse)**, die direkt mit der betrieblichen Leistungserstellung verbunden sind und sich auf einzelne Tätigkeiten, Abteilungen oder Produkte des Unternehmens beziehen.

Einzelwagnisse

Das allgemeine Unternehmerrisiko soll im Gewinn abgegolten werden und ist damit nicht kalkulierbar. Spezielle Einzelwagnisse werden dagegen als betrieblich verursachter Werteverzehr mit der Verrechnung kalkulatorischer Wagnisse berücksichtigt.

Man gliedert die Einzelwagnisse in folgende Hauptgruppen:[151]

- Beständewagnis,
- Fertigungswagnis,
- Entwicklungswagnis,
- Vertriebswagnis,
- sonstige Wagnisse.

Beständewagnis

Zum **Beständewagnis** zählt man Lagerverluste (bei Werkstoffen, Halb- und Fertigfabrikaten), die z. B. durch Schwund, Veralten, Preissenkungen und Güteminderungen auftreten.

Fertigungswagnis

Das **Fertigungswagnis** umfasst u. a. Mehrkosten aufgrund von Arbeits- und Konstruktionsfehlern, Kosten für Gewährleistungen, außergewöhnlichen Schäden an Anlagegütern sowie Verrechnungsdifferenzen aufgrund von Fehleinschätzungen der Abschreibungsbeträge.

Entwicklungswagnis

Zum **Entwicklungswagnis** gehören die Kosten für fehlgeschlagene Forschungs- und Entwicklungsarbeiten.

Vertriebswagnis

Das **Vertriebswagnis** beinhaltet z. B. Forderungsausfälle gegenüber Kunden und Währungsverluste.

sonstige Wagnisse

Sonstige Wagnisse sind vor allem solche Risiken, die in der Eigenart des Betriebes bzw. der Branche liegen, z. B. Wagnisse aufgrund von Bergschäden, Schiffs- oder Flugzeugverluste, Risiken bei der Herstellung und Beförderung von Explosiv- und Giftstoffen, Risiken, die bei Montage- oder Abbrucharbeiten entstehen.

Bewertung

Die **Bewertung solcher Wagnisse** erfolgt in Höhe der **Fremdversicherungsprämien** (= aufwandgleiche Kosten) und/oder zu **Opportunitätskosten** (= Anders- oder Zusatzkosten).[152] Ihre Berechnung als eine Art von Selbstversicherung, mit der ein langfristiger Ausgleich zwischen

151 Vgl. zu einzelnen Gruppen auch Abb. 16.

152 Die Einzelwagnisse der Kostenrechnung sind also mit Rückstellungen der Handels- und Steuerbilanz vergleichbar.

tatsächlichen Verlusten und kalkulatorischen Wagniskosten angestrebt wird, geschieht wie folgt:

Wagnissatz

Aufgrund statistischer und wahrscheinlichkeitstheoretischer Überlegungen wird zunächst ein sogenannter **Wagnissatz** ermittelt. Dieser Satz ergibt sich als die durchschnittliche Relation zwischen in der Vergangenheit tatsächlich eingetretenen Wagnisverlusten und einer Bezugsgröße, von der man annimmt, dass sie möglichst verursachungsgerecht mit den Wagnisverlusten in Beziehung steht. Als Zeitraum für diese Berechnung wählt man gewöhnlich fünf und in Sonderfällen auch zehn Jahre. Der Wagnissatz gibt also die durchschnittlichen Wagnisverluste der Vergangenheit pro Einheit der Bezugsgröße (als Wert- oder Mengengröße) an.

Berechnung

In der laufenden Abrechnungsperiode berechnet man nun die **kalkulatorischen Wagniskosten,** indem man den Wagnissatz mit der Ist- oder Planbezugsgröße multipliziert. Die tatsächlich eintretenden Wagnisverluste der laufenden Periode werden über die Klasse 2 (als betriebliche außerordentliche Verluste) verrechnet.

Beispiel:

Die effektiven Aufwendungen aufgrund von Gewährleistungen betrugen in den letzten 5 Jahren insgesamt 50.000 €. Die Selbstkosten der abgesetzten Produkte beliefen sich im gleichen Zeitraum auf € 1 Mio. Der Wagnissatz beträgt damit

$$\frac{50.000}{1.000.000} = 0{,}05 = 5\%$$

In der laufenden Abrechnungsperiode betragen die Selbstkosten der abgesetzten Produkte mit Gewährleistungsverpflichtungen € 40.000. Also sind € 40.000 × 0,05 = € 2.000 als kalkulatorische Wagnisse zu verrechnen.

3.3 Kostenstellenrechnung

Im Ablauf der kostenrechnerischen Arbeiten sind bisher die Kosten erfasst und nach Arten gegliedert worden. Der nächste Schritt besteht darin, die Kosten auf die Betriebsbereiche zu verteilen, in denen sie angefallen sind. Die Fragestellung der Kostenstellenrechnung als Bindeglied zwischen der Kostenarten und Kostenträgerrechnung lautet also: Wo sind die Kosten angefallen? Es wird damit nochmals deutlich, dass die **Kostenartenrechnung(-erfassung)** keine eigenständigen Aufgaben erfüllt, sondern als eine zielgerichtete **Vorbereitungsarbeit** für die folgenden Teilgebiete der Kostenrechnung anzusehen ist.

3.3.1 Aufgaben der Kostenstellenrechnung

Kostenstellenrechnung versus Betriebsabrechnungsbogen

In der Literatur werden die Begriffe „Kostenstellenrechnung“ und „Betriebsabrechnungsbogen“ (BAB) vielfach gleichgesetzt und deshalb auch die Aufgaben der Kostenstellenrechnung mit denen des BAB identifiziert. Ein solches Vorgehen ist zwar vertretbar; dennoch sind die Aufgaben des BAB eher eine „Arbeitsanweisung“ zur Realisierung der folgenden – allgemeiner formulierten – **Aufgaben der Kostenstellenrechnung**:

Die Kostenstellenrechnung verteilt die Kosten auf die Orte ihrer Entstehung, um

1. die **Leistungsbeziehungen innerhalb des Unternehmens** darzustellen. *(Leistungsbeziehungen)*
2. die **Kontrolle der Wirtschaftlichkeit** (Kostenkontrolle) an den Stellen durchzuführen, an denen die Kosten zu verantworten und zu beeinflussen sind. *(Kontrolle)*
3. die Genauigkeit der **Kalkulation** zu erhöhen. Bei unterschiedlicher Beanspruchung der Abteilungen durch die einzelnen Produkte muss man auch die Gesamtkosten des Betriebes nach Kostenstellen differenziert den Kostenträgern zurechnen, die diese Kosten verursacht haben. *(Kalkulation)*
4. **relevante Kosten für Planungszwecke** aus einzelnen Betriebsbereichen zu liefern. *(Ermittlung relevanter Kosten)*

Von diesen vier Aufgaben können die ersten beiden als eigenständige Aufgaben der Kostenstellenrechnung bezeichnet werden. Die anderen beiden Aufgaben sind nicht eigenständig, sondern dienen der Vorbereitung der Kostenträger- und kurzfristigen Erfolgsrechnung.

3.3.2 Kostenstellen und ihre Einteilung

Kostenstellen sind die Orte der Kostenentstehung und damit die Orte der Kostenzurechnung:

Kostenstelle = Ort der Kostenentstehung

> „Unter einer **Kostenstelle** versteht man einen betrieblichen Teilbereich, der kostenrechnerisch selbständig abgerechnet wird.“[153]

Man bezeichnet die Kostenstellen auch als **„Kontierungseinheiten“**, die nicht immer mit der räumlichen, organisatorischen oder funktionellen Gliederung des Betriebes übereinzustimmen brauchen.

153 Kilger (1969), S. 870.

Für die Einteilung des Betriebes in Kostenstellen haben sich **vier Grundsätze** herausgebildet

Verantwortungsbereich

1. Die Kostenstelle muss ein **selbständiger Verantwortungsbereich** sein, um eine wirksame Kostenkontrolle zu gewährleisten. Sie soll möglichst auch eine räumliche Einheit sein, um Kompetenzüberschneidungen zu vermeiden.

Maßgrößen der Kostenverursachung

2. Für jede Kostenstelle müssen sich möglichst **genaue Maßgrößen der Kostenverursachung** finden lassen; anderenfalls besteht die Gefahr einer fehlerhaften Kostenkontrolle und Kalkulation.

exakte Verbuchung

3. Auf jede Kostenstelle müssen sich die **Kostenbelege genau und gleichzeitig einfach verbuchen** (kontieren) lassen.

Diese drei Grundsätze lassen ein Optimierungsproblem bei der Kostenstelleneinteilung erkennen:

optimaler Feinheitsgrad

Je detaillierter die Kostenstelleneinteilung, desto eher lassen sich exakte Maßstäbe der Kostenverursachung (Bezugsgrößen) finden und desto genauer werden Kostenkontrolle, Kalkulation und relevante Kosten. Andererseits aber bedeutet eine sehr feine Einteilung höhere Abrechnungskosten, denn die Kontierung der Belege wird aufwendiger. Der vierte Grundsatz lautet deshalb

Wirtschaftlichkeit

4. Die Kostenstelleneinteilung hat unter **Beachtung der Wirtschaftlichkeit und der Übersichtlichkeit** zu erfolgen.

Der **optimale Feinheitsgrad** (Detaillierungsgrad) der Kostenstelleneinteilung lässt sich durch folgende Regel umschreiben:

> Wenn die Unterteilung der Kostenstellen für die Kalkulation zu grob ist, dann ist sie auch für die Kostenkontrolle zu grob, d. h. die richtige Bezugsgröße für die Kalkulation ist zugleich die richtige Bezugsgröße für die Kostenkontrolle.

kalkulatorische Fehlerrechnung

Zur Entscheidung der Frage, wie differenziert in bestimmten Situationen die Kostenstelleneinteilung vorzunehmen ist, werden **kalkulatorische Fehlerrechnungen** durchgeführt. Man vergleicht die Kalkulationssätze bei differenzierter Kostenstelleneinteilung mit denen bei globalerer Einteilung. Übersteigt die Abweichung zwischen den alternativen Sätzen eine bestimmte, vorher festgelegte prozentuale Grenze, dann ist der kalkulatorische Fehler nicht mehr zu verantworten und die feinere Kostenstelleneinteilung zu wählen.

Folgendes Beispiel soll dies verdeutlichen:

Beispiel kalkulatorische Fehlerrechnung

Kostenstelle	**Dreherei**	**Schlosserei**	**Zusammenfassung**
Gemeinkosten (€)	12.000	6.000	18.000
Bezugsgröße (Std.)	500	400	900
Kalkulationssatz (€/Std.)	24	15	20

Beträgt die vorher festgelegte kalkulatorische Fehlergrenze hier z. B. 15 %, dann dürfen Dreherei und Schlosserei nicht zu einer Kostenstelle zusammengefasst werden, sondern sind als zwei gesonderte Kostenstellen abzurechnen. Der kalkulatorische Fehler in der Dreherei würde sich bei einem Kalkulationssatz von 20 auf 24 – 20 = 4 (= 16,67 % von 24) belaufen und damit über der zulässigen Grenze liegen. In der Schlosserei wäre mit 33,33 % ebenfalls die Fehlergrenze überschritten.

Bezeichnet man mit

- K_j die Gemeinkosten der Kostenstelle j
- B_j die Bezugsgröße der Kostenstelle j
- k_j den Kalkulationssatz der Kostenstelle j
- j den Index der Kostenstellen j = 1, 2, ..., m
- $k_{\varnothing}$ den Durchschnitts-Kalkulationssatz der m Kostenstellen
- p den vorgegebenen maximalen Fehler-Prozentsatz,

dann gilt:

(25) $$k_j = \frac{K_j}{B_j}$$

(26) $$k_{\emptyset} = \frac{\sum_{j=1}^{m} K_j}{\sum_{j=1}^{m} B_j}$$

Die **kalkulatorische Fehlergrenze** ist überschritten, wenn entweder

(27) $$k_{\emptyset} > k_j\left(1 + \frac{p}{100}\right)$$

oder

(28) $$k_{\emptyset} < k_j\left(1 + \frac{p}{100}\right)$$

Diese Rechnung ist jedoch nur sinnvoll, wenn die einzelnen Kostenstellen von den zu bearbeitenden Produkten – relativ gesehen – unterschiedlich beansprucht werden, denn wenn alle Produkte alle Kostenstellen mit gleicher Bezugsgrößenrelation durchlaufen (im Beispiel also Dreherei und Schlosserei stets im Verhältnis 5 : 4 Stunden), dann wirken sich die unterschiedlichen Kalkulationssätze nicht im Kalkulationsergebnis der Produkte aus; man kann also eine **Kostenstelle** bilden.[154]

Platzkostenrechnung

Für Zwecke einer exakten Kalkulation ist insbesondere im Fertigungsbereich eine tief gegliederte Kostenstelleneinteilung erforderlich, die (als **Platzkostenrechnung**) häufig bis auf einzelne Maschinen oder Handarbeitsplätze zurückgeht. Die Unterteilung des Betriebs in Kostenstellen ist damit differenzierter als die räumliche und/oder verantwortungsgemäße Gliederung. Die hierbei auftretenden Abrechnungsschwierigkeiten (vgl. den obigen 3. Grundsatz) lassen sich umgehen, indem man zwar mehrere Aggregate oder Arbeitsplätze zu einer Kontierungseinheit zusammenfasst, dennoch aber keinen Durchschnittssatz, sondern differenzierte Sätze für die Kalkulation verwendet. Dadurch ist die Kalkulationsgenauigkeit sichergestellt, und die Kontierungsschwierigkeiten sind überwunden. Die Kostenkontrolle wird allerdings gröber, denn die einzelnen Aggregate oder Arbeitsplätze sind nicht mehr kontrollierbar.

Es kann aber auch der (umgekehrte) Fall eintreten, dass nämlich die räumliche und/oder verantwortungsgemäße Gliederung von Betriebsbereichen feiner ist als die abrechnungstechnische. Dies tritt insbesondere im **Verwaltungs- und auch im Vertriebsbereich** auf, weil dort **verursachungsgerechte Bezugsgrößen nur sehr schwer zu finden** sind und deshalb globaler kalkuliert und kontrolliert wird. Dennoch gliedert man hier nach dem Gesichtspunkt der (Kosten-)Verantwortung etwa bis zur Hauptabteilungs- oder Abteilungsebene in Kostenstellen.

Einteilung der Kostenstellen und individuelle Faktoren

Wie differenziert im konkreten Fall die **Einteilung des Betriebes in Kostenstellen** vorzunehmen ist, hängt von einer Reihe betriebsindividueller Faktoren ab.[155] Hier sind zu nennen:

- Betriebsgröße,
- Branche,
- Produktionsprogramm und -verfahren,
- organisatorische Gliederung,
- angestrebte Kalkulationsgenauigkeit,
- angestrebte Kostenkontrollmöglichkeit.

Ihre Grenzen findet die Aufteilung in Kostenstellen dort, wo sie nicht mehr rentabel ist.

154 Bei schwer überschaubaren Relationen der Kostenstellenbeanspruchung wird man die Alternativrechnung als Stückkostenrechnung durchführen und an diesem Ergebnis den kalkulatorischen Fehler überprüfen.

155 Vgl. Wöhe/Döring/Brösel (2016), S. 875 ff., Däumler/Grabe (2013a), S. 189 ff.

Nach diesen allgemeinen Gesichtspunkten für die Einteilung des Betriebes in Kostenstellen soll auf die verschiedenen Arten von Kostenstellen eingegangen werden, deren Hauptgruppen man einmal nach **funktionellen Kriterien** und zum anderen nach **abrechnungstechnischen Kriterien** unterscheiden kann.

funktionelle/abrechnungstechnische Kriterien

Nach Funktionen, d. h. Tätigkeitsbereichen, unterscheidet man folgende Hauptgruppen von Kostenstellen, die auch **Kostenbereiche** genannt werden:[156]

- Die **Materialstellen** beschäftigen sich mit der Beschaffung, Annahme, Prüfung, Lagerung und Ausgabe der Werkstoffe. Beispiele sind die Abteilungen Einkauf, Materialprüflabor oder Rohstofflager, die in großen Betrieben noch jeweils untergliedert sein können.

  Kostenbereich Materialstellen

- Die **Fertigungsstellen** beschäftigen sich mit der eigentlichen Leistungserstellung. Sie können unmittelbar (z. B. Gießerei, Montage) oder mittelbar (z. B. Arbeitsvorbereitung, Terminstelle) an der Produktion mitwirken.

  Kostenbereich Fertigungsstellen

- Die **Vertriebsstellen** beschäftigen sich mit der Lagerung, dem Verkauf und Versand der Fertigprodukte. Beispiele sind die Abteilungen Werbung, Versand und Abfertigung oder Verpackungslager.

  Kostenbereich Vertriebsstellen

- Die **Verwaltungsstellen** beinhalten die Geschäftsführung und ihre Stabsstellen, das Rechnungswesen und sonstige Verwaltungsarbeiten. Beispiele sind die Finanzbuchhaltung, Poststelle oder Interne Revision.

  Kostenbereich Verwaltungsstellen

- Die **Allgemeinen Kostenstellen** üben Tätigkeiten aus, die dem gesamten Betrieb dienen. Hierher gehören z. B. die Stromversorgung, die Kantine, die Betriebsfeuerwehr, die Gebäudereinigung oder der innerbetriebliche Transport.

  Kostenbereich Allgemein

- Die **Forschungs-, Entwicklungs- und Konstruktionsstellen** werden in der kostenrechnerischen Praxis manchmal als eigener Kostenbereich behandelt, manchmal zu den Allgemeinen Kostenstellen gezählt. Hierher gehören z. B. die Stellen Zentrallabor, Versuchswerkstatt, Patentstelle, Konstruktionsabteilung, Zeichnungsarchiv oder Bibliothek.

  Kostenbereich F&E

In der Abb. 20 ist ein Beispiel eines (funktionellen) Kostenstellenplans gegeben. Dieses Beispiel soll lediglich einen gewissen Eindruck von den Möglichkeiten der Kostenstellengliederung vermitteln; innerhalb der einzelnen Kostenbereiche sind auch völlig andere Einteilungen denkbar.

Kostenstellenplan

156 Vgl. Bundesverband der deutschen Industrie (o. J.), Teil II (GRK), Abschnitt K 3.

KoSt-Nr.	KoSt-Bezeichnung	KoSt-Nr.	KoSt-Bezeichnung	KoSt-Nr.	KoSt-Bezeichnung
100	Infrastruktureinrichtungen	400	Fertigung	700	Verwaltung
101	Werkschutz	401	Presse	701	Geschäftsführung
102	Grundstücke/Gebäude	402	Gießerei	702	Strategieentwicklung
103	Energieversorgung/Heizung	403	Dreherei	703	Personalbereich
104	Fuhrpark/Geschäftswagenflotte	404	Fräserei	704	Finanzbuchhaltung
105	Instandhaltung	405	Stanzen	705	Controlling
106	Entsorgung	406	Schleifen	706	Steuern
107	Betriebsarzt	407	Schweißen	707	Treasury
108	Betriebskindergarten	408	Montage	708	Datenverarbeitung
109	Kantine	409	Lackiererei	709	Pressearbeit/Kommunikation
110	sonstige soziale Einrichtungen	410	Kleben	710	Rechtsabteilung
200	Materialwirtschaft	500	Vertrieb		
201	Einkauf	501	Vertriebsinnendienst		
201	Wareneingang	502	Vertriebsaussendienst		
202	Wareneingangsprüfung	503	Auslandsvertrieb		
203	Lager	504	Werbung		
204	Kommissionierung/Transport	505	Verkaufsförderung		
300	Fertigungshilfskostenstellen	600	Forschung & Entwicklung		
301	Fertigungsplanung	601	Innovationsmanagement		
302	Arbeitsvorbereitung	602	Grundlagenforschung		
303	Werkzeugbau	603	Entwicklung PG I		
304	Zwischenlager I	604	Entwicklung PG II		

Abb. 20: *Beispiel eines Kostenstellenplanes*

Nach der Art der Abrechnung unterscheidet man folgende **Gruppen von Kostenstellen**:[157]

Hauptkostenstelle

Hauptkostenstellen sind alle Kostenstellen, deren Kosten nicht auf andere Kostenstellen, sondern direkt auf die Kostenträger verrechnet werden.

Hilfskostenstelle

Hilfskostenstellen sind alle Kostenstellen, deren Kosten nicht direkt auf die Kostenträger, sondern erst auf andere (Hilfs- oder Haupt-)Kostenstellen umgelegt werden.

Diese Definitionen stellen ausdrücklich und ausschließlich auf die Art der Verrechnung der Kosten ab. Ob eine Haupt- oder Hilfskostenstelle vorliegt, hängt also grundsätzlich nicht davon ab, ob diese Kostenstelle unmittelbar oder mittelbar an der Leistungserstellung mitwirkt, wenngleich eine gewisse Übereinstimmung zwischen beiden Kriterien besteht.

Wenn man den Kostenstellenplan in Abb. 20 betrachtet, so lässt sich zunächst feststellen, dass **alle Kostenstellen des Allgemeinen Bereichs Hilfskostenstellen** sind, denn sie geben ihre Leistungen nicht unmittelbar an die betrieblichen Produkte ab, sondern als **innerbetriebliche Leistungen an andere Kostenstellen**. Die Problematik dieser Begründung wird jedoch schon aufgrund folgender Überlegung deutlich: Entscheidet man sich dafür, die Kosten einer Stelle des Allgemeinen

157 Vgl. Weber/Weißenberger (2015), S. 287 f.

Bereichs direkt auf die Kostenträger zu verrechnen, dann ist damit diese Stelle eine Hauptkostenstelle.[158] Diese Entscheidung darf jedoch nicht willkürlich getroffen werden, sondern muss sich soweit wie möglich am Verursachungsprinzip i. e. S. ausrichten.

Fertigungshilfsstellen

Alle anderen Kostenbereiche werden grundsätzlich als **Hauptkostenstellen** abgerechnet. Bei den Stellen des Fertigungsbereichs ist die verursachungsgerechte Beziehung zwischen Kosten und Kostenträgern noch am ehesten gegeben. Jene Stellen des Fertigungsbereichs aber, die nur mittelbar an der Produktion mitwirken, wie z. B. die Arbeitsvorbereitung, werden erst auf die von ihnen betreuten Kostenstellen umgelegt; man bezeichnet sie deshalb als **Fertigungshilfsstellen.** Bei den ebenfalls als Hauptkostenstellen abgerechneten Material- und Vertriebsstellen ist die Kostenverursachung schon schlechter und bei den Verwaltungsstellen fast gar nicht mehr feststellbar.

Verrechnungssatz ibL/Kalkulationssatz

> Aus der Unterscheidung in **Haupt- und Hilfskostenstellen** folgt, dass die Hilfskostenstellen mit Verrechnungssätzen für innerbetriebliche Leistungen und die Hauptkostenstellen mit Kalkulationssätzen für die Absatzleistungen des Betriebes abrechnen.

Die **Grenze zwischen Hilfs- und Hauptkostenstellen ist allerdings fließend**, wie einige Beispiele zeigen:

Bei innerbetrieblichen Reparaturaufträgen kann eine Hauptkostenstelle der Fertigung zu einer Hilfskostenstelle werden. Umgekehrt ist der Hilfsbetrieb Schlosserei dann Hauptkostenstelle, wenn er Zubehörteile erstellt. Die LKW-Stelle z. B. wird zur Hauptkostenstelle, wenn in beschäftigungsschwachen Zeiten externe Transportaufträge übernommen werden. Auch Einkaufsabteilungen werden teilweise als Hilfskostenstellen tätig, wenn sie sich mit der Beschaffung von Betriebsmitteln beschäftigen.

Terminologie

Die **Terminologie** im Hinblick auf die Unterscheidung in Haupt- und Hilfskostenstellen ist sehr unterschiedlich. Hauptkostenstellen bezeichnet man häufig als **Endkostenstellen** und (seltener) als **primäre Kostenstellen**. **Hilfskostenstellen** werden analog Vorkostenstellen oder **sekundäre Kostenstellen** genannt.[159] Außerdem spricht man bei den

158 Ein Beispiel hierfür ist die Behandlung der Kosten der Forschungs-, Entwicklungs- und Konstruktionsstellen, die häufig ganz oder zum Teil direkt auf die Kostenträger verrechnet werden. Dann sind diese Stellen Hauptkostenstellen.

159 Hierbei besteht nicht zwingend eine begriffliche Identität zwischen (den produktionstechnisch untergliederten) Haupt- bzw. Hilfs- und (den abrechnungstechnisch gegliederten) End- bzw. Vorkostenstellen.

Hilfskostenstellen noch von allgemeinen Kostenstellen oder Nebenkostenstellen, wobei darauf abgestellt wird, ob die Leistungen dieser Stellen für den gesamten Betrieb erbracht werden, also an alle anderen Stellen abgegeben werden (z. B. Stromstelle), oder ob die Leistungen nur für bestimmte Hauptkostenstellen erbracht werden, z. B. Arbeitsvorbereitung. Im Folgenden wird die letztere (undeutliche) Untergliederung nicht mehr verwandt; die Einteilung in Haupt- und Hilfskostenstellen reicht völlig aus, da man bei der Umlage der Hilfs-kostenstellen ohnehin im Einzelfall überprüfen muss, an welche anderen Stellen die innerbetrieblichen Leistungen abgegeben werden.

3.3.3 Betriebsabrechnungsbogen (BAB)

3.3.3.1 Aufgaben und Stellung des BAB innerhalb der Kostenrechnung

Abrechnungstechnik

Die Aufgaben der Kostenstellenrechnung sind bereits bekannt; sie können abrechnungstechnisch auf dem Wege der kontengemäßen Verbuchung oder in statistisch-tabellarischer Form (BAB) erfüllt werden.

Der **BAB** ist eine Tabelle, in der zeilenweise die Kostenarten und spaltenweise die Kostenstellen aufgeführt sind. Seine **Aufgaben** – oben als „Arbeitsanweisung" für die Durchführung der Kostenstellenrechnung bezeichnet – sind:

1. Verteilung der primären Gemeinkosten auf die Kostenstellen nach dem Verursachungsprinzip,
2. Durchführung der innerbetrieblichen Leistungsverrechnung,
3. Bildung von Kalkulationssätzen,
4. Kontrolle der Kosten bzw. ihre Vorbereitung.

Verrechnung von Gemeinkosten

Im BAB werden grundsätzlich **nur Gemeinkosten** verrechnet, denn die Einzelkosten lassen sich per definitionem verursachungsgemäß den Kostenträgern zurechnen und werden abrechnungstechnisch um den BAB herumgeführt (vgl. Abb. 11). Wenn man dennoch in einen BAB gelegentlich die Einzelkosten oder Teile davon aufnimmt (vgl. Tab. 3), dann geschieht dies nur deshalb, weil die Einzelkosten zur Ermittlung bestimmter Kalkulationssätze als Bezugsbasis benötigt werden und man damit bequem auf sie zurückgreifen kann.

Kostenarten	Summe	Kraftzentrale	Gebäudeverwaltung	Materialstelle	Kostenstellen Fertigungsstellen I	II	III	Meisterbüro	Vertrieb	Verwaltung
1. Einzellöhne	11.250				4.250	1.200	5.800			
2. Einzelmaterial	31.000									
3. Hilfslöhne	6.200	100	300	300	1.700	1.100	1.700	40	150	810
4. Überstundenzuschläge	500	10		60	250		90			90
5. Gehälter	3.300	200	200	400				350	1.250	900
6. Sozialkosten	4.100	120	180	250	800	620	1.140	160	300	530
7. Reparaturen	1.100		310	80	120	40	230		60	260
8. Betriebsstoffe	600	260	40	20	50	80	60		30	60
9. Kalk. Abschreibungen	4.200	140	550	80	800	1.300	800	10	120	400
10. Kalk. Zinsen	900	30	140	20	150	280	150	2	40	88
11. primäre Gemeinkosten	20.900	860	1.720	1.210	3.870	3.420	4.170	562	1.950	3.138
12. Umlage Kraftzentrale		↳	120	80	150	220	200			90
13. Umlage Gebäudeverw.			↳	350	520	180	130	20	230	410
14. Umlage Meisterbüro					146	145	291	↵		
15. gesamte Gemeinkosten	20.900			1.640	4.686	3.965	4.791		2.180	3.638
16. Zuschlagsbasis				31.000	4.250	1.200	5.800		57.332	
17. Ist-Zuschlag (%)				5,29 %	110,00 %	330,00 %	82,60 %		10,15 %	
18. Normal-Zuschlag (%)				5,10 %	120,00 %	339,00 %	84,20 %		9,22 %	
19. Verrechn. Gemeinkosten				1.581	5.100	4.068	4.884		5.286	
20. Über-/Unterdeckung (abs.)				-59	414	103	93		-532	
21. Über-/Unterdeckung (in % v. 19.)				-3,73 %	8,12 %	2,53 %	1,90 %		-10,06 %	

Tab. 3: *Beispiel eines Betriebsabrechnungsbogens (BAB)*

Anmerkungen: Die Einzelkosten sind in diesem BAB aufgenommen worden (vgl. Zeilen 1 und 2), damit man sie als Zuschlagsbasis für die Ermittlung von Kalkulationssätzen direkt zur Verfügung hat. Die Zuschlagsbasen sind (Zeile 16): Einzelmaterial für die Materialstelle; Einzellöhne für die Fertigungsstellen; Herstellkosten für die Verwaltungs- und Vertriebskostenstelle (gemeinsam).
Die Verteilung der Gemeinkosten (20.900 €) kann hier nicht nachvollzogen werden, da die Verteilungsgrundlagen(-Schlüssel) nicht angegeben sind. Bei den Zeilen 18 bis 21 handelt es sich um die Kostenkontrolle im Rahmen einer Normalkostenrechnung.

Die einzelnen **Arbeitsschritte (Aufgaben)** des BAB lassen sich wie folgt skizzieren:

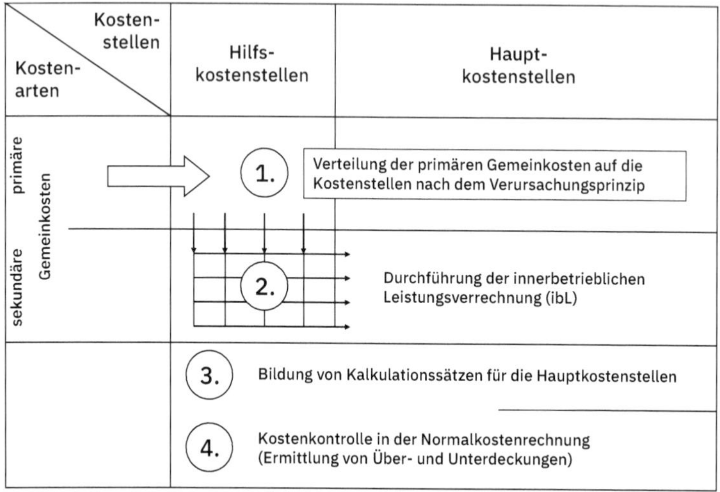

Abb. 21: *Formular Aufbau eines BAB*

Übernahme primärer Gemeinkosten

Zunächst werden die primären[160] Gemeinkosten aus der Kostenartenrechnung (Klasse 4 des GKR) in die linke Spalte des BAB übernommen und von dort auf die einzelnen Hilfs- und Hauptkostenstellen verteilt, die diese Gemeinkosten verursacht haben. Nach dieser Verteilung kennt man die Summe der primären Gemeinkosten für jede Kostenstelle, auch für die Hilfskostenstellen.

innerbetriebliche Leistungsverrechnung

Da die Hilfskostenstellen – gemäß obiger Definition – ihre Kosten nicht auf die Kostenträger, sondern auf andere Kostenstellen abrechnen, hat als nächstes die **innerbetriebliche Leistungsverrechnung (ibL)** zu erfolgen, d. h. die Umlage der Kosten der Hilfskostenstellen auf jene Kostenstellen, die die entsprechenden Leistungen empfangen haben. Die ibL wird so lange durchgeführt, bis alle Kosten der Hilfskostenstellen auf die Hauptkostenstellen verteilt sind. Nach Ablauf dieser Verteilung kennt man **für jede Hauptkostenstelle** die Summe der sekundären Gemeinkosten und – da die primären bereits bekannt sind – auch die Summe der gesamten Gemeinkosten. Man führt an dieser Stelle gewöhnlich eine Rechenkontrolle durch: Die **Summe der gesamten Gemeinkosten** aller Hauptkostenstellen muss gleich sein der Summe aller primären

160 Sekundäre Gemeinkosten sind an dieser Stelle des Abrechnungsgangs noch nicht entstanden.

Gemeinkosten, die zu Beginn der Rechnung aus der Klasse 4 übernommen wurden, denn bei allen Rechenoperationen im BAB wurden weder Kosten weggenommen noch hinzugefügt, sondern stets nur umverteilt.

Kalkulationssatz

Die **Hauptkostenstellen rechnen** nun – gemäß obiger Definition – ihre Gemeinkosten **auf die Kostenträger ab.** Diese Verrechnung der Gemeinkosten auf die Kostenträger ist bereits ein Teil der Kalkulation und kann nur durchgeführt werden, wenn **Kalkulationssätze** zur Verfügung stehen. Man ermittelt sie im BAB „unter dem Strich". Die Kalkulationssätze sind also unentbehrlich für die Stückkostenermittlung nach den verschiedenen Verfahren der Zuschlagskalkulation.

Kostenkontrolle im BAB

Im Folgenden wird die **Kontrolle der Kosten im BAB** skizziert:

Die Kontrolle von Kosten setzt voraus, dass **Maßgrößen** festgelegt werden, mit denen die ermittelten effektiven Kosten (Istkosten) verglichen werden. Eine solche Maßgröße kann z. B. der Durchschnitt der Istkosten vergangener Perioden (Normalkosten) sein. Es kann sich bei dieser Maßgröße aber auch um eine aufgrund technischer Berechnungen, Verbrauchsstudien oder Schätzungen geplante Größe, um sogenannte Plankosten handeln.[161] Die Differenz zwischen ermittelten Istkosten und Normalkosten bezeichnet man als Kostenüber- und -unterdeckungen; sie dienen als Anhaltspunkte für die Beurteilung der Wirtschaftlichkeit in den einzelnen Kostenstellen.

Beispiel

Als Beispiel sei die Materialstelle (Materiallager) des in Tab. 3 beispielhaft dargestellten BAB herausgegriffen: Die Ist-Gemeinkosten der Materialstelle belaufen sich laut Zeile 15 auf insgesamt 1.640; die Zusammensetzung dieses Betrages ist aus dem BAB ersichtlich. Im vorliegenden Fall wurde angenommen, dass sich die Materialgemeinkosten in einem bestimmten proportionalen Verhältnis zu den Kosten des Einzelmaterials entwickeln, das in der Materialstelle eingelagert und ausgegeben wird. Im Durchschnitt der vergangenen 12 Monate betrug laut Zeile 18 dieses Verhältnis zwischen Materialgemein- und Einzelmaterialkosten 5,1 %. Dieser **Normalzuschlagssatz (normalisierter Kalkulationssatz)** besagt also, dass in der Vergangenheit durchschnittlich Materialgemeinkosten in Höhe von 5,1 % der Einzelmaterialkosten angefallen sind.

Im vorliegenden Abrechnungsmonat hätten also bei Einzelmaterialkosten in Höhe von € 31.000 Materialgemeinkosten in Höhe von € 31.000 × 0,051 = € 1.581 anfallen dürfen. Diese € 1.581 „verrechnet" man in der

161 Verwendet ein Kostenrechnungssystem Istkosten, spricht man von einem Istkostenrechnungssystem, bei Normalkosten von einer Normalkosten-, und bei Plankosten von einer Plankostenrechnung.

Normalkostenrechnung (über den Normal-Kalkulationssatz von 5,1 %) auf die Kostenträger. Tatsächlich sind aber nicht € 1.581, sondern € 1.640 an Materialgemeinkosten in dieser Abrechnungsperiode angefallen. Die „verrechneten Materialgemeinkosten" führen also zu einer Unterdeckung der tatsächlich entstandenen Kosten in Höhe von € 59 bzw. 3,73 % der verrechneten Kosten.

Mit dieser Skizze der Arbeitsschritte des BAB ist auch seine Stellung innerhalb der Kostenrechnung deutlich geworden: Er übernimmt von den gesamten Kostenarten der Klasse 4 die Gemeinkosten, verteilt und umverteilt sie auf die verschiedenen Orte der Kostenentstehung und liefert als Ergebnis die Kalkulationssätze, d. h. die nach Kostenträgern gegliederten Gemeinkosten.

BAB-Buchung

Abrechnungstechnisch gesehen steht der BAB als ausgegliederte Zwischenrechnung zwischen den Konten der Klassen 4 und 5 des GKR. Die beiden wesentlichen Buchungen lauten

per BAB an Klasse 4

für die Übernahme der primären Gemeinkosten aus der Kostenartenrechnung und

per Klasse 5 an BAB

für die Weiterverrechnung der „umgeformten" Gemeinkosten in die (Kostenstellen- und) Kostenträgerrechnung.

In den folgenden Kapiteln werden die Verteilung der primären Gemeinkosten, die innerbetriebliche Leistungsverrechnung und die Ermittlung der Kalkulationssätze im BAB noch ausführlicher dargestellt.

3.3.3.2 Verteilung der primären Gemeinkosten im BAB

Verursachung

Die primären Gemeinkosten sollen **nach dem Verursachungsprinzip** auf die Kostenstellen **verteilt** werden. Es sei daran erinnert, dass es sich hierbei nicht um die direkte Verursachungsbeziehung zwischen Kostenarten und Kostenträgern (= Verursachungsprinzip i. e. S.) handelt, sondern um die indirekte zwischen Kostenarten und Kostenstellen (= Verursachungsprinzip i. w. S.). Man versucht zwar in der Kostenrechnung stets, so viele Kosten wie möglich verursachungsgemäß den Kostenträgern zuzurechnen, wenn dies aber – wie bei den Gemeinkosten – nicht direkt möglich ist, dann wählt man den **(Um-)Weg** über eine verursachungsgemäße **Verteilung auf die Kostenstellen,** weil man hofft, die Kosten von dort durch Auswahl geeigneter Bezugsgrößen (Schlüsselgrößen, Kostenschlüssel, Maßgrößen der Kostenverursachung) am genauesten auf die Kostenträger zu verrechnen.

Die **Verteilung der primären Gemeinkosten** auf die Kostenstellen erfolgt nun **auf zwei Arten:**

direkte Verteilung der Gemeinkosten

- Bei der **direkten Verteilung** lässt sich aufgrund der Kontierung (Kostenstellennummer) auf den Kostenartenbelegen genau ersehen, welche Stelle die Kosten verursacht hat. Man spricht in diesem Fall von **Kostenstelleneinzelkosten.** Beispiele sind Fremdreparaturen oder Fertigungshilfslöhne.

indirekte Verteilung der Gemeinkosten

- Bei der **indirekten Verteilung** lässt sich aus den Kostenartenbelegen nicht ohne weiteres ersehen, welche Kostenstelle in welcher Höhe die Kosten verursacht hat. Man muss eine Verteilung mit Hilfe von Umlageschlüsseln vornehmen und spricht dann auch von **Kostenstellengemeinkosten.** Beispiele sind Mieten oder freiwillige Sozialkosten.

Die allgemeinen Gesichtspunkte, die bei der Auswahl verursachungsgerechter Umlageschlüssel zu beachten sind, können wie folgt umschrieben werden:[162]

verursachungsgerechter Umlageschlüssel

Die **Genauigkeit der Kostenrechnung** hängt wesentlich davon ab, dass es gelingt, bei indirekter Kostenverrechnung die richtigen Kostenschlüssel als Maßeinheiten der Kosten zu finden. ‚Richtig' heißt, dass ein Kostenschlüssel eine Verteilung nach dem Prinzip der Kostenverursachung (i. w. S.) ermöglicht. Das setzt voraus, dass die Schlüssel möglichst allen Faktoren proportional sind, die die Kostenrechnung beeinflussen, mit anderen Worten, die Veränderungen der Schlüsselgrößen (Bezugsgrößen) müssen den Veränderungen der zu verteilenden Kosten proportional sein. Ebenso wie bei der direkten Messung, z. B. der Messung des Stromverbrauchs einer Maschine mittels eines Stromzählers, unterstellt wird, dass die von dem Zähler angegebenen Zahlenwerte dem Stromverbrauch proportional sind, so muss auch bei der indirekten Kostenmessung mit Hilfe von Schlüsseln eine **Proportionalität zwischen Schlüsselgrößen und Kostenverbrauch** angenommen werden. Durch die direkte Messung der Schlüsselgrößen erfolgt dann eine indirekte Messung der Kosten.

Bezugsgrößen und ibL

Da in der Kostenrechnung das Problem der Kostenschlüssel (= Bezugsgrößen = Maßgrößen der Kostenverursachung) nicht nur bei der Verteilung der primären Gemeinkosten auf die Kostenstellen auftaucht, sondern auch bei der innerbetrieblichen Leistungsverrechnung sowie der Ermittlung von Kalkulationssätzen, werden im Folgenden einige Beispiele für Bezugsgrößen (Kostenschlüssel) angegeben:

162 Vgl. Wöhe/Döring/Brösel (2016), S. 878 ff.

Wertschlüssel

Wertschlüssel können u. a. sein: Kostengrößen, wie z. B. Löhne, Gehälter, Einzelmaterialkosten, Herstell- oder Selbstkosten; Bestandswerte, wie z. B. der Wert des Umlaufvermögens, der (verschiedenen) Vorräte, der Anlagen usw.; Umsatzziffern oder Erfolgswerte.

Mengenschlüssel

Mengenschlüssel können u. a. sein: Fertigungs-, Rüst- oder Maschinenstunden; Anzahl von Arbeitsverrichtungen; verbrauchte, transportierte, produzierte oder abgesetzte Mengen nach Zahl, Gewicht, Fläche oder Rauminhalt; Schichtzahlen oder Kalenderzeiten.

Sowohl die Wert- als auch die Mengenschlüssel sind im Einzelfall noch durch qualitative Faktoren (Eigenschaften von Produktionsfaktoren oder Produkten) zu ergänzen, z. B. brüchiges Material; qualifizierte Arbeitskräfte; giftige, zerbrechliche oder explosive Güter; beheizte Räume etc.

Wertschlüssel führen zu **prozentualen** Zuschlags- (Umlage-, Kalkulations-)Sätzen; **Mengenschlüssel** führen zu Zuschlagssätzen **pro Bezugsgrößeneinheit** (Schlüsseleinheit).

Beispiele

Die Tab. 4 gibt einige Beispiele für direkte bzw. indirekte Verteilungsgrundlagen einzelner primärer und auch schon sekundärer Kostenarten:

Kostenart	Verteilungsmethode	Verteilungsgrundlage
Zusatzlöhne	direkt	Zusatzlohnscheine
Hilfslöhne	direkt	Stempelkarten
Gehälter	direkt	Gehaltslisten
Freiwillige Sozialkosten	indirekt	Bruttolöhne und -gehälter
Betriebsstoffkosten	direkt	Entnahmescheine
Büromaterialkosten	direkt	Entnahmescheine
Fremdreparaturkosten	direkt	Rechnungen
Mieten	indirekt	m^2
Portokosten	direkt	Postausgangsbuch
Eigenreparaturen	indirekt	Reparaturstunden
Innerbetr. Transportkosten	indirekt	Tonnenkilometer
Arbeitsvorbereitung	indirekt	Fertigungslöhne
Kalk. Abschreibungen	direkt	Werte laut Anlagekonten
Kalk. Zinsen	direkt	Werte laut Anlagekonten
Lichtstrom	indirekt	Zahl der Lichtquellen
Kraftstrom	direkt	kWh laut Zähler der empfangenen Kostenstelle

Tab. 4: *Verteilungsgrundlagen von Kosten*

3.3.3.3 Innerbetriebliche Leistungsverrechnung

3.3.3.3.1 Problem der innerbetrieblichen Leistungsverrechnung

Die innerbetriebliche Leistungsverrechnung (ibL)[163] ist notwendig, weil in aller Regel der Betrieb **neben seiner marktorientierten Leistungserstellung** (Markt- oder Absatzleistungen, Außenaufträge) **auch Leistungen erstellt, die er selbst wieder verbraucht.** Diese Leistungen werden innerbetriebliche Leistungen (Eigenleistungen, Innenaufträge) genannt. Beispiele sind vor allem die Leistungen des Allgemeinen Bereichs, wie z. B. die Erzeugung von Strom, Dampf oder Gas, eigene Transportleistungen, eigene Reparaturleistungen, selbst erstellte Modelle, Werkzeuge, Anlagen, Gebäude etc. Es kann aber auch durchaus der Fall eintreten, dass diese Leistungen von Hauptkostenstellen erbracht werden (= Gemeinkostenaufträge); dies wird z. B. bei selbst erstellten Maschinen in Maschinenbaubetrieben wohl die Regel sein.

innerbetrieblicher Leistungsaustausch

Soweit die **innerbetrieblichen Leistungen aktivierbar,** d. h. mehrjährig nutzbar sind (wie Gebäude, Anlagen, Werkzeuge), ergeben sich keine besonderen Probleme, denn diese Eigenleistungen werden wie Außenaufträge als Kostenträger kalkuliert, dann mit den bilanziellen Herstellungskosten zur Abgrenzung der kostenrechnerischen Herstell- von den bilanziellen Herstellungskosten in die Anlagenkartei und Bilanz übernommen und in den Jahren ihrer Nutzung wie fremdbezogene Produktionsfaktoren über die Abschreibungen und Zinsen als Kosten in die Kosten der damit erstellten Leistungen eingerechnet.

aktivierbare Leistungen

Wenn die **innerbetrieblichen Leistungen nicht aktivierbar** sind, also in der Periode ihrer Erstellung auch verbraucht werden (wie selbst erstellter Strom oder sekundäre Sozialleistungen),[164] dann muss eine sofortige Verrechnung zwischen den leistenden und empfangenden Kostenstellen im Rahmen der ibL stattfinden.

direkt verbrauchte Leistungen

Es geht also in der ibL darum, die Kosten der Hilfskostenstellen entsprechend ihrer Inanspruchnahme durch andere Hilfs- und Hauptkostenstellen auf diese zu verteilen. Mit anderen Worten muss jede Kostenstelle mit den Kosten für die Leistungen belastet werden, die sie von anderen Kostenstellen empfängt. Die Ermittlung dieser sekundären Gemeinkosten ist zur Realisierung aller drei Aufgaben der Kostenrechnung unerlässlich, denn ohne die Durchführung der ibL

Kostenverteilung nach Inanspruchnahme

163 Kloock/Sieben/Schildbach/Homburg (2005, S. 126 ff.) bezeichnen die ibL auch als „innerbetriebliche Leistungsrechnung“ bzw. als „Sekundärkostenrechnung“, da hier durch die Umverteilung primärer sekundäre Kosten entstehen.

164 Oft wird erst hier im Gegensatz zu den aktivierbaren Leistungen von innerbetrieblichen Leistungen i. e. S. gesprochen.

- sind die maßgebenden relevanten Kosten in vielen Fällen nicht feststellbar,[165]
- ist keine aussagefähige Kostenkontrolle möglich,
- ist keine genaue Kalkulation möglich.

Leistungsaustausch der Hilfskostenstellen

Das Problem der ibL liegt nun darin, dass die **Hilfskostenstellen** in der Regel **untereinander Leistungen austauschen.** So braucht z. B. die Reparaturwerkstatt Strom und umgekehrt die Stromstelle Reparaturen. Eine Hilfskostenstelle kann also ihre Leistungen nicht kalkulieren und abrechnungsgemäß verteilen, bevor sie weiß, mit welchem sekundären Gemeinkostenbetrag sie von den anderen Hilfskostenstellen belastet wird, deren Leistungen sie selbst in Anspruch nimmt. Umgekehrt können aber diese anderen Hilfskostenstellen ihre Leistungen erst abrechnen, wenn sie die sekundären Gemeinkosten kennen, die ihnen von anderen Hilfskostenstellen belastet werden. Der Kreis schließt sich hier.

Interdependenzproblem

Die **Interdependenz des innerbetrieblichen Leistungsaustausches** ist somit das Problem der ibL; sie erfordert vom theoretischen Standpunkt eine simultane, alle Hilfskostenstellen gleichzeitig abrechnende Lösung. Welche Verfahren noch in der Praxis angewandt werden, soll im folgenden Kapitel dargestellt werden.

3.3.3.3.2 Verfahren der innerbetrieblichen Leistungsverrechnung

Man unterscheidet im Hinblick auf die Art der Berücksichtigung des wechselseitigen Leistungsaustausches zwischen den Hilfskostenstellen im Wesentlichen folgende **drei Verfahren** der ibL:[166]

1. Gleichungsverfahren,
2. Stufenleiterverfahren,
3. Anbauverfahren.

Gleichungsverfahren

ad 1. Das Gleichungsverfahren (auch Simultanverfahren oder mathematisches Verfahren genannt) ist die exakte Lösungsmethode und ermittelt die Verrechnungssätze für die innerbetrieblichen Leistungen mit Hilfe eines Systems linearer Gleichungen, dessen Variablen die gesuchten Verrechnungssätze sind und dessen Gleichungsanzahl mit der Anzahl der Hilfskostenstellen übereinstimmt. Dieses Verfahren wird zu-

165 Da viele innerbetriebliche Leistungen auch von außen bezogen werden können, gestattet erst die ibL eine sinnvolle Entscheidungsgrundlage zwischen Fremdbezug und Eigenerstellung.

166 Vgl. zur Darstellung der Verfahren der ibL z. B. auch Kilger (1987), S. 179–188; S. 224–237; vgl. auch Kilger/Pampel/Vikas (2012), S. 337 ff. oder Coenenberg/Fischer/Günther (2016), S. 122 ff.

nächst anhand eines einfachen Zahlenbeispiels erläutert und dann in allgemeiner Form dargestellt.

Beispiel 1:

Beispiel

In der Hilfskostenstelle 1 (Stromstelle) werden in der Abrechnungsperiode insgesamt 50.000 kWh erzeugt; dafür sind 2.500 an primären Gemeinkosten angefallen.

In der Hilfskostenstelle 2 (Reparaturstelle) werden in der Abrechnungsperiode insgesamt 2.000 Reparaturstunden geleistet; dafür sind 20.000 € an primären Gemeinkosten angefallen.

Die Stromstelle liefert 5.000 kWh an die Reparaturstelle und verbraucht 100 Reparaturstunden; die Reparaturstelle ist also 100 Stunden für die Stromstelle beschäftigt und verbraucht 5.000 kWh.

Alle anderen kWh und Reparaturstunden werden an Hauptkostenstellen abgegeben. Für diese Abgaben sind die (innerbetrieblichen Verrechnungs-)Preise q_1 und q_2 zu suchen.

Die Rechnung wäre sehr einfach, wenn zwischen Strom- und Reparaturstelle kein gegenseitiger Leistungsaustausch bestehen würde, wenn also beide Stellen nur für Hauptkostenstellen liefern würden. Die kWh kostete dann 0,05 € und die Reparaturstunde 10 €.[167]

Im vorliegenden Fall werden aber beide Sätze anders sein, da bei der Stromstelle neben den primären Gemeinkosten noch die (noch unbekannten) sekundären Reparaturkosten berücksichtigt werden müssen und bei der Reparaturstelle die (noch unbekannten) sekundären Stromkosten.

exakte Kostenüberwälzung

Das Gleichungsverfahren geht vom **Prinzip der exakten Kostenüberwälzung** aus, d. h. die Summe der primären und sekundären Kosten (Gesamtkosten) einer Hilfskostenstelle muss genau gleich sein den zu Verrechnungspreisen bewerteten insgesamt abgegebenen Leistungen der Hilfskostenstelle. Für das Beispiel erhält man zwei Kostenüberwälzungsgleichungen:

1. Stromstelle: $2.500 + 100q_2 = 50.000q_1$
2. Reparaturstelle: $20.000 + 5.000q_1 = 2.000q_2$

Die Lösung[168] dieses Systems von zwei Gleichungen mit zwei Unbekannten lautet:

167 2.500 € dividiert durch 50.000 kWh = 0,05 €/kWh; 20.000 € dividiert durch 2.000 Reparaturstunden = 10 € pro Reparaturstunde.

168 Beide Ergebnisse sind gerundete Werte.

Stromverrechnungspreise $q_1 \approx 0{,}07$ €/kWh

Reparaturverrechnungspreis $q_2 \approx 10{,}18$ €/Std.

Während der Unterschied zwischen dem Reparaturverrechnungspreis von 10,18 € und dem allein aufgrund der primären Kosten (eingangs) ermittelten Stundenpreis von 10 € relativ gering ist, ist die Abweichung beim Strompreis mit ca. 40 % schon erheblich. Der Grund hierfür liegt darin, dass im Gegensatz zur Reparaturstelle die sekundären Gemeinkosten in der Stromstelle einen verhältnismäßig hohen Anteil an den gesamten Gemeinkosten haben, nämlich 1.018 € von insgesamt 3.518 €.

Gleichungsverfahren allgemein

Unter Verwendung der folgenden Symbole soll nun das **Gleichungsverfahren in allgemeiner Form** formuliert werden:

m	Anzahl der Hilfskostenstellen
j	Index der Hilfskostenstellen (j = 1, 2, ..., m)
K_{Pj}	Summe der primären Gemeinkosten der Hilfskostenstelle j
x_j	Gesamterzeugungsmenge innerbetrieblicher Leistungseinheiten in der Hilfskostenstelle j
x_{ij}	Anzahl der von der Hilfskostenstelle i an die Hilfskostenstelle j abgegebenen innerbetrieblichen Leistungseinheiten
K_j	Gesamte Gemeinkosten (primär und sekundär) der Hilfskostenstelle j (unbekannt)
q_j	Innerbetrieblicher Verrechnungssatz der Hilfskostenstelle j (unbekannt)

Die **Kostenüberwälzungsbedingung** für die Hilfskostenstelle j lautet nun:

$$K_j = \underbrace{x_j \times q_j}_{\substack{gesamte \\ Kosten}} = \underbrace{K_{Pj}}_{\substack{primäre \\ Kosten}} + \underbrace{x_{1j} \times q_1 + x_{2j} \times q_2 + \ldots x_{mj} \times q_m}_{\substack{sekundäre \\ Kosten}} \quad (29)$$

Da diese Gleichung für jede Hilfskostenstelle aufzustellen ist, ergibt sich ein lösbares System aus *m* Gleichungen mit *m* Unbekannten (Verrechnungssätzen):

$$x_j \times q_j = K_{Pj} + \sum_{i=1}^{m} x_{ij} \times q_i \quad (30)$$

Bei den Leistungsmengen x_{ij} mit i = j handelt es sich um den Eigenverbrauch der Kostenstelle j, d. h. jene Mengen, die die Stelle an sich selbst liefert. Die Stromstelle verbraucht z. B. selbst Strom und auch in der Reparaturwerkstatt muss gelegentlich für eigene Zwecke repariert werden. In der obigen Gleichung (30), die auch als Matrix aufgestellt werden kann, werden einzelne Glieder Null, wenn zwischen einzelnen Kostenstellen kein Leistungsaustausch in einer oder beiden Richtungen besteht.

Die Leistungsströme zwischen den Hilfs- und Hauptkostenstellen werden bei Anwendung des Gleichungsverfahrens wie folgt berücksichtigt:

an Haupt-KoSt ⇐ HiKoSt j - 1
⇑ ⇓
an Haupt-KoSt ⇐ HiKoSt j

Beurteilung des Gleichungsverfahrens:

Fazit

- Das Gleichungsverfahren liefert als Simultanverfahren die **exakten Verrechnungssätze.**
- Als Kostenüberwälzungsverfahren ist das Gleichungsverfahren ungeeignet, wenn es nicht auf die exakte monatliche Verteilung der Istkosten, sondern vielmehr darauf ankommt, dass die empfangenden Stellen nur mit den Kosten belastet werden, für die sie verantwortlich sind. Beim Gleichungsverfahren werden hingegen Unwirtschaftlichkeiten und Beschäftigungsschwankungen auf Kostenstellen übertragen, die dafür nicht verantwortlich sind.

Man verwendet deshalb in der monatlichen Abrechnung **Festpreise** (Normal- oder Planverrechnungssätze) zur Bewertung der Istverbrauchsmengen an innerbetrieblichen Leistungen. So ist auch in den Hilfskostenstellen eine Kostenkontrolle möglich. Für die Ermittlung der Festpreise, die normalerweise jährlich erfolgt, ist das Gleichungsverfahren jedoch gut geeignet.

Kritik

Gegen das Gleichungsverfahren wird eingewandt, es sei für die monatliche Istkostenrechnung **rechnerisch zu langwierig und verzögere die Aufstellung des BAB.** Dieser Einwand ist im Zeitalter der Digitalisierung und in Hinblick auf leistungsfähigen IT-Systeme nicht mehr stichhaltig. Geeignete Programme zur Lösung von linearen Gleichungssystemen stehen heute vollumfänglich zur Verfügung; im Folgenden ist ein Beispiel für die Ermittlung innerbetrieblicher Verrechnungssätze angeführt.

Beispiel

Beispiel 2:

Das Beispiel 2, auf das später noch zurückgegriffen wird, lautet in Kurzform:

Nr. Kostenstelle	Kostenstelle	Primäre Gemeinkosten	Gesamtleistung
1	Grundstücke und Gebäude	1.000,00	500 qm
2	Dampferzeugung	500,00	200 t
3	Reparaturwerkstatt	800,00	100 Std.
Gegenseitiger Leistungsaustausch:			
1 verbraucht	50 t und	5 Std.	
2 verbraucht	5 Std. und	20qm	
3 verbraucht	100 t und	40qm	
Der Eigenverbrauch ist an allen Stellen Null			

Tab. 5: *Beispiel zur ibL*

Restriktionen

Die sich aus diesen Vorgaben ergebenden **Restriktionen** lauten:

$500q_1 = 1.000 + 50q_2 + 5q_3 \Leftrightarrow q_1 = 2 + 0{,}1q_2 + 0{,}01q_3$

$200q_2 = 500 + 20q_1 + 5q_3 \Leftrightarrow q_2 = 2{,}5 + 0{,}1q_1 + 0{,}025q_3$

$100q_3 = 800 + 100q_2 + 40q_1 \Leftrightarrow q_3 = 8 + q_2 + 0{,}4q_1$

Zielfunktion

Die **Zielfunktion** kann hier – ausnahmsweise – frei gewählt werden, da das formulierte Problem nur eine einzige Lösung kennt, und somit – genau genommen – noch kein Optimierungsproblem vorliegt.

Wir haben als Zielfunktion $q_1 + q_2 + q_3 \Rightarrow$ Max! verwendet. Die folgende Übersicht gibt die genaue Lösung wieder.

		Grundstücke	**Dampferzeugung**	**Reparaturwerkstatt**
		q_1 = €/m²	**q_2 = €/t**	**q_3 = €/Std.**
innerbetriebliche Verrechnungssätze	≈	2,42	3,04	12,01

Stufenleiterverfahren

ad 2. Das Stufenleiterverfahren (auch Treppenverfahren oder Step-Laddersystem genannt) ist eine Näherungsmethode zur schrittweisen Berechnung der innerbetrieblichen Verrechnungssätze. Sein Charakteristikum ist, dass bei jeder abzurechnenden Hilfskostenstelle die empfangenen Leistungen der Hilfskostenstellen, die noch nicht abgerechnet sind, vernachlässigt werden.

Man geht so vor, dass zunächst eine Hilfskostenstelle herausgegriffen wird, die möglichst wenige Leistungen von anderen Stellen empfängt.[169] Die (primären) Kosten dieser Stelle werden dann entsprechend der Leistungsabgabe auf die anderen Kostenstellen umgelegt. Danach können in der gleichen Weise die Kosten der zweiten Kostenstelle, in denen jetzt auch schon sekundäre Anteile enthalten sind, auf die restlichen Stellen verteilt werden usw.

Leistungsrichtung

Graphisch erhält man dabei jenes Bild, das einen Ausschnitt des BABs darstellt und dem das Stufenleiterverfahren seinen Namen verdankt:

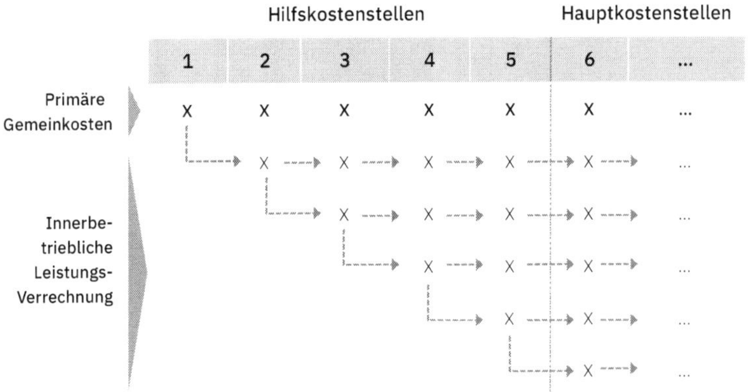

***Abb. 22:** Graphische Darstellung der bisherigen Symbole des Stufenleiterverfahrens*

Unter Verwendung der bisherigen Symbole sowie mit

x_{ji} Anzahl der von der Hilfskostenstelle j an die Hilfskostenstelle i unentgeltlich abgegebenen innerbetrieblichen Leistungseinheiten

lautet das Stufenleiterverfahren **in allgemeiner Form**:

Stufenleiterverfahren allgemein

$$(31) \qquad q_j = \frac{K_{Pj}+\sum_{i=1}^{j-1} x_{ij} \times q_i}{x_j-\sum_{i=1}^{j-1} x_{ji}} \quad \left(j = 1{,}2, \dots , m\right)$$

169 Empfangen alle Hilfskostenstellen Leistungen von anderen Hilfskostenstellen (wie in unserem obigen Beispiel 2), so ist aus der Verrechnungstechnik heraus die Hilfskostenstelle zuerst abzurechnen, die im Verhältnis zu der Gesamtleistung einer Hilfskostenstelle die geringsten (und damit die wenigsten vernachlässigten) Leistungen empfängt.

oder **speziell für die Hilfskostenstelle 1**:

(32) $$q_1 = \frac{K_{P1}}{x_1 - x_{11}}$$

(32) ist der exakte Ausdruck für q_1, nämlich die gesamten (primären und sekundären) Gemeinkosten der Hilfskostenstelle 1 dividiert durch die gesamte Leistungsabgabe (Gesamterzeugung – Eigenverbrauch).

Analog erhält man die Verrechnungssätze für die zweite, dritte Hilfskostenstelle usw.

(33) $$q_2 = \frac{K_{P2} + x_{12} \times q_1}{x_2 - x_{21} - x_{22}}$$

(34) $$q_m = \frac{K_{Pm} + x_{1m} \times q_1 + x_{2m} \times q_2 + \ldots + x_{m-1,m} \times q_{m-1}}{x_m - x_{m1} - x_{m2} - \ldots - x_{mm}}$$

Man erkennt, dass mit fortschreitender Rechnung immer mehr sekundäre Gemeinkosten berücksichtigt werden, denn der Zähler enthält immer mehr Glieder.

Die **Leistungsströme** zwischen den Hilfs- und Hauptkostenstellen werden **bei Anwendung des Stufenleiterverfahrens** wie folgt berücksichtigt:

an Haupt-KoSt ⇐ HiKoSt j - 1
⇓
an Haupt-KoSt ⇐ HiKoSt j

Beispiel

Für das obige **Beispiel 2** erhält man **nach dem Stufenleiterverfahren** folgende Lösungen:

$$q_2 = \frac{500}{200} = 2{,}50€/t$$

$$q_1 = \frac{1.000 + 125}{500 - 20} = 2{,}34€/qm$$

$$q_3 = \frac{800 + 250 + 94}{100 - 5 - 5} = 12{,}71€/Std$$

Fazit

Beurteilung des Stufenleiterverfahrens:

- Das Stufenleiterverfahren ist eine **Näherungsmethode** und liefert deshalb grundsätzlich nicht die theoretisch richtigen Verrechnungssätze. Es kommt für die Qualität der Verrechnungspreise entscheidend darauf an, die Hilfskostenstellen so anzuordnen,[170] dass die vorgelagerten Stellen möglichst wenig Leistungen von nachgelagerten Stellen empfangen. Wenn diese Anordnung – aufgrund der tatsächlichen Leistungsrelationen – so gelingt, dass **keine Hilfskostenstelle Leistungen von nachfolgenden Kostenstellen** empfängt, dann entspricht das Stufenleiterverfahren **im Ergebnis genau dem Gleichungsverfahren.** Das Stufenleiterverfahren liefert somit nur exakte Verrechnungspreise für die Hilfskostenstelle j, wenn $x_{ij} = 0$ für alle $i \geq j$.

- Das Stufenleiterverfahren erfordert bei manueller Berechnung weitaus weniger Arbeitsaufwand. Vor dem Hintergrund moderner IT-Systeme tritt dieses Argument aber deutlich in den Hintergrund.

ad 3. Das Anbauverfahren vernachlässigt den innerbetrieblichen Leistungsaustausch zwischen den Hilfskostenstellen völlig. Die Hilfskostenstellen werden nur über die Hauptkostenstellen abgerechnet; es entstehen somit keine sekundären Gemeinkosten auf den Hilfskostenstellen. Anbauverfahren

Unter Beibehaltung der bisherigen Symbole ist das Anbauverfahren in allgemeiner Form wie folgt darstellbar:

Innerbetriebl. Verr.satz = primäre Kosten/(Gesamtleistung ⁒ Abgabe an Hilfskostenstellen)

(35) $$q_j = \frac{K_{Pj}}{x_j - \sum_{i=1}^{m} x_{j_i}}$$

Die **Leistungsströme** zwischen den Hilfs- und Hauptkostenstellen werden **bei Anwendung des Anbauverfahrens** wie folgt berücksichtigt:

an Haupt-KoSt ⇐ HiKoSt j - 1

⇓

an Haupt-KoSt ⇐ HiKoSt j

Für das **Beispiel 2** lautet die Lösung **nach dem Anbauverfahren**: Beispiel

$$q_1 = \frac{1.000}{500-60} = 2{,}27€/qm$$

$$q_2 = \frac{500}{200-150} = 10{,}00€/t$$

$$q_3 = \frac{800}{100-10} = 8{,}89€/Std.$$

170 Hierbei ist allerdings zu beachten, dass die Anordnung der Hilfskostenstellen in der Praxis nicht von Monat zu Monat entsprechend den wechselnden Relationen des gegenseitigen Leistungsaustausches verändert wird, weil die Abrechnung innerhalb des BAB eine gewisse formale Kontinuität wahren soll. Man wird also auf die typischen Leistungsrichtungen und -inanspruchnahmen abstellen.

Fazit

Beurteilung des Anbauverfahrens:

- Das Anbauverfahren ist ein **sehr grobes Näherungsverfahren,** da der innerbetriebliche Leistungsverkehr unberücksichtigt bleibt. Zwar werden auch bei diesem „Umlageverfahren“ die gesamten primären Kosten der Hilfskostenstellen auf die Hauptkostenstellen überwälzt, doch treten dabei i. d. R. Kostenverzerrungen in einem Maße auf, die das Anbauverfahren praktisch unbrauchbar werden lassen.[171] Nach KILGER entspricht dieses Verfahren „nicht den Grundsätzen einer ordentlichen Kostenrechnung“.[172] Eine Identität der Ergebnisse des Anbauverfahrens zum Stufenleiter- und damit auch zugleich zum Gleichungsverfahren ist nur gegeben, wenn kein Leistungsaustausch zwischen den Hilfskostenstellen stattfindet. Damit wäre allerdings das Problem der ibL wegdefiniert
- Das Anbauverfahren führt dazu, dass die Hilfskostenstellen, die viele innerbetriebliche **Leistungen von anderen Hilfskostenstellen** empfangen und/oder wenig an andere Hilfskostenstellen abgeben, jetzt **„billiger“** werden, weil ihre Verrechnungssätze zu niedrig sind. Dieser Fehler wirkt sich über die Kalkulationssätze der Hauptkostenstellen bis in die Selbstkosten der betrieblichen Produkte aus, denn wer viele Leistungen von den „billigen“ Hilfskostenstellen erhält, wird zu gering belastet.

Ergebniszusammenfassung

Die unterschiedlichen **Ergebnisse der drei Verfahren** der ibL werden anhand der Lösungswerte des Beispiels 2 noch einmal gegenübergestellt:

	Gleichungsverfahren	**Stufenleiterverfahren**	**Anbauverfahren**
Grundstücke und Gebäude (€/qm)	2,42	2,34	2,27
Dampferzeugung (€/t)	3,04	2,50	10,00
Reparaturwerkstatt (€/Std.)	12,01	12,71	8,89

***Tab. 6:** Zusammenfassung der Ergebnisse*

Die vielen anderen Verfahren der ibL sind keine anderen Methoden zur Berücksichtigung des gegenseitigen Leistungsaustausch, sondern unterscheiden sich in der Art der Verrechnungstechnik (z. B. Ausgleichsverfahren), in der Höhe der verrechneten Kosten, d. h. im Ausmaß der Überwälzung (z. B. Kostenartenverfahren), oder in dem ökonomischen

171 Es sei denn, die Verhältnisse sind so, dass tatsächlich unter den Hilfskostenstellen überhaupt keine Leistungen ausgetauscht werden.

172 Kilger (1969), S. 872; vgl. auch Coenenberg/Fischer/Günther (2016), S. 124.

Charakter der verrechneten Kosten (z. B. Festpreisverfahren auf Plankostenbasis).

Die **Interdependenz des Leistungsaustausches** zwischen den Hilfskostenstellen muss bei allen diesen Verfahren in der einen oder anderen der oben beschriebenen Weisen erfasst werden, nämlich **entweder gar nicht oder nur teilweise oder vollkommen**.

Interdependenzerfassung

Das gilt auch für die Abrechnung der so genannten Gemeinkostenaufträge, bei denen Hauptkostenstellen nicht aktivierbare Leistungen für andere Kostenstellen erbringen, also wie Hilfskostenstellen arbeiten.[173]

3.3.3.4 Bildung von Kalkulationssätzen

Nach der Durchführung der ibL sind alle entstandenen Gemeinkosten auf die Hauptkostenstellen umgelegt. Als nächster Arbeitsschritt im BAB folgt die Bildung der Kalkulationssätze, die einen mehrfachen Zweck (vgl. die Aufgaben der Kostenrechnung) verfolgt:

- Kalkulationssätze sind entweder schon selbst **relevante Kosten**[174] oder dienen ihrer Errechnung.

  Kalkulationssatz = relevante Kosten

- Kalkulationssätze stellen das **Bindeglied zwischen Kostenstellenrechnung und Kostenträgerrechnung** dar, denn mit ihrer Hilfe erfolgt die Verrechnung der Gemeinkosten auf die Kostenträger nach dem Verursachungsprinzip.

  Kalkulationssatz als Bindeglied

- Kalkulationssätze stellen die **Grundlage der Kostenkontrolle** dar. Multipliziert man den Plankalkulationssatz mit der Istbezugsgröße, so erhält man die **Sollkosten;** diese bilden die Soll-Größe für den Soll-Ist-Vergleich.[175]
  Allgemein erhält man einen Kalkulationssatz der Kostenstelle j aus folgender Grundbeziehung:

  Kalkulationssatz zur Kostenkontrolle

Kalkulationssatz der Kostenstelle $_j$	=	(Gemein-)Kosten der Stelle $_j$ / Bezugsgröße der Stelle $_j$

- Sind die Kosten und Bezugsgrößen Ist-, Normal- oder Planwerte, erhält man **Ist-, Normal- oder Plankalkulationssätze.**

173 Man spricht hier von dem Kostenstellenausgleich, der ebenfalls im BAB vorgenommen wird.

174 Vgl. die Fragestellung ‚Eigenproduktion oder Fremdbezug' bei den innerbetrieblichen Leistungen.

175 Kalkulationssätze können auch der Ermittlung der Normalkosten zur Feststellung von Kostenüber- oder -unterdeckungen dienen.

- Sind die Kosten Voll- oder Grenzkosten, erhält man **Voll- oder Grenzkalkulationssätze.**
- Sind die Bezugsgrößen Wert- oder Mengengrößen, erhält man Kalkulationssätze mit der **Dimension €/€** (= %) oder **€/Mengeneinheit.**

(36) $$k_j = \frac{K_j}{B_j}$$

Bezugsgröße je Kostenstelle

Das Hauptproblem bei der Bildung von Kalkulationssätzen ist das Herausfinden der richtigen Bezugsgröße pro Kostenstelle, d. h. des genauen Maßstabs der Kostenverursachung. Dieses Problem musste schon bei der Einteilung des Betriebs in Kostenstellen gelöst werden; es tauchte wieder auf bei der verursachungsgemäßen Verteilung der primären Gemeinkosten auf die Kostenstellen und bei der Durchführung der innerbetrieblichen Leistungsverrechnung.

Es sei noch darauf hingewiesen, dass häufig nicht nur eine Bezugsgröße ausgewählt wird, sondern **mehrere Bezugsgrößen pro Kostenstelle** ausgewählt werden. Dies wird immer dann erforderlich, wenn sich nicht alle Kosten proportional zu einer Bezugsgröße verhalten. Beispiele sind Fertigungsstellen mit Serienproduktion, denn hier stehen ein Teil der Kosten in Abhängigkeit von den Maschinenstunden (Ausführungsstunden) und ein anderer Teil in Abhängigkeit von den Rüststunden. Ein anderes Beispiel sind Materialläger, deren Kosten zum Teil vom Gewicht, vom Volumen oder vom Wert der lagernden Werkstoffe abhängen können.

Typische Bezugsgrößen

Da auf diese Fragen noch im folgenden Kapitel eingegangen wird, werden an dieser Stelle abschließend die „typischen" Bezugsgrößen und damit auch Kalkulationssätze der einzelnen Gruppen von Kostenstellen nur kurz erörtert. Die Reihenfolge richtet sich nach dem Kostenstellenplan in Abb. 20:

Allgemeiner Bereich

- Die „Kalkulationssätze" der Stellen des **Allgemeinen Bereichs** sind bereits ausführlich behandelt; es sind die innerbetrieblichen Verrechnungssätze.[176]

Materialbereich

- Im **Materialbereich** wird eine Abhängigkeit der Materialgemeinkosten vom Einzelmaterial unterstellt. Diese Relation – die natürlich dem Verursachungsprinzip nur unvollkommen gerecht werden kann – wird meistens differenziert in einen mengenabhängigen Teil (z. B. für die Arbeiten im Lager) und einen wertabhängigen Teil (z. B. für Zinsen

176 Der Quotient aus Kosten und Bezugsgrößen – Gleichung (36) – wird gewöhnlich bei Hauptkostenstellen „Kalkulationssatz" genannt und bei Hilfskostenstellen „Innerbetrieblicher Verrechnungssatz", obwohl grundsätzlich kein Unterschied zwischen beiden Sätzen besteht.

und Versicherungen), wobei außerdem noch nach Werkstoffarten unterschieden wird.
Im BAB der Tab. 3 hat man die Materialgemeinkosten in Höhe von € 1.640 als einheitlichen Zuschlag auf das Fertigungsmaterial (Einzelmaterialkosten) in Höhe von € 31.000 bezogen. Der Zuschlagssatz beträgt 5,29 % und besagt, dass in der Ist-Kalkulation für jedes erstellte Produkt 5,29 % Materialgemeinkosten dieses Produktes zugeschlagen werden.

- Im **Fertigungsbereich** sind kausale Beziehungen zwischen Gemeinkosten und Bezugsgrößen relativ gut herstellbar; dies spiegelt sich in der Vielzahl der im Fertigungsbereich verwandten verschiedenartigen Kalkulationssätze wider. Als typische Beispiele seien die Fertigungslöhne genannt, die man in lohnintensiven (handarbeitsintensiven) Stellen als Bezugsbasis wählt (vgl. Abb. 22); in mechanisierten und automatisierten Abteilungen mit verhältnismäßig kleinem Lohnkostenanteil an den Gesamtkosten verwendet man (als Mengenschlüssel) die Maschinenstunden (oder Stückzahlen oder Gewichte etc.). Besonders differenziert geht man in der **Platzkostenrechnung** vor. Ein Beispiel für die Zerlegung einer Kostenstelle in mehrere Kostenplätze gibt Tab. 7, die man als (vereinfachten) Ausschnitt aus einem BAB auffassen kann.[177]

Fertigungsbereich

Platzkostenrechnung

- Im **Vertriebsbereich** ist das Verursachungsprinzip wieder schlechter einzuhalten als im Fertigungsbereich. Als Bezugsgröße werden gewöhnlich die Herstellkosten der umgesetzten Produkte gewählt. In genauen Kostenrechnungen wird sehr weitgehend nach Verkaufsbereichen und vor allem Produktgruppen differenziert. So verursachen die einzelnen Produkte, die in unterschiedlichen Abteilungen verkaufsmäßig betreut werden, z. B. unterschiedliche Werbekosten, Lagerkosten, Verpackungs- und Versandkosten etc.

Vertriebsbereich

- Im **Verwaltungsbereich** kann man nur noch in ganz geringem Maße eine kausale Beziehung zwischen den Verwaltungskosten und betrieblichen Produkten finden. Als – auf dem **Durchschnittsprinzip** basierenden (vgl. Abschnitt 2.3) – „Hilfs-"Bezugsgröße wählt man die gesamten Herstellkosten (oder seltener die Fertigungskosten) oder aus Vereinfachungsgründen oft die Herstellkosten des Umsatzes, um die Verwaltungsgemeinkosten zusammen mit den Vertriebsgemeinkosten mit Hilfe eines einheitlichen „Vertriebs- und Verwaltungsgem-

Verwaltungsbereich

177 Bei der sog. Maschinenstundensatzrechnung fasst man alle maschinenabhängigen Kosten in einem maschinenspezifischen Kalkulationssatz zusammen. Vgl. z. B. Freidank (2013), S. 169 ff., Drosse (2014), S. 94 f. oder Jórasz (2009), S. 335 ff.

Kostenarten	Verteilung	Schweißerei Kostenplätze			
		I Automat 1	II Automat 2	III Arbeitsplatz 1	IV Arbeitsplatz 2
Fertigungslöhne	direkt	1.200,00	1.400,00	2.600,00	3.600,00
Hilfslöhne	indirekt	180,00	210,00	390,00	540,00
Abschreibung	direkt	2.000,00	3.050,00	200,00	400,00
Kraftstrom	direkt	600,00	800,00	100,00	100,00
Lichtstrom	indirekt	50,00	50,00	50,00	50,00
Betriebsstoffe	direkt	800,00	400,00	300,00	200,00
Gehälter	indirekt	60,00	70,00	130,00	180,00
Miete	indirekt	400,00	400,00	400,00	400,00
Zinsen	direkt	500,00	620,00	30,00	30,00
Kostensumme		**5.790,00**	**7.000,00**	**4.200,00**	**5.500,00**
Bezugsgröße		150 Masch.std.	120 Masch.std.	300 Fert.std.	20.000 Stck.
Kalkulationssatz		38,60 €/Std.	58,33 €/Std.	14,00 €/Std.	0,275 €/Stck.

Tab. 7: *Platzkostenrechnung*

einkostenzuschlagssatzes“ auf die betrieblichen Produkte zu verrechnen.

Kausalitätsprinzip

Abschließend kann festgehalten werden, dass sich die unterschiedliche Verwirklichung des obersten Grundsatzes der Kostenrechnung, des Verursachungsprinzips in Form des Kausalitätsprinzips, in der Bildung von mehr oder weniger differenzierten Kalkulationssätzen für die einzelnen betrieblichen Teilbereiche niederschlägt:

Im Fertigungsbereich geht man teilweise bis auf die Kostenplätze zurück; im Allgemeinen Bereich, Material- und Vertriebsbereich bis auf die Kostenstellen – bei Differenzierung nach Material- und Produktarten etwas weiter – und im Verwaltungsbereich endet die Bildung von Kalkulationssätzen in der Regel schon beim Kostenbereich (vgl. Abb. 23).

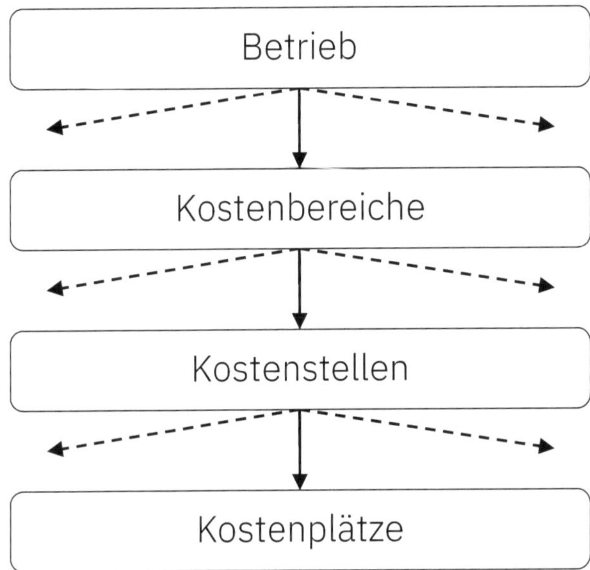

Abb. 23: *Unterschiedlicher Freiheitsgrad der Kostenrechnung*

3.4 Kostenträgerrechnung

Kalkulationssatz

Die Kostenträgerrechnung ist die letzte Stufe der Kostenrechnung. Nachdem die Kosten nach Faktorarten erfasst und dann – in jedem Fall die Gemeinkosten – auf die Kostenstellen verteilt wurden, gilt es jetzt, auf die Kostenträger die durch sie verursachten Kosten zu verteilen. Die Fragestellung der Kostenträgerrechnung lautet also: Wofür sind die Kosten angefallen? Die **zentrale Größe der Kostenträgerrechnung,** der **Kalkulationssatz,** ist mit der damit verbundenen Problematik der Kostenkausalität und Bezugsgrößenwahl bereits ausführlich erörtert worden.

3.4.1 Aufgaben der Kostenträgerrechnung

Differenzierung Absatzleistungen

Kostenträger sind die betrieblichen Leistungen, die den Güter- und Leistungsverzehr ausgelöst haben. Ihnen werden die Kosten zugerechnet. **Kostenträger können Absatzleistungen und innerbetriebliche Leistungen sein.**

Kostenträger sind die betrieblichen Leistungen, die den Güter- und Leistungsverzehr ausgelöst haben. Ihnen werden die Kosten zugerechnet. Kostenträger können **Absatzleistungen** und **innerbetriebliche Leistungen** sein.

Die Absatzleistungen lassen sich wiederum unterteilen in

- auftragsbestimmte und
- lagerbestimmte

Leistungen, je nachdem, ob aufgrund eines Kundenauftrages (z. B. in Werften, Maschinen- und Tiefbauunternehmen) oder aufgrund eines Lagerauftrages (zur Auffüllung des Lagers bei Produktion für den anonymen Markt, z. B. bei Markenartikeln) gefertigt wird.

Differenzierung innerbetriebliche Leistungen

Die **innerbetrieblichen Leistungen** werden in

- aktivierbare und
- nicht aktivierbare

Leistungen unterteilt; man spricht auch von **Anlagen- bzw. Gemeinkostenaufträgen.**

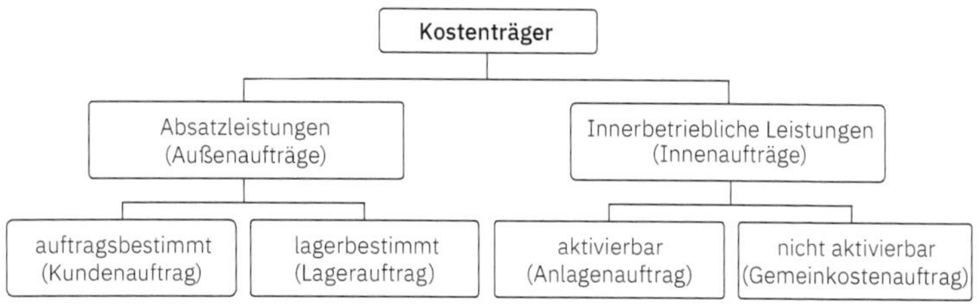

Abb. 24: *Kostenträger*

Aufgaben der Kostenträgerrechnung

Die **Aufgaben der Kostenträgerrechnung**[178] bestehen nun darin, die Herstell- und Selbstkosten[179] der Kostenträger zu ermitteln, um

Herstellkosten

- die **Bewertung der Bestände** an Halb- und Fertigfabrikaten sowie selbst erstellten Anlagen in der Handels- und Steuerbilanz zu ermöglichen (Herstellkosten),

Herstell-/Selbstkosten

- die Durchführung der **kurzfristigen Erfolgsrechnung** nach dem Gesamt- oder Umsatzkostenverfahren zu gewährleisten (Herstell- oder Selbstkosten),

Selbstkosten

- Unterlagen für **preispolitische Entscheidungen** zu erhalten; so z. B. für die Ermittlung der Preisuntergrenzen, die Ermittlung der gewinnmaximalen Preisstellung bei Marktaufträgen aufgrund der vermuteten betriebsindividuellen Nachfragekurve (konjekturalen Preis-Absatz-Funktion) oder die Ermittlung sog. „Selbstkostenpreise" auf-

178 Vgl. Kilger (1969), S. 882–884; vgl. Wöhe/Döring/Brösel (2016), S. 890 ff.; vgl. Eisele/Knobloch (2011), S. 869 ff.

179 Im selbst definierten oder z. B. durch LSP vorgegebenen Sinne.

grund vertraglicher Vereinbarungen, insbesondere mit öffentlichen Auftraggebern (Selbstkosten),

- Ausgangsdaten für (nicht marktpreisbezogene) Problemstellungen innerhalb der **Planungsaufgaben** zu gewinnen, z. B. für Entscheidungsmodelle des Operations Research (Herstell- und/oder Selbstkosten),
- **Verrechnungspreise** für Leistungsbeziehungen zu nahestehenden Personen zu erhalten (Selbstkosten).

Herstell-/Selbstkosten

Selbstkosten

Die Kostenträgerrechnung erfüllt diese Aufgaben als **Kostenträgerzeitrechnung** bzw. als **Kostenträgerstückrechnung** (vgl. Abb. 2).

Kostenträgerzeitrechnung

Die **Kostenträgerzeitrechnung ist eine Periodenrechnung** und ermittelt die – nach Leistungsarten gegliederten – in der Abrechnungsperiode insgesamt angefallenen Kosten. Sie kann wie die Kostenstellenrechnung entweder in kontengemäßer oder in statistisch-tabellarischer Form[180] durchgeführt werden. Sie wird vielfach mit der kurzfristigen Erfolgsrechnung (Betriebsergebnisrechnung) identifiziert[181] und hier nicht weiter behandelt.[182]

Kostenträgerstückrechnung

Die **Kostenträgerstückrechnung ist eine einzelleistungsbezogene Rechnung** und ermittelt die Selbst- bzw. Herstellkosten der betrieblichen Leistungseinheiten (deshalb wird sie auch – exakter – Kostenträgereinheitsrechnung genannt); sie ist die Kalkulation (Selbstkostenrechnung, Stückkostenrechnung).

Kalkulationszeitpunkt

Nach dem Zeitpunkt der Durchführung der **Kalkulation** unterscheidet man die

- Vorkalkulation,
- Zwischenkalkulation,
- Nachkalkulation.

Vorkalkulation

Vorkalkulationen werden vor der Leistungserstellung durchgeführt und dienen zur Beurteilung von Neuproduktionen, Zusatzaufträgen, Erweiterungsinvestitionen etc. Von Plankalkulationen unterscheiden sie sich dadurch, dass sie auf Basis überschlägig geschätzter Kosten jeweils für spezielle Zwecke durchgeführt werden, während Plankalkulationen

180 In Analogie zum BAB auch Kostenträgerbogen genannt.

181 Diese Gleichsetzung ist allerdings schon deshalb unzutreffend, da die Kostenträgerzeitrechnung nur eine (notwendige) Komponente der Erfolgsrechnung darstellt; es fehlt die Erlösträgerzeitrechnung als (hinreichende) Komponente.

182 Hier soll nicht der falsche Eindruck vermittelt werden, als würde die Stückrechnung nach der Zeitrechnung durchgeführt; man benötigt aber Stückkosten für die Ergebnisrechnung sowohl nach dem Umsatz- als auch dem Gesamtkostenverfahren.

auf Basis exakt geplanter Kosten systematischer Bestandteil einer Plankostenrechnung sind.

Zwischenkalkulation

Eine **Zwischenkalkulation** kann bei Kostenträgern mit langer Produktionsdauer (z. B. Schwermaschinenbau, Luftfahrtindustrie, Großbauten, etc.) für bilanzielle[183] oder Planungszwecke erforderlich werden. Man kann sie interpretieren als eine Nachkalkulation für Halbfabrikate.

Nachkalkulation

Nachkalkulationen werden nach der Leistungserstellung durchgeführt; sie basieren auf *Istkosten* und dienen insbesondere zur Erfolgskontrolle einzelner Aufträge bzw. zur Überprüfung der Plankalkulationen.

3.4.2 Kalkulationsverfahren

3.4.2.1 Überblick und Systematik

Als Hauptgruppen von Kalkulationsverfahren lassen sich die **Divisionskalkulation** (einschließlich der Unterform der **Äquivalenzziffernkalkulation**) sowie die **Zuschlagskalkulation** jeweils in verschiedenen Varianten unterscheiden.[184]

Divisionskalkulation

Divisionskalkulationen sind dadurch gekennzeichnet, dass man stets die Gesamtkosten des Betriebes oder einzelner Betriebsbereiche ohne Differenzierung in Einzel- und Gemeinkosten durch die hergestellten oder abgesetzten Stückzahlen dividiert. Die Durchführung einer Kostenstellenrechnung (BAB) ist hierbei aus Kalkulationsgründen gewöhnlich nicht erforderlich; man wird allerdings aus Kostenkontrollgründen nicht darauf verzichten.

Zuschlagskalkulation

Zuschlagskalkulationen sind dadurch gekennzeichnet, dass stets eine Trennung von Einzel- und Gemeinkosten vorgenommen wird. Während man die Einzelkosten den Leistungen direkt zurechnet, werden die Gemeinkosten mit Hilfe von Kalkulationssätzen „zugeschlagen“. Hierfür ist also die Kostenstellenrechnung (BAB) unerlässliche Voraussetzung[185], denn sie liefert die Kalkulationssätze.

Kuppelkalkulation

Kuppelkalkulationen gehören systematisch zur Gruppe der Divisionskalkulationen. Sie werden jedoch hier als gesonderte Gruppe behandelt, weil sich ihr spezieller Anwendungsbereich, die Kuppelproduktionsprozesse, von dem der anderen Verfahren unterscheidet.

183 Dies können Zwecke der bilanziellen Bestandsbewertung, aber auch Fragen der Passivierung von Rückstellungen für drohende Verluste aus schwebenden Geschäften sein.

184 Zu den Kalkulationsverfahren vgl. auch Wedell/Dilling (2015), S. 376 ff., Wöltje (2016), S. 189 ff., Graumann (2017), S. 208 ff. oder Däumler/Grabe (2013a), S. 259.

185 Wenn man von ganz einfachen Zuschlagsverfahren absieht.

Die in der Abb. 25 systematisierten Kalkulationsverfahren werden in den folgenden Kapiteln im Einzelnen beschrieben.[186]

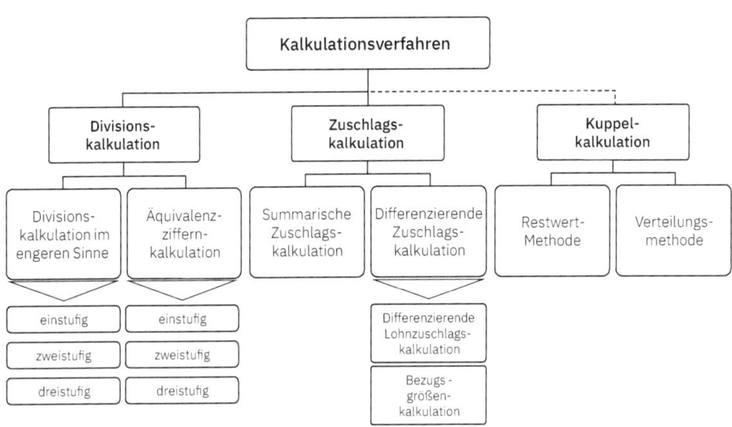

Abb. 25: *Kalkulationsverfahren*

3.4.2.2 Divisionskalkulation

3.4.2.2.1 Ein- und mehrstufige Divisionskalkulation

einstufige Divisionskalkulation

Bei der **einstufigen Divisionskalkulation** werden die Gesamtkosten der Abrechnungsperiode durch die in dieser Periode produzierte Leistungsmenge dividiert und man erhält die **Selbstkosten** pro Stück:[187]

(37) $$k = \frac{K}{x}$$

Brauchbarkeit der einstufigen Divisionskalkulation

Um mit diesem Kalkulationsverfahren, für das sich ein Zahlenbeispiel erübrigt, aussagefähige Ergebnisse zu erhalten, muss eine Reihe von **Voraussetzungen** erfüllt sein:

1. Es muss sich um einen Einprodukt-Betrieb (bzw. -Betriebsbereich) handeln.
2. Es dürfen keine Lagerbestandsveränderungen an Halbfabrikaten entstehen.
3. Es dürfen keine Lagerbestandsveränderungen an Fertigfabrikaten entstehen.

186 Für einfache Übungsaufgaben zu den Kalkulationsmethoden vgl. z. B. Homburg/Liesenfeld/Kübel (2019), S. 84 ff.

187 Unter dem bisher schon verwandten – aber noch nicht definierten – Begriff „Selbstkosten“ versteht man die gesamten Kosten (einer Periode oder) eines Stücks. Herstellkosten sind kleiner als die Selbstkosten, denn sie enthalten nicht die Vertriebs- und Verwaltungskosten.

kaum Relevanz

Um das Verursachungsprinzip i. e. S. einhalten zu können, müsste die Kostenkausalität also völlig homogen sein, d. h. alle Kosten des Unternehmens hätten sich proportional zur produzierten Stückzahl zu verhalten. Da alle drei Voraussetzungen dabei gleichzeitig erfüllt sein müssten, ist die einstufige Divisionskalkulation in der Praxis kaum relevant.

In der Literatur bietet man gewöhnlich das – lagerlose – Elektrizitätswerk (oder bestimmte Grundstoffindustrien) als Beispiel an.[188] Eine Kostenstellenrechnung ist hier aus kalkulatorischen Gründen nicht erforderlich; aus Kostenkontrollgründen wird man aber trotzdem nicht darauf verzichten.

Zweistufige Divisionskalkulation

Hebt man die obige dritte Voraussetzung auf, lässt man also Unterschiede zwischen Produktions- und Absatzmengen zu, ist die **zweistufige Divisionskalkulation** anzuwenden. Es werden die Herstellkosten und die Verwaltungs- und Vertriebskosten getrennt ermittelt; ihre Addition ergibt die Selbstkosten.

Bezeichnet man mit

x_p die Produktionsmenge der Periode
x_A die Absatzmenge der Periode
K_H die gesamten Herstellkosten der Periode
K_{VV} die gesamten Verwaltungs- und Vertriebskosten der Periode
k_H die Herstellkosten pro Stück
k_{VV} die Verwaltungs- und Vertriebskosten pro Stück,

so lautet die Formel für die Selbstkosten nach der zweistufigen Divisionskalkulation

$$k = \frac{K_H}{x_p} + \frac{K_{VV}}{x_A} = k_H + k_{VV} \qquad (38)$$

Beispiel

Beispiel 1:

Ein Betrieb produziert in der Periode 2.000 Stück und setzt 1.000 Stück auf dem Absatzmarkt ab. Die Gesamtkosten der Periode betragen € 100.000, davon sind 20 % Verwaltungs- und Vertriebskosten.

$$k = \frac{80.000}{2.000} + \frac{20.000}{1.000} = 40 + 20 = 60$$

188 Als weiteres Anwendungsgebiet der einstufigen Divisionskalkulation werden nicht nur Einproduktunternehmen, sondern einzelne Betriebsbereiche genannt, die eine einheitliche Leistung erbringen. Es darf aber nicht verkannt werden, dass bei Betrachtung genügend kleiner Bereiche, in denen mehr als ein Stück erzeugt wird, jede Kalkulation (als Stückkostenberechnung) zur Division von „Gesamtkosten" durch Mengen führt. Insofern bestehen zwischen Divisions- und Zuschlagskalkulationen nur graduelle Unterschiede.

Bei dieser Form der Divisionskalkulation ist somit schon eine (einfache) Kostenstellenrechnung erforderlich. Die auf Lager gegangenen 1.000 Stück sind in der Bilanz zu den Herstellkosten von € 40 zu aktivieren. Eine Bewertung zu € 60 würde durch die Aktivierung von Verwaltungs-[189] und Vertriebskosten zum Ausweis unrealisierter Gewinne führen und damit gegen das Realisationsprinzip verstoßen. Die wertmäßige Lagerbestandsveränderung beträgt also + € 40.000.

mehrstufige Divisionskalkulation

Hebt man (zusätzlich zur dritten) die obige zweite Voraussetzung auf, lässt man also Läger (genauer: Lagerbestandsveränderungen) zwischen den einzelnen Produktionsstufen (Zwischenläger) zu,[190] dann ist die **mehrstufige Divisionskalkulation** anzuwenden. Mit Hilfe einer auch im Fertigungsbereich differenzierenden Kostenstellenrechnung werden die Kosten jeder Stufe (jedes Bereichs) durch die bearbeiteten Mengen dividiert.[191] Jede Produktionsstufe gibt dann ihre Leistungen zu den bis dahin angefallenen Stückkosten entweder an die nachfolgende Stufe oder an das Zwischenlager ab. Die mehrstufige Divisionskalkulation (Stufenkalkulation) wird dann **Veredelungsrechnung** genannt, wenn man die Einzelmaterialkosten aus der Kostenstellenrechnung (aus den Kosten der verschiedenen Stufen) ausgliedert und dem Kostenträger direkt zurechnet. Die Division bezieht sich dann nur noch auf die Fertigungs-, Verwaltungs- und Vertriebskosten.[192]

Bezeichnet man unter Beibehaltung obiger Symbole mit

e_M	die Materialkosten pro Stück (hier inkl. Materialgemeinkosten; später ohne.)
x_{Pj}	die in der Kostenstelle j bearbeitete Menge
K_{Fj}	die Fertigungskosten der Kostenstelle j,

dann lauten die Selbstkosten nach der mehrstufigen Divisionskalkulation in der Variante der Veredelungsrechnung:

189 Bei den Verwaltungskosten lässt sich nicht genau bestimmen, in welchem Maße sie durch die Produktion und/oder den Absatz verursacht worden sind; man behilft sich in Formel (38) wie folgt: Die „technischen" Verwaltungskosten werden zu den Herstellkosten gerechnet und die „kaufmännischen" (allgemeinen) Verwaltungskosten aus Vereinfachungsgründen wie die Vertriebskosten verrechnet. Handelsrechtlich besteht für die Einbeziehung der kaufmännischen Verwaltungskosten allerdings ein Wahlrecht.

190 Man spricht dann von mehrstufiger, nicht-synchroner Produktion.

191 Die Kostenstellen müssen nicht mit den Stufen übereinstimmen; sie können mehrere Stufen umfassen oder selbst nur Teil einer Stufe sein.

192 Sie kann in dieser Form unter bestimmten Voraussetzungen auch für verschiedene (artgleiche) Produkte verwandt werden, wenn sich bei gleichen Fertigungskosten nur die Materialkosten der einzelnen Produktarten unterscheiden. Z. B. beim Zuschneiden von Stoffen verschiedener Qualität in der Textilindustrie.

(39) $$k = e_M + \frac{K_{F1}}{x_{P1}} + \frac{K_{F2}}{x_{P2}} + ... + \frac{K_{Fm}}{x_{Pm}} + \frac{K_{VV}}{x_A}$$

oder

(40) $$k = e_M + \sum_{j=1}^{m} \frac{K_{Fj}}{x_{Pj}} + \frac{K_{VV}}{x_A}$$

Beispiel

Beispiel 2:

Die Materialkosten eines Produktes betragen € 12 pro Stück. Die Produktion vollzieht sich in zwei Stufen: In der ersten Stufe werden 500 Stück Halbfabrikate bei Fertigungskosten von € 6.000 hergestellt, und in der zweiten werden 600 Stück Halbfabrikate bei Fertigungskosten von € 1.200 zu Endprodukten verarbeitet. Die Absatzmenge beträgt 150 Stück. An Verwaltungs- und Vertriebskosten entstehen € 4.800.

$$k = 12 + \frac{6.000}{500} + \frac{1.200}{600} + \frac{4.800}{150} = 12 + 12 + 2 + 32 = 58$$

Selbstkosten	€ 58
Fertigfabrikats	€ 26
Halbfabrikats	€ 24
Halbfabrikaten	€ ./. 2.400
Fertigfabrikaten	€ + 11.700

Kalkulation mit Einsatzfaktoren

Eine **Verfeinerung** der mehrstufigen Divisionskalkulation wird in Betrieben vorgenommen, die mit Mengenverlusten bzw. Mengengewinnen zwischen Einsatz- und Ausbringungsmengen der einzelnen Stufen konfrontiert sind. Man kalkuliert dann unter Berücksichtigung von sogenannten **Einsatzfaktoren**, die das Mengengefälle zwischen den Stufen zum Ausdruck bringen.[193] Beispiele hierfür sind die Zementherstellung (von der Förderung und Aufbereitung des Rohmaterials über das Brennen der Klinker und Mahlen des Zements bis zum Packen und Verladen) oder die Herstellung von Haferflocken oder die Gewichtszunahme bei der Garnbefeuchtung in der Textilindustrie oder bestimmte Oxydationsprozesse oder generell Abfall und Ausschuss.

Für alle Formen der Divisionskalkulation ist die Massenproduktion das typische Fertigungsverfahren.

193 Vgl. hierzu vor allem Kilger (1969), S. 890 f.; weiter Kosiol (1964), S. 205–209, der die Einsatzfaktoren Ergiebigkeitsfaktoren nennt.

3.4.2.2.2 Ein- und mehrstufige Äquivalenzziffernkalkulation

Die bisher beschriebenen Kalkulationsverfahren setzen für ihre Anwendung die Einprodukt-Unternehmen bzw. einen Einprodukt-Teilbereich voraus.

Kalkulation für „Sorten“

Hebt man nun diese (obige erste) Voraussetzung auf, dann kann die **Äquivalenzziffernkalkulation** verwendet werden, wenn es sich um artverwandte Produkte handelt. Man spricht hier von Sorten.

Konstante Kostenrelationen

Die Äquivalenzziffernkalkulation nutzt die Tatsache aus, dass bei Sortenfertigung die Kosten der verschiedenen Produktarten aufgrund der fertigungstechnischen Ähnlichkeiten in einem bestimmten Verhältnis zueinander stehen.

Die **Äquivalenzziffer** eines Produktes (Gewichtungsziffer, Wertigkeitsziffer, Umrechnungsfaktor, Verhältniszahl der Kostenbelastung) gibt an, in welchem Verhältnis die Kosten dieses Produktes zu den Kosten eines Einheitsproduktes (Einheitssorte, Bezugssorte, Richtsorte) mit der Äquivalenzziffer 1 stehen. Äquivalenzziffern werden einmalig ermittelt (z. B. durch empirische Untersuchungen) und dann in den folgenden Perioden wieder verwandt.

Beispiel

Verursacht beispielsweise in einem Blechwalzwerk die Sorte A 20 % mehr Kosten als die Sorte B und die Sorte C 10 % weniger Kosten als die Sorte B, so lässt sich das Verhältnis der Kostenverursachung der drei Blechsorten in folgender Äquivalenzziffernreihe wiedergeben:

Sorte	Äquivalenzziffer
A	1,2
B	1,0
C	0,9

Bei der Kalkulation geht man so vor, dass die produzierten Mengen der einzelnen Sorten mit Hilfe der Äquivalenzziffern mengenmäßig auf die Einheitssorte umgerechnet werden. Das Ergebnis ist die den ursprünglichen Produktionsmengen äquivalente Produktionsmenge der Einheitssorte („Rechnerische Ausbringungsmenge“, „Gesamtrechnungsmenge“, „Summe der Rechnungseinheiten“, „Einheitsmenge“). Mit dieser Gesamtrechnungsmenge wird jetzt wie bei der Divisionskalkulation weitergerechnet, d. h. man ermittelt die Kosten pro **Einheit der Gesamtrechnungsmenge.** Die Einheitskosten werden benötigt, um danach wiederum mit Hilfe der Äquivalenzziffern die Stückkosten der ursprünglichen Sorten zu errechnen. Nur bei der Einheitssorte stimmen die Einheitskosten mit den tatsächlichen Stückkosten überein.

Beispiel

Beispiel 3:

Im o. g. Blechwalzwerk werden von der Sorte A 1.000 t, von der Sorte B 500 t und von Sorte C 800 t produziert. Die Gesamtkosten betragen € 121.000. Die Umrechnung der tatsächlichen Produktionsmengen auf die Einheitssorte ergibt:

1.000 t × 1,2 + 500 t × 1 + 800 t × 0,9 = 2.420 t

Jede Tonne der Einheitssorte kostet also

€ 121.000 ÷ 2.420 t = € 50 pro Tonne.

Die Rückrechnung auf die einzelnen Sorten führt zu den Selbstkosten:

Sorte A: 1,2 × € 50 = € 60 pro Tonne

Sorte B: 1,0 × € 50 = € 50 pro Tonne

Sorte C: 0,9 × € 50 = € 45 pro Tonne.

Multipliziert man die tatsächlichen Produktionsmengen – als Probe – mit den errechneten Selbstkosten, so erhält man wieder die Gesamtkosten:

Sorte A:	1.000 t	×	€ 60/t	=	€ 60.000
Sorte B:	500 t	×	€ 50/t	=	€ 25.000
Sorte C:	800 t	×	€ 45/t	=	€ 36.000
					€ 121.000

Bezeichnet man mit

i	den Index der Produktarten
n	die Anzahl der Produkte
a_i	die Äquivalenzziffer des Produktes i
k_i	die Selbstkosten einer Einheit des Produktes i
x_i	die Gesamtmenge des Produktes i

Einstufige Äquivalenzziffernkalkulation

dann geht die Formel (37) der einstufigen Divisionskalkulation über in den allgemeinen Ausdruck für die Selbstkosten nach der einstufigen Äquivalenzziffernkalkulation:

(41) $$k_i = \frac{K}{a_1 \times x_1 + a_2 \times x_2 + \ldots + a_n \times x_n} \times a_i$$

oder

(42) $$k_i = \frac{K}{\sum_{i=1}^{n} a_i \times x_i} \times a_i$$

Vergleicht man (41) mit (37), so stellt man fest, dass von den drei Voraussetzungen der einstufigen Divisionskalkulation lediglich die erste nicht mehr erfüllt sein muss, während die Voraussetzungen, dass keine

Halb- und Fertiglagerbestandsveränderungen eintreten dürfen, nach wie vor Bestand haben müssen.

Diesen Mangel beseitigt man mit Hilfe der **mehrstufigen Äquivalenzziffernkalkulation**:

Mehrstufige Äquivalenzziffernkalkulation

Soll die unterschiedliche Kostenverursachung aufgrund von Abweichungen zwischen Produktions- und Absatzmengen sowie aufgrund nichtsynchroner Produktion erfasst werden, müssen mehrere Äquivalenzziffernreihen für die verschiedenen Bereiche (Kostenstellen) gebildet werden. Diese Äquivalenzziffernreihen brauchen nicht unterschiedlich zu sein:

- Wird z. B. zur Ermittlung der Herstellkosten die gleiche Ziffernreihe verwandt wie zur Ermittlung der Verwaltungs- und Vertriebskosten, so impliziert dies, dass die Relationen der Kostenkausalität zwischen den einzelnen Sorten bei den Herstellkosten die gleichen sind wie bei den Verwaltungs- und Vertriebskosten. Deshalb wird aber die mehrstufige Kalkulation nicht überflüssig, da die Unterschiede zwischen Produktions- und Absatzmengen von Sorte zu Sorte schwanken können.
- Verwendet man dagegen für die Fertigungsstufe 1 eine andere Ziffernreihe als beispielsweise für die Fertigungsstufe 2, so impliziert dies entsprechend, dass die Relationen der Kostenkausalität zwischen den einzelnen Sorten von Fertigungsstufe zu Fertigungsstufe schwanken.

Gemeinsamkeiten der Kalkulationsverfahren

Als Ergebnis lässt sich festhalten, dass alle bisherigen Formeln der Divisionskalkulation, nämlich (37), (38) und (39) ganz analog auf die Äquivalenzziffernkalkulation abgewandelt werden können, indem man jeweils den Nenner der Quotienten durch die mit Hilfe der Äquivalenzziffernreihe ermittelte „Summe der Rechnungseinheiten" (Einheitsmenge) ersetzt.[194]

Sortenproduktion

Für die verschiedenen Formen der Äquivalenzziffernkalkulation ist die **Sortenproduktion** das typische Fertigungsverfahren. Beispiele sind Brauereien, Ziegeleien, Webereien, Blech- und Drahtwalzwerke, Zigaretten- oder Zementfabriken.

194 Es kann auch erforderlich werden, für eine Produktionsstufe nicht eine, sondern mehrere Ziffernreihen zu verwenden, wenn bestimmte Teile der Kosten unterschiedlich durch die einzelnen Sorten verursacht werden. Man spricht dann im Unterschied zur mehrstufigen Äquivalenzziffernkalkulation von einer mehrfachen Äquivalenzziffernkalkulation.

Entscheidend für die Qualität der Kalkulationsergebnisse ist die Qualität der ermittelten Äquivalenzziffern, da „sich praktisch nur mit großen Schwierigkeiten numerische Werte finden lassen, die wirklich der Kostenverursachung entsprechen. Ersetzt man aber die Äquivalenzziffern durch Bezugsgrößen der Kostenverursachung, z.B. durch die Fertigungszeit, so ist der Übergang zur sogenannten Zuschlags- oder Bezugsgrößenkalkulation vollzogen."[195]

3.4.2.3 Zuschlagskalkulation

Zuschlagskalkulation bei Serien-/Einzelfertigung

Zuschlagskalkulationen kommen zur Anwendung, wenn die Voraussetzungen der Divisionsverfahren nicht gegeben sind, wenn – positiv ausgedrückt – Betriebe mit **Serien- oder Einzelfertigung** vorliegen, die in **mehrstufigen Produktionsabläufen** bei **heterogener Kostenkausalität** und bei **laufender Veränderung der Halb- und Fertigfabrikatelager** ihre Leistungen erstellen.

Während man bei den Divisionskalkulationen grundsätzlich von den Gesamtkosten des Betriebes bzw. der Betriebsbereiche ausgeht und diese per Division verteilt, ist bei den Zuschlagskalkulationen die **Serie**, der **Auftrag** oder das einzelne **Stück** der Ausgangspunkt.

Trennung in Einzel- und Gemeinkosten

Die Zuschlagskalkulationen gehen von der Trennung der Kosten in Einzel- und Gemeinkosten aus. Die Einzelkosten werden den Leistungen verursachungsgemäß direkt zugerechnet; die Gemeinkosten werden mit Hilfe von Kalkulationssätzen „zugeschlagen".

Formen

Nach Art und Feinheit der Gemeinkostenzuschläge unterscheidet man die verschiedensten Formen der Zuschlagskalkulationen. Im Folgenden werden jene Hauptgruppen behandelt, die man üblicherweise auch

- summarische und
- differenzierende

Zuschlagskalkulation(en) nennt.

3.4.2.3.1 Summarische Zuschlagskalkulation

Kumulative Zuschlagskalkulation

Die Verfahren der summarischen Zuschlagskalkulation sind dadurch charakterisiert, dass sie die gesamten Gemeinkosten des Betriebes als einen (summarischen) Zuschlag verrechnen. Wegen der „angehäuften" Gemeinkosten werden sie auch **kumulative Zuschlagskalkulationen** genannt.

Als Zuschlagsgrundlage (Bezugsgröße) verwendet man entweder die Einzelmaterialkosten oder die Einzellohnkosten (Fertigungseinzelkos-

195 Kilger (1969), S. 892.

ten) oder die gesamten Einzelkosten. Eine Kostenstellenrechnung ist zur Anwendung nicht unbedingt erforderlich.

Lohnzuschlagskalkulation

Eine Variante dieser Kalkulationsform ist die sog. kumulative (oder summarische) **Lohnzuschlagskalkulation** (oder Betriebszuschlagskalkulation). Hier werden die Materialgemeinkosten als gesonderter Zuschlag auf das Einzelmaterial verrechnet und die Vertriebs- und Verwaltungsgemeinkosten auf die Herstellkosten. Die wichtige Gruppe der Fertigungsgemeinkosten jedoch verrechnet man ohne Kostenstellenunterteilung als einen Gesamtzuschlag auf die Fertigungseinzellöhne (vgl. Tab. 8).

fehlende Bedeutung

Gegen alle summarischen Verfahren lässt sich kritisch einwenden, dass man eine derart weitgehende kausale Beziehung zwischen einer Bezugsgröße und allen oder großen Teilen der Gemeinkosten in der Realität kaum antreffen wird. Von einfach strukturierten Kleinbetrieben abgesehen, die diese Verfahren (zum Teil aus Gründen der einfachen Abrechnung) noch verwenden, ist der Weg zur differenzierenden Zuschlagskalkulation nicht zu umgehen.

	Materialeinzelkosten		
+	Materialgemeinkosten	=	MATERIALKOSTEN
+	Gesamte Lohneinzelkosten		
+	Gesamte Fertigungsgemeinkosten		
+	Sondereinzelkosten der Fertigung	+	FERTIGUNGSKOSTEN
+	Verwaltungsgemeinkosten	=	HERSTELLUNGSKOSTEN
+	Vertriebsgemeinkosten		
+	Sondereinzelkosten des Vertriebs	+	VERW.- UND VERTRIEBSKOSTEN
		=	SELBSTKOSTEN

***Tab. 8:** Summarische Zuschlagskalkulation*

3.4.2.3.2 Differenzierende Zuschlagskalkulation

elektive Zuschlagskalkulation

Bei den Verfahren der differenzierenden Zuschlagskalkulation verrechnet man die **Gemeinkosten** nicht mehr summarisch, sondern **nach Betriebsbereichen** (Kostenstellen bzw. Kostenplätzen) differenziert als Zuschlag auf unterschiedliche Bezugsgrößen. Der synonyme Ausdruck „elektive Zuschlagskalkulation“ soll ebenfalls andeuten, dass man versucht, jene Bezugsgrößen „auszuwählen“, die in einer möglichst verursachungsgerechten Beziehung zu den Gemeinkosten stehen.

Die Überlegungen zur Auswahl solcher Bezugsgrößen und zur Bildung entsprechender Kalkulationssätze sind bereits ausführlich erörtert worden; ihr Ergebnis ist hier das allgemeine Schema der differenzierenden Zuschlagskalkulation in Abb. 26.[196]

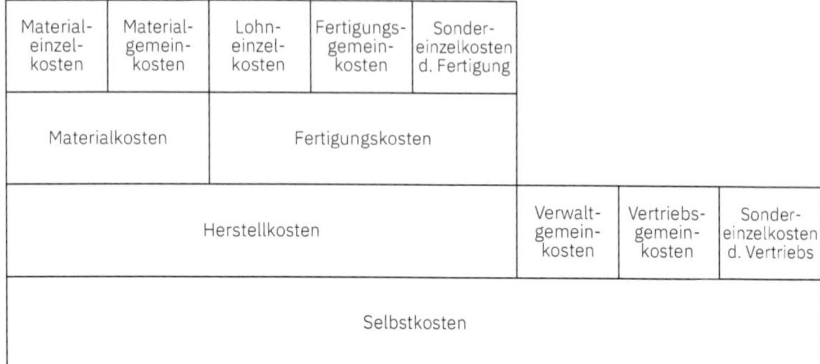

Abb. 26: *Schema der differenzierenden Zuschlagskalkulation*

Anmerkung: In diesem Schema sind grundsätzlich alle Einzelkosten und vor allem alle Gemeinkosten nach Kostenstellen bzw. -plätzen differenziert. Für die Kalkulation der Gemeinkosten verwendet man grundsätzlich die unterschiedlichsten Bezugsgrößen.

Betriebszuschlagskalkulation

Werden nun (entsprechend dem Kalkulationsschema) die Fertigungsgemeinkosten nach Kostenstellen differenziert als Zuschlagssatz auf die dazugehörigen Fertigungseinzellöhne verrechnet, so erhält man eine Kalkulationsform, die als elektive (oder differenzierende) Lohnzuschlagskalkulation (oder Betriebszuschlagskalkulation) bezeichnet wird. Sie stellt eine Verfeinerung der obigen kumulativen Lohnzuschlagskalkulation dar und hat in der kostenrechnerischen Praxis weite Verbreitung gefunden.

Bezeichnet man mit

e_{Mi} die Materialkosten pro Stück i

e_{Lij} die Fertigungseinzellöhne der Kostenstelle j pro Stück i

e_{SFi} die Sondereinzelkosten der Fertigung pro Stück i

e_{SVi} die Sondereinzelkosten des Vertriebs pro Stück i

z_M den Materialgemeinkostenzuschlag (in % des Einzelmaterials)

z_{Fj} den Fertigungsgemeinkostenzuschlag der Kostenstelle j (in % der Fertigungseinzellöhne der Stelle j%[197])

z_{VV} den Verwaltungs- und Vertriebsgemeinkostenzuschlag (in % der Herstellkosten, meistens ohne eSF)

196 Vgl. auch Wöhe/Döring/Brösel (2016), S. 894.

197 Im BAB betragen diese Zuschlagsätze 110 %, 330 % und 82,6 % für die Fertigungsstellen I, II und III.

dann ergibt sich für die elektive Lohnzuschlagskalkulation unter Beibehaltung der schon bisher verwandten Symbole folgende allgemeine Formel:[198]

(43) $$k_i = \left[e_{Mi}\left(1 + \frac{z_M}{100}\right) + \sum_{j=1}^{m} e_{Lij}\left(1 + \frac{z_{Fj}}{100}\right) + e_{SFi}\right]\left(1 + \frac{z_{VV}}{100}\right) + e_{SV_i}$$

Beispiel 4:

Beispiel

Die Herstell- und Selbstkosten eines Produktes sollen für folgende Daten nach der elektiven Lohnzuschlagskalkulation ermittelt werden: Einzelmaterialkosten € 5; Fertigungseinzellöhne in Fertigungsstelle I € 2 und in Fertigungsstelle II € 3; Sondereinzelkosten der Fertigung (Lizenzgebühren) € 0,50; Sondereinzelkosten des Vertriebs (Verpackungsmaterial) € 1,10; Materialgemeinkostenzuschlag 10 % auf die Einzelmaterialkosten; Fertigungsgemeinkostenzuschläge in Stelle I 40 % und in Stelle II 60 % auf die Fertigungseinzellöhne; Vertriebs- und Verwaltungsgemeinkostenzuschlag 10 % auf die Herstellkosten.

Parallel zu Tab. 8 und Abb. 26 erhält man folgende Ergebnisse:

	Materialeinzelkosten	5,00			
+	Materialgemeinkosten	0,50	=	MATERIALKOSTEN	5,50
+	Lohneinzelkosten I	2,00			
+	Fertigungsgemeinkosten I	0,80			
+	Lohneinzelkosten II	3,00			
+	Fertigungsgemeinkosten II	1,80			
+	Sondereinzelkosten d. Fertigung	0,50	+	FERTIGUNGSKOSTEN	8,10
			=	HERSTELLKOSTEN	13,60
+	Verw.- u. Vertriebsgemeinkosten	1,36			
+	Sondereinzelk. d. Vertriebs	1,10	+	V.u.V.-KOSTEN	2,46
			=	SELBSTKOSTEN	16,06

Tab. 9: *Differenzierende Zuschlagskalkulation*

Beurteilung

Die **elektive Lohnzuschlagskalkulation,** die den Vorteil der abrechnungstechnischen Einfachheit aufweist, ist einer Reihe von **Einwänden** ausgesetzt:[199]

- Die kausale Erfassung der Fertigungsgemeinkosten erscheint besser möglich, wenn man die Fertigungszeiten anstelle der Fertigungseinzellöhne als Bezugsgröße wählt, denn durch die Lohnsätze wirken

198 Vgl. hierzu und zur folgenden Formel (44) für die Bezugsgrößenkalkulation Kilger (1969), S. 894–896.

199 Vgl. Kilger (1969), S. 895.

sich unnötigerweise betriebsexterne Daten auf die Ergebnisse der Kalkulation aus.

- Jede Lohnerhöhung erfordert eine – oft langwierige – Umrechnung der Zuschlagssätze und Veränderung der Kalkulationen.
- Mechanisierung und Automatisierung des Fertigungsbereichs verschieben das Kostenverhältnis zugunsten der Fertigungsgemeinkosten; damit werden die Lohnzuschlagssätze immer höher[200] und die Fehler bei einer falschen Beurteilung der Kostenverursachung immer größer.

Bezugsgrößenkalkulation

Diesen Einwänden versucht man mit Hilfe der **Bezugsgrößenkalkulation** zu begegnen. Hier werden im Gegensatz zur Lohnzuschlagskalkulation insbesondere die Fertigungsgemeinkosten differenzierter verrechnet. Als Bezugsgrößen verwendet man möglichst Mengengrößen, wie z. B. Akkordzeiten, Maschinenzeiten, Rüstzeiten, Gewichte etc. Die Fertigungseinzellöhne werden vielfach über die Vorgabezeiten in das Bezugsgrößensystem einbezogen.

Bezugsgrößendifferenzierung bis zur Platzkostenrechnung

Bei der Bezugsgrößenkalkulation wird normalerweise pro Kostenstelle nicht nur ein Zuschlagssatz für alle Gemeinkosten der Stelle verwandt, sondern es werden die Zuschläge innerhalb der Stellen weiter differenziert; man verwendet mehrere **Bezugsgrößen** für die Gemeinkosten einer Kostenstelle. Beispiele hierfür sind oben genannt worden, etwa die Unterscheidung der Kalkulationssätze im Materialbereich nach Wert und Menge des Materials oder im Vertriebsbereich nach Produktgruppen und Verkaufsbereichen und insbesondere im Fertigungsbereich **nach Kostenplätzen** (Platzkostenrechnung).[201]

Bezeichnet man mit den Symbolen

b_{ij} die Bezugsgrößeneinheit (-inanspruchnahme) für eine Einheit der Produktart i in der Kostenstelle j

z_j den Kalkulationssatz pro Bezugsgrößeneinheit in der Kostenstelle j (€/€ oder €/Mengeneinheit),

dann geht (43) über in die allgemeine Formel der Bezugsgrößenkalkulation:

200 In der Praxis sind Zuschlagssätze in vierstelligen Bereich durchaus üblich.

201 Vgl. Freidank (2013), S. 140 f. Die Bezeichnung „Bezugsgrößenkalkulation" soll den Unterschied zu den Verfahren der Zuschlagskalkulation anzeigen, die die Gemeinkosten als Zuschläge auf die Einzelkosten(arten), insbesondere die Lohnkosten, verrechnen. Im genauen Sinne des Wortes sind natürlich alle Zuschlagskalkulationen auch Bezugsgrößenkalkulationen. Sie unterscheiden sich nur in Art und Feinheit der Bezugsgrößen. Das gilt auch für alle Divisionskalkulationen: Bezugsgrößen sind hier die Stückzahlen.

$$(44)\qquad k_i = \left[e_{Mi}\left(1 + \frac{Z_M}{100}\right) + \sum_{j=1}^{m} b_{ij} \times z_j + e_{SFi}\right]\left(1 + \frac{Z_{VV}}{100}\right) + e_{SVi}$$

Beispiel 5:

Beispiel

Das Beispiel 5 (Tab. 10) setzt das obige Beispiel 4 als Bezugsgrößenkalkulation[202] fort. Die Daten für die Fertigungskosten I und II werden hier neu hinzugefügt. Sie können – da frei gewählt – aus den bisherigen Ausführungen nicht nachvollzogen werden; das gilt sowohl für die Mengengrößen (z. B. 5 kg Gewicht pro hier kalkulierter Einheit) als auch für die Kalkulationssätze (z. B. € 0,20/kg Gewicht).

	Materialeinzelkosten		5,00			
+	Materialgemeinkosten		0,50	=	MATERIALKOSTEN	5,50
+	Fertigungskosten I					
	5 kg Durchsatzgewicht	à 0,20	1,00			
	4 Maschinenminuten	à 0,70	2,80			
+	Fertigungskosten II					
	5 Akkordminuten	à 0,20	1,00			
	4 Stück	à 0,70	2,80			
+	Sondereinzelkosten d. Fertigung		0,50	+	FERTIGUNGSKOSTEN	8,50
				=	HERSTELLKOSTEN	14,00
+	Verw. U. Vertriebsgemeinkosten		1,40			
+	Sondereinzelkosten d. Vertriebs		1,10	+	V.u.V.-KOSTEN	2,50
				=	SELBSTKOSTEN	16,50

Tab. 10: *Bezugsgrößenkalkulation*

Die unterschiedlichen Herstell- und deshalb auch Selbstkosten gegenüber dem Beispiel 4 resultieren aus der Tatsache, dass dort die Kostenkausalität der Fertigungsgemeinkosten mit Hilfe der elektiven Lohnzuschlagskalkulation erfasst worden ist. Andere Produktarten müssen – da die Summe der zu verteilenden Kosten gleich bleibt – nach der Bezugsgrößenkalkulation entsprechend niedrigere Herstell- und Selbstkosten aufweisen.

Verfeinerungen

Formel (44) und das Beispiel 5 (Tab. 10) stellen eine noch relativ einfache Form der **Bezugsgrößenkalkulation** dar; weitere **Verfeinerungen**[203] werden in praxi z. B. vorgenommen durch Berücksichtigung

202 Eine Reihe von Musterformularen für die verschiedenen Kalkulationsformen ist enthalten in: Bundesverband der deutschen Industrie (o. J.), Teil II (GRK), Abschnitt K 432.

203 Vgl. Kilger (1969), S. 898 ff.

- von mehreren Bezugsgrößen für die Material- und Vertriebsgemeinkosten,
- von vorgeschalteten Mischungskalkulationen,
- von Einzelmaterialabfällen,
- von Einsatzfaktoren,
- von Kostenplätzen,
- von Rüststunden etc.

Als Ergebnis lässt sich festhalten, dass die Bezugsgrößenkalkulation das allgemeinste Kalkulationsverfahren darstellt. Alle anderen Verfahren sind hier als Spezialfall enthalten.

3.4.2.4 Kuppelkalkulation

Die bisherigen Kalkulationsverfahren gelten für Produktionsprozesse, in denen die verschiedenen Produkte – sofern es überhaupt mehrere sind – unabhängig voneinander hergestellt werden (unverbundene Produktion).

verbundene Produktion

Daneben gibt es Produktionsprozesse, bei denen aus natürlichen oder technischen Gründen **zwangsläufig verschiedene Produkte** hergestellt werden (anfallen). Man spricht dann von Kuppelproduktionen (verbundene Produktionen). Beispiele für Kuppelprodukte findet man in der Kokerei (Koks, Gas, Teer, Benzol etc.), in der chemischen Industrie (sowohl bei synthetischen als auch analytischen Prozessen), beim Hochofenprozess (Roheisen, Gichtgas, Schlacke), in Raffinerien (Benzine, Öle, Gase), in der Porzellanindustrie, in Zuckerfabriken oder in Sägewerken.[204]

Der Kuppelproduktionsprozess kann in **starren Mengenrelationen der Kuppelprodukte** ablaufen oder in gewissen Grenzen variiert werden. Nach ihrer Entstehung durchlaufen die verschiedenen Produkte grundsätzlich verschiedene Weiterverarbeitungsstufen und werden dort auch entsprechend kalkuliert.

keine verursachungsgerechte Kalkulation

Ziel der Kuppelkalkulation ist es, die Gesamtkosten des Prozesses auf die einzelnen Kuppelprodukte zu verteilen. Eine **verursachungsgerechte Kalkulation** ist hierbei **nicht möglich,** denn es lässt sich in keinem Fall sagen, welche Produkte welchen Anteil an den Gesamtkosten des Kuppelprozesses verursacht haben. Wenn also das Verursachungs-

204 Vgl. hierzu z. B. Graumann (2017), S. 230 f.; Kahlenberg (2013), S. 129 ff.; Däumler/Grabe (2013a), S. 271 ff., Olfert (2016), S. 130 ff. oder Coenenberg/Fischer/Günther (2016), S. 157.

prinzip versagt, dann muss man mit Hilfe des Tragfähigkeits- oder Durchschnittsprinzips eine Näherungslösung anstreben.

In Theorie und Praxis sind zwei Kuppelkalkulationsmethoden entwickelt worden, die beide auf dem Grundgedanken der Divisionskalkulation aufbauen und beide mehr oder minder willkürliche Kalkulationsergebnisse liefern:

- Restwert- oder Subtraktionsmethode,
- Verteilungsmethode.

Restwertmethode

Die **Restwertmethode**[205] wird angewandt, wenn man die verschiedenen Kuppelprodukte in ein Hauptprodukt sowie ein oder mehrere Nebenprodukte unterscheiden kann. Das Verfahren besteht darin, die Erlöse der Nebenprodukte (abzüglich noch anfallender Weiterverarbeitungskosten) von den Gesamtkosten des Kuppelprozesses zu subtrahieren und die sich so ergebenden Restkosten durch die Menge des Hauptproduktes zu dividieren.

Bezeichnet man mit

K_K die Gesamtkosten des Kuppelprozesses
k_H die Herstellkosten pro Einheit des Hauptproduktes
x_H die Menge des Hauptproduktes
x_{Ni} die Menge der Nebenproduktart i
P_{Ni} den Stückpreis der Nebenproduktart i
k_{Ni} die Weiterverarbeitungskosten pro Einheit der Nebenproduktart i
i den Index der Nebenprodukte (i = 1, 2, ..., n),

dann erhält man für die Restwertmethode folgende allgemeine Kalkulationsformel:

$$(50) \qquad k_H = \frac{K_K - \sum_{i=1}^{n} \left(P_{Ni} - k_{Ni}\right) \times x_{Ni}}{x_H}$$

Beispiel

Beispiel 6:

Die Gesamtkosten eines Kuppelproduktionsprozesses betragen € 84.000. Es werden 1.000 kg vom Hauptprodukt, 200 kg vom Nebenprodukt 1 und 200 kg vom Nebenprodukt 2 erzeugt. Nebenprodukt 1 wird für € 20/kg auf dem Markt abgesetzt; die vorher noch anfallenden Aufbereitungskosten belaufen sich auf € 6/kg. Das Nebenprodukt 2

205 Vgl. hierzu und auch zur Verteilungsmethode Kilger (1987), S. 356–361; vgl. auch Kilger/Pampel/Vikas (2012), S. 528 ff.

muss vernichtet werden; die Vernichtungs- und Transportkosten betragen € 10/kg:

K_K	=	84.000,00 €
$x_{N1}(P_{N1} - k_{N1})$	÷	2.800,00 €
$x_{N2} \times k_{N2}$	±	2.000,00 €
Restkosten	=	83.200,00 €
k_H	=	83,20 €

Die Selbstkosten des Hauptproduktes errechnet man auf dem normalen Weg der weiteren Zuschlagskalkulation: Es kommen noch die anteiligen Verwaltungs- und Vertriebskosten hinzu sowie eventuelle weitere Fertigungskosten bei Weiterverarbeitung. Die Herstellkosten der Nebenprodukte entsprechen ihren Marktpreisen abzüglich eventuell noch anfallender Weiterverarbeitungs- und Vertriebskosten sowie eines durchschnittlichen Gewinnanteils.

Verteilungsmethode

Die **Verteilungsmethode** wird angewandt, wenn man nicht eindeutig in Haupt- und Nebenprodukte unterscheiden kann. Man ermittelt dann eine Reihe von Äquivalenzziffern, die das Verhältnis der Kostenverteilung auf die Kuppelprodukte wiedergibt. Das rechnerische Verfahren ist formell das gleiche wie bei der Äquivalenzziffernkalkulation; es sind die Formeln (41) und (42) zu verwenden.

Kostentragfähigkeit

Materiell besteht jedoch ein wesentlicher Unterschied: Bei der Sortenkalkulation sind die Äquivalenzziffern Maßstäbe der Kostenverursachung der einzelnen Sorten; bei der Kuppelkalkulation dagegen sind die Äquivalenzziffern Maßstäbe der Kostentragfähigkeit.

Marktpreis als Äquivalenzziffer

In erster Linie verwendet man die Marktpreise als Äquivalenzziffern, daneben aber auch Heizwerte (cal/kg) oder andere technische Größen, die aber in irgendeiner Form die marktmäßige Verwertbarkeit der Kuppelprodukte widerspiegeln.

Im Ergebnis bleibt festzuhalten, dass die Kuppelkalkulation mit verursachungsgerechter Kalkulation nichts mehr gemeinsam hat. Hier zeigen sich besonders deutlich die Grenzen der Kostenrechnung. Während die Restwertmethode primär vom Durchschnittsprinzip ausgeht,[206] orien-

206 In der Subtraktion der Nebenprodukterlöse lässt sich das Tragfähigkeits-(Deckungs-)Prinzip erkennen.

tiert sich die Verteilungsmethode ausschließlich am Tragfähigkeitsprinzip.[207]

Kuppelkalkulation zur Herstellungskostenermittlung

Betrachtet man die Aufgaben der Kostenrechnung, so zeigt sich, dass die Kuppelkalkulation überflüssig wäre, benötigte man nicht die **Herstellkosten der Kuppelprodukte für die bilanzielle Bestandsbewertung.** Für dispositive (insbesondere preis- und absatzpolitische) Zwecke sind die Ergebnisse der Kuppelkalkulation nicht geeignet. Man wird hier den gesamten Kuppelproduktionsprozess so steuern, dass die Summe der Deckungsbeiträge aller Kuppelprodukte (des sogenannten Kuppelpakets) ihr Maximum erreicht.[208]

Beziehungen Fertigungs- und Kalkulationsverfahren

Die Bedeutung des „richtigen“ Kalkulationsverfahrens für die Qualität unternehmenspolitischer Entscheidungen ist – hoffentlich – deutlich geworden. Die Entscheidung für eines der Kalkulationsverfahren hängt (auch) vom Fertigungsverfahren ab. In der folgenden Abb. 27 sind abschließend in vereinfachter Form die typischen Beziehungen zwischen Fertigungsverfahren und Kalkulationsverfahren dargestellt:

207 Liegt ein Kuppelproduktionsprozess vor, aus dem mehrere Hauptprodukte und gleichzeitig mehrere Nebenprodukte hervorgehen, dann kann man die Restwert- mit der Verteilungsmethode kombinieren: Die Restwertmethode dient zur Ermittlung der „Restkosten“ der Hauptprodukte; die Verteilungsmethode verteilt diese Restkosten auf die Hauptprodukte.

208 Gewisse Anhaltspunkte für dispositive Zwecke stehen mit den Schattenpreisen (Dualvariablen) der Linearen Programmierung zur Verfügung, die im Prinzip der SCHMALENBACHschen Betriebswerttheorie entsprechen.

Fertigungsverfahren	Kalkulationsverfahren
Massenfertigung (einheitliches Produkt)	**Divisionskalkulation** (ein- oder mehrstufig)
Sortenfertigung (mehrere artähnliche Produkte)	**Äquivalenzziffernkalkulation** (ein- oder mehrstufig)
Einzel- und Serienfertigung (mehrere verschiedenartige Produkte)	**Zuschlagskalkulation**
Kuppelfertigung (mehrere gleichzeitig und zwangsläufig anfallende Produkte)	**Kuppelkalkulation**

Abb. 27: *Beziehung von Fertigungs- und Kalkulationsverfahren*

4 Kostenrechnungssysteme

Kostenrechnungssysteme sind Systeme, die diezogene **Kosten** nach vorgegebenen, an den Aufgaben der Kostenrechnung ausgerichteten Regeln **erfassen, speichern und auswerten.** Die Vielschichtigkeit der Planungs-, Kontroll- und Dokumentationsaufgaben der Kostenrechnung hat damit zwangsläufig zur Folge, dass mit einem Kostenrechnungssystem nicht alle Aufgaben gleichzeitig erfüllt werden können. Deshalb forderte bereits SCHMALENBACH, „die Kostenrechnung des Betriebes in zwei für sich bestehende Stücke [zu] teilen, einen stetigen Teil – die [zweckneutrale] Grundrechnung – und einen beweglichen Teil – die [aufgabenorientierten] zusätzlichen Sonderrechnungen.“[209] Die Grundrechnung hat dabei die Aufgabe, die Kosten und Leistungen so detailliert zu erfassen, dass sie den Sonderrechnungen „ein gutes und zuverlässiges Gestell zur Anbringung ihrer [aufgabenorientierten] Korrekturen bietet.“[210]

Aufgabenorientierung der Kostenrechnungssysteme

Die Schwerpunkte innerhalb der Aufgaben der Kostenrechnung haben sich mit ihrer historischen Entwicklung verschoben. Zunächst stand (neben der Abbildung und Dokumentation) die **Kontrolle der Wirtschaftlichkeit** im Vordergrund der Kostenrechnung. Diese setzt die Festlegung von Maßgrößen (Sollkosten) voraus, so dass sie erst mit der Entwicklung betriebswirtschaftlicher Planungsmethoden und dem gleichzeitigen Vordringen arbeitswissenschaftlicher Methoden möglich wurde.

Die **Ermittlung von Vorgabe- oder Richtgrößen** ist ebenfalls eine unerlässliche Bedingung für die Weiterentwicklung der Planungsmethoden mit Hilfe mathematischer Entscheidungsmodelle. Diese sind notwendig für die Ermittlung der **relevanten Kosten**, die das Management zur Erfüllung ihrer dispositiven Aufgaben benötigt. Aufgabenschwerpunkt der Kostenrechnung (und Erlösrechnung) wird damit die Herleitung von Kosten- und Erlösinformationen, welche die **Zielwirkungen von Entscheidungsvariablen** auf das anstehende Entscheidungsproblem wiedergeben.

relevante Kosten

209 Schmalenbach (1963), S. 269. Diese Begrifflichkeit verwenden auch Hoitsch/Lingnau (2007), S. 388 oder Coenenberg/Fischer/Günther (2016), S. 7.

210 Schmalenbach (1963), S. 269.

4.1 Systematisierung der Kostenrechnungssysteme

Zeitbezug

Man unterscheidet Kostenrechnungssysteme in zweifacher Hinsicht. Einmal nach dem **Zeitbezug der verrechneten Kosten** (vergangenheits- oder zukunftsbezogene Kosten) in

- Istkostenrechnungssysteme,
- Normalkostenrechnungssysteme,
- Plankostenrechnungssysteme,

Sachumfang

zum anderen nach dem **Sachumfang der auf die Kostenträger verrechneten Kosten** (alle oder nur Teile der Kosten) in

- Vollkostenrechnungssysteme,
- Teilkostenrechnungssysteme.[211]

Kombination von Zeitbezug und Sachumfang

Zur Charakterisierung eines Kostenrechnungssystems ist eine Kombination dieser beiden Kriterien erforderlich, wobei sich (theoretisch) sechs Möglichkeiten ergeben. Eine Normalkostenrechnung kann – ebenso wie eine Ist- oder Plankostenrechnung – als Voll- oder als Teilkostenrechnung aufgebaut sein. Dies ergibt sich auch aus Tab. 11.

Sachumfang und Verrechungsart	**Zeitbezug**		
	Vergangenheit		**Zukunft**
	Istkosten	**Normalkosten**	**Plankosten**
Vollkostenrechnung	Istkostenrechnung auf Vollkostenbasis	Normalkostenrechnung auf Vollkostenbasis	Plankostenrechnung auf Vollkostenbasis (starr und flexibel)
Teilkostenrechnung	Istkostenrechnung auf Teilkostenbasis	Normalkostenrechnung auf Teilkostenbasis	Plankostenrechnung auf Teilkostenbasis • Grenzplankostenrechnung • Relative Einzelkosten- und Deckungsbeitragsrechnung

Tab. 11: *Kostenrechnungssysteme*

4.1.1 Istkostenrechnung

In einer Istkostenrechnung werden von der Kostenarten- über die Kostenstellen- bis zur Kostenträgerrechnung die tatsächlich angefallenen Kosten der Periode verrechnet.

211 Vgl. Drosse (2014), S. 53 ff., Joos (2014), S. 114 ff. oder Wöltje (2017), S. 222 ff.

> **Istkosten**[212] sind effektive Kosten, d.h. mit Ist-Preisen (Anschaffungspreisen) bewertete Ist-Verbrauchsmengen.

Istkosten = effektive Kosten

Zufällige Schwankungen der Preise und Mengen wirken sich in vollem Umfang auf die Ergebnisse der Rechnungen aus. Solche Zufallsschwankungen können z. B. auftreten bei Rohstoffpreisen aufgrund veränderter Börsenlage, beim Energieverbrauch aufgrund defekter Anlagen oder bei den Reisekosten aufgrund besonderer Verkaufsaktivitäten.

zeitliche Kostenabgrenzung

Eine **reine Istkostenrechnung** gibt es jedoch nicht, da stets bestimmte Kostenarten mit Durchschnitts- oder Plancharakter verrechnet werden. Beispiele hierfür sind die zeitlich abgegrenzten Kostenarten, wie z. B. jährlich im Voraus gezahlte Versicherungsprämien oder die kalkulatorisch abgegrenzten Kostenarten, wie z. B. die kalkulatorischen Zinsen. Es handelt sich stets um Fälle, in denen Auszahlungen, Ausgaben, Aufwand und/oder Kosten nicht übereinstimmen.

Die **Vor- und Nachteile** der Istkostenrechnung lassen sich wie folgt skizzieren:

Nachkalkulation = Vorteil

- Kalkulationsergebnisse, die anzeigen, wieviel die erstellten Leistungen tatsächlich gekostet haben, sind nur mit einem solchen (ermittlungsorientierten) Kostenrechnungssystem zu erzielen. Man betrachtet deshalb die Möglichkeit der Nachkalkulation als Vorteil der Istkostenrechnung.

Dem stehen **schwerwiegendere Mängel** gegenüber.

fehlende Kostenkontrolle = Nachteil

- Der entscheidende Nachteil ist die **fehlende Möglichkeit einer Kostenkontrolle,** da keine Sollgrößen[213] als Richt- (Vergleichs-, Maß-) Werte zur Verfügung stehen. Zwar können mit Hilfe der Istkosten innerbetriebliche Zeitvergleiche oder zwischenbetriebliche Vergleiche vorgenommen werden, doch ist eine wirksame Kontrolle der Wirtschaftlichkeit hiermit kaum möglich.

Schwerfälligkeit = Nachteil

- Ein weiterer Nachteil dürfte trotz der häufig erwähnten Einfachheit des Abrechnungssystems die **rechnerische Schwerfälligkeit** der Istkostenrechnung sein, da in jeder Periode die Kalkulationssätze für alle Leistungen – auch die innerbetrieblichen – neu gebildet werden müssen.

212 Diese Definition gilt nur für die Istkosten in der Istkostenrechnung.
213 Wirtschaftlichkeit ist definiert als der Quotient aus Istkosten geteilt durch Sollkosten.

4.1.2 Normalkostenrechnung

durchschnittliche Kosten

> Als **Normalkosten** bezeichnet man Kosten, die sich als Durchschnitt der Istkosten vergangener Perioden ergeben.

Verschiedene Varianten der Normalkostenrechnung resultieren daraus, dass man die **Durchschnittsbildung (Normalisierung der Kosten)** für die Preise und/oder Mengen durchführt und einzelne Kostenarten wiederum verschieden behandelt.[214] Zum Teil werden auch schon veränderte gegenwärtige oder zukünftige Kostenbestimmungsfaktoren bei der Durchschnittsbildung berücksichtigt. Als Beispiel können erkennbare Lohnerhöhungen oder Verfahrenswechsel genannt werden. Man spricht in diesen Fällen von einer Normalkostenrechnung mit aktualisierten Mittelwerten im Gegensatz zu statischen Mittelwerten.[215]

Die Normalkostenrechnung verringert sowohl die Vor- als auch die Nachteile der Istkostenrechnung:

keine exakte Nachkalkulation = Nachteil

- Aufgrund normalisierter Kalkulationssätze ist eine exakte Nachkalkulation nicht mehr möglich.

Kostenglättung = Vorteil

- Dafür werden aber Zufallsschwankungen der Kosten geglättet und die Abrechnungsarbeit verringert.

Anfänge einer Kostenkontrolle = Vorteil

- Schließlich gestattet die Normalkostenrechnung im Gegensatz zur Istkostenrechnung bescheidene Anfänge einer wirksamen Kostenkontrolle. Man analysiert die Über- und Unterdeckungen, die sich als Differenz zwischen Normal- und Istkosten ergeben.

4.1.3 Plankostenrechnung

Die Entwicklung zur Plankostenrechnung ist dadurch gekennzeichnet, dass man sich bemühte, „**Kostenvorgaben** mithilfe von technischen Berechnungen, Verbrauchsstudien und Schätzungen festzulegen. Zugleich wurden die festen Verrechnungspreise für von außen bezogene Produktionsfaktoren zu Planpreisen weiterentwickelt. Auf diese Weise entstand eine neue Kategorie von Kosten, bei der sowohl das Mengen- oder Zeitgerüst als auch die Wertansätze geplante Größen sind. Derartige Kosten bezeichnet man in der deutschsprachigen Literatur überwiegend als Plankosten."[216]

---

214 Auf die schon bei der Normalkostenrechnung vorzunehmende Unterscheidung in eine starre bzw. flexible Rechnung soll erst bei der Plankostenrechnung eingegangen werden.

215 Vgl. Kilger (1993), S. 24.

216 Kilger/Pampel/Vikas (2012), S. 43.

> Unter Plankosten versteht man die Kosten, *„bei denen die Mengen und Preise der für eine geplante Ausbringung (Beschäftigung) benötigten Produktionsfaktoren geplante Größen sind."*[217]

Plankosten = geplante Größe

Bei der **starren Plankostenrechnung** werden die erwarteten (optimalen) Kosten, nämlich die Plankosten, für die Planausbringung (-beschäftigung) festgelegt und – obwohl für Zwecke der Kostenkontrolle und Kalkulation eigentlich erforderlich – nicht auf die jeweilige Istbeschäftigung umgerechnet. Diese starre Durchrechnung der Kostenwerte trotz Beschäftigungsschwankungen gestattet zwar eine schnelle und einfache Abrechnung, beeinträchtigt aber ganz erheblich die Aussagefähigkeit der Ergebnisse, insbesondere die Möglichkeiten der Wirtschaftlichkeitskontrolle. Starre Plankostenrechnungen sind deshalb in der Praxis kaum noch zu finden.

starre Rechnung ohne Berücksichtigung der Istbeschäftigung

In der **flexiblen Plankostenrechnung** (zu Vollkosten) werden die Plankosten nicht mehr starr gehalten, sondern flexibel an auftretende Beschäftigungsänderungen angepasst. Dieses System erfordert im Gegensatz zur starren Plankostenrechnung bereits in der Kostenplanung eine **Trennung der Kosten in fixe und variable Bestandteile (Kostenaufspaltung)**, denn anders ist keine sinnvolle Umrechnung der Plankosten von der Plan- auf die Istbeschäftigung möglich. Man bezeichnet diese **auf die Istbeschäftigung umgerechneten Plankosten als Sollkosten**. Durch Vergleich der Istkosten mit den Sollkosten, die Vorgabecharakter haben, führt man eine leistungsfähige Kostenkontrolle, den Soll-Ist-Vergleich, durch.

flexible Rechnung mit Istbeschäftigung = Sollkosten

Über das Verhältnis zwischen Ist- und Plankostenrechnung wird PLAUT zitiert, der Pionierarbeit bei der Einführung von flexiblen Plankostenrechnungen in Deutschland geleistet hat:

Verhältnis Ist- zu Plankosten

> *„Leider ist in der Vergangenheit oft gerade in der Praxis der Eindruck entstanden, als bestünde zwischen Istkostenrechnung und Plankostenrechnung ein Gegensatz, als bedeute der Übergang von der Istkostenrechnung zur Plankostenrechnung eine Revolutionierung des innerbetrieblichen Rechnungswesens. Das ist nun keineswegs so. Es besteht überhaupt kein Gegensatz zwischen Istkostenrechnung und Plankostenrechnung, sondern die bewegliche Plankostenrechnung ist nichts anderes als eine folgerichtige Weiterentwicklung der Istkostenrechnung. Gibt es doch weder eine traditionelle Istkostenrechnung, in der nicht schon immer geplante Werte enthalten wären, und kann doch andererseits auch keine Plankostenrechnung auf die Istkosten verzichten. Eine Plankostenrechnung ist nichts anderes als eine Ist-*

217 Haberstock (2008), S. 9.

kostenrechnung, die durch nachträglich eingeführte Plankosten die angefallenen Istkosten in Plankosten und Abweichungen aufspaltet. Diese Aufspaltung der Istkosten in Plankosten und Abweichungen bringt nun zusätzliche Erkenntniswerte. So ist also die Plankostenrechnung in diesem Sinne ebenfalls als eine Istkostenrechnung anzusprechen. Noch heute findet man in der Praxis leider vielfach die Meinung, als würde man bei einer Plankostenrechnung auf die Istkosten verzichten, als rechnete man sozusagen nur mit Plankosten – eine völlig abwegige Meinung."[218]

Noch deutlicher wird dieser Zusammenhang von SWOBODA skizziert:

„Da … neben den Plankosten auch die Istkosten aufgezeichnet werden, um durch die Analyse der Abweichungen Daten für den Entscheidungsprozess zu gewinnen, besteht keine Alternative zwischen Plan- und Istkostenrechnung. Es besteht nur die Wahl zwischen Istkostenrechnung einerseits und Ist- und Plankostenrechnung andererseits."[219]

4.1.4 Voll- und Teilkostenrechnung

Ein Kostenrechnungssystem, das **alle angefallenen Kosten** auf die Kostenträger verrechnet, wird **Vollkostenrechnung** genannt. Von einer **Teilkostenrechnung** spricht man, wenn **nur bestimmte Teile der angefallenen Kosten** auf die Kostenträger verrechnet und die übrigen Teile auf anderem Wege in das Betriebsergebnis übernommen werden.

Verteilung aller Kosten auf Kostenträger = Vollkostenrechnung

Die Vollkostenrechnung als historisch ältere Form ist dem berechtigten Einwand ausgesetzt, sie entspräche nicht dem Verursachungsprinzip, weil sie auch die Fixkosten auf die Leistungen verteile. Dieser Verstoß gegen das Verursachungsprinzip bei den Fixkosten kann zu unternehmerischen Fehlentscheidungen führen, denn die entscheidungsrelevanten Kosten stimmen nur in seltenen Fällen mit den Vollkosten überein. Bei den **kurzfristigen Dispositionen** sind gewöhnlich nur die **variablen Kosten** relevant, während die Beurteilung und Beeinflussung der fixen Kosten eine längerfristige Betrachtung erfordert.[220]

Trennung von variablen und fixen Kosten = Teilkostenrechnung

Die kostenträgerorientierte Erfolgsrechnung auf Vollkostenbasis ist somit für eine Erfolgsanalyse nur beschränkt aussagekräftig, da eine verursachungsgerechte Schlüsselung der Fixkosten nur begrenzt möglich ist und sie kaum Aussagen über Kostenentwicklungen bei Änderung der Beschäftigung macht. Die Mängel der Vollkostenrechnung werden

218 Plaut (1961), S. 461.

219 Swoboda (1978), S. 68. Diese Aussage gilt somit auch für das Verhältnis zwischen Ist- und Normalkostenrechnung.

220 Vgl. Plaut (1992), S. 203.

durch die **Teilkostenrechnung** vermieden, die eine **Trennung von variablen, beschäftigungsabhängigen Kosten und Fixkosten vornimmt.** Eine (fast willkürliche) Schlüsselung von fixen Gemeinkosten auf die Kostenträger wird somit vollständig vermieden.[221]

Verteilung variabler Kosten auf Kostenträger = Grenzkostenrechnung

Diese Überlegungen sind Basis der **Grenzkostenrechnung**, die als Teilkostenrechnung nur die variablen Kostenteile auf die Leistungen verrechnet (Teilkostenrechnung auf der Basis variabler Kosten). Genau betrachtet müsste dieses Kostenrechnungssystem nicht Grenzkostenrechnung, sondern Variable-Kostenrechnung heißen. Sieht man jedoch einen **linearen Gesamtkostenverlauf** als repräsentativ[222] für die industrielle Produktion an, dann wird deutlich, dass unter dieser Voraussetzung variable Stückkosten und Grenzkosten übereinstimmen und somit die Bezeichnung „**Grenzkostenrechnung**" berechtigt ist.[223]

Grenzplankostenrechnung

Aufgrund der **„verursachungsgerechten" Behandlung der Fixkosten** wird die Grenzkostenrechnung (in Verbindung mit der Plankostenrechnung[224]) als ein wertvolles Instrument der Unternehmensleitung angesehen, da sie eine wirksame Kostenkontrolle und Erfolgsanalyse gestattet. Allerdings berücksichtigt auch die Grenzplankostenrechnung fixe Kosten und lässt diese keineswegs unbeachtet.[225]

Deckungsbeitragsrechnung

Die Grenzkostenrechnung kann als „reine Kostenrechnung" oder als Erfolgsrechnung (neben Teilkosten werden auch Teilerlöse zugerechnet) ausgestaltet sein.[226] In einer solchen – häufig als **(einfache) De-**

221 Vgl. Fischer/Möller/Schultze (2015), S. 199.

222 Rein intensitätsmäßige Anpassungsprozesse, die zu nichtlinearen Kostenverläufen führen, sind nur für relativ wenige Produktionsvorgänge, insbesondere in der Eisen- und Stahl- sowie der chemischen Industrie, typisch.

223 Im angloamerikanischen Sprachbereich verwendet man als synonyme Begriffe zur Grenzkostenrechnung die Bezeichnungen „direct costing", „marginal costing" und (seltener) „variable costing". Im deutschen Sprachraum gelegentlich auch „Proportionalkostenrechnung" und häufig „Deckungsbeitragsrechnung".

224 Man spricht dann von einer Grenzplankostenrechnung.

225 Auch hier sei Plaut (1961), S. 467 f., zitiert: „Bei der Grenzkostenrechnung werden die Vollkosten in Grenzkosten und fixe Kosten aufgeteilt, wodurch ebenfalls neue Erkenntnisse und – wie wir behaupten – für die Beurteilung der Rentabilität der verschiedenen Erzeugnisse bei gegebener Kapazität allein richtige Erkenntnisse gewonnen werden können [...]. Auch die Grenzkostenrechnung kann nicht auf die Vollkosten verzichten und spaltet diese nur in Grenzkosten und fixe Kosten auf. Auch die Grenzplankostenrechnung ist also nichts weiter als eine logische, vernünftige Weiterentwicklung einer flexiblen Plankostenrechnung." Vgl. auch Plaut (1992), S. 214.

226 Damit ist die Grenze von der Kostenrechnung zur Erfolgsrechnung überschritten. Obwohl die Kostenrechnung im Vordergrund steht, ist eine Darstellung der Kostenrechnungssysteme ohne Berücksichtigung der Erlösrechnungssysteme nicht möglich.

ckungsbeitragsrechnung bezeichneten – Erfolgsrechnung werden den Erlösen der verkauften Erzeugnisse die variablen Selbstkosten gegenübergestellt, d. h. es wird der Deckungsbeitrag berechnet.[227] Darüber hinaus werden in diese Erfolgsrechnung die Fixkosten en bloc separat übernommen. Grundidee der Deckungsbeitragsrechnung ist die Gegenüberstellung der Periodenerlöse mit den in der Periode angefallenen Kosten.

Stufenweise Fixkostendeckungsrechnung

Die **Grenzkostenrechnung** bzw. Grenz- und Deckungsbeitragsrechnung ist nur eine Form der Teilkostenrechnung. Sie wurde zum einen um die differenzierende Aufspaltung der Fixkosten in der Deckungsbeitragsrechnung für bestimmte dispositive Zwecke ergänzt.

relative Einzelkosten- und Deckungsbeitragsrechnung

Zum anderen gibt es auch **völlig andere Ansätze von Teilkostenrechnungen,** so z. B. die „Relative Einzelkosten- und Deckungsbeitragsrechnung" nach RIEBEL.[228] RIEBEL verfolgte die Idee einer entscheidungsorientierten Rechnung, die durch eine strikte Trennung zwischen einer multidimensionalen Kostenerfassung (**„Grundrechnung"**) einerseits und der Kostenauswertung andererseits sowie durch ein sehr rigides Zurechnungsprinzip (**„Identitätsprinzip"**) gekennzeichnet ist.

Einzelkostenprinzip

Grundlage dieses Kostenrechnungssystems ist das **Identitätsprinzip,** das dazu führt, dass **nur echte Einzelkosten und -erlöse Bezugsobjekten zugerechnet werden dürfen (Einzelkostenprinzip)**[229] und nur die Differenz dieser beiden Größen als Deckungsbeitrag des Bezugsobjektes definiert wird (Deckungsprinzip).

Grundrechnung

Nicht nur Kostenträgern, sondern auch anderen Bezugsobjekten (z. B. Aufträgen, Auftragsarten, Kundengruppen) werden Kosten zugerechnet. „Es läßt sich auf diese Weise eine **Hierarchie von Bezugsgrößen** aufbauen, bei der jede Kostenart eines Unternehmens an irgendeiner Stelle als Einzelkosten erfaßt werden kann."[230] Die für die Erstellung von Deckungsbeitragsrechnungen benötigten Periodenkosten ergeben sich – in Anlehnung an SCHMALENBACH – aus einer **Grundrechnung**. Dabei handelt es sich „um eine universell auswertbare Zusammenstellung relativer Einzelkosten ..., deren ‚Bausteine' in mannigfaltiger Weise kombiniert werden können und einen schnellen Aufbau von Sonderrechnungen für die verschiedensten Fragestellungen erlauben"[231].

227 Vgl. Abschnitt 4.3 zur Deckungsbeitragsrechnung.
228 Vgl. Riebel (1990).
229 Riebel verzichtet somit auf eine Zurechnung von (fixen und variablen) Gemeinkosten.
230 Riebel (1990), S. 37.
231 Riebel (1990), S. 84. Zu einer Kurzdarstellung der Gesamtkonzeption siehe auch Riebel (1994).

Die Grundrechnung ähnelt in ihrer logischen Struktur dabei einer **relationalen Datenbank:** Für ein und denselben Kostenbetrag (z. B. die Kosten eines Materialverbrauchs) werden z. B. parallel das Produkt, für das das Material gebraucht wird, der Kunde, der das fertige Produkt beziehen wird, die Kostenstelle, in der das Material verarbeitet wird, und der Fertigungsauftrag, mit dem das passiert, festgehalten. Durch diese Datenbankorientierung können die erfassten Kosten für die unterschiedlichsten Auswertungsrichtungen hin verdichtet bzw. ausgewertet werden.[232]

Technisch ist ein solches Konzept heute machbar; es stellt aber sehr **hohe Anforderungen an die Datenerfassung,** sowohl hinsichtlich der Detaillierung als auch hinsichtlich der einzuhaltenden Informationsqualität. Das Riebel'sche Konzept einer relativen Einzelkosten- und Deckungsbeitragsrechnung hat sich **nicht durchgesetzt,** bis auf die darin enthaltenen Idee, dass man Kosten unterschiedlichen Bezugsobjekten zurechnen kann.[233]

4.2 Kurzfristige Erfolgsrechnung

kurzfristige Erfolgsrechnung

Neben der Gesamterfolgsrechnung, d. h. der Erfolgsermittlung für die gesamte Lebensdauer des Unternehmens, und der periodischen Ermittlung des Jahreserfolgs ist insbesondere die kurzfristige, auf die Leistungserstellung konzentrierte Erfolgsermittlung entscheidend für die Unternehmenspraxis.[234] So wird die kurzfristige Erfolgsrechnung als zentrales Element der unterjährigen Ergebnisplanung, -steuerung und -kontrolle eingesetzt.

> Die **kurzfristige Erfolgsrechnung** hat die Aufgabe, den von neutralen Einflüssen bereinigten Erfolg für unterjährige Zeiträume zu ermitteln und die Erfolgsursachen zu analysieren.[235]

Die **kurzfristige Erfolgsrechnung oder auch Betriebsergebnisrechnung** basiert auf der Kosten- und Leistungsrechnung und kann für beliebige Perioden (z. B. Quartale, Monate oder Wochen) als unterjährige Zeiträume erstellt werden. Sie kann grundsätzlich auf zwei Arten aufgebaut werden: Während das **Gesamtkostenverfahren nach Kostenarten**

232 Vgl. Weber/Weißenberger (2015), S. 423 f.

233 Vgl. Weber/Weißenberger (2015), S. 423 f.; vgl. auch Drosse (2014), S. 135 ff.

234 Vgl. Fischer/Möller/Schultze (2015), S. 192 f.; vgl. Horváth (2011), S. 427; vgl. Schreiber/Schulte (2018), S. 135 ff.

235 Vgl. Kilger/Pampel/Vikas (2012), S. 552.

gegliedert ist, orientiert sich das **Umsatzkostenverfahren nach Kostenträgern** (vgl. Abb. 28).[236]

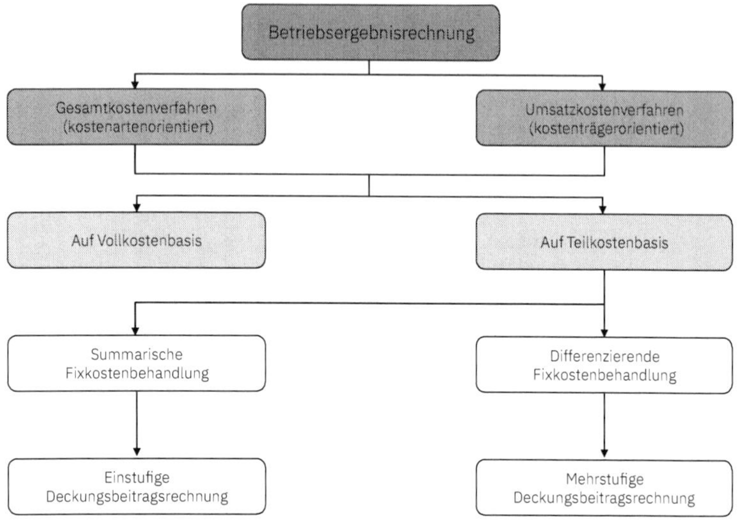

***Abb. 28:** Arten der kurzfristigen Erfolgsrechnung*

Quelle: Fischer (2015) S. 193; in Anlehnung an Coenenberg et al., 2012, S. 217 in Anlehnung an Wahle (1989), S. 181

Beide Verfahren sind konzeptionell gleich aufgebaut wie die gleichnamigen Verfahren des Jahresabschlusses und dienen der Berücksichtigung von aktivierten Eigenleistungen und/oder Bestandsveränderungen fertiger und unfertiger Produkte.[237]

Im Rahmen des Jahresabschlusses sind die Struktur (vgl. § 275 HGB; IAS 1.82) und der Zeitbezug (ein Jahr) fest vorgegeben. Beides kann in der Betriebsergebnisrechnung auf die speziellen Bedürfnisse des Unternehmens angepasst werden. Eine spezielle und weit verbreitete Anpassung bzw. Weiterentwicklung des Umsatzkostenverfahrens stellt die Deckungsbeitragsrechnung dar, die in Abschnitt 4.3 behandelt wird.

4.2.1 Gesamtkostenverfahren

Gesamtkostenverfahren

Bei der **kostenartenorientierten kurzfristigen Erfolgsrechnung** wird den gesamten in der Periode entstandenen Kosten die Gesamtleistung

236 Vgl. Fischer/Möller/Schultze (2015), S. 193; vgl. Coenenberg/Fischer/Günther (2016), S. 227 in Anlehnung an Wahle (1989), S. 181.

237 Vgl. Fischer/Möller/Schultze (2015), S. 192.

der Periode gegenübergestellt. Wenn in der Periode mehr produziert als abgesetzt wurde, werden die auf Lager produzierten, nicht abgesetzten Erzeugnisse als Leistung betrachtet und als Bestandserhöhung ebenfalls berücksichtigt. Umgekehrt sind die zu Herstellkosten bewerteten Bestandsminderungen in Abzug zu bringen, wenn mehr Mengeneinheiten abgesetzt, als in der Periode produziert wurden. Somit werden sämtliche Kosten, d. h. auch Kosten für noch nicht abgesetzte Produkte, den gesamten Erlösen gegenübergestellt.[238]

Dieses Vorgehen wird als produktionsorientiertes **„Gesamtkostenverfahren" (GKV)** bezeichnet. Das GKV basiert auf der Primärkostengliederung der Kostenarten (Materialkosten, Personalkosten, Abschreibungen, sonstige betriebliche Kosten) und ermöglicht so eine unkomplizierte Analyse der Kosten sowie der relativen Entwicklung einzelner Kostenarten bezogen auf das Gesamtergebnis. Das Gesamtkostenverfahren folgt folgender Grundstruktur:[239]

Zinssatz

	Umsatzerlöse der Periode
±	Bestandserhöhungen/-minderungen
+	aktivierte Eigenleistungen
=	**Gesamtleistung der Periode**
–	Materialkosten
–	Personalkosten
–	Abschreibungen
–	sonstige betriebliche Kosten
=	**Betriebsergebnis der Periode**

Das folgende Beispiel soll in Anlehnung an DROSSE das Gesamtkostenverfahren veranschaulichen:[240]

Beispiel Gesamtkostenverfahren

Ein Betrieb realisierte im abgelaufenen Monat Umsatzerlöse von € 500.000. Im Halbfabrikatelager trat im Vergleich zum Vormonat eine Bestandsmehrung von € 60.000 und im Fertigfabrikatelager eine Bestandsminderung von € 30.000 auf. Zudem erstellte der Betrieb Werkzeuge für die eigene Produktion im Wert von € 20.000. Die Gesamtkosten in diesem Zeitraum betrugen € 320.000 und teilten sich auf in Herstellkosten von € 265.000, Verwaltungskosten von € 35.000 und Vertriebskosten in Höhe von € 20.000. Die Ermittlung des Ergebnisses **erfolgt nach dem Gesamtkostenverfahren:**

238 Vgl. Graumann (2017), S. 331 f.; vgl. Fischer/Möller/Schultze (2015), S. 192.
239 Vgl. Coenenberg/Fischer/Günther (2016), S. 197.
240 Vgl. Drosse (2014), S. 114.

	Erlöse:	€ 500.000
+	Bestandsveränderungen:	€ 60.000
–	Bestandsveränderungen:	€ 30.000
+	andere aktivierte Eigenleistungen:	€ 20.000
–	Gesamtkosten:	€ 320.000
=	**Betriebserfolg:**	**€ 230.000**
	Herstellkosten:	€ 265.000
+	Verwaltungskosten:	€ 35.000
+	Vertriebskosten:	€ 20.000
	Gesamtkosten:	**€ 320.000**

4.2.2 Umsatzkostenverfahren

Umsatzkostenverfahren

In der kostenträgerorientierten Erfolgsrechnung werden den Leistungen nicht die gesamten Kosten gegenübergestellt, sondern von den Periodenerlösen nur diejenigen Kosten abgezogen, die für die verkauften Produkte angefallen sind. Den Umsatzerlösen werden somit die Herstellkosten der abgesetzten Produkte und Leistungen zuzüglich jener Gemeinkosten, die nicht bereits in den Herstellkosten enthalten sind, gegenübergestellt.[241]

Dieses Verfahren wird als absatzorientiertes **„Umsatzkostenverfahren" (UKV)** bezeichnet. Dabei werden die Herstellkosten des Umsatzes für alle abgesetzten Produkte und Leistungen durch die Kostenträgerstückrechnung ermittelt. Die kurzfristige Ergebnisrechnung nach dem UKV hat folgende Grundform:[242]

	Umsatzerlöse der Periode
–	Herstellkosten des Umsatzes (nach Kostenträgern)
=	**Bruttoergebnis**
–	Forschungs- und Entwicklungskosten
–	Verwaltungskosten
–	Vertriebskosten
=	**Betriebsergebnis der Periode**

Beispiel Umsatzkostenverfahren

Für das o. g. Beispiel wird im Folgenden das Betriebsergebnis des Monats **nach dem Umsatzkostenverfahren** bestimmt. Hierzu werden zunächst die Herstellkosten des Umsatzes ermittelt. Da die Bestandsveränderungen nach dem Gesamtkotenverfahren zu den dafür angefalle-

241 Vgl. Graumann (2017), S. 332 ff.; Schildbach/Homburg (2008), S. 186 ff.
242 Vgl. Vgl. Coenenberg/Fischer/Günther (2016), S. 195.

nen Kosten bewertet werden, sind diese folglich aus den gesamten Herstellkosten zu eliminieren.

	Erlöse:	€ 500.000
–	Selbstkosten des Umsatzes:	€ 270.000
=	**Betriebserfolg:**	**€ 230.000**

Die Selbstkosten des Umsatzes werden dabei folgendermaßen berechnet:

	Herstellkosten der abgesetzten Einheiten:	€ 215.000
+	Verwaltungs- und Vertriebskosten:	€ 55.000
=	Selbstkosten des Umsatzes:	**€ 270.000**

Die Herstellkosten der abgesetzten Einheiten berechnen sich dabei wie folgt:

	Herstellkosten:	€ 265.000
–	Bestandserhöhungen:	€ 30.000
–	andere aktivierte Eigenleistungen:	€ 20.000
Summe		**€ 215.000**

Vergleich UKV – GKV

Das UKV und das GKV **führen zum gleichen Betriebsergebnis.** Die ausgewiesenen Bestandsveränderungen im GKV finden sich im UKV in einer entsprechenden Anpassung der Herstellkosten des Umsatzes wieder. Während im GKV der Umsatz um Bestandsveränderungen innerhalb der Periode erweitert wird, werden beim UKV die Herstellkosten um jene Kosten, die für die Erzeugung der Bestandsveränderung erforderlich waren, verringert. Sowohl das UKV als auch das GKV können entweder

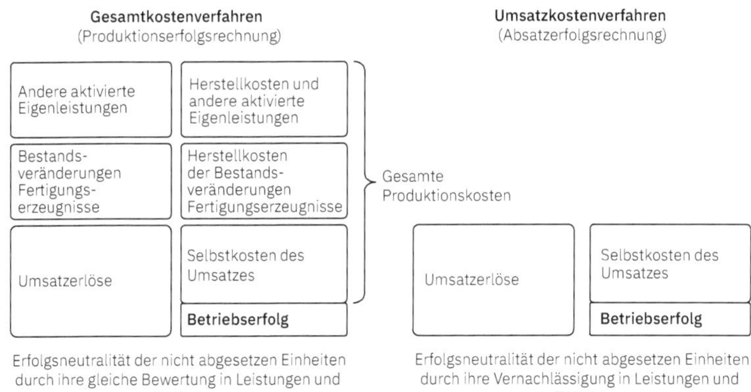

***Abb. 29:** Gesamt- und Umsatzkostenverfahren*

Quelle: Drosse, V. (2014), S. 115

auf Vollkostenbasis oder auf Teilkostenbasis angewendet werden (vgl. Abb. 29).[243]

Dabei werden auf Vollkostenbasis den Kostenträgern variable und fixe Kosten zugerechnet, indem die Gemeinkosten den Einzelkosten proportional (z.B. durch anteilige Aufschlüsselung) zugeordnet werden. Auf Teilkostenbasis werden die Gesamtkosten in variable und fixe Kosten aufgeteilt, wobei in der Regel nur variable Kosten betrachtet werden.[244]

4.3 Deckungsbeitragsrechnung

Deckungsbeitragsrechnung

Der **Deckungsbeitrag** ist als Differenz aus Erlösen und variablen Kosten definiert. Ein Kosten- und Erlösträger steuert diesen Deckungsbeitrag **zur Deckung des Fixkostenblocks** bei.[245] Eine Teilkostenrechnung, die es ermöglicht, variable und fixe Kostenbestandteile aufzuspalten und den jeweiligen Kostenträgern zuzurechnen, ist Voraussetzung für die Deckungsbeitragsrechnung. Deckungsbeitragsrechnungen können **einstufig oder mehrstufig** ausgestaltet sein.[246]

4.3.1 Einstufige Deckungsbeitragsrechnung

Einstufige Deckungsbeitragsrechnung

In der einfachen Deckungsbeitragsrechnung werden von den Erlösen je Produktart die jeweiligen Erlösschmälerungen (Rabatte und Skonti) und die direkt zurechenbaren variablen Selbstkosten abgezogen. Das Ergebnis sind die Periodendeckungsbeiträge je Produktart. Diese werden zum Gesamtdeckungsbeitrag aufsummiert, von dem in einem weiteren Schritt die gesamten Fixkosten der Periode abgezogen werden. Damit ergibt sich das Betriebsergebnis (vgl. Abb. 30).[247]

Die einstufige Deckungsbeitragsrechnung ist aufgrund des Abzugs des Fixkostenblocks jedoch nur begrenzt aussagefähig, da keine Aufspaltung der gesamten Fixkosten erfolgt. Die einfache Deckungsbeitragsrechnung nimmt keine Aufschlüsselung der Fixkosten nach Bezugsgrößen (Produkten oder Produktgruppen) vor. Daher gibt sie keine Informationen über die Struktur und damit auch nicht über mögliche Veränderungen des Fixkostenblocks aufgrund von Schwankungen des Absatzmarktes. Eine Lösung bietet die mehrstufige Deckungsbeitragsrechnung.

243 Vgl. Vgl. Coenenberg/Fischer/Günther (2016), S. 247; Drosse (2014), S. 115 ff.
244 Vgl. Fischer/Möller/Schultze (2015), S. 194 f.
245 Vgl. Schweitzer et al. (2015), S. 413.
246 Vgl. Fischer/Möller/Schultze (2015), S. 199.
247 Vgl. Schweitzer et al. (2015), S. 475, Fischer/Möller/Schultze (2015), S. 200.

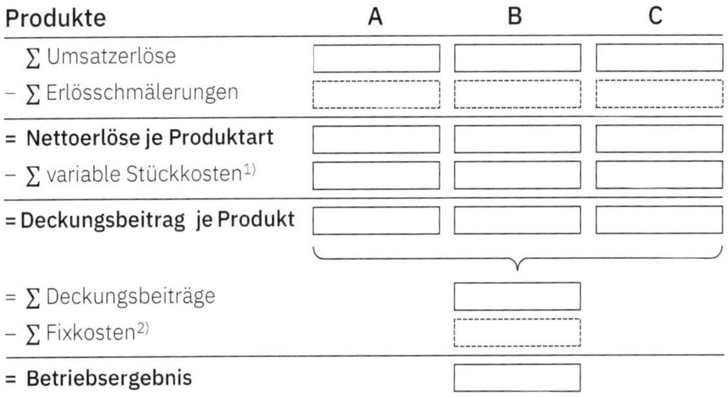

Produkte	A	B	C
∑ Umsatzerlöse			
– ∑ Erlösschmälerungen			
= Nettoerlöse je Produktart			
– ∑ variable Stückkosten[1)]			
= Deckungsbeitrag je Produkt			
= ∑ Deckungsbeiträge			
– ∑ Fixkosten[2)]			
= Betriebsergebnis			

1) ∑ variable Selbstkosten = variable Herstellkosten, variable F&E-Kosten, variable Verwaltungskosten, variable Vertriebskosten

2) ∑ Fixkosten = Fixkosten der Fertigung, Fixkosten des Materialbereichs, Fixkosten des F&E-Bereichs, Fixkosten der Verwaltung, Fixkosten des Vertriebs

Abb. 30: *Einfache Deckungsbeitragsrechnung*

Quelle: Fischer, T. et al. (2015), S. 200; in Anlehnung an Schweitzer/Küpper (2011), S. 467

4.3.2 Mehrstufige Deckungsbeitragsrechnung

Mehrstufige Deckungsbeitragsrechnung

Im Rahmen der mehrstufigen Deckungsbeitragsrechnung, auch **stufenweise Fixkostendeckungsrechnung** genannt, wird der Fixkostenblock in mehrere Bestandteile (Stufen) unterteilt. In Abhängigkeit vom Grad der Kostenzuordnungsmöglichkeit wird der jeweilige Kostenblock hierarchisch auf unterschiedlichen Stufen dem Restdeckungsbeitrag gegenübergestellt. Dies bietet sich insbesondere für Vertriebsergebnisrechnungen an, um die **Deckungsbeiträge einzelner Produkte systematisch auszuwerten** und monatlich an das Vertriebscontrolling zu berichten.[248]

Fixkostenblöcke

Die Fixkosten lassen sich nach der „Entfernung" zum hergestellten Produkt differenzieren. In der Regel lassen sich **Produkt-, Produktgruppen-, Kostenstellen-, Bereichs- und Unternehmensfixkosten** als Fixkostenblöcke identifizieren, die im Folgenden beispielhaft dargestellt werden.[249]

Produktfixkosten

Produktfixkosten: Fixkosten, die sich zwar nicht dem einzelnen Produkt, wohl aber der gesamten Produktart willkürfrei zurechnen lassen, sind beispielsweise Forschungskosten, Entwicklungskosten, Kosten für

248 Vgl. Kilger/Pampel/Vikas (2012), S. 639 ff.; vgl. Fischer/Möller/Schultze (2015), S. 201 ff.

249 Vgl. Drosse (2014), S. 131 f., vgl. Coenenberg/Fischer/Günther (2016), S. 243.

Spezialwerkzeuge oder die Abschreibungen auf eine Anlage, auf der nur ein Produkt gefertigt wird.

Produktgruppenfixkosten

Produktgruppenfixkosten: Fixkosten, die entfielen, wenn eine Produktgruppe eliminiert würde. So kann z. B. die Miete für ein Gebäude, in welchem mehrere Produktarten hergestellt werden, zwar nach dem Verursachungsprinzip nicht der einzelnen Produktart, jedoch der Produktgruppe zugerechnet werden.

Kostenstellenfixkosten

Kostenstellenfixkosten: Das Gehalt des Leiters einer Kostenstelle ist beispielsweise nicht den einzelnen Produktgruppen, die in dieser Kostenstelle bearbeitet werden, aber der Kostenstelle verursachungsgerecht zurechenbar.

Bereichsfixkosten

Bereichsfixkosten: Sind mehrere Kostenstellen zu einem Unternehmensbereich zusammengefasst, so kann das Gehalt des Bereichsleiters zwar nicht der einzelnen Kostenstelle, jedoch dem gesamten Bereich eindeutig zugeordnet werden.

Unternehmensfixkosten

Unternehmensfixkosten: Fixkosten, die sich auf unteren Ebenen nicht zuordnen lassen, weil sie für mehrere Bereiche anfallen, stellen Unternehmensfixkosten dar. Nur bei Schließung des gesamten Unternehmens würden sie entfallen. Beispiele sind z. B. die Gehälter der Vorstände oder die Kosten für eine PR-Maßnahme.

Durch die stufenweise Verrechnung der Fixkosten wird eine **fundierte Entscheidungshilfe** generiert, da den jeweiligen Produktgruppen die für deren Produktion erforderlichen Fixkosten direkt gegenübergestellt

	Erlöse der Produkte
–	*variable Kosten der Produkte*
=	Deckungsbeitrag 1
–	*Produktfixkosten*
=	Deckungsbeitrag 2
–	*Produktgruppenfixkosten*
=	Deckungsbeitrag 3
–	*Kostenstellenfixkosten*
=	Deckungsbeitrag 4
–	*Bereichsfixkosten*
=	Deckungsbeitrag 5
–	*Unternehmensfixkosten*
=	**Betriebsergebnis**

Tab. 12: *Mehrstufige Deckungsbeitragsrechnung*
Quelle: Drosse, V. (2014), S. 132

werden. Tab. 12 zeigt schematisch eine mehrstufige Deckungsbeitragsrechnung.[250]

Die mehrstufige Deckungsbeitragsrechnung ermöglicht eine **systematische Analyse der fixen Kosten,** um die kurz- bis mittelfristigen Programm- und Investitionsentscheidungen zu verbessern. Sie trifft jedoch keine Aussagen über die Reduzierbarkeit der Fixkosten und die Aktivitäten, die fixe Gemeinkosten verursachen.

kurz- bis mittelfristigen Programm- und Investitionsentscheidungen

Die **mehrdimensionale Deckungsbeitragsrechnung** verfeinert die „starre" Einteilung der mehrstufigen Deckungsbeitragsrechnung um weitere Hierarchievarianten und ermöglicht eine tiefergehende Analyse des Fixkostenblocks. Dabei werden die Hierarchievarianten durch die sequentielle **Kombination mehrerer „Auswertungsdimensionen"** bestimmt. Beispielhaft hierfür seien **Produktgruppen, Kundengruppen oder Absatzgebiete** genannt. Damit kann in einer Auswertung bspw. zuerst nach Kundengruppen und dann nach Produktgruppen klassifiziert werden. Voraussetzung ist, dass Fixkosten mehreren Auswertungsdimensionen parallel zugeordnet werden können. Die Reihenfolge der geschalteten Auswertungsdimensionen beeinflusst die Höhe der Deckungsbeiträge.[251]

mehrdimensionale Deckungsbeitragsrechnung

4.3.3 Einsatzgebiete der Deckungsbeitragsrechnung

Die Deckungsbeitragsrechnung ist ein zentrales Instrument zur **Unterstützung von Profitabilitätsanalysen und Produktprogrammentscheidungen.**[252] Bei negativen Deckungsbeiträgen I sind die variablen Kosten für die Herstellung des Produktes nicht gedeckt, d. h. die Herstellung der Produkte verringert den Gewinn des Unternehmens. Sofern Preiserhöhungen oder Kostensenkungen nicht durchsetzbar sind und die strategische Bedeutung des Produktes gering ist, sollte im Fall von negativen Deckungsbeiträgen I die Produktion des betreffenden Produktes daher sofort eingestellt werden. Wenn auf späteren Stufen der Deckungsbeitragsrechnung ein negativer Deckungsbeitrag auftritt, sollte geprüft werden, ob der betroffene Bereich mittelfristig wieder wirtschaftlich gestaltet werden kann.[253]

250 Vgl. Drosse (2014), S. 132; vgl. Coenenberg/Fischer/Günther (2016), S. 244.
251 Für ein anschauliches Beispiel vgl. z. B. Preißner (2010), S. 253 ff.
252 Vgl. Kilger/Pampel/Vikas (2012), S. 615 ff.
253 Vgl. Fischer/Möller/Schultze (2015), S. 205 f.

Produkt(gruppen)-bezogene Deckungsbeitragsrechnung

Durch die produkt(gruppen)bezogene Deckungsbeitragsrechnung kann festgestellt werden, inwieweit einzelne **Produkte bzw. Produktgruppen insgesamt einen positiven Deckungsbeitrag** aufweisen. Bei negativen Produkt(gruppen)-Deckungsbeiträgen vermag das betreffende Produkt bzw. die betreffende Produktgruppe nicht die für die Herstellung erforderlichen Fixkosten zu decken und muss durch andere Produkte bzw. Produktgruppen „quersubventioniert" werden.

Hier sollte über eine **Einstellung des Produktes bzw. der Produktgruppe** entschieden werden, wobei die Reduzierbarkeit des betroffenen Fixkostenblocks in die Entscheidung mit einbezogen werden muss. Darüber hinaus sind auch **strategische Überlegungen** hinsichtlich der Sortimentsbreite zu berücksichtigen.[254]

4.4 Prozesskostenrechnung

Prozesskostenrechnung ist ein Begriff, der in den 1990er-Jahren die Kostenrechnungsdiskussion und -gestaltung stark beeinflusst hat. Die Kernideen der Prozesskostenrechnung sind grundsätzlich in allen Kostenrechnungssystemen realisierbar, auch wenn die Prozesskostenrechnung im internationalen Kontext weit überwiegend als eine Vorgehensweise innerhalb einer Vollkostenkalkulation und -verrechnung dargestellt wird.[255].

4.4.1 Prozesskostenorientierter Ansatz

Activity Based Costing

International betrachtet sorgte vor ca. 30 Jahren eine Verfeinerung der Kostenrechnung aus den USA für Aufsehen: das **„Activity Based Costing"**, das **in Deutschland Prozesskostenrechnung** genannt wird.[256] Das entsprechende Vorgehen zielt auf die Kernaufgabe der Kostenrechnung ab, die Kosten auf die Produkte zuzurechnen, ist also im Bereich der Kostenstellen- und der Kostenträgerrechnung zu verorten. Diese Verrechnungsaufgabe wurde in den Vereinigten Staaten traditionell relativ ungenau erfüllt. Deshalb bildet die Verbesserung der Kostenzuordnung auf Produkte das zentrale Anliegen der Prozesskostenrechnung.[257]

254 Vgl. Fischer/Möller/Schultze (2015), S. 205 f.

255 Vgl. Weber/Weißenberger (2015), S. 425 ff.; vgl. Fischer/Möller/Schultze (2015), S. 240 ff.

256 Das System des Activity Based Costing ist eng mit dem Namen von Robert Kaplan verbunden. Vgl. zu den Ursprüngen des Activity Based Costing auch Cooper (1990), S. 4 ff. und; Kaplan/Cooper (1998), S. 3.

257 Vgl. Weber/Weißenberger (2015), S. 424 f.

Prozesskostenorientierung

Viele Betriebe sind heute einer sich immer weiter beschleunigenden technologischen Entwicklung durch einen hohen Automatisierungsgrad und einer wachsenden Internationalisierung des Wettbewerbs unterworfen. **Planende, steuernde und überwachende Tätigkeiten nehmen zu und damit der Umfang an indirekten Leistungen.**[258] Damit ergeben sich Verschiebungen in den Kostenstrukturen, die insbesondere auf Variantenreichtum und Produktkomplexität beruhen.

Es besteht die **Gefahr, dass die Gemeinkosten zu pauschal und undifferenziert verrechnet werden,** da die sich neu bildenden Zusammenhänge und Abhängigkeiten nicht mehr nur durch die Zugrundelegung von wertabhängigen Bezugsgrößen dargestellt werden können. Hierzu sollten mit der **Ausgestaltung einer Prozesskostenrechnung** neue Lösungsansätze gefunden werden, um dem Verursachungsprinzip gerecht zu werden.[259]

Behandlung von Gemeinkosten

Die Prozesskostenrechnung **setzt somit an Defiziten der klassischen Kostenrechnungssysteme und der Behandlung von Gemeinkosten an.** Die Kritik **betrifft zum einen die Lohnzuschlagskalkulation** der Vollkostenrechnung, da die Fertigungslöhne angesichts der stark vorangeschrittenen Produktionsautomatisierung nur noch ein schlechter Indikator für die produktbezogene Kostenverursachung in den Fertigungskostenstellen seien.[260] Die **Kritik betrifft zum anderen die Behandlung von Dienstleistungsbereichen, die der Fertigung vor- und nachgelagert sind,** wie z. B. die Bestelldisposition oder die Fertigungsvorbereitung. Für diese Bereiche dominieren in der Vollkostenrechnung oftmals sehr ungenaue und pauschale Verrechnungssätze. Die Kostenplanung wird in den Unternehmen oftmals nur auf „produktive" Bereiche und die Fertigungsendkostenstellen angewandt. Der gesamte Gemeinkostenbereich und Vorleistungen erbringende Kostenstellen werden dabei vernachlässigt. Durch die verbesserte Durchdringung dieser Bereiche verspricht die Prozesskostenrechnung sowohl eine **bessere interne Steuerung als auch eine genauere Produktkalkulation.**[261]

258 Z. B. durch Forschung und Entwicklung, Einkauf, Logistik, Produktionsplanung und Steuerung, Qualitätssicherung und -prüfung, Auftragsabwicklung, Vertrieb und Verwaltung. Vgl. Jórasz (2010), S. 305.

259 Vgl. Jórasz (2010), S. 305.

260 Diese Kritik gilt insbesondere für die USA, wo viele Unternehmen auch heute noch sehr pauschal auf der Basis von direkten Lohnkosten kalkulieren. Vgl. Weber/Weißenberger (2015), S. 425.

261 Vgl. Weber/Weißenberger (2015), S. 425; vgl. auch Drosse (2014), S. 190 ff.; Schreiber/Schulte (2018), S. 169 ff.; Preißner (2010), S. 137 ff.

Ansatzpunkt der Prozesskostenrechnung

Der Ansatzpunkt der Prozesskostenrechnung liegt somit in der **Ausweitung der indirekten Leistungsbereiche**[262] (z. B. Fertigungsvorbereitung und -steuerung, Verwaltung, Vertrieb, Qualitätssicherung, Forschung und Entwicklung) und der damit verbundenen Ausweitung der (fixen) Gemeinkosten im Verhältnis zu den Einzelkosten. Diese Entwicklung führt dazu, dass traditionelle Kostenrechnungssysteme, die regelmäßig Gemeinkosten als prozentualen, wertmäßigen Zuschlag auf die Einzelkosten verteilen, an Aussagekraft verlieren.[263] Sie beschäftigen sich mit den kurzfristig veränderbaren variablen Kosten, achten jedoch nicht auf „die Höhe des beschäftigungsinduzierten Kostensenkungspotentials,"[264] auf das Einsparpotential im Bereich der Fixkosten.

Das folgende **Beispiel** soll den Sachverhalt veranschaulichen:[265]

Beispiel Defizite der Vollkostenrechnung

In der traditionellen Vollkostenrechnung werden alle Gemeinkosten auf Kostenträger geschlüsselt. Die Schlüsselung erfolgt jeweils über **Bezugsgrößen, wie Leistungsmengen (z. B. Stunden, Kilometer, Quadratmeter), Zuschlagssätze oder Maschinenstundensätze**. Diese Schlüsselungen sind jedoch **häufig nicht verursachungsgerecht.**

In einer einfachen Form der Zuschlagskalkulation werden **die Vertriebsgemeinkosten als prozentualer Zuschlag auf die Herstellkosten** geschlüsselt. Dies bedeutet beispielsweise für einen Auftrag mit großer Auftragsmenge, dass er recht hohe Herstellkosten besitzt. Durch den prozentualen Zuschlagssatz werden anteilig dann hohe Vertriebsgemeinkosten auf diesen Auftrag verrechnet. Andererseits führt eine geringe Auftragsmenge über die niedrigen Herstellkosten zu einer geringen Verrechnung anteiliger Vertriebsgemeinkosten.

Sofern der Großauftrag tatsächlich einen höheren Aufwand verursachen würde, wäre dieses Vorgehen gerechtfertigt. In der Praxis ist dies jedoch oft nicht der Fall, da die Auftragsabwicklung im Vertrieb i. d. R. als standardisierter Prozess unabhängig von der gelieferten Stückzahl ist. Der prozentuale Zuschlagssatz führt somit zu einer **nicht verursachungsgerechten Belastung** der Aufträge und Produkte mit Vertriebsgemeinkosten. In der Prozesskostenrechnung wird für diesen Fall ein **Prozesskostensatz** für eine einmalige Prozessdurchführung bestimmt. Beide Aufträge werden dann mit den gleichen Vertriebs-(prozess-)gemeinkosten

262 Vgl. Horváth/Kieninger/Mayer/Schimanek (1993); Coenenberg/Fischer/Günther (2016), S. 158 ff.; Friedl/Hofmann/Pedell (2017), S. 432 ff.

263 Dies gilt nach Schneeweiß/Steinbach (1996), S. 459 f. sowohl für Teil- als auch für Vollkostenrechnungssysteme mit ihren traditionellen, meist volumenabhängigen Schlüsselungen.

264 Hoitsch/Lingnau (2007), S. 318.

265 Vgl. Schreiber/Schulte (2018), S. 169 f.

belastet. Pro Stück hat das Produkt mit den niedrigeren Stückzahlen damit mehr Vertriebsgemeinkosten zu tragen. Die Kostenverrechnung ist damit genauer und verursachungsgerechter.[266]

Zielsetzung der Prozesskostenrechnung „ist eine Methodik, um Gemeinkosten zu planen, zu steuern, verursachungsgerechter in die Kalkulation zu übernehmen und strategische Impulse zu geben."[267]

Ziele der Prozesskostenrechnung

Die Prozesskostenrechnung zielt konkret auf die

- verursachungsgerechte Kalkulation und Erhöhung der Genauigkeit der Kostenrechnung durch die verursachungsgerechtere Schlüsselung von Gemeinkosten,
- effiziente Planung und Kontrolle der Gemeinkosten,
- effiziente Steuerung des Ressourceneinsatzes durch die Identifikation von Kosteneinflussgrößen bzw. Kostentreibern,
- Erhöhung der Kostentransparenz in den indirekten Bereichen sowie
- Identifikation von Rationalisierungspotenzialen z. B. in Form der Prozessoptimierung.[268]

Aktivitäten als Ausgangspunkt

Auch die Prozesskostenrechnung bedient sich der Kostenarten-, Kostenstellen- und Kostenträgerrechnung. Der wesentliche Unterschied jedoch besteht in der Wahl der **Bezugsgrößen zur Kostenverrechnung** in der Kostenstellen- und Kostenträgerrechnung. Die Prozesskostenrechnung stellt **die Aktivitäten in den Mittelpunkt** ihrer Betrachtung, die die Produkte in Anspruch nehmen. Diese sich wiederholenden **(repetitiven) Aktivitäten oder Tätigkeiten** werden als **Prozesse** bezeichnet und mit Kosten bewertet.[269] Die Summe der Kosten aller Aktivitäten wiederum stellen Produktkosten dar.

Haupt- und Teilprozesse

Die Aktivitäts- oder Tätigkeitsanalyse bildet die Grundlage der Prozesskostenrechnung. Aus ihr ist eine Prozessliste zu erstellen. Die in dieser Prozessliste pro Kostenstelle aufgeführten **Teilprozesse** sind daraufhin kostenstellenübergreifend zu **Hauptprozessen** zusammenzufassen, die die Grundlage für die Prozesskostenkalkulation darstellen. Diese Aggre-

266 Vgl. Schreiber/Schulte (2018), S. 169.

267 Horváth/Kieninger/Mayer/Schimanek (1993), S. 617; siehe auch Fischer/Möller/Schultze (2015), S. 241 ff. Damit steht die Prozesskostenrechnung wie jedes Vollkostenrechnungssystem in der Kritik, sich über das Verursachungsprinzip hinwegzusetzen. Siehe zu dieser Kritik Horváth/Kieninger/Mayer/Schimanek (1993), S. 618 ff.

268 Vgl. Jórasz (2010), S. 306; vgl. Friedl/Hoffmann/Pedell (2017), S. 442; vgl. Schreiber (2018), S. 170. Zur Prozessoptimierung vgl. z. B. Mayer (2005), S. 95 ff.

269 Tätigkeiten, die in engem Produktionszusammenhang stehen und deren Niveau durch denselben Kostentreiber bewertet werden kann, werden als Prozess zusammengefasst; vgl. Preißner (2010), S. 137 ff.

gierung hat den Vorteil, dass sie die Kalkulation erleichtert. Andererseits lassen sich für zu starke Zusammenfassungen schwieriger mengenabhängige Bezugsgrößen finden. Vergleiche dazu Abb. 31.[270]

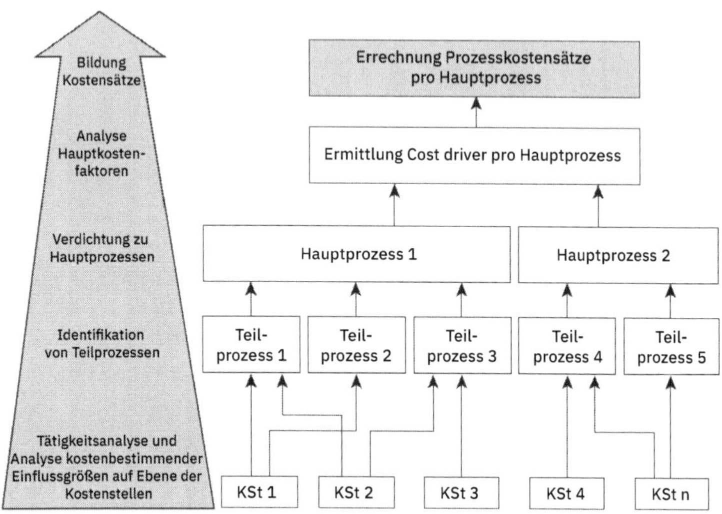

Abb. 31: *Methodik der Prozesskostenrechnung*

Quelle: Jórasz (2009), S. 307

4.4.2 Merkmale der Prozesskostenrechnung

Cost Drivers

Damit ein Produkt marktfähig wird, bedarf es einer Vielzahl von Aktivitäten und Prozessen. Diese Aktivitäten sind als die **kostentreibenden Faktoren der entsprechenden Abteilungen** zu sehen. Man spricht in diesem Zusammenhang von sog. **Kostentreibern oder Cost Drivers.**[271] Dahinter steht die Maßgröße für die Kostenverursachung in einem bestimmten Bereich und meint die **direkte Bezugsgröße** wie sie aus der Zuschlagskalkulation bekannt ist (vgl. Abschnitt 3.4.2.3). Damit in der Prozesskostenrechnung indirekte Leistungen über Prozesskostensätze auf die Produkte verrechnet werden, müssen die Beziehungen zwischen Produkt und den dafür notwendigen Prozessen definiert werden.

270 Vgl. Jórasz (2010), S. 307. Zum Prozessmanagement und zu Prozesshierarchien vgl. z. B. Drosse (2014), S. 190 f., vgl. Fischer/Möller/Schultze (2015), S. 238 ff.

271 Hierbei handelt es sich um ein bekanntes kostenrechnerisches Konzept. Der Begriff der „Bezugsgröße“ wird durch den des „Cost Drivers“ ersetzt, ohne dass sich die Begriffsinhalte nennenswert ändern.

Festlegung der Bezugsgrößen

Nachdem die Teilprozesse zu zweckadäquaten Hauptprozessen verdichtet wurden, sind die kostentreibenden Faktoren (Cost Drivers) zu bestimmen. Sie müssen geeignet sein, den auf den entsprechenden Prozess entfallenden Betrag feststellen zu können. Auch hier sollte bedacht werden, dass diese Maßgrößen einfach ableitbar, proportional zur Beanspruchung der Ressourcen, durchschaubar und verständlich sind.

leistungsmengeninduzierte (lmi) und leistungsmengenneutrale (lmn) Prozesse

Dabei ist zu unterscheiden – je nach Abhängigkeit von dem durch eine Kostenstelle zu erbringenden Leistungsvolumen – zwischen **leistungsmengeninduzierten (lmi) und leistungsmengenneutralen (lmn) Prozessen.** Während einerseits die Tätigkeit „Bestellungen aufgeben" mit der Bezugsgröße „Anzahl der Bestellungen" quantifiziert werden kann, ist das „Leiten der Kostenstelle" als leistungsmengenneutral einzustufen. Weitere Bezugsgrößen für leistungsmengeninduzierte Prozesse können z.B. Anzahl der Produktänderungen, Lieferscheinpositionen, Materialbestellungen usw. sein. Naturgemäß entfallen für die Ermittlung von Cost Drivers die leistungsmengen-neutralen Prozesse. Die Zurechnung dieser Prozesse muss traditionell erfolgen.

Bildung von Prozesskostensätzen

In der nächsten Stufe erfolgt die **Zuordnung von Kapazitäten und Kosten zu den gebildeten Prozessen**. Grundlage für die Zuordnung kann eine analytische Vorgehensweise (durch Berechnungen, Messungen oder Funktionsanalysen) oder eine Ableitung aus Budgetwerten oder Ähnliches sein. Das ermittelte **Prozesskostenvolumen ist dann durch die Bezugsgröße zu dividieren** und man erhält den Prozesskostensatz als durchschnittliche Kosten einer einmaligen Durchführung dieses Prozesses. Die Kosten der leistungsmengenneutralen Prozesse werden i.d.R. nach dem Durchschnittsprinzip auf die Prozesskostensätze verteilt.

Gemeinkostentransparenz

Naturgemäß werden durch die am Anfang stehende Tätigkeitsanalyse unwirtschaftliche Abläufe erkannt, so dass schon in der Einführungsphase **Rationalisierungspotenziale** oder Unterauslastungen aufgedeckt werden können. Die **Transparenz der Gemeinkosten** erhöht sich. Die Prozesskostenrechnung bietet einen deutlichen Informationsgewinn, da sie einen Großteil der Gemeinkosten als beeinflussbar erkennt. Andererseits steigt der Anteil der leistungsmengenneutralen Prozesskosten, je höher der Anteil heterogener und komplexer Aktivitäten und der Anteil des Planungs-, Koordinations- und Kontrollaufwands in einer Kostenstelle ist (z. B. Verwaltungskostenstellen).[272]

272 Vgl. Jórasz (2010), S. 308 f.

Kostenbewusstsein

Die Prozesskostenrechnung prägt ein **feineres Kosten- und Leistungsbewusstsein** und übt damit eine gewisse Verhaltenssteuerung aus. Sie führt dazu, dass im innerbetrieblichen Denken Leistungen in Anspruch genommen werden, die etwas kosten. Die herkömmliche Kostenumlage hat nicht diese gezielte Wirkung auf das Kostenbewusstsein.[273]

4.4.3 Vorgehensweise und Implementierung

Die Vorgehensweise der Prozesskostenrechnung lässt sich in Anlehnung an SCHREIBER und SCHULTE in **acht Schritte** gliedern, die im Folgenden anhand eines **Beispiels** erläutert werden:[274]

8 Schritte der Prozesskostenrechnung

1. Festlegung des Untersuchungsbereichs
2. Grobstrukturierung der Prozesshierarchie
3. Ermittlung von Teilprozessen und Kostentreibern in Kostenstellen
4. Ermittlung von Zeiten der Teilprozesse
5. Ermittlung von Kosten und Kostensätzen der Teilprozesse
6. Zuordnung der Teilprozesse zu Hauptprozessen
7. Kalkulation mit Prozesskostensätzen
8. Prozessoptimierung

Schritt 1

Im **ersten Schritt** findet die **Auswahl der Hauptprozesse** und der beteiligten Kostenstellen statt. Im Folgenden wird beispielhaft ein **Beschaffungsprozess** betrachtet. Daran beteiligt sind die Abteilungen (Kostenstellen) Disposition, Einkauf, Wareneingang, Lager und Buchhaltung (vgl. Abb. 32). Die Gesamtkosten dieser Bereiche sowie die Personalkapazität sind zu ermitteln. Die Kosten jeder Kostenstelle können dem Betriebsabrechnungsbogen entnommen werden.%[275]

Schritt 2

Im **zweiten Schritt** erfolgt eine **Aufteilung des Beschaffungsprozesses**, der als Hauptprozesses gilt, in Teilprozesse. Der Hauptprozess besteht aus insgesamt neun Teilprozessen („Bedarf ermitteln“, „Angebote einholen“, „Bestellungen durchführen“ etc.). Er beginnt in der Dispositionsabteilung und endet in der Buchhaltung. Gegebenenfalls erfolgt eine

273 Vgl. Jórasz (2010), S. 309.

274 Vgl. Schreiber/Schulte (2018), S. 171 ff.; vgl. Horváth/Gleich/Voggenreiter (2012), S. 255 ff.

275 Vgl. Abschnitt 3.3.3. Die Personalkapazität wird i. d. R. in Vollzeitäquivalenten statt in Kopfzahlen gemessen. Eine Teilzeitkraft mit einer 50-%-Stelle wird dann als 0,5 Vollzeitäquivalente berücksichtigt. Vgl. Schreiber/Schulte (2018), S. 171.

weitere Aufteilung der Teilprozesse in sog. Aktivitäten.[276] Typisch für einen Hauptprozess ist, dass er wie in Abb. 32 dargestellt abteilungsübergreifend abläuft. Die Gesamtkosten der Abteilungen werden jeweils in der Kostenstellenrechnung ermittelt.[277]

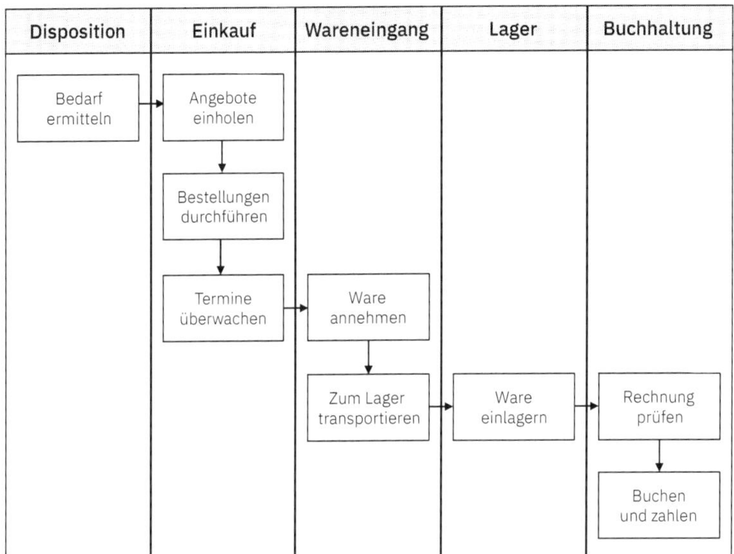

***Abb. 32:** Zerlegung der Hauptprozesse in Teilprozesse*
Quelle: Schreiber, Schulte (2018), S. 171

Im **dritten Schritt** werden für jeden Teilprozess **Kostentreiber festgelegt.** Dies sind die Leistungsgrößen, die den Aufwand für einen Teilprozessschritt maßgeblich beeinflussen. Je mehr Bestellungen durchgeführt werden, desto höher ist sicherlich der Aufwand für die Bestellabwicklung. Somit kommt die Anzahl an Bestellungen als Kostentreiber infrage. Eine Bestellung kann allerdings sowohl nur aus einer Bestellposition bestehen als auch mehrere Positionen umfassen, wenn in einer Bestellung mehrere Artikel geordert werden. Eine Bestellung mit z. B. zehn Positionen verursacht in der Regel einen höheren Aufwand als eine Bestellung mit nur einer Position. Somit kommt alternativ zur Anzahl der Schritt 3

276 Die Definition von Teilprozessen und Aktivitäten sollte im Unternehmen auf einer Kosten-Nutzen-Abwägung basieren: Eine sehr detaillierte Zerlegung verursacht einen hohen Aufwand; eine sehr grobe Aufteilung ist evtl. zu ungenau. vgl. Schreiber/Schulte (2018), S. 171. Zu Prozesshierarchien vgl. z. B. vgl. Fischer/Möller/Schultze (2015), S. 238 ff.

277 Vgl. Schreiber/Schulte (2018), S. 171; vgl. auch Jórasz (2010), S. 307.

Bestellungen auch die Anzahl der Bestellpositionen als Kostentreiber infrage.[278]

Lässt sich für einen Teilprozess die Leistung konkret messen und somit ein Kostentreiber finden, so wird dieser Teilprozess als **leistungsmengeninduziert (lmi)** bezeichnet. Neben leistungsmengeninduzierten Teilprozessen sind in Unternehmen auch **leistungsmengenneutrale (lmn)** Teilprozesse anzutreffen. Hierbei handelt es sich um Tätigkeiten unabhängig von konkreten Leistungsgrößen, wie z. B. die Leitung einer Abteilung. Da es sich bei der Prozesskostenrechnung um eine Vollkostenrechnung handelt, werden die Kosten der lmn-Prozesse auf die lmi-Prozesse umgelegt. Mangels geeigneter Kostentreiber für lmn-Tätigkeiten wird häufig die Mitarbeiterzahl als Schlüssel verwendet. Tab. 13 zeigt beispielhaft die Teilprozesse der Kostenstelle Einkauf.[279]

Teilprozess	Prozessart	Kostentreiber	Prozessmenge p. a.
Angebot einholen	lmi	Anzahl Angebote	750
Bestellungen durchführen	lmi	Anzahl Bestellpositionen	10.000
Termine überwachen	lmi	Anzahl Bestellungen	2.500
Abteilung leiten	lmn	-	-

Tab. 13: *Kostentreiber der Kostenstelle Einkauf*

Quelle: In Anlehnung an Schreiber, Schulte (2018), S. 172

Anmerkungen: lmi = leistungsmengeninduziert; lmn = leistungsmengenneutral

Zusätzlich zu den in Tab. 13 ersichtlichen lmi-Teilprozessen wird die Abteilungsleitung als lmn-Teilprozess abgebildet. Daher besitzt dieser Teilprozess keinen Kostentreiber. Ferner werden zu den Kostentreibern die **(Prozess-)Mengen erfasst.**

In der Praxis ist der Aufwand zur Erfassung der Prozessmengen zu beachten. Idealerweise können dazu Daten aus ERP-Systemen mehr oder weniger automatisch herangezogen werden; die Führung von Strichlisten ist hingegen wenig effizient.[280]

Schritt 4

Als Basis für die Verteilung der Kosten werden in **Schritt vier Zeiten für die Teilprozesse** ermittelt. Auch dies gestaltet sich in der Praxis häufig schwierig. In einer Einkaufskostenstelle beispielsweise werden einzelne Mitarbeiter nicht ausschließlich für einen Teilprozess verantwortlich

278 Vgl. Schreiber/Schulte (2018), S. 172.

279 Vgl. Schreiber/Schulte (2018), S. 172.

280 Vgl. Schreiber/Schulte (2018), S. 173.

sein. Stattdessen sind oftmals alle Mitarbeiter – außer der Abteilungsleitung – an unterschiedlichen Teilprozessen beteiligt sein.

Durch eine **Mitarbeiterbefragung** lässt sich zumindest grob feststellen, welchen Teil ihrer Arbeitszeit die Mitarbeiter mit den einzelnen Teilprozessen verbringen. Diese Erfassungen impliziert in der Praxis die Gefahr einer gewissen Ungenauigkeit.[281] Tab. 14 zeigt beispielhaft die Verteilung der Zeiten in der Kostenstelle Einkauf.[282]

Teilprozess	Mitarbeiterjahre
Angebote einholen	3
Bestellungen durchführen	4
Termine überwachen	3
Abteilung leiten	2
Summe	12

***Tab. 14:** Zeiten der Teilprozesse in der Kostenstelle Einkauf*

Quelle: Schreiber, Schulte (2018), S. 173

Auf Basis dieser Zeiten werden im **fünften Schritt** die Kosten auf die Teilprozesse geschlüsselt: Schritt 5

Teilprozess	Prozesskosten lmi	Umlage lmn-Kosten	Gesamtprozesskosten	Gesamtkostensatz
Angebot einholen	150.000	30.000	180.000	240
Bestellungen durchführen	200.000	50.000	250.000	30
Termine überwachen	250.000	20.000	270.000	48
Abteilung leiten	100.000	−100.000	0	0

***Tab. 15:** Kosten und Kostensätze der Teilprozesse*

Quelle: Schreiber, Schulte (2018), S. 174

Anmerkungen: lmi = leistungsmengeninduziert; lmn = leistungsmengenneutral

Der erste Teilprozess trägt geschlüsselt über die Mitarbeiterzahl 3/12 der Gesamtkosten von 600.000 €, also 150.000 €. Analog erfolgt die **Aufteilung auf die anderen Teilprozesse.** Dem lmn-Prozess „Abteilung

281 Zu weiteren Ausführungen zur Zeitenerfassung vgl. z. B. Schreiber/Schulte (2018), S. 173.

282 Die Summe von zwölf Mitarbeiterjahren bedeutet, dass zwölf Vollzeitmitarbeiter im gesamten Jahr in der Einkaufsabteilung beschäftigt sind. Die Zeiten können auch in Stunden oder in einer anderen Zeiteinheit ausgedrückt werden. Vgl. z. B. Schreiber/Schulte (2018), S. 173.

leiten" werden so 100.000 € zugerechnet, die im nächsten Schritt weiter zu verteilen sind. Die Schlüsselung erfolgt wiederum über die Mitarbeiterzahl. Diesmal werden 30.000 € (3/10 × 100.000 €) an den ersten Teilprozess weiterverrechnet, da an den lmi-Prozessen insgesamt zehn Mitarbeiter beteiligt sind.[283]

Die Gesamtprozesskosten ergeben sich dann aus der Addition der lmi-Prozesskosten und der lmn-Umlage. Abschließend wird dieser Betrag durch die Prozessmenge dividiert. Für den ersten Teilprozess bedeutet dies 240 €/Angebot (= 180.000 € / 750 Angebote). Nach Abschluss dieses Schrittes liegen für alle Teilprozesse Prozesskostensätze vor, mit denen eine Kostenträgerkalkulation möglich ist. Allerdings sind bei dieser Vorgehensweise pro Kostenträger Mengen zu jedem Kostentreiber zu erfassen, was in der Praxis häufig zu aufwändig ist.[284]

Schritt 6

Im **sechsten Schritt** erfolgt daher oft eine Zuordnung der Teil- zu Hauptprozessen. Innerhalb einer Kostenstelle können Teilprozesse zu unterschiedlichen Hauptprozessen gehören. Die Buchhaltung verbucht beispielsweise nicht nur Lieferantenrechnungen im Rahmen des Beschaffungsprozesses, sondern auch Kundenrechnungen als Bestandteil des Auftragsabwicklungsprozesses. Im konkreten Beispiel des Hauptprozesses Beschaffung ergeben sich die Kostensätze pro Teilprozess entsprechend Tab. 16.

Zur Verdichtung auf den Hauptprozess wird ein (Haupt-)Kostentreiber für den Hauptprozess ausgewählt, z. B. die Anzahl Bestellungen. Diese Auswahl ist in der Regel weder einfach noch eindeutig. Inhaltliche Erwägungen sollten ebenso eine Rolle spielen wie der Erfassungsaufwand. Anschließend werden die Gesamtkosten von 1.570.000 € durch die Prozessmenge des Kostentreibers (2.500 Bestellungen) dividiert; hierdurch ergibt sich im Beispiel ein Prozesskostensatz von 628 €/Bestellung.[285]

Schritt 7

Im **siebten Schritt** erfolgt die Kalkulation auf Basis der Teil- oder Hauptprozesskostensätze.

Bei Verwendung des Hauptprozesskostensatzes ist im Beispiel für einen Kostenträger lediglich die Anzahl an Bestellungen zu ermitteln; diese wird dann in der Kalkulation mit dem Hauptprozesskostensatz multipliziert. Bei zehn Bestellungen würden somit 6.280 € (= 10 Bestellungen × 628 € / Bestellung) Beschaffungsgemeinkosten verrechnet.

283 Vgl. Schreiber/Schulte (2018), S. 174.
284 Vgl. Schreiber/Schulte (2018), S. 174.
285 Vgl. Schreiber/Schulte (2018), S. 175.

Teilprozess	Kostenstelle	Kostentreiber	Prozesskosten	Kostensatz
Bedarf ermitteln	Disposition	Einkaufsteile	200.000	5
Angebote einholen	Einkauf	Angebote	180.000	240
Bestellungen durchführen	Einkauf	Bestelldispositionen	250.000	30
Termine überwachen	Einkauf	Bestellungen	270.000	48
Ware annehmen	Wareneingang	Bestelldispositionen	160.000	8
Transport zum Lager	Wareneingang	Bestellungen	50.000	10
Ware einlagern	Lager	Bestelldispositionen	180.000	9
Rechnung prüfen	Buchhaltung	Bestelldispositionen	240.000	12
Rechnung zahlen	Buchhaltung	Bestellungen	40.000	8
Summe			1.570.000	

Tab. 16: *Kosten und Kostensätze aller Teilprozesse*
Quelle: Schreiber, Schulte (2018), S. 175

Schritt 8

Im **achten Schritt** können die Kosteninformationen zur Prozessoptimierung genutzt werden. Eine wichtige Einflussgröße sind dabei die Kostentreiber. Mit der Anzahl Bestellungen sinkt auch der Aufwand für den Bestellprozess.[286]

Einsatzbereich

Wie hoch der **Grad der Prozessorientierung** in der Produktkalkulation sein soll, hängt von der Struktur der Produktpalette ab. Die Verwendung der Zuschlagskalkulation bei sehr homogenen Produktgruppen mit in etwa gleichbleibenden Mengengerüsten dürfte als befriedigend angesehen werden. Sobald ein aus differenzierten Kundenwünschen hervorgegangenes, **breites Produktspektrum** vorliegt, dessen **Kostenverursachung in den einzelnen betrieblichen Bereichen sehr unterschiedlich** ist, steigt der Anteil der über definierte Prozesse abgerechneten Kosten.[287] Im Fall einer Einzelfertigung stark unterschiedlicher Produkte mit sehr kundenindividueller Abwicklung kommt eine Prozess-

286 Zu Übungsaufgaben und Fallstudien zur Prozesskostenrechnung vgl. Horváth/Gleich/Voggenreiter (2012), S. 3 ff. oder auch Weber/Schäffer/Binder (2016), S. 15 ff.
287 Vgl. Jórasz (2010), S. 310.

kostenrechnung nicht infrage. Sie eignet sich nur dann, wenn die Prozesse zumindest weitgehend standardisiert ablaufen, d.h. die Prozessdurchführung häufig und immer wieder ähnlich stattfindet.

Voraussetzungen

Die für die Anwendung der Prozesskostenrechnung **notwendigen Voraussetzungen** sind die folgenden:

- Der Prozesskostenrechnung liegen repetitive Tätigkeiten zugrunde.
- Zwischen den gemeinkostentreibenden Faktoren und den verursachten Kosten besteht ein proportionaler Zusammenhang.
- Die gemeinkostentreibenden Faktoren hängen von den spezifischen Produktions- und Verwaltungsgegebenheiten ab, so dass sie individuell für jedes Unternehmen festgestellt werden müssen.
- Die Daten über Prozesse und Kosten liegen detailliert vor.
- Für die Durchführung der Prozesskostenrechnung sind Tätigkeitsanalysen unabdingbar.

Hoher Einführungsaufwand

Die vollständige Einführung der Prozesskostenmethode stellt i.d.R. ein **zeit- und kostenintensives Vorhaben** dar. Der mit der Einführung eines zusätzlichen Kostenrechnungssystems verbundene Aufwand lässt sich jedoch begrenzen, indem nur solche Gemeinkostenbereiche einbezogen werden, deren Kostenvolumen einerseits hoch, sich aber andererseits durch mangelnde Transparenz hinsichtlich der Kostenverursachung auszeichnet.[288]

Mögliche Widerstände

Erfahrungsgemäß stößt die Einführung einer Prozesskostenrechnung bei den Mitarbeitern auf **psychologische Widerstände**, was sich aus der zu erstellenden Tätigkeitsanalyse ergibt. Hier bedarf es einer umfangreichen Informations- und Überzeugungsarbeit. Angesichts der zu bewältigenden praktischen Herausforderungen während der Planung und Vorbereitung sowie der Einführung erfordert die Prozesskostenrechnung viel **Zeit und Beharrlichkeit**.[289]

4.4.4 Würdigung und Ausblick

Vollkostencharakter

Die Produktkalkulation in der Prozesskostenrechnung bleibt eine Vollkostenkalkulation, die auch den **grundsätzlichen Nachteil** aufweist, dass auch Fixkosten verrechnet werden müssen, die sich nicht verursachungsgerecht auf Kostenträger aufteilen lassen. So ist auch die Prozesskostenrechnung letztlich nicht in der Lage, eine vollständig befriedigende Lösung anzubieten. Es wird ihr zwar eine verursachungsgerechtere Produktkalkulation zugeschrieben, doch erscheint diese Zielset-

288 Vgl. Schreiber/Schulte (2018), S. 170.

289 Vgl. Jórasz (2010), S. 310.

zung fragwürdig, wenn es um die Einbeziehung der Gemeinkosten von sehr produktfernen Bereichen geht.[290]

Kostenschlüsselung

Kritisch wird auch die Schlüsselung der Kosten auf die einzelnen Prozesse gesehen. Hinter den einzelnen Prozessen können sich dabei ganz unterschiedliche Kostenarten verbergen. Dies kann unter Umständen zu einer **mehrfachen Schlüsselung von Kosten- und Mengengrößen** führen.

Ergänzungscharakter

Vollkostenkalkulationen werden damit begründet, dass sie die Informationen für langfristige Preisuntergrenzen liefern. Die Prozesskostenrechnung als Vollkostenrechnung sollte deshalb **nur als Ergänzung, aber nicht als Ersatz** für bestehende Kostenrechnungssysteme dienen, wenn es um die Bereitstellung von Informationen für kurzfristige Entscheidungen geht. Dies resultiert daraus, dass für kurzfristige Entscheidungen Fixkosten als nicht entscheidungsrelevant angesehen werden, aber die meisten von der Prozesskostenrechnung erfassten Gemeinkosten als fix zu betrachten sind.[291]

Erweiterung der traditionellen Vollkostenrechnung

Zusammenfassend stellt die Prozesskostenrechnung eine **Weiterentwicklung der heute verbreiteten Kostenrechnungssysteme** dar, die eine Erweiterung bzw. Detaillierung der traditionellen Vollkostenrechnung vornimmt, um zu ungenaue Kalkulationen zu vermeiden. Insbesondere die dargestellten Defizite der klassischen Vollkostenrechnung begründen die Notwendigkeit einer Prozesskostenrechnung und die damit verbundene verbesserte verursachungsgerechte Verrechnung der Gemeinkosten. Technisch gesehen ist die Prozesskostenrechnung nichts anderes als eine differenzierte Zuschlagskalkulation.

Die Diskussion um die Prozesskostenrechnung hat zudem dazu geführt, den Gemeinkostenbereichen im Unternehmen eine stärkere kostenrechnerische Aufmerksamkeit zukommen zu lassen und oftmals vorhandene Rationalisierungspotenziale zu realisieren.[292] Die Prozesskostenrechnung wird damit auch zukünftig im Rechnungswesen eine **wesentliche Aufgabe als effizientes Instrument des Fixkosten- und Gemeinkostencontrollings** übernehmen.[293]

290 Vgl. Jórasz (2010), S. 309.
291 Vgl. Jórasz (2010), S. 309.
292 Vgl. Weber/Weißenberger (2015), S. 433.
293 Zu einer kritischen Auseinandersetzung mit den Thesen der Prozesskostenrechnung siehe z. B. Jung (2014), S. 95.

4.5 Aktuelle Entwicklungen in der Kostenrechnung

Historie der Kostenrechnung

Die Kostenrechnung in Form der Voll- und Teilkostenrechnung sowie der kostenstellenbezogene Kostenplanung und -kontrolle existiert weltweit **seit über fünfzig Jahren.** Kostenrechnung ist seit langem ein **betriebswirtschaftliches Standardinstrument,** das sich nur in seiner technischen Basis wesentlich verändert hat. Es begann in einer von der Finanzbuchhaltung getrennten manuellen Form („Zweikreissystem" und wurde in den 1960er-Jahren in Software übertragen).[294]

IT-technische Innovationsschwelle

Circa zwanzig Jahre später bot die IT der Kostenrechnung erneut komfortable Wege an, die Kostenrechnung zu betreiben: Sie wurde fester Bestandteil von übergreifenden, integrierten **Enterprise Resource Planning (ERP)-Systemen.** Heute stehen wir an einer weiteren IT-technischen Innovationsschwelle, die mit Schlagworten wie **Self-Service-Lösungen, Echtzeitverarbeitung oder Mobilität** überschrieben sind.[295]

Business Intelligence (BI)

Für die Managementunterstützung bieten leistungsfähige Planungs- und Reporting-Systeme basierend auf **Data-Warehouse-Technologie** und modernen **Cockpit-Lösungen** an, die unter dem **Oberbegriff Business Intelligence (BI)** in der Forschung und Praxis diskutiert werden, ganz neue Möglichkeiten. Dementsprechend hat es in den letzten Jahren im Bereich des Business-Intelligence-gestützten Controllings große Entwicklungen gegeben. Neue Themen wie z. B. Data Discovery, Data Visualization, Big Data und Predictive Analytics, erweitern die Prognose- und Analysemöglichkeiten der Unternehmen. Kostenrechnungssysteme stellen eine wichtige Grundlage der Managementunterstützung dar und müssen sinnvoll in BI-Systeme integriert werden.[296]

294 Vgl. Weber/Weißenberger (2015), S. 423.
295 Vgl. Weber/Weißenberger (2015), S. 423.
296 Vgl. Schön (2018), S. 303 ff.

5 Methoden des Kostenmanagements

Strategisches Kostenmanagement

In der Entwicklung der Kosten- und Erlösrechnung sind einige neuere Ansätze entstanden, die nicht unbedingt als eigenständige Kostenrechnungssysteme bezeichnet werden können, sondern vielmehr als **Ergänzung oder Erweiterung der bereits bestehenden Systeme** zu qualifizieren sind. Sie stellen wichtige Erweiterungen des kostenrechnerischen Instrumentariums dar, sprengen aber den Rahmen der traditionellen Kostenrechnung. Hier verlassen wir das Thema Kostenrechnung in Richtung **strategisches Kostenmanagement.**

Im Vergleich zur reaktiven und primär dokumentarischen Kostenrechnung ist das Kostenmanagement **proaktiv und zukunftsorientiert** ausgerichtet. Das Kostenmanagement wird dazu notwendigerweise **in frühen Phasen der Produktentwicklung gestaltend** tätig, um das zeitliche Auseinanderfallen zwischen Kostenfestlegung und Kostenentstehung zielorientiert zu steuern. Dies lässt sich darauf zurückführen, dass im Rahmen der Produktentwicklung und -gestaltung bis zu 80 Prozent der Herstellkosten determiniert werden.[296] Informationen über Kostenkonsequenzen müssen daher vorverlagert werden, um auf der Grundlage der Kostenentstehungsanalyse Produkte, Prozesse und Ressourcen zielgerecht zu gestalten.[297]

Impulsgeber

Wesentliches Element des Kostenmanagements ist daher seine Funktion als **Impulsgeber,** um Unwirtschaftlichkeiten und Gestaltungsspielräume in der Kostensituation **zu einem frühen Zeitpunkt und in den richtigen Bereichen** antizipativ aufzuzeigen. Das Kostenmanagement ist **Aufgabe der Unternehmensführung** und daher als permanenter Prozess zu betrachten, der sämtliche Aktivitäten eines Unternehmens umfasst.[298]

Im Allgemeinen können dem Kostenmanagement jedoch alle Instrumente zugerechnet werden, die **Kostensituationen analysieren, Kosteneinflussgrößen identifizieren, das Entscheidungsverhalten beeinflussen oder die Planung von Kostengestaltungsmaßnahmen unterstützen.**[299]

296 Vgl. Ehrlenspiel/Kiewert/Lindemann (2002), S. 14 oder auch Küpper/Friedl/Hoffmann/Pedell (2013), S. 306.
297 Vgl. Fischer/Möller/Schultze (2015), S. 236.
298 Vgl. Fischer/Möller/Schultze (2015), S. 237.
299 Vgl. Kajüter (2000), S. 227 f.

> Kostenmanagement ist die aktive, zukunfts- und zielorientierte Gestaltung von Kostenstruktur, -niveau und -verlauf, um Handlungsspielräume zur Kostenoptimierung aufzuzeigen und umzusetzen.[300]

Das Kostenmanagement wird durch eine Vielzahl von Instrumenten unterstützt, wobei insbesondere das **Target Costing** sowie die **Lebenszyklusrechnung** (Life Cycle Costing) als Instrumente des Kostenmanagements hervorgehoben werden.[301] Weitere wesentliche Instrumente des Kostenmanagements bilden u. a. die **Gemeinkostenwertanalyse** und das **Zero Base Budgeting.**

5.1 Target Costing

Target Costing

Beim Target Costing handelt es sich um ein Kostenmanagementkonzept, das seit den 1970er Jahren in japanischen Unternehmen praktiziert wird.[302] Im Vordergrund der Sichtweise steht nicht die Frage „Was wird ein Produkt kosten?", sondern **„Was darf ein Produkt kosten?"**. Daraus ergibt sich das Hauptanliegen des Target Costing: Das Kostenmanagement marktorientiert zu gestalten und für eine möglichst frühzeitige Kostenbeeinflussung insbesondere in den frühen Phasen der Produktentwicklung zu sorgen.

Das Target Costing leitet die Kosten aus dem Markt ab und kann als **strategisches Controlling-Instrument** eingesetzt werden. Als Element des strategischen Kostenmanagements umfasst das Zielkostenkonzept die Entwicklung einer **Methodik für eine marktorientierte Kostenplanung, -steuerung und -kontrolle** im Gesamtprozess der Produkterstellung. Es steht am **Anfang der Produktentwicklung.** Dabei handelt es sich nicht um ein Kostenrechnungssystem oder -verfahren.[303]

5.1.1 Methodischer Ansatz

Hinsichtlich der wirtschaftlichen Erfolgschancen eines Produkts ist es von entscheidender Bedeutung, sich in der Forschung und Entwicklung

300 Vgl. Horváth/Gleich/Seiter (2015), S. 206 f.

301 Vgl. Fischer/Möller/Schultze (2015), S. 238.

302 Target Costing wurde von der Firma Toyota in den 60er Jahren als Ansatz des Kostenmanagements entwickelt, der bestehende Instrumente mit der Zielsetzung einer konsequenten Marktorientierung des Unternehmens kombiniert (vgl. Horváth/Gleich/Voggenreiter (2012), S. 259). In Japan, wo dieses Konzept besonders verbreitet ist, werden solche Vorgaben durchweg für die Fertigung und in geringerem Umfang für die Konstruktion sowie den Vertrieb gesetzt. Vgl. auch Küpper/Friedl/Hoffmann/Pedell (2013), S. 306.

303 Vgl. Horváth/Seidenschwarz (1992), S. 142 ff., vgl. Seidenschwarz (1993), S. 3 ff., vgl. Jórasz (2010), S. 309.

an den aktuellen und zukünftigen **Bedürfnissen des Markts zu orientieren.** Es gilt zu vermeiden, dass ein Produkt Leistungen bietet, die von den Kunden nicht erwartet oder nicht benötigt bzw. nachgefragt werden und die Produktkosten durch Funktionen in die Höhe getrieben werden, für die beim Kunden keine Zahlungsbereitschaft besteht („Over-Engineering"). Die zentralen Fragen dabei sind daher, **welche Funktionen ein Produkt in welcher Qualität aufweisen soll** und wie viel ein derartig gestaltetes **Produkt am Markt kosten darf,** um erfolgreich zu sein.[304] Aus dem so ermittelten Preis werden dann die „erlaubten" Kosten abgeleitet. Das Target Costing stellt dabei eine **Ergänzung der klassischen Kostenrechnung** dar, da zum Zwecke der Planung, Steuerung und Kontrolle weiterhin die Informationen aus der traditionellen Kostenrechnung benötigt werden.[305]

Fokus Produktentwicklung und -konstruktion

Ein wichtiger Auslöser für die Entwicklung des Target Costing bestand in der Erkenntnis, dass mit der Entwicklung und Konstruktion von Produkten i. d. R. ein Großteil der späteren Fertigungskosten (bis zu 80 Prozent) festgelegt wird.[306] Daher besitzen die frühen Phasen wie **Produktentwicklung und -konstruktion** sowie die Planung für die Produktionstechniken die größte Bedeutung, da hier nicht nur die Produktions- sondern auch die Servicekosten im Voraus bestimmt werden. Mit der periodischen Kostenrechnung, welche die Prozesse der laufenden Produktion erfasst, kann nur noch ein geringer Anteil der Gesamtkosten verändert werden.[307] Target Costing setzt daher kostenplanerisch **in der Entwicklungsphase** eines Produktes ein und zielt damit auf eine Kostenbeeinflussung in einer Phase ab, in der die größten Effekte zu erzielen sind. Die Produktkosten sind an den am Markt durchsetzbaren Preisen auszurichten. Der Grundgedanke der Zielkostenrechnung besteht darin, dass man **Zielkosten bestimmt und vorgibt,** die der Entwicklung, Konstruktion und Fertigung als Leitlinien dienen.[308]

304 Vgl. Schreiber/Schulte (2018), S. 162.

305 Vgl. Eisenberg/Oldenburg-Tietjen (2018), S. 627 f.; vgl. Schreiber/Schulte (2018), S. 162.

306 Vgl. Ehrlenspiel/Kiewert/Lindemann (2002), S. 14 oder vgl. auch Küpper/Friedl/Hoffmann/Pedell (2013), S. 306, Friedl/Hofmann/Pedell (2017), S. 476 f. oder Coenenberg/Fischer/Günther (2016), S. 568.

307 Vgl. Küpper/Friedl/Hoffmann/Pedell (2013), S. 306.

308 Target Costing wurde von der Firma Toyota vor mehr als 30 Jahren als Ansatz des Kostenmanagements entwickelt, der bestehende Instrumente mit der Zielsetzung einer konsequenten Marktorientierung des Unternehmens kombiniert (vgl. Horváth/Gleich/Voggenreiter (2012), S. 259). In Japan, wo dieses Konzept besonders verbreitet ist, werden solche Vorgaben durchweg für die Fertigung und in geringerem Umfang für die Konstruktion sowie den Vertrieb gesetzt. Vgl. Küpper/Friedl/Hoffmann/Pedell (2013), S. 306; vgl. Seidenschwarz (1991), S. 199 ff.

Anders als die traditionelle Kostenrechnung zielt das Target Costing (oder auch Target Cost Management genannt) somit nicht auf die Produktion ab, sondern wurde entwickelt, um

- über die **Fokussierung auf die Gestaltung und Herstellung** der einzelnen Produkte das ganze Unternehmen auf den Markt auszurichten und
- Produktrentabilitäten auch bei steigender Wettbewerbsintensität zu erhalten oder zu steigern.[309]

„Das Target Cost Management stellt eine kunden- und marktorientierte Kostenbestimmung und -vorgabe dar, bei der Produktpreis, -struktur und -kosten aus den Marktbedingungen und -anforderungen direkt abgeleitet werden. Das Target Cost Management initiiert somit ein proaktives Kostenmanagement in der frühen Phase der Produktentwicklung."[310]

Beginn der Aktivitäten

Das Wesentliche am Zielkostenmanagement ist die **umfassende Marktorientierung**. Ein wesentliches Kernelement ist die Ausrichtung der Aktivitäten an den vom Markt gewünschten Produktmerkmalen und -eigenschaften, die sich wiederum in Produktfunktionen ausdrücken lassen.[311]

Einsatz

Target Costing soll in erster Linie Unternehmen **in wettbewerbsintensiven Märkten mit kurzen Produktlebenszyklen und hohem Preisdruck** unterstützen.[312] Hohe Bedeutung kommt dem Konzept auch in der massenverarbeitenden Industrie zu, da dort wegen des relativ geringen Modellwechsels Kostenwirkungen von Produkt- und Produktionsgrundsatz-Entscheidungen oftmals langfristig spürbar sind.[313]

Das Konzept des Target Costing ist in Abb. 33 dargestellt.[314]

309 Vgl. Jórasz (2010), S. 310.
310 Fischer/Möller/Schultze (2015), S. 262, vgl. Seidenschwarz (1993), S. 78 ff.
311 Vgl. Jórasz (2010), S. 310.
312 Z. B. Elektronik- oder Automobilbranche oder auch Werkzeugmaschinenbau. Vgl. Coenenberg/Fischer/Günther (2016), S. 569.
313 Vgl. Jórasz (2010), S. 310.
314 Vgl. Jórasz (2010), S. 310.

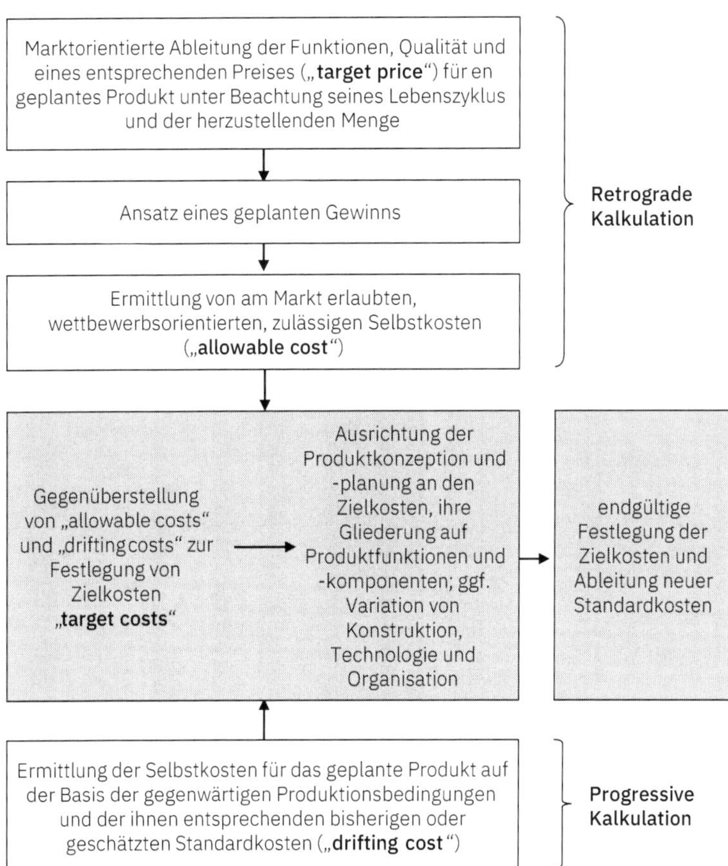

Abb. 33: *Zielkostenermittlung*

Quelle: Jórasz (2009), S. 311

5.1.2 Vorgehensweise

Danach lassen sich die folgenden **vier Phasen zur Zielkostenermittlung** unterscheiden:

Phase 1: Funktionsbestimmung

Phase 2: Zielkostenbestimmung

Phase 3: Zielkostenspaltung

Phase 4: Zielkostenerreichung

Im Folgenden werden die vier Phasen genauer erläutert und anhand eines Beispiels veranschaulicht.

Phase 1

Phase 1: Funktionsbestimmung

Kernfrage

Welche Funktionen sind in welchem Umfang entscheidend für den Kundennutzen?

Vorgehen

Bestimmung der Funktionen und ihre Gewichtung: Die Ermittlung der Nutzenanteile der einzelnen Funktionen aus Kundensicht ist durch Marktforschung vorzunehmen. Hier findet oftmals die Conjoint-Analyse – ein Instrument der Marktforschung – Anwendung.[315] Die Kundenbefragung bezieht sich dabei zunächst auf die Wertschätzung verschiedener ganzheitlicher Produktzusammensetzungen. In der Auswertung werden diese dann hinsichtlich der einzelnen Merkmale und deren Ausprägungen zerlegt, um die ganzheitliche Bewertung entsprechend den Einflussgrößen umzurechnen.[316]

Die ermittelten Funktionen sind in eine **Struktur** zu bringen, die z. B. eine Unterscheidung in **harte und weiche Funktionen** vornimmt. Harte Funktionen bestimmen die technische Leistung eines Produktes, weiche Funktionen dienen der Benutzerfreundlichkeit und definieren den Wert des Produktes für den Kunden. In einem weiteren Schritt ist die Gewichtung zwischen den harten und weichen Funktionen durch Kundenbefragung zu ermitteln.[317]

Die Bestimmung der Nutzenanteile der Komponenten an den verschiedenen Funktionen des Produkts ist durch interne Untersuchungen und Befragungen herauszuarbeiten. Dabei sollten neben den für die verschiedenen Komponenten verantwortlichen **Fachabteilungen** auch Vertreter **aus Marktforschung und Vertrieb** eingebunden werden.[318]

Nach Erfassung der notwendigen Informationen lässt sich die sog. **Funktionen-Komponenten-Matrix** aufstellen (vgl. Tab. 17). Mit ihr lässt sich der Nutzenanteil der einzelnen Komponenten am Gesamtnutzen des Produkts bestimmen, indem jeweils der Funktionsnutzen mit dem Nutzenanteil der jeweiligen Komponente multipliziert wird.[319]

Beispiel

In dem in Tab. 17 dargestellten Beispiel ergibt sich so ein Teilnutzen der Komponente A am (wahrgenommenen) Komfort des Produkts in Höhe von 3,0 % (30 % Anteil der Komponente A am 10 %igen Funktionsnutzenanteil des Komforts). Die Summe der Teilnutzenwerte einer Komponente ergibt dann den Anteil der Komponente am Gesamtnutzen des

315 Vgl. Jórasz (2010), S. 312.
316 Vgl. Schreiber/Schulte (2018) S, 162.
317 Vgl. Jórasz (2010), S. 312.
318 Vgl. Schreiber/Schulte (2018) S, 165.
319 Vgl. Coenenberg/Fischer/Günther (2016), S. 581.

Produkts (z.B. 32,8 % für Komponente A). Entsprechend sollten ca. 32,8 % der gesamten Produktkosten durch Komponente A bedingt sein.

Anteil Funktionen am Gesamtnutzen		Nutzenanteil der Komponenten der Funktion						
Funktion		Komponente A		Komponente B		Komponente C		Summe
20 %	Qualität	20 %	4,0 %	50 %	10,0 %	30 %	6,0 %	100 %
10 %	Komfort	30 %	3,0 %	5 %	0,5 %	65 %	6,5 %	100 %
15 %	Design	35 %	5,3 %	10 %	1,5 %	55 %	8,3 %	100 %
20 %	Bedienung	15 %	3,0 %	40 %	8,0 %	45 %	9,0 %	100 %
35 %	...	50 %	17,5 %	20 %	7,0 %	30 %	10,5 %	100 %
100 %	**Summe***		**32,75 %**		**27,0 %**		**40,3 %**	**100 %**

Tab. 17: *Beispiel einer Funktionen-Komponenten Matrix*

Quelle: Schulte/Schreiber (2018), S. 165

Anmerkung: * Nutzenanteil der Komponenten am Gesamtnutzen

Phase 2: Zielkostenbestimmung

Phase 2

Wie viel darf das Produkt kosten?

Kernfrage

Die Zielkosten sollten aus den am Markt erzielbaren Preisen und der Gewinnplanung abgeleitet werden (Market into Company).[320] Ausgangspunkt ist der am Markt erzielbare Preis für ein geplantes Produkt, der durch die Marktforschung fixiert wird. Durch Abzug des geplanten Gewinns von den erzielbar erscheinenden Umsätzen werden die Allowable Costs ermittelt.[321]

Im Gegensatz zur klassischen progressiven **„Cost-plus-Kalkulation"**, die den Verkaufspreis über die Selbstkosten und einen Gewinnzuschlag ermittelt, geht die retrograde **„Preis-minus-Kalkulation"** vom Zielumsatz aus, subtrahiert davon den Zielgewinn (Target Profit) und erhält dadurch die **„vom Markt erlaubten Kosten" (Allowable Costs)**. Den

320 Bei „Market into Company" handelt es sich um die Reinform des Target Costing. Es existieren aber noch weitere Verfahren: Bei den Verfahren „Out of Standard Costs" und „Out of Company" werden die Zielkosten primär aus dem Unternehmen heraus abgeleitet. So stellen beim Verfahren „Out of Standard Costs" die Plankosten des Unternehmens (Standard Costs) und beim Verfahren „Out of Company" die technischen und betriebswirtschaftlichen Fähigkeiten, Erfahrungen und Potenziale des Unternehmens die Bezugspunkte dar. Die Verfahren „Market into Company" und „Out of Competitor" sind hingegen eher außenorientiert. Ersteres betrachtet die am Markt erzielbaren Preise, Letzteres die Kosten konkurrierender Unternehmen für vergleichbare Produkte. Vgl. Schreiber/Schulte (2018) S, 163; vgl. Wöltje (2016), S. 392 ff., vgl. Friedl/Hofmann/Pedell (2017), S. 479 ff., vgl. Seidenschwarz (1991), S. 199 f.

321 Vgl. Jórasz (2010), S. 312.

„erlaubten" Kosten werden anschließend die prognostizierten Standardkosten (**Drifting Costs**) des neuen Produkts gegenübergestellt. Eine mögliche Differenz weist auf Kostenreduktionsmaßnahmen (Allowable Costs < Drifting Costs) bzw. Investitionspotenziale (Allowable Costs > Drifting Costs) hin.[322] Der Unterschied zwischen den Allowable Costs und den Drifting Costs zeigt den bestehenden Abstand, der durch innovative Maßnahmen zu schließen ist.

Beispiel

Abb. 34 zeigt beispielhaft wie sich die Target Costs ausgehend vom Marktpreis ableiten lassen.[323]

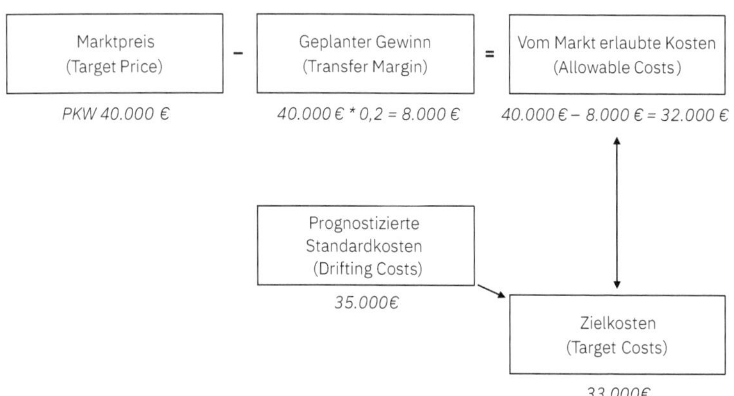

Abb. 34: *Beispiel für die Ableitung der Target Costs*
Quelle: Schulte/Schreiber (2018), S. 164

Phase 3

Phase 3: Zielkostenspaltung

Kernfrage

Wie verteilen sich die Funktionen und Kosten des Produktes auf die einzelnen Komponenten?

Vorgehen

Zielkostenermittlung für die einzelnen Erzeugniskomponenten und deren Gewichtung: Der zu erstellende Grobentwurf des neuen Erzeugnisses bestimmt die erforderlichen Komponenten, die ihrerseits die angestrebten Funktionen realisieren sollen. Es muss nun eingeschätzt werden, in welcher Höhe Zielkosten zur Fertigung der Erzeugniskomponenten erforderlich sein werden, um davon ausgehend den vorläufigen Kostenanteil an den Gesamtzielkosten zu errechnen. Die grundlegende Schwierigkeit dieses Schrittes besteht darin, die Zielkosten eines Er-

322 Vgl. Fischer/Möller/Schultze (2015), S. 263.
323 Die Drifting Cost seien hier beispielhaft angenommen. Vgl. Schreiber/Schulte (2018), S. 164; für eine alternative Darstellungsform vgl. Friedl/Hofmann/Pedell (2017), S. 481.

zeugnisses für dessen Komponenten detailliert vorzugeben. Auf der Grundlage der Wertschätzungen der Kunden für einzelne Teilfunktionen wird unterstellt, dass hoch eingeschätzten Funktionen höhere Kosten, d. h. Produktentwicklungsbemühungen, zugestanden werden als den niedrig eingeschätzten.[324]

Beispiel

Bezogen auf das oben dargestellte Beispiel (vgl. Tab. 17) ergeben sich die prozentualen Target Costs für die Komponenten A, B und C in Höhe von 32,8 Prozent, 27,0 Prozent und 40,3 Prozent.[325] Diese Gewichtung lässt sich auf die Allowable Cost anwenden, die im oben dargestellten Beispiel 33.000 € betragen (vgl. Abb. 34), so dass ich die folgenden **Allowable Costs für die Komponenten A, B und C** ergeben: 10.824 € für Komponente A, 8.910 € für Komponente B und 13.266 € für Komponente C.

Für die weitere beispielhafte Berechnung sei angenommen, dass sich die tatsächlichen Kosten („Drifting Costs" in Höhe von 35.000 €; vgl. Abb. 34) im Verhältnis 25 Prozent, 35 Prozent und 40 Prozent auf die Komponenten A, B und C aufteilen. Auch hier lassen sich die absoluten **Drifting Costs bzw. prognostizierten Standardkosten für die Komponenten A, B und C** durch die Multiplikation der Prozentanteile mit den im Beispiel genannten Drifting Costs in Höhe von 35.000 € folgendermaßen bestimmen: 8.750 € für Komponente A, 12.250 € für Komponente B und 14.000 € für Komponente C.

Phase 4: Zielkostenerreichung

Phase 4: Kernfrage

Wie kann der Ressourceneinsatz für die einzelnen Komponenten optimiert werden?

Vorgehen

Bestimmung der Zielkostenindizes der Erzeugniskomponenten und ihre Optimierung mittels Zielkostenkontrolldiagramm: Die Zuordnung der anteiligen Zielkosten soll im Verhältnis der Teilgewichte der Funktionen erfolgen. Das Verhältnis der Teilgewichte der einzelnen Komponenten zu den entsprechenden Kostenanteilen wird als **Zielkostenindex** bezeichnet und zeigt, inwieweit die anteiligen Zielkosten im richtigen Verhältnis zu den Teilgewichtssummen der Komponenten stehen.[326] Der Zielkostenindex weist darauf hin, ob die Ausgestaltung einer Funktion zu teuer (kleiner 1) oder zu einfach (größer 1) ist. Idealerweise

324 Vgl. Jórasz (2010), S. 313.
325 In Summe müssen sich über alle Komponenten hinweg immer 100 Prozent ergeben.
326 Vgl. Preißner (2010), S. 307 f.

müsste der **Zielkostenindex** jeweils den Wert 1 annehmen, dann wären die Kosten proportional zu der Komponente verteilt (vgl. Tab. 18).[327]

Da in der Praxis ein Zielkostenindex von 1 unwahrscheinlich ist, stellt sich die Frage, welche Abweichungen vom Optimum wirtschaftlich gesehen noch akzeptabel sind. Es sollte eine optimale **Zielkostenzone** definiert werden, in der sich die Zielkostenindizes der einzelnen Komponenten befinden müssen. Dabei ist zu bedenken, dass Verfehlungen der Zielkosten bei Komponenten mit niedrigem Kosten- und Nutzenanteil tendenziell akzeptabler sind als bei solchen mit hohem Kosten- und Nutzenanteil. Der Zusammenhang von Kosten- und Nutzenanteilen lässt sich mit Hilfe eines **Zielkostenkontrolldiagramms** visualisieren, in dem auch ein Toleranzbereich **(Zielkostenzone)** für akzeptable Zielkostenverfehlungen vom Management festgelegt werden kann.[328]

Beispiel

In Abb. 35 sind beispielhaft die Zielkostenpunkte der Komponenten A, B und C eingetragen. Die Ergebnisse zeigen, dass die Komponenten A und B außerhalb der Zielkostenzone liegen. Bei Komponente A ist zu prüfen, ob nicht angesichts der zu niedrigen Kostenanteile eine Funktionsverbesserung angebracht ist. Die Komponente B ist zu teuer, so dass hier ist ein Kostensenkungspotenzial gegeben ist. Die Optimierung des Zielkostenindex (möglichst nahe 1) ist insgesamt eine wirkungsvolle Methode für die Festlegung der Zielkosten.[329]

Komponente	Nutzenanteil	Kostenanteil	Zielkostenindex	Bewertung
A	32,8 %	25,0 %	1,31	„zu einfach“
B	27,0 %	35,0 %	0,77	„zu teuer“
C	40,3 %	40,0 %	1,01	„ausgeglichen“
Summe	100,0 %	100,0 %		

Tab. 18: *Beispiel Zielkostenindizes*

Quelle: Jórasz (2009), S. 314

327 Vgl. Wöltje (2016), S. 404; Jórasz (2010), S. 313; vgl. Schreiber/Schulte (2018), S. 166.

328 Vgl. Schreiber/Schulte (2018), S. 167; in Anlehnung an Eisenberg/Oldenburg-Tietjen (2018), S. 642; vgl. Friedl/Hofmann/Pedell (2017), S. 492 f., vgl. Jórasz (2010), S. 313 f.; vgl. Wöltje (2016), S. 403 ff.

329 Vgl. Coenenberg/Fischer/Günther (2016), S. 583 ff.; vgl. Jórasz (2010), S. 314 f.; vgl. Friedl/Hofmann/Pedell (2017), S. 492 f.

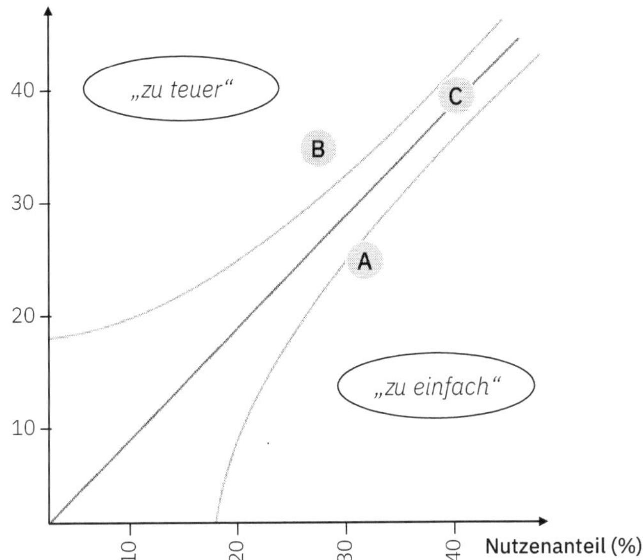

Abb. 35: *Beispiel Zielkostenkontrolldiagramm und Zielkostenzone*
Quelle: Jórasz (2009), S. 314; Schulte/Schreiber (2018), S. 167

5.1.3 Abgrenzung und Praxiseinsatz

Ergänzung der Kostenrechnung

Das Target Costing **ersetzt nicht die Kostenrechnung, sondern ergänzt diese** um weitere Perspektiven. Es bedingt eine **neue Sicht,** indem sie die Aufmerksamkeit auf die Zukunft und die prognostische Bestimmung lenkt.[330] Zudem liegt der Ausgangspunkt der Betrachtung nicht im Unternehmen, sondern am Markt: nicht das Unternehmen plant, sondern **der Markt gibt vor.**[331]

Allowable Costs als Preisuntergrenze

Auf vielen wettbewerbsintensiven Märkten sieht sich der Vertrieb eines Unternehmens so starkem Kundendruck ausgesetzt, dass die kurzfristige Preisuntergrenze, die aus der Deckungsbeitragsrechnung hervorgeht, diesen Kurzfristcharakter nur noch offiziell, jedoch nicht mehr real besitzt. In der Praxis bilden die **vom Markt erlaubten Kosten die strategische Preisuntergrenze.** Target Costs sind Vollkosten, so dass es nicht

330 Das Target Costing dient nicht der laufenden Beeinflussung von produktbezogenen Periodenkosten sondern stellt ein Konzept zur mittel- bis längerfristigen Kostensteuerung dar. Vgl. Küpper/Friedl/Hoffmann/Pedell (2013), S. 309; vgl. Jórasz (2010), S. 315; vgl. Friedl/Hofmann/Pedell (2017), S. 496 ff.

331 Vgl. Jórasz (2010), S. 314.

mehr möglich ist, steigende Fixkostenanteile wie in der Deckungsbeitragsrechnung in der Kalkulation außer Acht zu lassen.[332]

Herausforderungen in der Praxis

Das Target Costing soll auch das **Verhalten der Mitarbeiter** beeinflussen, da Kostenvorgaben nachvollziehbar aus Marktdaten abgeleitet werden und somit nicht zur Disposition stehen.[333] In der Praxis ist die Erhebung valider Marktdaten jedoch nicht nur sehr aufwändig, sondern auch fehleranfällig. Bereits geringe Ungenauigkeiten hinsichtlich der vermuteten Kundenpräferenzen können einen Einfluss auf die Zielgenauigkeit der F&E-Bemühungen und somit den Markterfolg nehmen.[334]

Darüber hinaus stellt das Target Costing anspruchsvolle Forderungen an das Unternehmen, indem es z. B. eine hohe **Transparenz interner Prozesse,** eine **klare strategische Ausrichtung,** die ständige **Bereitschaft zum Reengineering** und das geeignete Personal für die Zusammenstellung **interdisziplinärer Projektteams** verlangt. Dadurch wird die Nutzbarkeit für kleinere Unternehmen eingeschränkt.[335]

5.2 Lebenszyklusrechnung

Life Cycle Costing

Die Lebenszyklusrechnung, auch Life Cycle Costing[336] genannt, stellt eine weitere Methode des Kostenmanagements dar, welche erstmals in den 1960er-Jahren im militärischen Bereich, bei Bauinvestitionen und für die Überwachung großer Investitionsprojekte eingesetzt wurde.[337] In diesem Konzept wird der gesamte Ablauf großer Investitionsprojekte von der ersten Planung bis zum Ende ihrer Nutzung betrachtet.

332 Vgl. Coenenberg/Fischer/Günther (2016), S. 591 ff., vgl. Jórasz (2010), S. 315.

333 Mit dem Target Costing sollen in erster Linie das Verhalten in der Konstruktion und der Fertigung beeinflusst werden. Bei der Wahrnehmung dieser Steuerungsfunktion orientiert sie sich insgesamt stärker an technischen Gesichtspunkten als an menschlichen Verhaltensaspekten. Vgl. Küpper/Friedl/Hoffmann/Pedell (2013), S. 309.

334 Vgl. Friedl/Hofmann/Pedell (2017), S. 497, vgl. Schulte/Schreiber (2018), S. 169.

335 Vgl. Schulte/Schreiber (2018), S. 169.

336 Die Bezeichnung „Kosten" in dem Begriff „Life Cycle Costing" ist aus betriebswirtschaftlicher Sicht unpräzise, denn die verwendeten Rechengrößen sind vielmehr Ein- und Auszahlungen. Neben dem Begriff Lebenszyklusrechnung (Life Cycle Accounting) findet sich auch häufig der Begriff Lebenszykluskostenrechnung (Life Cycle Costing). Da es bei einer Lebenszyklusbetrachtung jedoch grundsätzlich sinnvoller ist, mit Zahlungen anstatt mit Kosten und Erlösen zu rechnen, erscheint eine Lebenszykluskostenrechnung weniger zielführend. Vgl. Friedl/Hofmann/Pedell (2017), S. 503.

337 Vgl. Wübbenhorst (1984), S. 6 f.; vgl. Coenenberg/Fischer/Günther (2016), S. 611.

Das Life Cycle Costing basiert auf dem allgemeinen **Lebenszykluskonzept,** so dass alle Kosten eines Produktes bzw. Projektes von der Vorlauf-, über die Markt- bis hin zur Nachlaufphase betrachtet werden. Die Lebenszykluskosten bzw. Lebenszyklusauszahlungen setzen sich somit aus **sämtlichen Kosten zusammen, die während eines gesamten Lebenszyklus** entstehen. Der Grundgedanke des Life Cycle Costings entspricht einer Investitionsrechnung, da mit Hilfe der Kapitalwertmethode eine Diskontierung der Zahlungsströme der einzelnen Perioden auf den Anschaffungszeitpunkt erfolgt.[338]

> Das **Life Cycle Costing** dient zur Optimierung der Gesamtkosten eines Systems oder Produktes, die über den Lebenszyklus hinweg entstehen. Es wird in der Planung, Beurteilung und zum Vergleich von Investitionsalternativen sowie zur Wirtschaftlichkeitsanalyse von Systemen und Produkten eingesetzt.[339]

5.2.1 Methodischer Ansatz

Methodik des Life Cycle Costing

Die Methode des Life Cycle Costings ist eng mit dem Konzept des Target Cost Managements verknüpft, da in allen Lebenszyklusphasen das Erreichen der aus dem Markt abgeleiteten „Allowable Costs" im Vordergrund steht.[340] Das Life Cycle Costing nimmt eine direkte Zurechnung aller entstehenden Kosten auf ein Produkt oder System vor. Dabei werden **nicht nur die Produktionskosten, sondern auch die Anschaffungs- und Folgekosten** betrachtet. Der Betrachtungszeitraum orientiert sich am **marktbezogenen Produktlebenszyklus.**

Die Zurechnung von Kosten und Erlösen lässt sich einerseits durch eine **auf den gesamten Lebenszyklus ausgerichtete Erfolgsrechnung** abbilden, andererseits durch eine **periodenbezogene Erfolgsrechnung.** Neben der Dauer des Lebenszyklus und der Höhe des Diskontierungssatzes sollten ebenfalls zukünftige Zahlungsströme bestimmt werden. Nach der Festlegung der periodenbezogenen Erlöse und Kosten erfolgt eine Diskontierung der Zahlungsströme auf den Anschaffungszeitpunkt. Das Life Cycle Costing kann zur **Analyse und Steuerung von Produkten,**

338 Vgl. Fischer/Möller/Schultze (2015), S. 276. Bei langen Zeiträumen ist eine dynamische Betrachtung mit entsprechender Diskontierung auf Basis von Zahlungsreihen (Ein- und Auszahlungen) sinnvoll. Methodisch können hier die Verfahren zur dynamischen Investitionsrechnung genutzt werden. Bei kurzen Zeiträumen ist auch eine statische Betrachtung auf Grundlage von Durchschnittskosten und -erlösen möglich. Vgl. Schulte/Schreiber (2018), S. 181 ff.

339 Vgl. Fischer/Möller/Schultze (2015), S. 276 in Anlehnung an Coenenberg/Fischer/Günther (2016), S. 611 ff.

340 Vgl. Coenenberg/Fischer/Günther (2016), S. 613.

Kundenbeziehungen und genutzter Ressourcen, wie z. B. Betriebsmittel, Material oder Personal, verwendet werden.[341]

5.2.2 Vorgehensweise

Product Life Cycle Costing aus Produzentensicht

Die **Produktlebenszyklusrechnung** bzw. das **Product Life Cycle Costing** erfasst und minimiert sämtliche Anschaffungs- und Folgekosten eines Produkts über dessen Nutzungszeitraum **aus Kundensicht.** Das Product Life Cycle Costing **aus Produzentensicht** richtet sich nach dem integrierten Produktlebenszyklus, der sich dabei auf die Gesamtheit aller hergestellten Produkte eines Typs über den gesamten Lebenszyklus bezieht.[342]

Vorlauf-, Markt und Nachlaufphase

Der Lebenszyklus beginnt mit der **Vorlaufphase,** in der die Produktidee entsteht, die Konstruktion geplant sowie Produktions- und Absatzvorbereitungen vorgenommen werden. In der anschließenden **Marktphase** ist der Zeitraum vom Markteintritt bis zum Marktaustritt zusammengefasst, der die Herstellung und den Vertrieb des Produktes enthält. Im Marktzyklus werden die Einführungs-, Durchdringungs-, Sättigungs- und Degenerationsphase unterschieden. In der abschließenden **Nachlaufphase** finden sich Kundendienst, Ersatzteilgeschäft, Rücknahme und Entsorgung sowie die Desinvestition von Betriebsmitteln.[343]

Beispiel

Eine derartige kostenrechnerische Betrachtung des Gesamtlebenszyklus von Produkten ist insbesondere bei komplexen technischen Produkten sinnvoll. So nimmt z. B. die **Neuentwicklung eines Automodells** viele Monate in Anspruch und verursacht hohe Kosten; das Fahrzeugmodell wird anschließend einige Jahre produziert und vertrieben, nach dem Erwerb von Kunden in der Regel mehrere Jahre genutzt und abschließend entsorgt.[344] Wie in Abb. 36 beispielhaft dargestellt fallen in all diesen Phasen relevante Kosten und Erlöse an. Das Product Life Cycle Costing verfolgt das Ziel, sämtliche Anschaffungs- und Folgekosten

341 Vgl. Fischer/Möller/Schultze (2015), S. 276.

342 Vgl. Coenenberg/Fischer/Günther (2016), S. 613 ff.

343 Vgl. Fischer/Möller/Schultze (2015), S. 276.

344 Über den gesamten Produktlebenszyklus hinweg können auch gesetzliche Regelungen Kosten verursachen: Das Gesetz über das Inverkehrbringen, die Rücknahme und die umweltverträgliche Entsorgung von Elektro- und Elektronikgeräten (ElektroG) beispielsweise dehnt die Produktverantwortung der Hersteller im Bereich der Entsorgung von Altgeräten aus: Produzenten sind demnach zur kostenfreien Rücknahme von Elektro- und Elektronikgeräten aus privaten Haushalten, zur Abholung und zur umweltverträglichen Entsorgung verpflichtet. Vgl. Coenenberg/Fischer/Günther (2016), S. 614.

eines Produktes über den Zeitraum seiner Nutzung zu erfassen und zu minimieren.[345]

Abb. 36: *Vorlaufkosten, begleitende Kosten und Folgekosten*
Quelle: Schulte/Schreiber (2018), S. 181

Abb. 37 zeigt die **typischen Verläufe von Kosten und Erlösen** bzw. **Ein- und Auszahlungen.**[346] Mit dem Product Life Cycle Costing kann ein Unternehmen somit analysieren, ob sich z. B. eine Kostenerhöhung in den Phasen vor der Produkteinführung positiv auf Kostensenkungen in späteren Lebenszyklusphasen auswirken. Wie beim Target Costing wird dabei eine frühzeitige Beeinflussung der Kosten in der Konzept- und Entwurfsphase angestrebt, wenn ein Großteil der Kosten des Lebenszyklus festgelegt wird.[347] Ist bekannt, in welcher Phase des Produktlebenszyklus sich ein Produkt befindet, so lassen sich darüber hinaus Schlussfolgerungen über dessen zukünftige Absatzentwicklung oder Erfolgspotenziale ziehen. Das Life Cycle Costing vermeidet durch die Betrachtung der Kosten in ihrer Gesamtheit, dass Kosten der Folge- bzw. Nachlaufphase als Gemeinkosten auf andere Produkte verrechnet werden und strebt so eine **direkte Zuweisung auf das verursachende Produkt** an.[348]

345 Vgl. Schulte/Schreiber (2018), S. 181 f.; vgl. Coenenberg/Fischer/Günther (2016), S. 613 ff.
346 Vgl. Fischer/Möller/Schultze (2015), S. 276 ff. in Anlehnung an Pfohl (2002), S. 30; vgl. für eine aggregierte Darstellung z. B. Coenenberg/Fischer/Günther (2016), S. 615; vgl. Schulte/Schreiber (2018), S. 181.
347 Vgl. Friedl/Hofmann/Pedell (2017), S. 498.
348 Vgl. Fischer/Möller/Schultze (2015), S. 276.

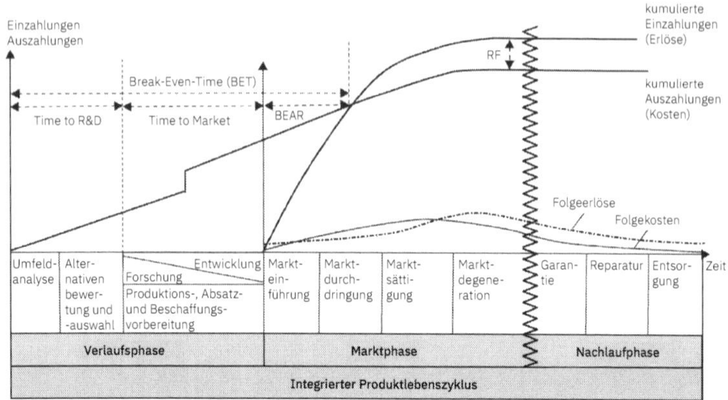

Abb. 37: *Integrierter Produktlebenszyklus*

Anmerkungen: BEAR = Break Even After Release; RF = Return Factor; R&D = Research & Development

Quelle: Fischer/Möller/Schultze (2015), S. 277; in Anlehnung an Pfohl (2002), S. 30

Product Life Cycle Costing aus Kundensicht

Bei dem **Product Life Cycle Costing aus Kundensicht** nimmt das Unternehmen die **Kundenperspektive** ein, indem es die beim Kunden anfallenden Lebenszykluskosten und den Kundennutzen analysiert. Die Lebenszykluskosten sind durch den Konsumentenzyklus gekennzeichnet, der mit dem Kauf des Produktes beginnt und mit dessen Verkauf, Stilllegung und/oder Entsorgung endet. Daher gilt es, nicht nur Anschaffungszahlungen, sondern auch Folgezahlungen zu betrachten. Die Analyseergebnisse des Life Cycle Costings lassen sich nutzen, um durch geeignete Produkt- und Konditionengestaltung die Lebenszykluskosten aus Kundensicht zu verringern oder das Verhältnis zwischen Nutzen und Lebenszykluskosten zu verbessern.[349]

Customer Life Cycle Costing

Die Lebenszyklusrechnung kann neben Produkten z. B. auch auf Anlagen, Projekte oder Kundenbeziehungen angewandt werden. Die **Kundenlebenszyklusrechnung** bzw. das **Customer Life Cycle Costing** untersucht die **Vorteilhaftigkeit von Kundenbeziehungen** sowie anfallenden Kosten während der Kundenbeziehung. Hierbei kann eine einperiodische, statische Betrachtung von einer periodenübergreifenden, dynamischen Betrachtung unterschieden werden. Die statische Betrachtung umfasst die Kundendeckungsbeitragsrechnung und Kunden-Cashflow-Rechnung und dient der operativen Steuerung von Kundenbeziehungen. Die dynamische Betrachtung umfasst **Customer Lifetime**

349 Vgl. Fischer/Möller/Schultze (2015), S. 277.

Value-Berechnungen und Customer Equity-Berechnungen und findet Anwendung im strategischen Kundenmanagement.[350]

5.2.3 Abgrenzung und Praxiseinsatz

Zwischen den Kosten der verschiedenen Lebenszyklen bestehen vielfach enge Beziehungen. In einer Reihe von Fällen verhalten sich beispielsweise die Anschaffungs- und die Nutzungskosten substitutional zueinander. Vor allem zeigt sich häufig, dass in der Entwicklungsphase ein großer Anteil seiner späteren Kosten festgelegt wird.[351] Dieser Zusammenhang untermauert die Notwendigkeit einer integrierten Betrachtung, die bei einzelnen Projekten bis in die Entwicklungsphase hineinreicht. Hierzu bietet das Lebenszykluskonzept wichtige Ansatzpunkte.[352]

Eine relativ starke Verbreitung hat die Lebenszyklusrechnung bei **Unternehmen mit wenigen, erfolgsentscheidenden Produkten** gefunden, wie es in der **industriellen Großserienproduktion** häufig gegeben ist.[353] In Bezug auf den Einsatz anderer Instrumente des Kostenmanagements zeigt sich, dass die Lebenszyklusrechnung deutlich häufiger eingesetzt wird, wenn auch das Target Costing angewendet wird.[354]

5.3 Gemeinkostenwertanalyse

Gemeinkostenwertanalyse

Die **Gemeinkostenwertanalyse bzw. Overhead Value Analysis** stellt eine Methode zur Senkung der Gemeinkosten dar. Sie wurde ursprünglich durch die Unternehmensberatung McKinsey eingeführt und ist auf eine aperiodische Beeinflussung der Gemeinkosten von Unternehmen

350 Vgl. Fischer/Möller/Schultze (2015), S. 279.

351 Vgl. Wübbenhorst (1984), S. 130 ff.; für eine graphische Darstellung vgl. auch Preißner (2010), S. 329. Als Erfahrungswert wird genannt, dass eine Kostenerhöhung um eine Geldeinheit für Produktkonzeption, -konstruktion und -entwicklung später acht bis zehn Geldeinheiten im Produktions- und Vertriebsbereich erspart. Vgl. Coenenberg/Fischer/Günther (2016), S. 613 ff.

352 Vgl. Küpper/Friedl/Hoffmann/Pedell (2013), S. 627.

353 Vgl. Friedl/Hofmann/Pedell (2017), S. 499.

354 Dies ist das Ergebnis einer Umfrage bei 120 deutschen Unternehmen aus unterschiedlichen Branchen mit einem Mindestumsatz von 38,5 Mio. Euro und einer Belegschaft von mindestens 250 Mitarbeitern. Vgl. Friedl/Hofmann/Pedell (2017), S. 500 f. in Anlehnung an Knauer/Möslang (2015), S. 160 ff.

ausgerichtet.[355] Im Rahmen der Methode wird das Verhältnis von Kosten und Nutzen jeder Leistung der Gemeinkostenbereiche untersucht.[356] Häufig wird eine starke Kostensenkung, z. B. um 30–40 %, angestrebt.[357]

5.3.1 Methodischer Ansatz

Zielsetzung

Das Ziel der Gemeinkostenwertanalyse ist es, die erforderlichen Leistungen zu den **niedrigsten Kosten bei gleicher Qualität** zu erbringen. Dieses wird zum einen durch eine Steigerung der **Effektivität** verfolgt, indem sämtliche bisherigen Prozesse der Gemeinkostenbereiche im Hinblick auf ihren Beitrag zur Erfüllung übergeordneter Zielsetzungen neu zu begründen und nicht wirklich erforderliche Leistungen zu streichen sind. Zum anderen soll für die effektiven Leistungen eine Verbesserung ihrer **Effizienz** erreicht werden. Hierbei ist zu prüfen, ob diese Leistungen derzeit zu den geringstmöglichen Kosten erstellt werden oder ob kostengünstigere Alternativen existieren.[358]

Projektorganisation

Die Durchführung einer GWA setzt die vorherige Errichtung einer **eigene Projektorganisation** mit mehreren Funktionsträgern voraus. Typische Funktionsträger einer Gemeinkostenwertanalyse sind der **Lenkungsausschuss, die Projektleitung, das Analyseteam und die Leiter der Untersuchungseinheiten.**[359]

5.3.2 Vorgehensweise

Vorbereitungs-, Analyse- und Realisierungsphase

Die Durchführung der Gemeinkostenwertanalyse lässt sich in folgende Phasen unterteilen:

355 L.D. Miles entwickelte aufgrund der Materialknappheit gegen Ende des Zweiten Weltkrieges im Auftrag von General Electric die Wertanalyse, die die Grundlage für die Gemeinkostenwertanalyse darstellt. In Deutschland wird diese Methode seit Mitte der 1970er-Jahre insb. in größeren Unternehmen angewendet. Vgl. Coenenberg/Fischer/Günther (2016), S. 926; vgl. Fischer/Möller/Schultze (2015), S. 440.

356 Vgl. Schulte/Schreiber (2018), S. 176 ff.; vgl. Küpper/Friedl/Hoffmann/Pedell (2013), S. 449 ff.

357 Ein derart hoher Zielwert birgt die Gefahr, dass er unrealistisch ist und dann eher zu Demotivation führt. Andererseits werden bei niedriger Zielsetzung eventuell auch nur geringfügige Einsparungen erreicht. Vgl. Schulte/Schreiber (2018), S. 176 ff.; vgl. Küpper/Friedl/Hoffmann/Pedell (2013), S. 449 ff.

358 Vgl. vgl. Preißner (2010), S. 317 ff.; vgl. Coenenberg/Fischer/Günther (2016), S. 926.

359 Vgl. Coenenberg/Fischer/Günther (2016), S. 926 f.

1) Vorbereitungsphase;
2) Analysephase, unterteilt in die vier Schritte:
   a) Strukturierung von Leistungen und Kosten;
   b) Entwicklung von Einsparungsideen;
   c) Bewertung der Einsparungsideen;
   d) Konkretisierung von Aktionsprogrammen;
3) Realisierungsphase.[360]

1) Vorbereitungsphase

Vorbereitungsphase

In einer Vorbereitungsphase werden die Projektziele in Form von Budgeteinsparungen sowie die zu untersuchenden Bereiche und Projektteams festgelegt. Die Vorbereitungsphase dient somit der Schaffung der Projektorganisation, der Planung des Projekts und der Schulung der Projektbeteiligten.[361] In der Regel ist eine Steuerung und Koordination des Projekts erforderlich, die durch externe Berater oder interne Spezialisten erfolgen kann.[362]

2) Analysephase

Analysephase

Schritt 1: Strukturierung von Leistungen und Kosten

Im **ersten Schritt der Analysephase** werden die Leistungen der zu untersuchenden Bereiche erfasst. Dazu werden von den beteiligten Bereichsleitern sämtliche von ihrem Bereich erzeugten Leistungen sowie deren Empfänger angegeben. So gehören z. B. die Kundenbetreuung oder die Verkaufsabwicklung zu wesentlichen Leistungen eines Vertriebsbereichs. Anschließend werden die für die Erstellung der Leistungen anfallenden Kosten erfasst.[363] Hierzu werden die Tätigkeiten der Mitarbeiter den Leistungen dieses Bereichs zugeordnet, indem die aufgebrachten Arbeitszeiten durch eine zeitlich befristete Selbstaufschreibung erfasst werden. Die Erfassung der Arbeitszeiten dient der Verrechnung der Personalkosten auf die unterschiedlichen Leistungen.[364]

360 Vgl. Coenenberg/Fischer/Günther (2016), S. 927.
361 Vgl. Roever (1982), S. 251.
362 Interne Mitarbeiter haben den Vorteil, dass sie das Unternehmen kennen, und sie sind in der Regel die deutlich kostengünstigere Lösung. Externe Berater hingegen sind nicht „betriebsblind“ und besitzen idealerweise bereits Erfahrungen bei der Durchführung von Gemeinkostenwertanalysen. Vgl. Schulte/Schreiber (2018), S. 177.
363 Fischer/Möller/Schultze (2015), S. 440.
364 Da die Personalkosten im Gemeinkostenbereich den größten Kostenblock darstellen, genügt es für die verhältnismäßig weniger bedeutsamen Sachkosten, diese proportional zu den verrechneten Personalkosten den Leistungen zuzurechnen. Vgl. Coenenberg/Fischer/Günther (2016), S. 928, vgl. Friedl (2009), S. 230, vgl. Preißner (2010), S. 317 ff.

Schritt 2: Entwicklung von Einsparungsideen

Im Rahmen des **zweiten Schritts** erfolgt die Überprüfung von Effektivität und Effizienz des erstellten Leistungskatalogs durch die Bereichsleiter gemeinsam mit ihren Leistungsabnehmern. Hierbei wird gefordert, **Einsparungsideen** zu entwickeln, um die gegenwärtigen Kosten um etwa 40 % zu reduzieren. Durch die Vorgabe eines hohen Anspruchsniveaus sollen auch bislang als unantastbar wahrgenommene Leistungen hinterfragt und alle Beteiligten zur Entwicklung von möglichst unkonventionellen und kreativen Einsparungsvorschlägen motiviert werden.[365] Grundsätzlich wird untersucht, ob eine Rationalisierung, die Verminderung oder der Entfall von Leistungen möglich ist. Diese Ideensuche erfolgt im Rahmen von moderierten Workshops.[366] So könnten bspw. durch den Einsatz einer neuen Software die Kosten für die Kundenbetreuung deutlich sinken, da die Kundendaten besser aufbereitet werden.

Schritt 3: Bewertung der Einsparungsideen

Im **dritten Schritt der Analysephase** sind die entwickelten Einsparungsideen hinsichtlich ihrer Realisierbarkeit anhand der Kriterien Kosteneinsparungserwartung, Risiko und Realisierbarkeit zu bewerten.[367] Zur Beurteilung des Risikos eines Vorschlags sind dessen mögliche negative Auswirkungen, deren Bedeutung für das Unternehmen und deren Eintrittswahrscheinlichkeiten abzuschätzen. Anschließend sind die Vorschläge zu **priorisieren** und als **A-, B- oder C-Vorschläge** zu deklarieren.[368]

Schritt 4: Konkretisierung von Aktionsprogrammen

Der **vierte Schritt der Analysephase** dient dazu, die A-Vorschläge in Form von detailliert festgelegten Aktionsprogrammen zu konkretisieren und hinsichtlich ihrer zeitlichen Realisierung zu planen. Auf Basis dieser konkreten Programme entscheidet der Lenkungsausschuss über deren Durchführung. Die bewilligten **Aktionsprogramme dienen als Grundlage der Budgetanpassung** für die untersuchten Gemeinkostenbereiche.[369]

Realisierungsphase

3) Realisierungsphase

In der **Realisierungsphase** werden die verabschiedeten Maßnahmen umgesetzt. Im Rahmen dieser Phase sind u. a. die identifizierten Kostentreiber in der Unternehmensstruktur abzubauen und der Personalbestand anzupassen.

365 Vgl. Coenenberg/Fischer/Günther (2016), S. 928.
366 Für eine graphische Darstellung vgl. Preißner (2010), S. 322.
367 Fischer/Möller/Schultze (2015), S. 440.
368 Vgl. Coenenberg/Fischer/Günther (2016), S. 928; vgl. Vgl. Preißner (2010), S. 322.
369 Vgl. Friedl (2009), S. 232; vgl. Coenenberg/Fischer/Günther (2016), S. 928.

5.3.3 Abgrenzung und Praxiseinsatz

Die Gemeinkostenwertanalyse stellt eine **strukturierte Methode zur Senkung von Gemeinkosten** dar, die sich **in der Praxis bewährt** hat. Insgesamt zeigen Erfahrungsberichte, dass üblicherweise mit einem Erfolg bei der Gemeinkostenwertanalyse mit Kostensenkungen in Höhe von 10–20 % zu rechnen ist.[370] Da diese Form der Planung insbesondere die indirekten Leistungsbereiche adressiert, sind von der Gemeinkostenwertanalyse häufig Verwaltun4gsbereiche betroffen.[371]

Akzeptanzprobleme

Trotzdem weist die Gemeinkostenwertanalyse auch **verschiedene Nachteile** auf. Kritisch ist anzumerken, dass insbesondere die Umsetzung der Gemeinkostenwertanalyse die Mitarbeit und Beteiligung und damit auch die Akzeptanz aller Betroffenen voraussetzt. Ein hohes Einsparziel führt jedoch immer zu **Ängsten in der Belegschaft.**[372] Da die Einsparungsvorschläge von den Mitarbeitern der untersuchten Bereiche entwickelt werden sollen, haben diese praktisch ihre eigenen Leistungen in Frage zu stellen. Es wäre denkbar, dass Mitarbeiter ihre Aufgaben unbedingt rechtfertigen wollen, um nicht als Ergebnis ein niedrigeres Budget oder gar eine Gefährdung ihres derzeitigen Arbeitsplatzes befürchten zu müssen. Es besteht folglich ein generelles Problem hinsichtlich der **Objektivität von Ergebnissen** aus einer Gemeinkostenwertanalyse.[373]

hohe Kosten

Zudem ist die Durchführung einer Gemeinkostenanalyse **sehr aufwändig,** da sie die Errichtung einer eigenen Projektorganisation erfordert.[374] Insbesondere beim Einsatz externer Berater verursacht diese Methode zunächst hohe Kosten. Auch dadurch eignet sich die Methode vor allem für größere Unternehmen.[375]

reiner Einsparungsfokus

Außerdem liegt der Fokus der Gemeinkostenwertanalyse allein auf der Kostenreduktion, wohingegen **mögliche Nutzensteigerungen** aus Leis-

370 Vgl. Roever (1982), S. 251 f. Vgl. auch Coenenberg/Fischer/Günther (2016), S. 929 oder Fischer/Möller/Schultze (2015), S. 440.

371 Vgl. Fischer/Möller/Schultze (2015), S. 440.

372 Da in der Regel die Personalkosten einen erheblichen Teil der Gemeinkosten ausmachen, ist die Durchführung einer Gemeinkostenwertanalyse oftmals mit einem deutlichen Personalabbau verbunden. Mitarbeiter fürchten um ihren Arbeitsplatz und im Extremfall wäre bspw. denkbar, dass ein Mitarbeiter durch seine Unterstützung der Gemeinkostenwertanalyse seinen eigenen Arbeitsplatz gefährden würde. Vgl. Fischer/Möller/Schultze (2015), S. 440; vgl. Schulte/Schreiber (2018), S. 179.

373 Vgl. Friedl (2009), S. 232 f.; vgl. Coenenberg/Fischer/Günther (2016), S. 929.

374 Vgl. Küpper/Friedl/Hoffmann/Pedell (2013), S. 452.

375 Vgl. Schulte/Schreiber (2018), S. 179.

tungen mit verhältnismäßig geringeren Mehrkosten **nicht in die Betrachtung** einbezogen werden.[376]

5.4 Weitere Methoden des Kostenmanagements

Im fünften Kapitel wurden mit dem Target Costing, dem Life Cycle Costing sowie der Gemeinkostenwertanalyse drei ausgewählte Verfahren des Kostenmanagements näher erläutert. Zum Kostenmanagement zählen darüber hinaus eine **Vielzahl weiterer Verfahren und Methoden,** die dem Controlling i. e. S. zuzurechnen sind und von denen hier nur einige wenige beispielhaft erwähnt werden sollen.[377]

Zero Based Budgeting

Auch mit dem **Zero Base Budgeting** wird das Ziel der Gemeinkostenreduzierung verfolgt. Häufig werden im Rahmen einer Planung Vergangenheitswerte fortgeschrieben; der Blick in die Zukunft orientiert sich an der Historie. Dies kann dann dazu führen, dass auch Unwirtschaftlichkeiten in der Zukunft Bestand haben, was durch Zero Base Budgeting verhindert werden soll. Es wird gedanklich so getan, als ob das Geschäft eines Unternehmens von Null an auf der „grünen Wiese“ neu gestartet wird.[378] Dadurch soll die Fortschreibung von Vergangenheitsdaten verhindert werden. Die Aufgaben von Abteilungen werden so im Planungsprozess hinterfragt und ggf. neu festgelegt. Für diese Aufgaben werden dann die erforderlichen Budgetmittel definiert.[379]

Die Durchführung kann in drei Schritten erfolgen, indem zunächst Entscheidungseinheiten definiert werden, aus denen im zweiten Schritt Entscheidungspakete entwickelt werden, die im dritten Schritt zu priorisieren sind.[380]

Benchmarking

Ein **Benchmark ist ein** Vergleichsmaßstab bzw. eine Richt- oder Orientierungsgröße. Als **Benchmarking** wird ein kontinuierlicher Management- und Verbesserungsprozess bezeichnet, bei dem systematisch Strategien, kritische Erfolgsfaktoren, Funktionen und Prozesse und die damit erzeugten Produkte und Dienstleistungen des eigenen Unternehmens mit Leistungsführern verglichen werden, mit dem Ziel, Leistungsunterschiede zu identifizieren und Lernprozesse zu formulieren und um-

376 Vgl. Fischer/Möller/Schultze (2015), S. 440.

377 Vgl. für weitere Instrumente z. B. Weber/Schäffer (2016), S. 158 ff. oder Walter/Wünsche (2013), S. 277 ff.

378 Vgl. Weber/Schäffer (2016), S. 334; vgl. auch Fischer/Möller/Schultze (2015), S. 440 f.

379 Vgl. Schreiber/Schulte (2018), S. 183.

380 Für eine detaillierte Darstellung der Vorgehensweise vgl. z. B. Schreiber/Schulte (2018), S. 183, Graumann (2017), S. 438 ff. oder Preißner (2010), S. 323.

zusetzen.[381] Es lassen sich z. B. Produkte, Prozesse oder Methoden anderer Unternehmen (**externes Benchmarking**) oder auch anderer Teilbereiche des gleichen Unternehmens (**internes Benchmarking**) mit den eigenen Produkten oder Praktiken vergleichen. Hierdurch sollen Handlungsempfehlungen gewonnen werden, um eine gegebene Situation zu verbessern. Die Grundidee des Benchmarking ist es, von den besten zu lernen.[382]

Cost Benchmarking

Cost Benchmarking zielt darauf ab, das **Kostenniveau durch einen vorherigen Vergleich zu reduzieren.** Zielsetzung ist daher zunächst, Informationen zu gewinnen, um Möglichkeiten für Kostenreduzierungen aufzudecken. Ein **internes Benchmarking** wird i. d. R. wegen der sensiblen Daten (Kosten) häufiger realisiert. Bei einem **externen Benchmarking** können Mitbewerber oder auch Unternehmen anderer Branchen Vergleichspartner sein. Aufgrund des Konzepts „vom Besten lernen wollen" ist es häufig nicht ausreichend, nur die Konkurrenzunternehmen zu betrachten.

Benchmarking wird häufig **in Kombination mit der Prozesskostenrechnung** in den indirekten Bereichen der Unternehmen (z. B. in Verwaltungskostenstellen) eingesetzt, hierdurch ist auch ein branchenübergreifender Vergleich sinnvoll und möglich, denn Informationen über die Kosten für den Prozess der Bilanzerstellung eines branchenfremden Unternehmens sind sicherlich weit weniger sensibel als die Produktionskosten des Mitbewerbers.[383]

Kaizen Costing

Kaizen ist eine fernöstliche Philosophie und bedeutet sinngemäß **„Veränderung zum Besseren"**. Es stellt ein Maßnahmenbündel dar, mit dem die kontinuierliche Qualitätsverbesserung und Kostensenkung erreicht werden soll. Kaizen richtet sich insbesondere an die Mitarbeiter und verlangt ein ständiges Mitdenken und die Unterbreitung von Verbesserungsvorschlägen. Letztendlich hat Kaizen Costing zum Ziel, alle **Kostensenkungspotenziale zu realisieren** und mit Unterstützung der Mitarbeiter zur „Null Fehler-Qualität" zu gelangen.[384]

Im Unterschied zum Cost Benchmarking stehen hierbei nicht große, jeweils einmalige Kostensenkungsmaßnahmen im Vordergrund, sondern vielmehr eine **permanente Kostensenkung in kleinen Schritten.** Im Mittelpunkt stehen anders als beim Cost Benchmarking nicht die

381 Vgl. Camp (1994), S. 13.

382 Vgl. Drosse (2014), S. 215, vgl. zum Benchmarking auch detailliert Fischer/Möller/Schultze (2015), S. 279 ff. oder Horváth/Gleich/Voggenreiter (2012), S. 257 ff. oder Preißner (2010), S. 337 ff.

383 Vgl. Drosse (2014), S. 215 f.

384 Vgl. Drosse (2014), S. 216.

Kosten direkt, sondern die ablaufenden Prozesse im Unternehmen. Über die **Verbesserung der Arbeitsabläufe** sollen Kosten gesenkt werden können.[385]

Praxiseinsatz

Empirische Untersuchungen bei deutschen und schweizerischen Großunternehmen zeigen, dass seit den 1990er Jahren eine deutliche Zunahme im Anwendungsgrad von Kostenmanagementinstrumenten zu beobachten ist, wobei das **Benchmarking** in den Unternehmen am weitesten verbreitet ist.[386] Abb. 38 gibt einen Überblick über die Verbreitung von Kostenmanagementansätzen in der Praxis:[387]

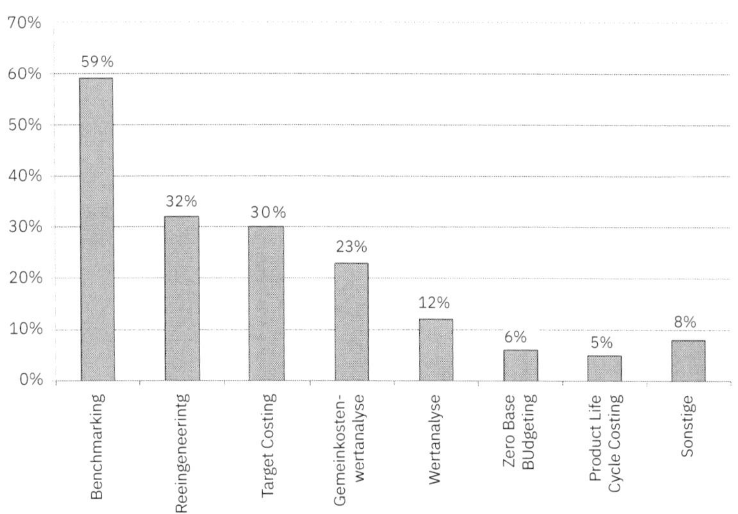

Abb. 38: *Verbreitung von Kostenmanagementansätzen in der Praxis*
Quelle: Schulte/Schreiber (2018), S. 183; in Anlehnung an Himme (2009), S. 405

Neben dem Benchmarking werden vor allem **Target Costing** und **Gemeinkostenwertanalyse** in der Praxis genutzt. Der gegenüber dem Benchmarking geringere Verbreitungsgrad dürfte auf die höhere Komplexität dieser Instrumente und die schwierigere Anwendbarkeit zu-

385 Vgl. Drosse (2014), S. 216.
386 Vgl. Fischer/Möller/Schultze (2015), S. 237 f.
387 Vgl. Schreiber/Schulte (2018), S. 183 in Anlehnung an Himme (2009), S. 405. Vgl. auch detailliert Günther (2018), S. 543 ff. oder Fischer/Möller/Schultze (2015), S. 238 f. in Anlehnung an Kajüter (2005), S. 79 ff. oder Coenenberg/Fischer/Günther (2016), S. 597.

rückzuführen zu sein.[388] **Zero Base Budgeting** und **Lebenszykluskostenrechnung** folgen mit relativ großem Abstand.

Beim **Reengineering** handelt es sich um einen Ansatz aus der Organisationstheorie zur Optimierung von Prozessen (Business Process Reengineering), bei der **Wertanalyse** (Value Engineering, Value Analysis) um einen ingenieurwissenschaftlichen Ansatz zur Kostensenkung.[389]

Alle Methoden dienen zwar dem **Ziel der Kostensenkung,** Einsatzbereiche und Vorgehensweisen unterscheiden sich jedoch deutlich, so dass in der Unternehmenspraxis jeweils eine **individuelle Auswahl** zu treffen ist.[390]

388 Vgl. Kajüter (2005), S. 92.
389 Beide Instrumente werden hier nicht näher dargestellt, da sie nicht zum Kostenmanagement i. e. S. gehören. Vgl. Schreiber/Schulte (2018), S. 183.
390 Vgl. Schreiber/Schulte (2018), S. 183.

6 Fragen, Übungsaufgaben und Fallstudien

Fragen und Übungsaufgaben unterscheiden sich dadurch, dass mit den **Fragen eine Wiederholung** des Stoffes beabsichtigt ist – die Antworten können im Text nachgeschlagen werden –, während die **Übungsaufgaben eine Anwendung** des Stoffes darstellen; ihre Lösungen sind im Lösungsteil zu finden.

6.1 Fragen und Übungsaufgaben zu Kapitel 1

6.1.1 Fragen und Übungsaufgaben zu Kapitel 1.1

Fragen zu Kapitel 1.1:

- Worin besteht die Aufgabe jedes Betriebes?
- Was versteht man unter dem Finanzprozess?
- Was versteht man unter dem „Betriebswirtschaftlichen Rechnungswesen"?
- Welches sind die Erkenntnisobjekte des betriebswirtschaftlichen Rechnungswesens?
- Welches sind die Aufgaben des betriebswirtschaftlichen Rechnungswesens?
- Geben Sie Beispiele für die jeweiligen Aufgaben des betriebswirtschaftlichen Rechnungswesens sowie der Kosten- und Erlösrechnung.

Übungsaufgabe 1.1/1:

Kreuzen Sie hier (wie auch bei den folgenden Multiple-Choice-Aufgaben) alle richtigen Aussagen an.

Die Aufgaben des betriebswirtschaftlichen Rechnungswesens bestehen unter anderem in

a) □ der Kontrolle von Wirtschaftlichkeit und Rentabilität des Betriebes.
b) □ der Festlegung der langfristigen Unternehmensziele.
c) □ dem Vergleich des tatsächlichen mit dem gewünschten Betriebsgeschehen.
d) □ der Bereitstellung von Unterlagen für die Disposition der Geschäftsleitung.
e) □ der Kontrolle der Liquidität.
f) □ der Entwicklung von Werbestrategien.
g) □ der Durchführung von Maßnahmen zur Verbesserung der Vermögens- und Ertragslage.

h) ☐ der Entwicklung neuer Produkte.
i) ☐ der Sicherung des reibungslosen Ablaufs des Betriebsgeschehens.

Übungsaufgabe 1.1/2:

Die Kostenrechnung

a) ☐ hat u. a. die Aufgabe der Wirtschaftlichkeitskontrolle.
b) ☐ kalkuliert die betrieblichen Leistungen einmal pro Jahr, meistens zum 31.12. des Jahres.
c) ☐ wird auch Betriebsabrechnung genannt.
d) ☐ ist gewöhnlich wie die Finanzbuchhaltung eine Jahresrechnung.
e) ☐ stellt innerhalb der Kostenartenrechnung fest, wo die Kosten angefallen sind.

Übungsaufgabe 1.1/3:

Von den folgenden Aussagen treffen einige zu, andere nicht. Kennzeichnen Sie die zutreffenden Aussagen durch Abhaken, und korrigieren Sie die unzutreffenden nach folgendem Muster:

	Die ~~Kostenrechnung~~ liefert die wichtigsten Daten für die Erstellung der Handelsbilanz.	**Korrektur:** Finanzbuchhaltung
a)	Die Finanzbuchhaltung ist vorwiegend als Informationsquelle für die Unternehmensleitung bestimmt.	
b)	Die Kostenrechnung dient der Kontrolle der Wirtschaftlichkeit.	
c)	Die Fragestellung der Kostenartenrechnung lautet: Wofür sind welche Kosten in welcher Höhe pro Stück angefallen?	
d)	Zur Kontrolle der Rentabilität ist am besten die Finanzbuchhaltung geeignet.	
e)	Die kurzfristige Erfolgsrechnung ist aussagefähiger als die GuV der Finanzbuchhaltung, weil sie die Kosten nach Kostenarten und die Betriebserträge nach Kostenträgern differenziert und in der Regel eine Quartalsrechnung ist.	

	Korrektur:
f) Der ausschüttbare Gewinn wird in der Betriebsbuchhaltung ermittelt.	
g) Die Finanzbuchhaltung hat u. a. die wichtige Aufgabe, den Jahreserfolg durch Gegenüberstellung von Ertrag und Kosten zu ermitteln.	

6.1.2 Fragen und Übungsaufgaben zu Kapitel 1.2

Fragen zu Kapitel 1.2:

- Gliedern Sie das betriebswirtschaftliche Rechnungswesen in Abhängigkeit vom Rechnungsziel.
- Welche Ziele verfolgt die Bilanzrechnung/die Kosten- und Erlösrechnung/die Investitionsrechnung/die Finanzrechnung?
- Wer sind die Adressaten der Bilanzrechnung/der Kosten- und Erlösrechnung/der Investitionsrechnung/der Finanzrechnung?
- Was unterscheidet die Kosten- von der Erlösrechnung?
- In welche Teilbereiche mit welchen Aufgaben gliedert sich die Kostenrechnung?
- Welches sind die Aufgaben der kurzfristigen Erfolgsrechnung?

Übungsaufgabe 1.2/1:

Die Finanzbuchhaltung

a) □ hat u. a. die Aufgabe der Wirtschaftlichkeitskontrolle.
b) □ wird auch Geschäftsbuchhaltung genannt.
c) □ wird gewöhnlich als Monatsrechnung durchgeführt.
d) □ dient u. a. der Aufstellung des Jahresabschlusses.
e) □ arbeitet aufgrund gesetzlicher Vorschriften mit Planwerten und ist deshalb ein hervorragendes Kontrollinstrument.

Übungsaufgabe 1.2/2:

Die kurzfristige Erfolgsrechnung

a) □ hat u. a. die Aufgabe der Rentabilitätskontrolle.
b) □ ist gewöhnlich eine Monatsrechnung.
c) □ gestattet Aussagen über die Erfolgsquellen, wenn sie nach dem Gesamtkostenverfahren auf Teilkosten-Basis arbeitet.
d) □ ist für jeden Betrieb gesetzlich vorgeschrieben.

Übungsaufgabe 1.2/3:

Skizzieren Sie die wesentlichen Unterschiede zwischen Finanzbuchhaltung und Kostenrechnung.

6.1.3 Fragen und Übungsaufgaben zu Kapitel 1.3

Fragen zu Kapitel 1.3:

- Definieren Sie die folgenden Stromgrößen:
  - Einzahlung
  - Betriebsertrag
  - Ausgabe
  - Kosten
  - Ertrag
  - Auszahlung
  - Aufwand
- Welche Bestandsgrößen gehören zu obigen Stromgrößen? Erläutern Sie diese Bestandsgrößen.
- Welche Synonyme kennen Sie für Ausgabe und Einnahme?
- Was versteht man unter Unkosten?
- Warum ist die Ebene III in Abb. 4 das Feld der Finanzbuchhaltung?
- Welche Voraussetzungen müssten erfüllt sein, damit die Ebenen I und II stets übereinstimmen?
- Welche Voraussetzungen müssten erfüllt sein, damit die Ebenen II und III stets übereinstimmen?
- Welche Voraussetzungen müssten erfüllt sein, damit die Ebenen III und IV stets übereinstimmen?
- Was versteht man unter neutralem Aufwand, und in welche Unterarten lässt er sich gliedern?
- Geben Sie jeweils ein Beispiel für die verschiedenen Arten des neutralen Aufwands.
- Was versteht man unter kalkulatorischen Kosten, und in welche beiden Hauptgruppen kann man sie unterteilen?
- Geben Sie einige Beispiele für kalkulatorische Kostenarten.
- Was versteht man unter der sachlichen und kalkulatorischen Abgrenzung?
- Worin besteht der Unterschied zwischen Zweckaufwand und Grundkosten?
- Erläutern Sie den kalkulatorischen Betriebsertrag und geben Sie ein Beispiel dafür.

Übungsaufgabe 1.3/1:

Wie verändert sich das Geldvermögen, wenn ein Unternehmen einen Kredit in bar aufnimmt?

Übungsaufgabe 1.3/2:

Wie unterscheidet sich die Definition des Begriffs „Erfolg“ in der Finanzbuchhaltung und der kurzfristigen Erfolgsrechnung?

Übungsaufgabe 1.3/3:

Gliedern Sie den neutralen Ertrag in Analogie zum neutralen Aufwand und geben Sie jeweils ein Beispiel für die verschiedenen Arten des neutralen Ertrags.

Übungsaufgabe 1.3/4:

Durch welche der 18 Fälle aus der Abb. 4 lassen sich folgende Geschäftsvorgänge charakterisieren?

a) Verkauf von Fertigerzeugnissen ab Lager auf Ziel.
b) Ein Kreditnehmer zahlt die Kreditsumme in bar zurück.
c) Ein Kunde leistet eine Vorauszahlung auf bestellte Erzeugnisse per Scheck.
d) Akkordlöhne für die laufende Abrechnungsperiode werden vom Kontokorrent überwiesen.
e) Die Stromrechnung der laufenden Periode für ein betrieblich nicht genutztes Gebäude geht ein und wird verbucht.

Übungsaufgabe 1.3/5:

Ein Unternehmen kauft im Mai Rohstoffe auf Ziel und legt sie auf Lager. Für den Rechnungsbetrag erhält der Lieferant im Juni einen Wechsel. Im Juli werden die Rohstoffe für Produktionszwecke verbraucht. Im Oktober wird der Wechsel bar eingelöst.

Wann entstehen die entsprechenden Auszahlungen, Ausgaben, Aufwendungen und Kosten, wenn als Abrechnungsperiode

a) der Kalendermonat und
b) das Kalenderjahr

gewählt wird?

Übungsaufgabe 1.3/6:

Eine Unternehmung produziert im Januar Fertigfabrikate und verkauft sie im März auf Ziel. Der Kunde überweist den Rechnungsbetrag im April.

In welchen Monaten entstehen die entsprechenden Betriebserträge, Erträge, Einnahmen und Einzahlungen?

Übungsaufgabe 1.3/7:

Welche Voraussetzung muss stets erfüllt sein, damit Ausgabe und Aufwand nicht in der gleichen Periode entstehen?

Übungsaufgabe 1.3/8:

Geben Sie ein Beispiel für einen betrieblichen Vorgang, der in der gleichen Periode zu

c) Auszahlungen, Ausgaben, Aufwand und Kosten
d) Einzahlungen, Einnahmen, Ertrag und Betriebsertrag

führt.

Übungsaufgabe 1.3/9:

Geben Sie ein Beispiel für

- Aufwand, keine Kosten
- Kosten, kein Aufwand
- Aufwand gleich Kosten
- Einzahlung, keine Einnahme
- Aufwand, keine Ausgabe
- Einnahme, kein Ertrag

Übungsaufgabe 1.3/10:

Folgende Geschäftsvorfälle treten während des Monats März auf. Ermitteln Sie mit Hilfe einer Tabelle die Höhe der Auszahlungen, Ausgaben, Aufwendungen, Kosten, Einzahlungen, Einnahmen, Erträge und Betriebserträge für den Monat März sowie die Veränderungen der entsprechenden Bestandsgrößen:

e) Anlieferung von 3.000 kg des Rohstoffs X zu 8 €/kg.
f) Barverkauf von im März produzierten Waren im Werte von 12.000 €.
g) Überweisung der Löhne und Gehälter für März von 16.700 € sowie einer Nachzahlung für Februar in Höhe von 3.300 €.
h) Gutschrift von 25.000 € auf dem Bankkonto. Sie stammen vom Kunden C, der für diesen Betrag im Januar Waren bezogen hatte.
i) Verkauf einer gebrauchten Maschine für 6.800 € auf Ziel. Der Verkaufspreis liegt 1.800 € über dem bilanziellen Buchwert.

j) Mahnung des Lieferanten des Rohstoffs X. Die Geschäftsleitung entscheidet, Mitte April zu überweisen.

k) Barkauf von Kleinmaterial im Wert von 5.000 €.

l) Eingang einer Rechnung über 700 € des Steuerberaters, der Anfang März ein Gutachten zur geplanten Umwandlung der Einzelunternehmen in eine GmbH angefertigt hatte.

m) Versand und Inrechnungstellung von im März produzierten Waren im Wert von 48.500 € an Großabnehmer G, der diese im Januar mit 40.000 € angezahlt hatte. Der Rest wird im März mit Scheck beglichen.

n) Spende an die Kirchengemeinde von 300 € in bar.

o) Für den Firmeninhaber wird kalkulatorischer Unternehmerlohn in Höhe von 8.000 € pro Monat verrechnet.

p) Außerdem fallen im März sonstige Kosten in Höhe von 11.000 € an, die zugleich Aufwand sind, aber nicht in diesem Monat zu Ausgaben und Auszahlungen führen.

q) Die Finanzbuchhaltung (Lagerbuchhaltung) gibt folgende wertmäßigen Inventur-Endbestände (Anfangsbestände in Klammern) an:

Rohstoff X	=	14.000 €	(2.000 €)
Kleinmaterial	=	1.000 €	(2.000 €)
Waren	=	45.000 €	(30.000 €)

Abweichend von den obigen bilanziellen Werten werden für die Warenbestände aufgrund des anteilig enthaltenen kalkulatorischen Unternehmerlohns für Zwecke der Betriebsergebnisrechnung (kurzfristigen Erfolgsrechnung) 50.000 € (32.000 €) angesetzt.

Übungsaufgabe 1.3/11:

Von den folgenden Aussagen treffen einige zu, andere nicht. Kennzeichnen Sie die zutreffenden Aussagen durch Abhaken, und korrigieren Sie die unzutreffenden nach folgendem Muster:

	Korrekturen:
Eine ~~Ausgabe~~ liegt dann vor, wenn Güter und Dienstleistungen verbraucht werden.	Aufwand

a) Wenn liquide Mittel abfließen, ohne dass Güter verbraucht worden sind, dann ist Fall 1 laut Abb. 5 gegeben.

b) Einnahmen und Erträge einer Periode fallen immer dann auseinander, wenn der Zugang liquider Mittel kleiner oder größer als der Umsatz dieser Periode ist.

c) Wenn der Anfangsbestand eines Rohstoffes in einer Periode kleiner als der Endbestand ist, so bedeutet dies, dass eine Einzahlung stattgefunden haben muss.
d) Immer dann, wenn Lagerbestandsveränderungen stattfinden, fallen Ausgaben und Auszahlungen auseinander.
e) Anderskosten sind kalkulatorische Kosten, denen Aufwand in anderer Höhe gegenübersteht.
f) Eine Gutschrift auf dem Bankkonto ist nur dann gleichzeitig ein Ertrag, wenn in der gleichen Periode ein Veräußerungsvorgang stattgefunden hat.
g) Bei der Inanspruchnahme von Dienstleistungen sind die Aufwendungen gleich den Kosten.

Übungsaufgabe 1.3/12:

Zum 1.1. eines Jahres hat eine Unternehmung folgende Bestände:

Kasse	=	1.000
Forderungen	=	12.000
Verbindlichkeiten	=	6.000

Ermitteln Sie die Höhe des Geldvermögens (und seiner Bestandteile) zum 30.6. d. J., wenn folgende Daten bekannt sind:

- Die Forderungen und Verbindlichkeiten vom 1.1. sind am 30.4. und 11.5. bezahlt worden.
- Umsätze werden in Höhe von 100.000 € ausgeführt, wovon 44.000 € nicht sofort bezahlt werden.
- Einkäufe werden in Höhe von 70.000 € getätigt, wovon 26.000 € nicht sofort bezahlt werden.

Übungsaufgabe 1.3/13:

Wie verändern sich das Gesamtvermögen und seine Bestandteile Sachvermögen und Geldvermögen bei folgenden Geschäftsvorfällen?

a) Kauf einer Maschine gegen bar
b) Banküberweisung von Löhnen
c) Kauf von Rohstoffen auf Ziel
d) Abschreibung einer Maschine
e) Verkauf einer Maschine über Buchwert auf Ziel
f) Begleichung einer Verbindlichkeit per Scheck
g) Verbrauch von gelagertem Material

h) Verkauf von Dienstleistungen in bar
i) Produktion und Lagerung von Halbfabrikaten.

6.2 Fragen und Übungsaufgaben zu Kapitel 2

6.2.1 Fragen und Übungsaufgaben zu Kapitel 2.1

Fragen zu Kapitel 2.1:

- Definieren Sie den wertmäßigen Kostenbegriff.
- Erläutern Sie die wesentlichen Merkmale des wertmäßigen Kostenbegriffs.
- Welche anderen Kostenauffassungen kennen Sie?

Übungsaufgabe 2.1/1:

Wie verändert sich das Geldvermögen, wenn ein Unternehmen einen Kredit in bar aufnimmt?

Inwiefern geht aus der Definition des wertmäßigen Kostenbegriffs bereits die Zweiteilung in variable und fixe Kosten hervor?

Übungsaufgabe 2.1/2:

Definieren Sie den (I) wertmäßigen (II) pagatorischen (III) entscheidungsorientierten Kostenbegriff durch Zuordnung von Merkmalen und Personennamen.

Merkmale		Personennamen	
1)	Güterverzehr	a)	Riebel
2)	Bewertung zum Aufwand	b)	Koch
3)	Leistungsbezogenheit	c)	Schmalenbach
4)	Bewertung zu Opportunitätskosten	d)	Rieger

6.2.2 Fragen und Übungsaufgaben zu Kapitel 2.2

Fragen zu Kapitel 2.2:

- Worin besteht die Aufgabe der Produktions- und Kostentheorie?
- Worin besteht der Unterschied zwischen der Produktions- und der Kostentheorie?
- Was gibt eine Produktionsfunktion an?
- Was versteht man unter einer Kostenfunktion?
- Skizzieren Sie in ihren Grundzügen die Ableitung einer Kosten- aus einer Produktionsfunktion.

- Nennen Sie einige Kostenbestimmungsfaktoren.
- Welche Möglichkeiten des Gesamtkostenverlaufs kann man grundsätzlich unterscheiden? Erläutern Sie diese Möglichkeiten.
- Definieren Sie den Begriff „variable Kosten“.
- Was sind Grenzkosten?
- Wie verlaufen die Grenzkosten bei intervallfixem Kostenverlauf?
- Was sind Durchschnittskosten?
- Wie verlaufen die Durchschnittskosten bei proportionalem Kostenverlauf?
- Wie kann man Durchschnitts- und Grenzkosten graphisch aus dem Gesamtkostenverlauf bestimmen?
- Konstruieren Sie jeweils ein Zahlenbeispiel für die verschiedenen Arten von Gesamtkostenverläufen und errechnen Sie die zugehörigen Durchschnitts- und Grenzkosten.
- Worin besteht der Unterschied zwischen den Produktionsfaktoren, die den Produktionsfunktionen vom Typ A und B zugrunde liegen?
- Erläutern Sie die s-förmige Gesamtkostenfunktion und ihren produktionstheoretischen Hintergrund.
- Erläutern Sie die lineare Gesamtkostenfunktion und ihren produktionstheoretischen Hintergrund.
- Wo liegen beim ertragsgesetzlichen Kostenverlauf die Minima der
  - Grenzkosten,
  - variablen Durchschnittskosten und
  - gesamten Durchschnittskosten?
- Was versteht man unter dem Betriebsminimum und dem Betriebsoptimum?
- Welche Arten von Preisuntergrenzen lassen sich unterscheiden?
- Was gibt eine Verbrauchsfunktion an?
- Was gibt eine „engineering production function“ an?
- Wo liegen beim linearen Kostenverlauf die Minima der
  - Grenzkosten,
  - variablen Stückkosten,
  - fixen Stückkosten und
  - gesamten Stückkosten?
- Ist für die industrielle Produktion der ertragsgesetzliche oder der lineare Gesamtkostenverlauf repräsentativ?

- Worin bestehen die Unterschiede zwischen den Kostenverläufen nach den Produktionsfunktionen vom Typ A und B?
- Welche Ausbringungsmenge würden Sie produzieren, wenn Sie beim Vorliegen eines s-förmigen Gesamtkostenverlaufs Ihr Gewinnmaximum erreichen sollen?

Übungsaufgabe 2.2/1:

Wie verläuft die Gesamtkostenfunktion, wenn die Durchschnittskosten (k) kontinuierlich degressiv verlaufen?

Übungsaufgabe 2.2/2:

Wie verläuft die Gesamtkostenfunktion, wenn die Grenzkosten kontinuierlich ansteigen?

Übungsaufgabe 2.2/3:

Geben Sie jeweils ein (anderes als im Text angegebenes) Beispiel für Kostenarten, die sich

- proportional,
- degressiv,
- progressiv,
- regressiv,
- fix und
- intervallfix verhalten.

Übungsaufgabe 2.2/4:

Berechnen Sie für die (lineare) Gesamtkostenfunktion $K = 20 + 0{,}7x$ die

- gesamten Stückkosten
- variablen Stückkosten
- fixen Stückkosten
- Grenzkosten
- Gesamtkosten

jeweils für die Ausbringungsmengen von 20 bzw. 50 Stück.

Übungsaufgabe 2.2/5:

Bei welcher Ausbringungsmenge werden bei obigem Kostenverlauf (Übungsaufgabe 2.2/4) die gesamten Stückkosten (k) erstmals kleiner als die variablen Stückkosten (k_v)?

Übungsaufgabe 2.2/6:

Errechnen Sie für die s-förmige Gesamtkostenfunktion $K = 200 + 10x - 0{,}5x^2 + 0{,}01x^3$ die

- gesamten Stückkosten
- variablen Stückkosten
- fixen Stückkosten
- Grenzkosten

für die Ausbringungsmenge von 10 Stück bzw. das 10. Stück. Interpretieren Sie das Ergebnis, insbesondere in Hinblick auf die errechneten Grenzkosten.

Übungsaufgabe 2.2/7:

Eine Betriebsabteilung produziert 100 Leistungseinheiten zu gesamten Durchschnittskosten (k) von 30 € pro Einheit. Die Grenzkosten dieser Abteilung betragen 20 € und sind konstant. Wie lautet die Gesamtkostenfunktion dieser Abteilung?

Übungsaufgabe 2.2/8:

Für die Kostenfunktion $K = 10 + 15x - 0{,}9x^2 + 0{,}03x^3$ sind folgende kritische Kostenpunkte zu errechnen:

- Minimum der Grenzkosten
- Betriebsminimum
- Betriebsoptimum

Geben Sie für diese Kostenpunkte sowohl die Ausbringungsmengen als auch die jeweilige Stückkostenhöhe an. Ersatzweise kann die Lösung auch graphisch ermittelt werden.

Übungsaufgabe 2.2/9:

Wo liegen für die Betriebsabteilung mit der Kostenfunktion $K = 20 + 0{,}7x$ die kurzfristige und die langfristige Preisuntergrenze?

Übungsaufgabe 2.2/10:

Wie lassen sich intervallfixe Kosten in der Praxis erklären?

Übungsaufgabe 2.2/11:

Der Stückpreis eines Produktes beträgt 10 € und die gesamten Stückkosten 6 €; darin sind 2 € an anteiligen Fixkosten enthalten. Wie groß sind

- Deckungsbeitrag,
- Bruttogewinn,
- Nettogewinn?

Übungsaufgabe 2.2/12:

Eine Maschine produziert 100 Stück zu gesamten Stückkosten von k_{100} = 15€ und 200 Stück zu k_{200} = 12,50€. Wie lautet die (lineare) Gesamtkostenfunktion dieser Maschine?

Übungsaufgabe 2.2/13:

Eine Gegenüberstellung von Kosten und Ausbringung eines Maschinenherstellers erbrachte bei mehreren Stichproben folgende Werte:

Maschinen	x	1	2	5	10	20
Kosten (in T€)	K	252	252	300	900	6.750

Die Kostenfunktion wurde daraufhin mit

$$\text{K(x)} = 250 + 5\text{x} - 4x^2 + x^3$$

bestimmt. Ermitteln Sie die langfristige und kurzfristige Preisuntergrenze durch Aufstellung von Wertetabellen.

Übungsaufgabe 2.2/14:

Für die Herstellung eines Produktes werden zwei Maschinen zum Kauf angeboten. Auf beiden Maschinen können maximal 200 Stück gefertigt werden; ihre Kostenverläufe lauten:

$$K_1 = 175 + 3{,}5\text{x}$$

$$K_2 = 400 + 2\text{x}$$

a) Welche Maschine soll angeschafft werden, wenn man mit einer Kapazitätsauslastung von 80 % rechnet?

b) Bis zum wievielten Stück produziert welche Maschine am kostengünstigsten und warum?
Versuchen Sie, die Lösung graphisch und rechnerisch abzuleiten.

c) Spielen die unterschiedlichen Kaufpreise der Maschinen bei der Entscheidung keine Rolle?

Übungsaufgabe 2.2/15:

Ermitteln Sie graphisch für die im Folgenden abgebildete Gesamtkostenfunktion die

- gesamten Stückkosten
- variablen Stückkosten
- Grenzkosten

für die Ausbringungsmengen von 2, 6 und 11 Stück. Versuchen Sie auch, die abgeleiteten Ordinatenwerte zu den entsprechenden Funktionen zu verbinden.

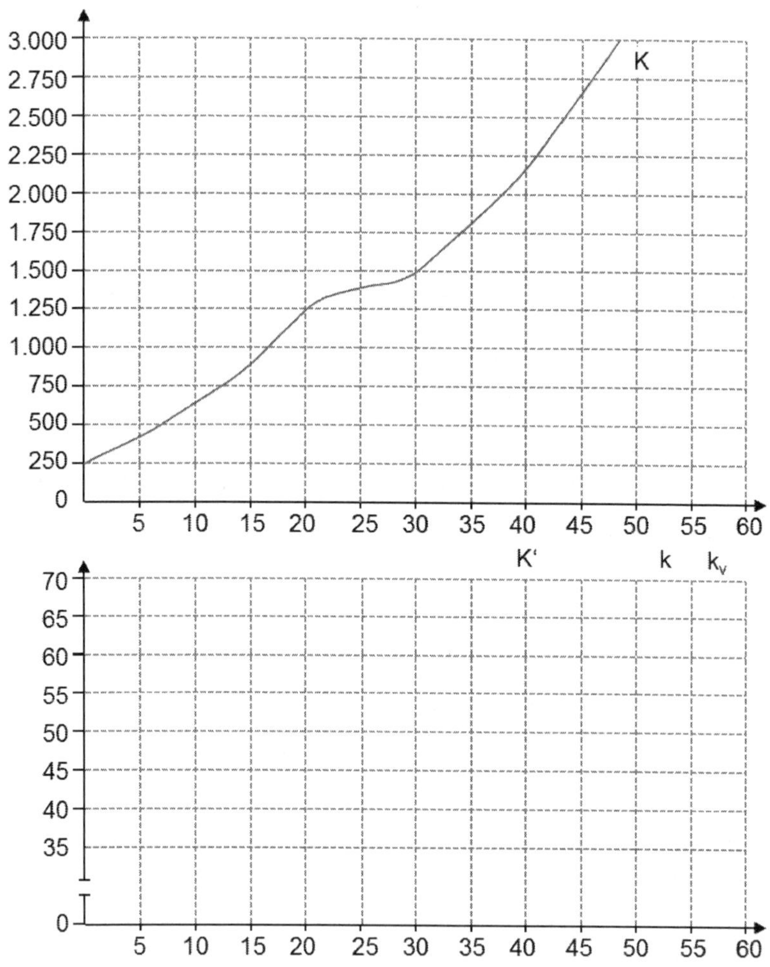

Abb. 39: *Kostenverlaufsfunktionen bei der Produktionsfunktion „Typ A"*

Übungsaufgabe 2.2/16:

Die s-förmige Gesamtkostenfunktion

a) □ hat zwei Wendepunkte.

b) □ kann die aus der Verbrauchsfunktion abgeleitete Kostenfunktion bei rein intensitätsmäßiger Anpassung sein.

c) □ ist eine Funktion dritten Grades.

d) □ kann nie im Nullpunkt beginnen.

e) □ steigt zunächst mit zunehmendem Steigungsmaß.

f) □ steigt solange degressiv, wie die Grenzkosten fallen.

Übungsaufgabe 2.2/17:

Für die Funktion der Durchschnittskosten bei s-förmigem Gesamtkostenverlauf gilt:

a) □ Sie verläuft immer unterhalb der Kurve der variablen Stückkosten.

b) □ Sie fällt noch, wenn die variablen Stückkosten schon steigen.

c) □ Ihr Minimum bezeichnet man als Betriebsminimum.

d) □ Man erhält sie durch Division der Gesamtkostenfunktion durch die ausgebrachte Menge.

e) □ Der Abszissenwert ihres Minimums wird durch den Tangentialpunkt der Geraden aus dem Ursprung an die Gesamtkostenkurve bestimmt.

f) □ Sie erreicht ihr Minimum im Schnittpunkt mit der Grenzkostenkurve.

g) □ Sie fällt solange, wie die Fixkostendegression noch nicht durch die Progression der variablen Stückkosten überkompensiert ist.

h) □ Sie ist eine Funktion zweiten Grades.

Übungsaufgabe 2.2/18:

Für die Grenzkostenfunktion bei s-förmigem Gesamtkostenverlauf und Gültigkeit des Ertragsgesetzes gilt:

a) □ Sie erreicht ihr Minimum im Schnittpunkt mit der variablen Stückkostenkurve.

b) □ Sie zeigt, welche Kostenzuwächse die Produktion einer jeweils weiteren Einheit verursacht.

c) □ Sie verläuft bis zum Wendepunkt der Gesamtkostenfunktion unterhalb der Kurve der variablen Stückkosten.

d) □ Sie ist eine Funktion zweiten Grades.

e) □ Sie ergibt sich mathematisch aus der 1. Ableitung der Durchschnittsfunktion.

f) □ Sie fällt, weil der Grenzertrag des variablen Faktors abnimmt.

g) □ Sie liegt immer oberhalb der Durchschnittskostenfunktion.

Übungsaufgabe 2.2/19:

Für die Kostenfunktionen bei linearem Gesamtkostenverlauf gilt:

a) □ Gesamtkostenkurve und Grenzkostenkurve laufen immer parallel.

b) □ Die Stückkostenkurve verläuft degressiv.

c) □ Die Fixkostendegression ist an der Kurve der variablen Stückkosten abzulesen.

d) □ Die Grenzkostenfunktion kann niemals mit der Funktion der variablen Stückkosten und der Funktion der gesamten Stückkosten zusammenfallen.

e) □ Die Kurve der fixen Stückkosten verläuft degressiv und immer unterhalb der Stückkostenkurve.

f) □ Die Grenzkostenkurve ist identisch mit der Kurve der variablen Stückkosten.

Übungsaufgabe 2.2/20:

Ein Betriebsteil mit der Kostenfunktion K = 24.000 + 5x kann pro Periode maximal 12.000 Stück herstellen. Um wie viel Prozent steigen die bei Vollbeschäftigung geltenden gesamten Stückkosten, wenn die Beschäftigung um 20 % sinkt?

Übungsaufgabe 2.2/21:

Ermitteln Sie für folgende Kostenfunktion K = 3x + 20

a) die gesamten Stückkosten
b) die variablen Stückkosten

für die Ausbringungsmengen von 25 und von 40 Stück.

Übungsaufgabe 2.2/22:

Bei welcher Ausbringungsmenge sind

a) die fixen Stückkosten gleich den fixen Gesamtkosten ($k_F = K_F$)?
b) die fixen Stückkosten k_F am niedrigsten?
c) die Stückkosten k (bei linearer Gesamtkostenfunktion) am niedrigsten?

Übungsaufgabe 2.2/23:

Die Gesamtkosten eines Betriebes betragen bei einer Produktionsmenge von 40 Stück 400 € und von 70 Stück 550 €. Wie hoch sind die Fixkosten dieses Betriebes und wie hoch sind die variablen (konstanten) Stückkosten?

Übungsaufgabe 2.2/24:

Ein Gesamtkostenverlauf gehorcht folgender Funktion: K = 500 + 6x.

Wie hoch sind bei einer Ausbringungsmenge von 100 bzw. 500 Stück

a) die Grenzkosten,
b) die variablen Stückkosten,
c) die gesamten Stückkosten,
d) die Gesamtkosten?

Übungsaufgabe 2.2/25:

Die Grenzkosten einer Betriebsabteilung sind konstant und betragen 10 €. Die gesamten Stückkosten bei einer Ausbringungsmenge von 10 betragen 15 €. Wie lautet die Gesamtkostenfunktion?

Übungsaufgabe 2.2/26:

Berechnen Sie für folgende Kostenfunktion das Minimum der Grenzkosten, das Betriebsminimum, das Betriebsoptimum und das Gewinnmaximum. Geben Sie jeweils die Ausbringungsmenge und die Kostenhöhe pro Stück an:

$$K = 200 + 13{,}5x - 0{,}75x^2 + 0{,}05x^3$$

Übungsaufgabe 2.2/27:

Wie lautet die Formel der (linearen) Gesamtkostenfunktion, wenn bei einer Ausbringungsmenge von 200 Einheiten die gesamten Stückkosten 4 € und bei einer Ausbringungsmenge von 300 Einheiten die Grenzkosten 3 € betragen?

6.2.3 Fragen und Übungsaufgaben zu Kapitel 2.3

Fragen zu Kapitel 2.3:

- Nennen und erläutern Sie die Grundprinzipien der Kostenverrechnung.
- Inwiefern hat das Verursachungsprinzip auch für die Kostenartenrechnung Gültigkeit?
- Wo ist das Verursachungsprinzip nicht mehr anwendbar, und welches sind die praktischen Konsequenzen daraus?

- Was versteht man unter dem Deckungsbeitrag eines Produktes?
- Worin besteht der Unterschied zwischen Deckungsbeitrag, Bruttogewinn und Nettogewinn?
- Wie lautet die Fragestellung des Durchschnittsprinzips?

Übungsaufgabe 2.3/1:

Das Verursachungsprinzip (als Kausalitätsprinzip)

a) □ besagt, dass einem einzelnen Kostenträger nur jene Kosten zugerechnet werden dürfen, die dieser durch seine Erstellung verursacht hat.
b) □ wird bei Anwendung des Durchschnittsprinzips durchbrochen.
c) □ führt bei konsequenter Anwendung zu einer Teilkostenrechnung.
d) □ ist identisch mit dem Identitätsprinzip RIEBELs.
e) □ beinhaltet das Tragfähigkeitsprinzip als Spezialfall.
f) □ ist im Mehrprodukt-Betrieb überhaupt nicht anwendbar.
g) □ versagt bei der Verrechnung der Fixkosten auf die Kostenträger.

Übungsaufgabe 2.3/2:

Das Tragfähigkeitsprinzip

a) □ ist ein Spezialfall des Verursachungsprinzips für die Erlöszurechnung.
b) □ ist ein Spezialfall des Durchschnittsprinzips für absatzpreisabhängige Schlüsselgrößen.
c) □ führt bei konsequenter Anwendung zu einer Grenzkostenrechnung.
d) □ führt zu Ergebnissen, die für Kontroll- und Planungszwecke ungeeignet sind.
e) □ unterstellt eine in der Realität nicht vorhandene Proportionalität zwischen Kosten einerseits und Absatzpreisen bzw. Deckungsbeiträgen andererseits.
f) □ führt im Einprodukt-Betrieb zu verursachungsgerechten Ergebnissen.
g) □ findet u. a. bei der Kuppelkalkulation praktische Anwendung.

Übungsaufgabe 2.3/3

Ein Betrieb stellt bei Fixkosten von insgesamt 20.000 € drei Produktarten mit den folgenden Daten her:

Produktart	Produktions- und Absatzmenge (Stück)	Absatzpreis (€/Stück)	Variable Kosten (€/Stück)	Gewicht (kg/Stück)
1	1.000	10,00	9,00	2
2	1.000	10,00	3,00	6
3	2.000	30,00	9,00	4

Ermitteln Sie die Fixkosten pro Stück für jede der drei Produktarten nach

a) dem Verursachungsprinzip (nach kausaler Interpretation),

b) dem Durchschnittsprinzip

   b1) mit der Stückzahl als Schlüsselgröße,

   b2) mit dem Gewicht als Schlüsselgröße,

c) dem Tragfähigkeitsprinzip

   c1) mit den Absatzpreisen als Schlüsselgröße,

   c2) mit den Deckungsbeiträgen als Schlüsselgröße.

Übungsaufgabe 2.3/4:

Ein Unternehmen produziert drei Produktarten und ermittelt folgende Zahlen:

	1	2	3
p	16 €	11 €	30 €
k_v	9 €	11 €	10 €
x	5.000	300	1.000

Die gesamten Fixkosten (K_F) betragen 27.500 € und sind nach dem Tragfähigkeitsprinzip im Verhältnis der Bruttogewinne auf die Produkte zu verteilen. Wie hoch sind die Nettogewinne pro Stück bei jeder Produktart?

6.3 Fragen und Übungsaufgaben zu Kapitel 3

6.3.1 Fragen und Übungsaufgaben zu Kapitel 3.2

Fragen zu Kapitel 3.2:

- Worin besteht die Aufgabe der Kostenartenrechnung?
- Nach welchen Kriterien lassen sich die Gesamtkosten eines Betriebes einteilen? Geben sie mindestens fünf Gliederungsmöglichkeiten an.
- Welche betrieblichen Funktionen unterscheidet man?
- Wie werden die Kosten nach der Art der verbrauchten Produktionsfaktoren gegliedert?

- Was sind Einzel- und Gemeinkosten, und welches Kriterium liegt dieser Zweiteilung zugrunde?
- Was versteht man unter
  - unechten Gemeinkosten,
  - Sondereinzelkosten?
- Sind Gemeinkosten immer Fixkosten, oder sind Fixkosten immer Gemeinkosten?
- Sind variable Kosten immer Einzelkosten, oder sind Einzelkosten immer variable Kosten?
- Unterscheiden Sie primäre und sekundäre Kosten, und geben Sie jeweils mindestens einen synonymen Ausdruck an.
- Welches ist das Hauptkriterium bei der Einteilung der Kosten für Zwecke der Kostenartenrechnung?
- Welche Grundsätze sind bei der Kostenartenrechnung zu beachten, und was besagen sie?
- Was versteht man unter dem GKR, und welche Bedeutung hat er für den Betrieb?
- In welcher Klasse des GKR sind die Kostenarten enthalten?
- Skizzieren Sie in groben Zügen die Erfassung der Materialkosten.
- Welche Methoden zur Erfassung des mengenmäßigen Materialverbrauchs kennen Sie?
- Nach welchen Methoden kann der Materialverbrauch bewertet werden?
- Erläutern Sie ausführlich die Vor- und Nachteile der
  - Befundrechnung,
  - Fortschreibungsmethode,
  - retrograden Methode.
- Erläutern Sie die Stichtagsinventur und permanente Inventur sowie die Vor- und Nachteile beider.
- Welche beiden wichtigen Vorteile weisen Festpreis-Verfahren auf?
- Worin liegen die Nachteile der Istpreis-Verfahren?
- In welche Hauptgruppen unterteilt man die Personalkosten?
- Erläutern Sie den Unterschied zwischen Fertigungs- und Hilfslöhnen.
- Welche Unterlagen werden zur Erfassung der Lohn- und Gehaltskosten herangezogen?
- Erläutern Sie ausführlich das Verhältnis zwischen den verschiedenen Gruppen der Personalkosten und ihrer Verrechnung als Einzel- oder Gemeinkosten.

- Berücksichtigen Sie dabei auch die Unterscheidung in Fertigungs- und Hilfslöhne sowie in Akkord- und Zeitlöhne.
- Wodurch unterscheiden sich primäre und sekundäre freiwillige Sozialkosten?
- Welche Lohnformen unterscheidet man? Geben Sie jeweils eine kurze Erläuterung.
- Geben Sie jeweils mindestens zwei Beispiele für
  - gesetzliche Sozialkosten,
  - primäre freiwillige Sozialkosten,
  - sekundäre freiwillige Sozialkosten,
  - sonstige Personalkosten.
- Warum ergibt sich bei der Erfassung der Personalkosten das Problem der zeitlichen Abgrenzung, und wie wird es gelöst?
- Geben Sie einige Beispiele für Dienstleistungskosten.
- Welche Teilgruppen umfasst der Begriff der „öffentlichen Abgaben“? Skizzieren Sie diese Gruppen.
- Was versteht man unter der Äquivalenztheorie?
- Sind Steuern Kosten? Begründen Sie Ihre Antwort.
- Was besteuert die Einkommensteuer und was die Körperschaftsteuer?
- Geben Sie einige Beispiele, in denen eine zeitliche Abgrenzung von Dienstleistungskosten notwendig wird.
- Warum werden kalkulatorische Kosten verrechnet? Geben Sie einige Beispiele für kalkulatorische Kosten an.
- Worin besteht der Unterschied zwischen Zusatz- und Anderskosten?
- Von wem stammt der Begriff „Anderskosten“?
- Wie lautet der zentrale Buchungssatz bei der Verbuchung der kalkulatorischen Kosten?
- Skizzieren Sie die buchhalterische Weiterverrechnung der kalkulatorischen Kosten und das damit angestrebte Ergebnis.
- Wie werden jene Aufwendungen verbucht, die den kalkulatorischen Kosten entsprechen?
- Definieren Sie allgemein den Begriff „Abschreibungen“.
- Versuchen Sie, die Abschreibungen zu systematisieren.
- Was versteht man unter kalkulatorischen Abschreibungen?
- Welches Ziel wird mit kalkulatorischen Abschreibungen verfolgt?
- Gliedern und erläutern Sie die Abschreibungsursachen.

- Warum können
  - Nachfrageverschiebungen
  - sinkende Absatzpreise

  Gründe dafür sein, ein Betriebsmittel abzuschreiben?
- Geben Sie ein Beispiel an, in dem der Ablauf eines Patentes dazu führt, Abschreibungen vorzunehmen.
- Welches sind die Hauptmethoden der Abschreibungsberechnung?
- Skizzieren Sie die lineare Methode bei Berücksichtigung eines Liquidationswertes.
- Worin besteht der Unterschied zwischen der Degression bei der arithmetisch- und geometrisch-degressiven Methode?
- Skizzieren Sie graphisch den Abschreibungs- und den Restwertverlauf für beide Varianten der degressiven Abschreibung. Erläutern Sie die Unterschiede.
- Ist die Aussage richtig, dass sowohl die lineare als auch die geometrisch-degressive Methode in jedem Jahr den gleichen konstanten Abschreibungsprozentsatz anwenden?
- Wie errechnet man den Progressionsbetrag für die arithmetisch-progressive Methode?
- Welche Methode wird warum auch
  - digitale Beschreibung,
  - unendliche Abschreibung,
  - Leistungsabschreibung

  genannt?
- Von welchen Einflussgrößen ist der für die geometrisch-degressive Methode zu wählende Prozentsatz abhängig?
- Erläutern Sie die variable Abschreibung.
- Skizzieren Sie graphisch den Restwertverlauf bei der variablen Abschreibung.
- Was versteht man unter der
  - substantiellen Abschreibung,
  - nominellen Abschreibung,
  - organischen Abschreibung,
  - Zeitwertabschreibung?
- Erörtern Sie ausführlich die Frage, mit welchen Preisen das Unternehmen die abzuschreibenden Betriebsmittel bewerten soll.

- Welche Möglichkeiten bestehen bei der Abschreibungsverrechnung, wenn sich herausstellt, dass die Nutzungsdauer falsch geschätzt wurde?
- Erörtern Sie ausführlich die Frage, welche Abschreibungsmethode nach Möglichkeit in der Kostenrechnung angewandt werden sollte. Behandeln Sie die Vor- und Nachteile jeder einzelnen Methode.
- Welche Beziehung besteht zwischen der Verrechnung von kalkulatorischen Abschreibungen und von kalkulatorischen Wagnissen?
- Welche Voraussetzungen müssen für die Anwendung der variablen Abschreibung gegeben sein?
- Kann man die lineare oder degressive Methode als Spezialfall der variablen Methode auffassen?
- Wie ist das Verhältnis von Einzel- und Gemeinkosten einerseits sowie variablen und fixen Kosten andererseits bei den verschiedenen Abschreibungsmethoden?
- Skizzieren Sie die gebrochene Abschreibung.
- Was versteht man unter „Betriebsmittelkosten"?
- Erläutern Sie die Notwendigkeit der Verrechnung kalkulatorischer Zinsen in der Kostenrechnung.
- Was versteht man unter Opportunitätskosten? Geben Sie ein Beispiel.
- Geben Sie die einzelnen Schritte an, nach denen man die kalkulatorischen Zinsen errechnet.
- Warum sind die Werte der Bilanz für den Ansatz des betriebsnotwendigen Vermögens oder Kapitals ungeeignet?
- Geben Sie einige (im Text nicht angegebene) Beispiele für nicht betriebsnotwendige Vermögensteile.
- Welche beiden Methoden der Zinsberechnung unterscheidet man, und für welche würden Sie sich aus welchen Gründen entscheiden?
- Sind kalkulatorische Zinsen
  - Einzel- oder Gemeinkosten,
  - variable oder fixe Kosten,
  - primäre oder sekundäre Kosten?
- Welchen Zinssatz würden Sie zur Berechnung der kalkulatorischen Zinsen ansetzen?
- Nehmen Sie kritisch zur Behandlung des Abzugskapitals Stellung.
- Erläutern Sie die Notwendigkeit zur Verrechnung des kalkulatorischen Unternehmerlohns in der Kostenrechnung.

- In welcher Höhe ist der kalkulatorische Unternehmerlohn
  - in einem Einzelunternehmen,
  - in einer Personenhandelsgesellschaft,
  - in einer Aktiengesellschaft

  anzusetzen?
- Geben Sie ein Beispiel für Opportunitätskostenüberlegungen bei der Berechnung des Unternehmerlohnes.
- Erläutern Sie die Notwendigkeit zur Verrechnung der kalkulatorischen Miete in der Kostenrechnung.
- In welcher Höhe würden sie die kalkulatorische Miete ansetzen? Welche Möglichkeiten bestehen hier grundsätzlich?
- Worin besteht die Notwendigkeit, kalkulatorische Wagnisse zu verrechnen?
- Was versteht man unter einem
  - allgemeinen Unternehmerrisiko
  - speziellen Einzelwagnis?
- Worin besteht zwischen beiden zuvor genannten Wagnissen der grundsätzliche Unterschied in der kostenrechnerischen Behandlung?
- Welche Einzelwagnisse werden als kalkulatorische Wagnisse erfasst?
- Welche Hauptgruppen von Einzelwagnissen kann man nach der Art des Risikos unterscheiden?
- Geben Sie jeweils ein Beispiel für jede dieser Gruppen.
- Skizzieren Sie die einzelnen Schritte bei der Berechnung der kalkulatorischen Wagnisse.

Übungsaufgabe 3.2/1:

Geben Sie (jeweils andere als im Text angegebene) Beispiele für

- Einzelkosten,
- Sondereinzelkosten der Fertigung,
- Sondereinzelkosten des Vertriebs.

Übungsaufgabe 3.2/2:

Geben Sie (jeweils andere als im Text angegebene) Beispiele für

- variable Gemeinkosten,
- fixe Gemeinkosten,
- variable Einzelkosten,
- fixe Einzelkosten.

Übungsaufgabe 3.2/3:

Für eine Reparatur sind Löhne zu zahlen. Wie kontieren Sie innerhalb der Klasse 4, wenn die Reparatur von einer eigenen Werkstatt bzw. von einem Fremdunternehmer ausgeführt wird?

Übungsaufgabe 3.2/4:

Berechnen Sie für folgende Zahlenangaben den mengenmäßigen Materialverbrauch der Abrechnungsperiode unabhängig voneinander nach allen drei im Text dargestellten Methoden und diskutieren Sie die Ergebnisse.

Anfangsbestand des Materials		:	202 kg
Zugang lt. Beleg am	1.6.	:	100 kg
Abgang lt. Beleg am	10.6.	:	150 kg
Abgang lt. Beleg am	14.6.	:	150 kg
Zugang lt. Beleg am	20.6.	:	500 kg
Abgang lt. Beleg am	20.6.	:	180 kg
Zugang lt. Beleg am	29.6.	:	400 kg
Endbestand lt. Inventur		:	690 kg

In der Abrechnungsperiode abgelieferte Stückzahlen:

Produkt 1	110 Stück
Produkt 2	480 Stück

Aufgrund der Stücklisten sind 2 kg Material in jedem Stück von Produkt 1 und 0,5 kg Material in jedem Stück von Produkt 2 enthalten. Diese Zahlen beinhalten bereits den unvermeidbaren Materialabfall.

Übungsaufgabe 3.2/5:

Berechnen sie für die Zahlenangaben der Übungsaufgabe 3.1/4 den wertmäßigen Verbrauch und Endbestand an Material zu durchschnittlichen Istpreisen für folgende Zusatzangaben:

AB zu durchschnittlichen Istpreisen			:	750,00 €
Zugang	1.6. :	Istpreis pro kg	:	4,00 €
Zugang	20.6. :	Istpreis pro kg	:	5,20 €
Zugang	29.6. :	Istpreis pro kg	:	6,00 €

Übungsaufgabe 3.2/6:

Geben Sie mindestens fünf Beispiele für Hilfslöhne.

Übungsaufgabe 3.2/7:

Wo werden die folgenden Steuern im Gemeinschaftskontenrahmen verrechnet:

- Gewerbesteuer,
- Körperschaftsteuer,
- Grundsteuer,
- Kraftfahrzeugsteuer,
- Einkommensteuer?

Übungsaufgabe 3.2/8:

Für eine Maschine mit dem Ausgangswert von 10.000 €, die bereits zwei Jahre lang abgeschrieben wurde, werden im 3. Jahr wie bisher folgende Abschreibungsbeträge verrechnet:

bilanziell : 40 % geometrisch-degressiv
kalkulatorisch : 10 % linear.

Geben Sie einen Auszug aus dem GuV-Konto dieses Jahres wieder, der die Abschreibungsverrechnung (Angabe der Gegenbuchungen in GuV) erkennen lässt.

Übungsaufgabe 3.2/9:

Für eine Anlage mit dem Ausgangswert A = 10.000€ wurde die voraussichtliche Nutzungsdauer auf n = 8 geschätzt. Nach vier Jahren stellt sich (bei linearer Abschreibung) heraus, dass die Nutzungsdauer der Anlage nur sechs Jahre betragen wird.

Stellen Sie die drei Möglichkeiten der Abschreibungsverrechnung für die restlichen Jahre tabellarisch und graphisch dar. Entscheiden Sie sich mit Begründung für eine der Möglichkeiten.

Übungsaufgabe 3.2/10:

Ausbeuterechte und Erschließungskosten für eine Tongrube haben insgesamt 800.000 € gekostet. Man rechnet mit einem etwa 5jährigen Abbau. Im ersten Jahr werden 2.900 t und im zweiten Jahr 8.120 t gefördert. Wie hoch sind in diesen beiden Jahren die variablen Abschreibungen auf die Anschaffungskosten?

Übungsaufgabe 3.2/11:

Eine Maschine hat 20.000 € gekostet. Noch vor Inbetriebnahme erhöht der Hersteller den Preis um 20 %. Man rechnet damit, dass die Maschine insgesamt 80.000 Werkstücke bearbeiten kann und danach einen Netto-Liquidationserlös von 1.600 € erbringt. Wie hoch ist die Abschreibung, wenn in der 1. Periode 12.000 Stück bearbeitet worden sind?

Übungsaufgabe 3.2/12:

Eine Laborausrüstung im Werte von 10.500 € soll in sechs Jahren digital abgeschrieben werden. Wie hoch sind die Abschreibungsbeträge dieser sechs Jahre, und wie hoch ist der Restwert am Ende des 6. Jahres?

Übungsaufgabe 3.2/13:

Eine Maschine mit dem kalkulatorischen Ausgangswert von 100.000 € wird in 4 Jahren linear abgeschrieben. Berechnen Sie die kalkulatorischen Jahreszinsen für diese vier Jahre bei einem Zinssatz von 10 % p. a. nach der Durchschnitts- und nach der Restwertmethode. Gehen Sie bei der Restwertmethode so vor, dass Sie als Restwert eines Jahres jeweils den Mittelwert aus den Restwerten am Anfang und am Ende dieses Jahres betrachten.

Übungsaufgabe 3.2/14:

Die Summe aller Aktiva in der Bilanz eines Unternehmens beträgt 600.000 €. Die Controlling-Abteilung hat das betriebsnotwendige Kapital mit 820.000 € errechnet und sucht jetzt nach der Differenz, weil ein Fehler vermutet wird. Welche Ursachen kann der Unterschied in den beiden Beträgen haben?

Übungsaufgabe 3.2/15:

Berechnen Sie die kalkulatorischen Zinsen pro Monat für die unbebauten Grundstücke mit dem Ausgangswert von 80.000 € nach der Durchschnittsmethode bei einem Zinssatz von 6 % p. a.

Übungsaufgabe 3.2/16:

Bei einem Umsatz von 20 Mio. € (davon 80 % Zielverkäufe) in den letzten vier Jahren hat das Unternehmen Forderungsverluste in Höhe von 240.000 € hinnehmen müssen. Wie hoch ist das kalkulatorische Vertriebswagnis anzusetzen, wenn der Umsatz der laufenden Abrechnungsperiode bei unveränderten Zahlungsmodalitäten 0,5 Mio. € beträgt?

Übungsaufgabe 3.2/17:

Die Zahlungen aufgrund berechtigter Gewährleistungsansprüche betrugen in einem Unternehmen in den letzten 10 Jahren 150.000 € bei Herstellkosten des Umsatzes von 7,5 Mio. €. Für die nächste Planperiode wird mit Herstellkosten des Umsatzes in Höhe von 900.000 € gerechnet. Wie ist kostenrechnerisch vorzugehen?

Übungsaufgabe 3.2/18:

In den letzten sieben Jahren hatte ein Unternehmen bei einem Umsatz von 20 Mio. €, davon 60 % auf Ziel, insgesamt 60.000 € Forderungsverluste erlitten. Für die nächste Planperiode wird mit Zielverkäufen von 4 Mio. € gerechnet. Wie ist kostenrechnerisch vorzugehen?

Übungsaufgabe 3.2/19:

Eine Maschine mit dem kalkulatorischen Ausgangswert von 80.000 € wird in fünf Jahren linear abgeschrieben. Berechnen Sie die kalkulatorischen Jahreszinsen für diese fünf Jahre bei einem Zinssatz von 10 % pro Jahr nach der Durchschnittsmethode.

Übungsaufgabe 3.2/20:

Ermitteln Sie aus den folgenden Angaben das betriebsnotwendige Vermögen zum 31.12. und die Höhe der kalkulatorischen Zinsen bei einem Zinssatz von 8 %:

	1.1.	**31.12.**
Grundstücke	108.500	157.600
Gebäude	67.000	63.000
Maschinen	98.000	102.000
Finanzanlagen (betriebsbedingt)	100.000	100.000
Forderungen aus Lieferungen und Leistungen	16.000	12.000

Übungsaufgabe 3.2/21:

Zum 31.12. eines Jahres ermittelt man den Verbrauch eines Werkstoffs nach der Inventurmethode (I) und Skontrationsmethode (S):

I:	Anfangsbestand	:	500 kg
	Summe aller Zugänge	:	800 kg
	Endbestand	:	300 kg
S:	Abgänge lt. Materialentnahmescheinen	:	800 kg

Der durchschnittliche Istpreis beträgt 4,50 € pro kg. Wie hoch ist das kalkulatorische Beständewagnis, das in der nächsten Periode verrechnet werden sollte, wenn alle Abgänge lt. Materialentnahmescheinen auch in die Produkte eingehen?

Übungsaufgabe 3.2/22:

Sie haben die Aufgabe, einen Materialentnahmeschein zur Erfassung der Materialverbrauchsmengen zu entwerfen. Welche Angaben sollten mindestens enthalten sein?

Übungsaufgabe 3.2/23:

Was unterscheidet die kalkulatorischen Kosten von anderen Kosten?

Übungsaufgabe 3.2/24:

Geben Sie einige Beispiele für variable Gemeinkosten. Begründen Sie Ihre Antwort.

Übungsaufgabe 3.2/25:

Nennen Sie mindestens ein Beispiel, bei dem die progressive Abschreibung dem tatsächlichen Werteverzehr nahe kommt, also verursachungsgerecht sein kann.

Übungsaufgabe 3.2/26:

Im Monat Dezember wurden Rohstoffe in folgender Höhe bezogen:

Datum	Menge	Preis pro Stück	Gesamtpreis
3.12.	150	8,50	1.275
10.12.	200	8,30	1.660
17.12.	120	9,00	1.080
25.12.	250	8,20	2.050

Ein Anfangsbestand war nicht vorhanden. Insgesamt wurden im Monat Dezember 600 Einheiten verbraucht. Der Verbrauch wurde mit einem festen Verrechnungspreis von 8,60 bewertet.

Wie hoch ist die Preisdifferenz zwischen dem Verbrauch, bewertet zum Verrechnungspreis, und dem mit tatsächlichen Istpreisen bewerteten Verbrauch?

Übungsaufgabe 3.2/27:

Es gelten die Beschaffungsdaten der Übungsaufgabe 3.1/26. Der Verbrauch des Rohstoffes wird nach der Methode der Rückrechnung ermittelt. Es werden drei Produkte (X, Y, Z) produziert, und zwar 200 Stück von Produkt X, 100 Stück von Produkt Y und 120 Stück von Produkt Z. Für ein Stück vom Produkt X werden 2 Einheiten vom Rohstoff benötigt, für Y lediglich 0,5 und für Z jeweils eine Einheit.

Am Jahresende wird durch Inventur festgestellt, dass sich noch 120 Einheiten des Rohstoffs auf Lager befinden.

a) Ermitteln Sie den mengenmäßigen Endbestand nach der Rückrechnungsmethode.

b) Worauf kann die Abweichung zwischen tatsächlichem und nach der Rückrechnung ermitteltem Endbestand zurückzuführen sein?

Übungsaufgabe 3.2/28:

Es sollen die Personalkosten für den Monat Januar in der Kostenrechnung ermittelt werden. Insgesamt werden zehn Arbeiter beschäftigt, die jeweils Anspruch auf einen Monat Urlaub haben. Der Stundenlohn pro Arbeiter beträgt 10 €. In jedem Monat werden 160 Arbeitsstunden pro Arbeiter angesetzt. An krankheitsbedingtem Ausfall werden pro Jahr insgesamt 320 Stunden angesetzt, für die die Firma Arbeiter kurzfristig aus einer Zeitarbeitsunternehmen zum Preis von 15 € pro Stunde entleiht. Die gesetzlichen Sozialkosten betragen voraussichtlich insgesamt 100.000 € zusätzlich. Zum Lohn, der weiter bezogen wird, wird Urlaubsgeld in Höhe von 400 € pro Jahr und Arbeiter veranschlagt. Im Dezember erhalten die Arbeiter pro Person 400 € Weihnachtsgeld. Sonstige Kosten fallen nicht an.

a) Berechnen Sie Personalkosten für den Monat Januar.

b) Wie hoch sind die Abweichungen, wenn tatsächlich im Januar 26.000 € Personalkosten entstanden sind, und worauf können diese zurückgeführt werden?

Übungsaufgabe 3.2/29:

Die Preise für eine im Betrieb genutzte und in 01 angeschaffte Maschine entwickelten sich wie folgt:

01	02	03	04
50.000	52.500	55.125	57.881,25

In den Jahren 01–04 wurden jährlich folgende Beträge als kalkulatorische Abschreibungen verrechnet:

01	02	03	04
6.250	6.562,50	6.890,63	7.235,16

a) Um welche Abschreibungsmethode handelt es sich hier, und von welcher Nutzungsdauer wird ausgegangen?

b) Wie hoch wird voraussichtlich die kalkulatorische Abschreibung im Jahre 05 sein?

Übungsaufgabe 3.2/30:

Die Abschreibungsbeträge laut Übungsaufgabe 3.1/29 reichen offensichtlich nicht aus, die Maschine am Ende der Nutzungsdauer neu zu beschaffen (gleichbleibende Preisentwicklung vorausgesetzt).

Überlegen Sie sich eine Möglichkeit, die jährlichen Abschreibungen laut Übungsaufgabe 3.1/29 so zu korrigieren, dass dennoch die aufsummierten Abschreibungsbeträge der einzelnen Perioden dem aktuellen Wiederbeschaffungswert am Ende der Nutzungsdauer entsprechen.

Übungsaufgabe 3.2/31:

Berechnen Sie den Materialverbrauch nach der Skontrations- und der retrograden Methode.

Unter welchen Voraussetzungen kann der Verbrauch nach der retrograden Methode höher sein als nach der Skontrationsmethode?

Anfangsbestand	1.3.	1.150 kg
Entnahme	11.3.	100 kg
Zugang	12.3.	200 kg
Zugang	22.3.	300 kg
Entnahme	25.3.	200 kg
Entnahme	28.3.	125 kg

Produziert wurden von Produkt 1 (1,35 kg Materialverbrauch) 145 Stück und von Produkt 2 (0,95 kg Materialverbrauch) 270 Stück.

Übungsaufgabe 3.2/32:

Ein Computersystem im Anschaffungswert von 30.000 € kann in fünf Jahren digital

oder geometrisch-degressiv mit 50 % abgeschrieben werden. Wie hoch sind die Abschreibungsbeträge nach beiden Methoden im 3. Jahr?

Übungsaufgabe 3.2/33:

Für eine Maschine liegen folgende Angaben vor:

Anschaffungskosten	15.000 €
Wiederbeschaffungskosten	18.000 €
Nutzungsdauer	4 Jahre
Leistungsvorrat	60.000 Stück

Nach einem Jahr sind mit der Maschine 11.500 Stück gefertigt worden. Welchen Abschreibungsbetrag würden Sie in der Kostenrechnung verrechnen?

6.3.2 Fragen und Übungsaufgaben zu Kapitel 3.3

Fragen zu Kapitel 3.3:

- Worin bestehen die Aufgaben der Kostenstellenrechnung?
- Erläutern sie genau, warum man versucht, mit Hilfe der Kostenstellenrechnung die Kalkulationsgenauigkeit zu verbessern.
- Definieren Sie eine Kostenstelle.
- Welche Grundsätze sind bei der Einteilung des Betriebs in Kostenstellen zu beachten?
- Inwiefern liegt ein Optimierungsproblem in der Realisierung dieser Grundsätze?
- Welchen Zwecken dient eine kalkulatorische Fehlerrechnung?
- Skizzieren Sie das Vorgehen bei einer solchen Rechnung.
- Was verstehen Sie unter einer Maßgröße der Kostenverursachung? Nennen Sie einige Beispiele.
- Stimmt die Gliederung des Betriebs in Kostenstellen überein mit der Gliederung nach
  - räumlichen Gesichtspunkten?
  - Verantwortungsgesichtspunkten?
- Von welchen Faktoren hängt die Feinheit der Kostenstellenbildung generell ab?
- Nach welchen Kriterien kann man die Kostenstellen gliedern?
- Geben Sie die verschiedenen Kostenbereiche an, und erläutern Sie ihre Aufgaben.
- Wie gliedert man die Kostenstellen nach abrechnungstechnischen Gesichtspunkten?
- Geben Sie einige Beispiele für Kostenstellen des
  - Sozialbereichs,
  - Transportbereichs,
  - Materialbereichs,
  - Vertriebsbereichs,
  - Reparaturbereichs,
  - Fertigungsbereichs,
  - Verwaltungsbereichs,

  - Energiebereichs,
  - Raumbereichs,
  - Forschungs- und Entwicklungsbereichs.
- Worin besteht der Unterschied zwischen Haupt- und Hilfskostenstellen?
- Sind Forschungsstellen Haupt- oder Hilfskostenstellen?
- Geben Sie Beispiele für
  - Hilfskostenstellen, die als Hauptkostenstellen tätig werden
  - Hauptkostenstellen, die als Hilfskostenstellen tätig werden.
- Worin besteht der Unterschied zwischen
  - Vor- und Hauptkostenstellen,
  - End- und Hilfskostenstellen,
  - Fertigungsstellen und Fertigungshilfsstellen,
  - allgemeinen Kostenstellen und Nebenkostenstellen?
- Erläutern Sie den Unterschied zwischen einem innerbetrieblichen Verrechnungssatz und einem Kalkulationssatz.
- Kann die Kostenstellenrechnung abrechnungstechnisch verschiedenartig durchgeführt werden?
- Welches sind die Aufgaben (Arbeitsschritte) des BAB?
- Wie werden die Einzelkosten im BAB behandelt?
- Skizzieren Sie chronologisch die einzelnen Arbeitsschritte des BAB.
- An welcher Stelle werden im BAB die sekundären Gemeinkosten der Hilfskostenstellen ermittelt?
- Kann man im BAB die
  - primären,
  - sekundären,
  - gesamten

  Gemeinkosten pro Hauptkostenstelle ablesen?
- Skizzieren Sie die Kostenkontrolle in der
  - Normalkostenrechnung,
  - Plankostenrechnung.
- An welcher Stelle ist der BAB in den Gemeinschaftskontenrahmen einzuordnen?
- Beschreiben Sie in den Grundzügen die Verteilung der primären Gemeinkosten auf die Kostenstellen.
- Wie erfolgt die Übernahme der sekundären Gemeinkosten aus der Kostenartenrechnung in den BAB?

- Geben Sie einige Beispiele für die direkte und indirekte Verteilung der primären Gemeinkosten auf die Kostenstellen.
- Was versteht man unter einem Kostenschlüssel, und wie unterscheidet er sich von einer Bezugsgröße?
- Geben Sie jeweils mindestens fünf Beispiele für
  - Wertschlüssel,
  - Mengenschlüssel.
- Nennen Sie für einige primäre Gemeinkostenarten die Verteilungsart und -grundlage.
- Haben Sie noch den Überblick darüber, an welcher Stelle des Arbeitsauflaufs innerhalb der gesamten Kostenrechnung Sie sich augenblicklich befinden?
- Erläutern Sie Aufgaben und Problematik der innerbetrieblichen Leistungsverrechnung.
- Geben Sie einige Beispiele für innerbetriebliche Leistungen.
- Wie werden aktivierbare innerbetriebliche Leistungen kostenrechnerisch behandelt?
- Wodurch unterscheiden sich die aktivierbaren von den nicht aktivierbaren innerbetrieblichen Leistungen?
- Was versteht man unter der Interdependenz des innerbetrieblichen Leistungsaustausches?
- Nennen Sie die Verfahren der innerbetrieblichen Leistungsverrechnung.
- Beschreiben Sie das Gleichungsverfahren, und nehmen Sie eine kritische Würdigung vor.
- Wie wird das Gleichungsverfahren auch genannt?
- Erläutern Sie den Aufbau der Kostenüberwälzungsgleichung. Was muss darin gleich sein?
- Sind die Verrechnungssätze nach dem Gleichungsverfahren immer höher als diejenigen, die man erhält, wenn man die Primärkosten der Hilfskostenstelle durch die Gesamtleistung dividiert?
- Wird im Gleichungsverfahren auch der Eigenverbrauch der Kostenstellen berücksichtigt?
- Erörtern Sie die Anwendungsmöglichkeiten des Gleichungsverfahrens unter Kostenkontrollaspekten.
- Beschreiben Sie (genau) das Stufenleiterverfahren und nehmen Sie eine kritische Würdigung vor.
- Geben Sie synonyme Ausdrücke für das Stufenleiterverfahren an.

- Warum heißt das Stufenleiterverfahren „Stufenleiterverfahren"?
- Wird im Stufenleiterverfahren der Eigenverbrauch erfasst?
- Unter welchen Voraussetzungen sind die Ergebnisse nach dem Gleichungs- und Stufenleiterverfahren identisch?
- Was bedeutet das Symbol xji beim Anbauverfahren?
- Beschreiben Sie das Anbauverfahren, und nehmen Sie eine kritische Würdigung vor.
- Unter welchen Voraussetzungen sind die Ergebnisse nach dem
  - Stufenleiter- und Anbauverfahren,
  - Gleichungs- und Anbauverfahren

  identisch?
- Lässt sich allgemein behaupten, dass die sekundären Gemeinkosten der Hilfskostenstellen beim Anbauverfahren höher sind als die beim Gleichungsverfahren?
- In welcher Weise sollte man aus Zweckmäßigkeitsgründen die Hilfskostenstellen beim
  - Stufenleiterverfahren,
  - Anbauverfahren,
  - Gleichungsverfahren

  im BAB anordnen?
- Wie wirkt sich der systematische Fehler des Stufenleiterverfahrens auf die Kalkulation aus?
- Skizzieren Sie die Richtung der Leistungsströme bei den Verfahren der innerbetrieblichen Leistungsverrechnung.
- Worin besteht der Unterschied zwischen dem Gleichungsverfahren und einem Festpreisverfahren?
- Erläutern Sie den Begriff der „Gemeinkostenaufträge".
- Welchen Zweck verfolgt man mit der Bildung von Kalkulationssätzen?
- Wie lautet die Formel zur Ermittlung eines
  - Istkalkulationssatzes auf Vollkostenbasis,
  - Plankalkulationssatzes auf Grenzkostenbasis?
- Was versteht man unter einer Bezugsgröße? Nennen Sie einige Beispiele.
- Wann werden mehrere Bezugsgrößen pro Kostenstelle verwandt? Nennen Sie einige Beispiele.
- Welches ist die „Bezugsgröße" für die Fixkosten?

- Erläutern Sie die Bezugsgrößen, die üblicherweise verwandt werden im
  - Allgemeinen Bereich,
  - Materialbereich,
  - Fertigungsbereich,
  - Vertriebsbereich,
  - Verwaltungsbereich.
- Was versteht man unter der sogenannten „Maschinenstundensatzrechnung“?
- In welchem Maße kann das Verursachungsprinzip in diesen Bereichen eingehalten werden?

Übungsaufgabe 3.3/1:

In einer Werkhalle befinden sich drei gleichartige Revolverdrehbänke und zwei gleichartige Karusselldrehbänke. Für jede dieser Maschinen ist eine Beschäftigung von 300 Monatsstunden vorgesehen; die entsprechenden Plan-Gemeinkosten betragen pro Revolverdrehbank 3.600 € und pro Karusselldrehbank 5.400 €.

Wie würden sie die Kostenstelleneinteilung für diese Halle vornehmen, wenn die Produkte alternativ auf einer der Drehbänke bei gleicher Zeit bearbeitet werden und eine kalkulatorische Fehlergrenze von 10 % nicht überschritten werden darf?

Übungsaufgabe 3.3/2:

Stellen Sie für das Gleichungsverfahren bei vier Hilfskostenstellen die einzelnen Gleichungen in allgemeiner Form dar, und kennzeichnen Sie darin die Ausdrücke für den Eigenverbrauch jeder Kostenstelle sowie die wertmäßigen Leistungen der zweiten an die vierte Kostenstelle.

Übungsaufgabe 3.3/3:

Errechnen Sie für folgende Angaben die innerbetrieblichen Verrechnungssätze nach dem Gleichungsverfahren:

- Kostenstelle 1 erzeugt 250 Leistungseinheiten bei 750 € primären Gemeinkosten
- Kostenstelle 2 erzeugt 150 Leistungseinheiten bei 1.000 € primären Gemeinkosten
- Kostenstelle 1 gibt 100 Leistungseinheiten an Kostenstelle 2 ab und erhält 50 Leistungseinheiten von 2

Übungsaufgabe 3.3/4:

Berechnen Sie für das in Tab. 5 dargestellte Beispiel 2 die Verrechnungssätze nach dem Gleichungs-, Stufenleiter- und Anbauverfahren bei umgekehrter Reihenfolge der Kostenstellen.

Übungsaufgabe 3.3/5:

Für die folgenden Angaben ist nach bereits durchgeführter Verteilung der primären Gemeinkosten der ‚Rest'-BAB aufzustellen und sind die Kalkulationssätze zu ermitteln:

Kostenstelle	Primäre Gemeink.	Stromverbrauch in kWh	Wasserverbr. in cbm	Verbrauch Rep.std.
Strom	2.800	-	60	-
Wasser	1.200	-	-	-
Reparatur	800	1.000	100	-
Material	3.000	2.000	100	20
Meisterbüro	2.000	500	-	-
Fertigung I	8.000	4.000	400	120
Fertigung II	11.000	3.000	400	-
Verwaltung	4.500	1.800	50	18
Vertrieb	2.500	2.000	90	62

- Die Kostenstellen sind für das Stufenleiterverfahren in einer zweckmäßigen Reihenfolge zu ordnen.
- Die Umlage der Hilfskostenstellen erfolgt nach den obigen Verbrauchsmengen.
- Die Umlage des Meisterbüros erfolgt im Verhältnis 1 : 2 auf Fertigung I und II.
- Folgende Bezugsgrößen gelten für die Hauptkostenstellen:
  Material: 18.000 € Einzelmaterialkosten
  Fertigung I: 2.100 Maschinenstunden
  Fertigung II: 670 Akkordstunden.

Die Verwaltungs- und Vertriebsgemeinkosten sind als einheitlicher Zuschlag auf die Herstellkosten (ohne Sondereinzelkosten) in Höhe von 83.000 € zu verteilen.

Übungsaufgabe 3.3/6:

Vervollständigen Sie den folgenden ‚Rest'-BAB durch die innerbetriebliche Leistungsverrechnung (nach dem Stufenleiterverfahren) und ermitteln Sie die

Kalkulationssätze. Alle erforderlichen Angaben finden sich in der unteren Tabelle.

Kostenstelle	Summe	Gebäude	Werkst.	Fert.I	Fert.II	Mei-bü.	Verw.	Vertr.
Primäre Gemeinkosten		5.000	12.000	42.000	16.000	4.000	25.000	8.000
Umlage Gebäude								
Umlage Werkstatt								
Umlage Meisterbüro								

Kostenstelle	Summe	Gebäude	Werkst.	Fert.I	Fert.II	Mei-bü.	Verw.	Vertr.
Gesamte Gemeinkosten								
Bezugsgrößen				114.000	700		170.000	
Kalkulationssätze								
Umlage Gebäude (nach m²)		-	2.000	4.000	2.000	1.000	500	500
Umlage Werkstatt (nach Rep.-std.)			-	200	50	-	-	10
Umlage Mei-bü. (2:1 auf I und II)				2	1			
Art der Bezugsgröße				€ Akkordl.	Masch. std.		€ Herstellk. des Umsatzes	

Anmerkung: In der oberen Tabelle sind mit Ausnahme der 700 Maschinenstunden nur €-Beträge angegeben; in der unteren nur Mengengrößen (m² bzw. Reparaturstunden).

Übungsaufgabe 3.3/7:

Mit welcher Größe muss (nach der innerbetrieblichen Leistungsverrechnung) die Summe der Gemeinkosten aller Hauptkostenstellen übereinstimmen?

Übungsaufgabe 3.3/8:

Worin besteht der Unterschied zwischen primären und sekundären Kosten?

Übungsaufgabe 3.3/9:

Errechnen Sie die innerbetrieblichen Verrechnungssätze für folgende Angaben nach

a) dem Gleichungsverfahren:
b) dem Anbauverfahren:

Stromstelle erzeugt 5.000 kWh bei 30.000 € primären Gemeinkosten.

Dampfstelle erzeugt 3.000 m^3 bei 40.000 € primären Gemeinkosten.

- Die Dampfstelle verbraucht 2.000 kWh und
- die Stromstelle verbraucht 1.000 m^3.

Übungsaufgabe 3.3/10:

Stellen Sie für die folgenden Angaben einen BAB auf und errechnen Sie die Kalkulationssätze:

Kostenstelle	Primäre Gemeink.	Verbrauch kWh	Fläche in m^2	Zahl der Beschäftigten
Strom	1.700	-	120	2
Raum	2.000	-	-	3
Sozial	1.100	-	-	-
Material I	2.540	1.000	300	5
Material II	4.200	2.000	80	3
AV	920	500	60	2
Fertigung I	10.760	15.000	600	20
Fertigung II	5.300	6.000	460	8
Verwaltung	3.300	1.500	200	4
Vertrieb I	1.140	3.000	100	3
Vertrieb II	2.400	2.000	140	5

- Ordnen Sie die (Hilfs-)Kostenstellen für die Anwendung des Stufenleiterverfahrens.
- Die Umlage der Gemeinkosten der Hilfskostenstellen erfolgt nach den in der obigen Tabelle angegebenen Schlüsselzahlen.
- Die Umlage der Arbeitsvorbereitung (AV) erfolgt im Verhältnis 4 : 1 auf Fertigung 1 und Fertigung 2.
- Für die Hauptkostenstellen sind folgende Bezugsgrößen zu verwenden:
  Material 1 : 6.000 kg Einzelmaterialgewicht
  Material 2 : 22.300 € Einzelmaterialkosten
  Fertigung 1 : 2.500 Maschinenstunden

Fertigung 2 : 64.900 kg Durchsatzgewicht
Vertrieb 2 : 11.040 kg Verladegewicht

- Die Gemeinkosten der Stellen Verwaltung und Vertrieb 1 sind als einheitlicher Zuschlag auf die Herstellkosten in Höhe von 103.000 € zu verrechnen.

Übungsaufgabe 3.3/11:

Ermitteln Sie die Verrechnungssätze nach dem Anbauverfahren, wenn bei drei Hilfskostenstellen (A, B, C) die primären Gemeinkosten 15.000 €, 18.000 € und 1.000 € betragen und die Leistungsverflechtung folgende Struktur aufweist (LE = Leistungseinheiten):

		aufnehmende Stelle				
		A	**B**	**C**	**D**	**E**
leistende Stelle	A	0	40	0	750	0
	B	17	0	32	250	150
	C	0	50	0	100	400
	D	0	0	0	0	0
	E	0	0	0	0	0

Übungsaufgabe 3.3/12:

Folgende Daten sind für einen BAB gegeben: Einzelkosten aller Kostenstellen und

Umlageschlüssel.

a) Welche Daten fehlen, um die innerbetriebliche Leistungsverrechnung durchführen zu können?
b) Welche Angaben fehlen, um die Kalkulationssätze ermitteln zu können?

Übungsaufgabe 3.3/13:

Die Kostenstellen A, B und C haben untereinander folgende Leistungen (in Produkteinheiten) ausgetauscht:

		Abgebend		
		A	**B**	**C**
Annehmend	A	-	15	4
	B	18	-	-
	C	-	5	-

Insgesamt wurden produziert:

A	150 Produkteinheiten
B	30 Produkteinheiten
C	125 Produkteinheiten

Primäre Gemeinkosten entstanden in Höhe von:

A	15.000 €
B	12.000 €
C	40.500 €

Ermitteln Sie die innerbetrieblichen Verrechnungspreise (q_i) nach dem Gleichungsverfahren.

Übungsaufgabe 3.3/14:

Für den Monat September meldet die Finanzbuchhaltung eines Betriebes folgende Daten:

Gehälter	56.000 €
Gebäudemieten	15.000 €
Kleinmaterial für Fertigung	16.000 €
Werkzeuge (60 % Fertigung; 40 % Schlosserei)	32.000 €
Hilfslöhne	63.000 €
Strom	2.660 €
Gewerbesteuer	10.500 €.

Verteilen Sie aufgrund der folgenden Angaben die o. g. primären Gemeinkosten auf die Kostenstellen. Berücksichtigen Sie dabei auch kalkulatorische Abschreibungen und kalkulatorische Zinsen, wobei das gesamte Anlagevermögen zum abnutzbaren Anlagevermögen zählt, in der Tabelle zu Wiederbeschaffungswerten angegeben ist, fünf Jahre genutzt werden kann und die kalkulatorischen Zinsen nach der Durchschnittswertmethode bei einem Zinssatz von 10 % errechnet werden sollen. Die kalkulatorischen Abschreibungen sind in jährlichen gleichen Beträgen anzusetzen. Die Gewerbesteuer ist – hier vereinfachend – insgesamt direkt auf die Kostenstelle „Verwaltung“ zu kontieren.

Kosten-stelle	Größen (qm)	Prozent der Gehaltsempfänger	Prozent der Lohnempfänger	Anlagevermögen (€)	Verbrauch Strom (kWh)
Transport	50	10	15	60.000	300
Schlosserei	200	5	10	10.000	2.000
Lager	220	15	15	5.000	1.500
Fertigung	1.600	10	60	280.000	8.700
Verwaltung	250	30	-	3.000	500
Vertrieb	180	30	-	-	300
Summe	2.500	100	100	358.000	13.300

Übungsaufgabe 3.3/15:

In den letzten fünf Jahren ergaben sich für eine Kostenstelle folgende Ist-Gemeinkostenzuschlagsätze:

	01	02	03	04	05
Gemeinkosten	33.440	42.400	47.270	43.248	50.876
Zuschlagsgrundlage (Maschinenstunden)	2.200	2.650	2.900	2.720	3.160
Zuschlagssatz pro Maschinenstunde	15,20	16	16,30	15,90	16,10

Im Jahr 06 werden 3.050 Maschinenstunden realisiert, und es fallen 49.500 € Gemeinkosten an. Wie hoch wären die Normalkosten dieser Kostenstelle, wenn diese als Durchschnitt der Istkosten der letzten 5 Jahre berechnet werden, und wie hoch ist der Normal-Zuschlagssatz? Ermitteln Sie die Über- bzw. Unterdeckung dieser Kostenstelle.

Übungsaufgabe 3.3/16:

Ermitteln Sie die Kostenstellenüber- und -unterdeckungen absolut und in % für folgende Werte:

	Kostenstellen A	Kostenstellen B
Ist-Gemeinkosten	17.425	1.270
Zuschlagsbasis	110.200	14.800
Ist-Zuschlag (%)		
Normal-Zuschlag (%)	14,79	8,70
Verrechnete Gemeinkosten		
Über-/Unterdeckung (absolut)		
Über-/Unterdeckung (in %)		

„Überdeckung" bedeutet, dass die verrechneten Gemeinkosten (= Normalkosten) höher sind als die Istkosten. Umgekehrt bei „Unterdeckung": Hier werden die Istkosten durch die niedrigeren verrechneten Normalkosten nicht gedeckt.

Übungsaufgabe 3.3/17:

Für die Hilfskostenstellen Strom, Reparatur und Dampf liegen folgende Daten vor:

	Strom	Reparatur	Dampf
Produz. Mengen	20.000 kWh	500 Std.	6.000 m³
Primäre Gemeink.	4.000 €	6.500 €	4.000 €
Austausch	50 Std.	10.000 kWh + 1.000 m³	100 Std.

Ermitteln Sie die Verrechnungssätze der Kostenstellen nach dem Gleichungsverfahren.

Übungsaufgabe 3.3/18:

Für eine Kostenstelle wird überprüft, welche Bezugsgröße man zur Kostenplanung und -kontrolle verwenden soll. Zur Auswahl stehen Maschinenminuten, Fertigungslöhne, Fertigungsmaterial und die Anzahl der produzierten Halbfertigerzeugnisse. Die variablen Kosten und die zu überprüfenden Bezugsgrößen haben in den Monaten Januar-Dezember folgende Werte aufgewiesen:

Variable Kosten	Maschinenminuten	Fertigungsmaterial in €	Fertigungslöhne in €	Halbfertigprodukte in Stück
8.000	400	3.000	2.500	200
9.600	450	3.500	1.950	240
10.200	500	3.700	2.200	255
10.500	530	5.200	2.300	260
10.300	500	6.100	3.400	255
11.400	590	6.150	3.600	282
10.700	560	6.200	3.600	265
10.000	520	5.000	3.550	248
9.500	470	5.500	3.650	236
8.700	430	5.600	3.200	216
9.200	460	4.500	3.300	228
8.500	420	4.500	3.500	210

Prüfen Sie, welche Bezugsgröße(n) zur Planung und Kontrolle der Kosten am besten geeignet ist (sind). Begründen Sie auch, weshalb die anderen Bezugsgrößen sich nicht so gut dazu eignen.

Übungsaufgabe 3.3/19:

Für die Hilfskostenstellen Gartenpflege, Wasserwerk und Reinigung liegen folgende Daten vor:

	Gartenpflege	Wasserwerk	Reinigung
Produzierte Mengen	2.000m^2	20.000m^3	500 Std.
Primäre Gemeinkosten	6.000,00	7.000,00	3.000,00
Austausch	4.000 m^3 + 200 Std.	400 m^2 + 100 Std.	4.000 m^3

Berechnen sie die Verrechnungssätze der Kostenstellen nach dem Gleichungsverfahren.

Übungsaufgabe 3.3/20:

Führen Sie für folgenden BAB die innerbetriebliche Leistungsverrechnung nach dem Gleichungsverfahren durch und ermitteln Sie die Kalkulationssätze der Hauptkostenstellen.

	Kostenstellen							
Kostenarten	**Strom**	**Dampf**	**Fuhr-park**	**Werk-statt**	**Mon-tage**	**Verwal-tung**	**Ver-trieb**	**Summe**
1. Einzellöhne				13.678	11.399			25.077
2. Einzelmaterial-kosten				62.380	12.220			74.600
3. Hilfslöhne	410	380	680	5.700	6.640	860	1.220	15.890
4. Gehälter	1.120	580	0	0	2.600	4.540	2.080	10.920
5. Sozialabgaben	550	410	100	3.690	5.820	460	450	11.480
6. Reparaturen	190	120	1.340	385	215	50	400	2.700
7. Betriebsstoffe	760	230	110	20	35	45	30	1.230
8. Kalk. Abschrei-bungen	745	260	2.200	2.160	1.240	170	250	7.025
9. Kalk. Zinsen	157	60	60	630	986	243	214	2.350

Kostenarten	Kostenstellen							
	Strom	Dampf	Fuhr-park	Werk-statt	Mon-tage	Verwal-tung	Ver-trieb	Summe
primäre Gemein-kosten	3.932	2.040	4.490	12.585	17.536	6.368	4.644	51.595
Zuschlagsbasis	kWh	t Dampf	t km	Einzel-löhne	Einzel-materi-alkos-ten	Herstellkosten = 151.372 €		

Der innerbetriebliche Leistungsaustausch steift sich mengenmäßig wie folgt dar:

Kostenarten	Kostenstellen							
	Strom	Dampf	Fuhr-park	Werk-statt	Mon-tage	Verwal-tung	Ver-trieb	Summe
Strom in kWh an	4.400*	4.800	0	20.000	13.000	9.200	3.600	50.600
Dampf in t an	40	0	10	35	15	10	10	120
Fuhrpark in tkm an	240	0	0	0	360	0	3.400	4.000

Anmerkung: * = Eigenverbrauch

Übungsaufgabe 3.3/21:

Führen Sie für den obigen BAB die innerbetriebliche Leistungsverrechnung nach dem Stufenleiterverfahren durch. Ordnen Sie dabei die Hilfskostenstellen in der Reihenfolge (1) Dampf, (2) Fuhrpark und (3) Strom. Vergleichen Sie die Ergebnisse mit denen der Übungsaufgabe 3.2/22.

Übungsaufgabe 3.3/22:

Für den folgenden einfachen BAB ist die innerbetriebliche Leistungsverrechnung nach dem Gleichungsverfahren auf Grenzkostenbasis durchzuführen und sind die Grenz-Kalkulationssätze der beiden Hauptkostenstellen zu ermitteln. Was geschieht mit den Fixkosten? Mit dieser Aufgabe soll die Behandlung der Fixkosten in der Kostenstellenrechnung einer Grenzkostenrechnung verdeutlicht werden. (var. = variable Kosten = Grenzkosten; fix = fixe Kosten).

Kostenarten	Summe	Kostenstellen							
		Gebäudereinigung		Fuhrpark		Fertigung		Verw. und Vertrieb	
		var.	fix.	var.	fix.	var.	fix.	var.	fix.
Hilfslöhne	26.000	1.200	2.400	3.300	1.200	12.900	3.000	100	1.000
Gehälter	22.500				4.000		6.500		12.000
Sozialabgaben	36.550	960	1.920	2.640	3.760	10.320	6.950	800	9.200
Betriebsstoffe	7.300	600		700		5.600			
Fremdrep. u. -wartung	16.100		2.300	4.300	1.100	5.000	2.000		1.400
Kalk. Abschreibungen	75.900		9.000	16.200	4.300		37.700		8.700
Kalk. Zinsen	12.800		1.500		3.700	900	5.300		1.400
primäre Gemeinkosten	197.150	2.760	17.120	27.140	18.060	34.720	61.450	900	33.700
Zuschlagsbasis für variable Kosten		12.000 qm		46.000 km		1.500 Ma.stunden		340.000 € Herstellkosten	

Die innerbetrieblichen Leistungen, die bei den empfangenden Stellen variablen und/oder fixen Charakter haben können, stellen sich mengenmäßig wie folgt dar:

Kostenarten	Summe	Kostenstellen							
		Gebäudereinigung		Fuhrpark		Fertigung		Verw. und Vertrieb	
		var.	fix.	var.	fix.	var.	fix.	var.	fix.
Gebäudereinigung in qm	12.000			2.000			7.460	2.200	33.700
Fuhrpark in km	46.000	680				10.000			

6.3.3 Fragen und Übungsaufgaben zu Kapitel 3.4

Fragen zu Kapitel 3.4:

- Skizzieren Sie die Stellung der Kostenträgerrechnung innerhalb der Kostenrechnung!
- Systematisieren Sie die verschiedenen Arten von Kostenträgern!
- Ist eine selbst erstellte Maschine ein Kostenträger? Begründen Sie Ihre Antwort!
- Was versteht man unter Haupt- und Hilfskostenträgern?
- Kann man aus den Begriffen Kundenauftrag bzw. Lagerauftrag auf die Fertigungsstruktur des Unternehmens schließen?

- Unterscheiden Sie Anlagen- und Gemeinkostenaufträge!
- Worin bestehen die Aufgaben der Kostenträgerrechnung?
- Inwiefern benötigt die Finanzbuchhaltung Zahlenmaterial aus der Kostenträgerrechnung?
- Welche verschiedenen preispolitischen Problemstellungen können Sie unterscheiden?
- Erläutern Sie den Unterschied zwischen Kostenträgerzeit- und Kostenträgerstückrechnung! Welche dieser beiden Rechnungen wird zeitlich früher durchgeführt?
- Grenzen Sie die Begriffe Vor-, Zwischen- und Nachkalkulation voneinander ab! Welche Beziehungen bestehen zur Ist-, Normal- und Plankalkulation?
- Sprechen Sie über das Fixkostenproblem in der Kostenträgerrechnung!
- Systematisieren Sie die verschiedenen Kalkulationsformen! Ziehen Sie hierfür gegebenenfalls die Gliederung des Lehrbuches heran!
- Wie verfährt man bei der einstufigen Divisionskalkulation, und welche Voraussetzungen müssen für ihre Anwendung erfüllt sein?
- Geben Sie Anwendungsbeispiele für diese Kalkulationsform!
- Welche Kalkulationsformen setzen eine Kostenstellenrechnung voraus und welche nicht? Sind letztere deshalb besonders vorteilhaft?
- Worin besteht der Unterschied zwischen Herstell- und Selbstkosten?
- Erläutern und kritisieren Sie die zwei- und mehrstufigen Divisionskalkulationen!
- Wie müssen die Bestände an Fertigfabrikaten in der Handelsbilanz bewertet werden? Gilt die Antwort grundsätzlich auch für die Steuerbilanz?
- Beschreiben Sie den Unterschied zwischen synchroner und nicht-synchroner Fertigung! Inwiefern hat er eine Bedeutung für die Kalkulation?
- Was ist eine Stufenkalkulation bzw. eine Veredelungsrechnung? Handelt es sich um synonyme Begriffe?
- Erläutern Sie das Rechenverfahren der einstufigen Äquivalenzziffernkalkulation und nennen Sie (genau) die Voraussetzungen für die Anwendung!
- Erläutern Sie die Sortenfertigung.
- Geben Sie mindestens drei – im Text nicht erwähnte – Beispiele dafür.
- Was gibt eine Äquivalenzziffer an? Erläutern Sie die synonymen Begriffe.
- Leiten Sie für die zwei- und mehrstufige Äquivalenzziffernkalkulation die allgemeine Formel ab! Wählen Sie selbst die von Ihnen benötigten Symbole! Wie bezeichnet man den Nenner der Quotienten?

- Welche Voraussetzungen der einstufigen Äquivalenzziffernkalkulation werden mit Hilfe der zwei- und mehrstufigen aufgehoben?
- Kann eine Äquivalenzziffer
  - größer als 1,
  - größer als 20,
  - kleiner als 1,
  - genau 1,
  - genau Null sein?
- Erörtern Sie ausführlich die Frage, ob sich die Äquivalenzziffernreihen bei der zwei- bzw. mehrstufigen Rechnung
  - unterscheiden können,
  - unterscheiden müssen!
- Was versteht man in diesem Zusammenhang unter einer mehrfachen Äquivalenzziffernrechnung?
- Nehmen Sie kritisch Stellung zur Anwendbarkeit der
  - einstufigen Divisionskalkulation,
  - mehrstufigen Divisionskalkulation,
  - einstufigen Äquivalenzziffernkalkulation,
  - mehrstufigen Äquivalenzziffernkalkulation,
  - mehrfachen Äquivalenzziffernkalkulation.
- Worin sehen Sie die grundsätzlichen Unterschiede zwischen den Divisions- und Zuschlagskalkulationen? Bestehen auch grundsätzliche Gemeinsamkeiten?
- Skizzieren Sie die Verfahren der summarischen Zuschlagskalkulation. Nennen Sie ihre Vor- und Nachteile.
- Skizzieren Sie die Grundlagen der differenzierenden Zuschlagskalkulationen.
- Schreiben Sie in Staffelform das allgemeine Kalkulationsschema der differenzierenden Zuschlagskalkulationen auf.
- Erläutern Sie anhand dieses Schemas den Unterschied zwischen der differenzierenden Lohnzuschlagskalkulation und der Bezugsgrößenkalkulation.
- Welches Verfahren der Kalkulation wenden Sie an, wenn Produktion und Absatz bei
  - Massenfertigung,
  - Sortenfertigung,
  - Serienfertigung

  jeweils synchron bzw. nicht-synchron verlaufen?

- Wie lautet die Formel für die differenzierende Lohnzuschlagskalkulation? Erläutern Sie den rechentechnischen Aufbau dieses Verfahrens.
- Welche kritischen Einwände sind gegen die differenzierende Lohnzuschlagskalkulation vorzubringen?
- Warum werden Fertigungseinzellöhne, die doch den Produkten direkt zurechenbar sind, trotzdem häufig in das Bezugsgrößensystem einbezogen und damit über den BAB (wie Gemeinkosten) verrechnet?
- Nennen Sie einige Bezugsgrößen aus dem
  - Materialbereich,
  - Fertigungsbereich,
  - Allgemeinen Bereich,
  - Verwaltungsbereich,
  - Vertriebsbereich.
- Wie lautet die Formel der Bezugsgrößenkalkulation? Erläutern Sie den rechentechnischen Aufbau dieses Verfahrens!
- Nehmen Sie kritisch zur Anwendbarkeit der
  - summarischen Lohnzuschlagskalkulation,
  - differenzierenden Lohnzuschlagskalkulation,
  - Bezugsgrößenkalkulation

  Stellung.
- Unterscheiden Sie eine unverbundene von einer verbundenen Produktion.
- Definieren Sie die Kuppelproduktion.
- Kennen Sie weitere Beispiele für Kuppelproduktionen?
- Welche Verfahren werden zur Kuppelkalkulation eingesetzt?
- Skizzieren Sie die Restwertmethode.
- Skizzieren Sie die Verteilungsmethode.
- Wie lautet die Formel für die Herstellkosten nach der Verteilungsmethode?
- Wie hoch sind die Kosten der Nebenprodukte nach der Restwertmethode?
- Wodurch unterscheiden sich die Äquivalenzziffern der Sortenkalkulation von denen der Kuppelkalkulation?
- Wie werden die Äquivalenzziffern der
  - Sortenkalkulation
  - Kuppelkalkulation,

  in der Praxis ermittelt?
- Nennen Sie die Beziehungen zwischen den Grundprinzipien der Kostenrechnung und den Kuppelkalkulationsverfahren.

- Warum soll man Kuppelprodukte überhaupt kalkulieren?
- Nennen Sie die Beziehungen zwischen Fertigungsverfahren und Kuppelkalkulationsverfahren.
- Welche kostenrechnerische Besonderheit ergibt sich stets bei Serienfertigung?

Übungsaufgabe 3.4/1:

Ein Betrieb produziert drei Sorten bei Gesamtkosten von 113.000 €. Berechnen Sie die Herstell- und Selbstkosten pro Stück von jeder Sorte für die Angaben in der folgenden Tabelle. Die gesamte Produktion wurde in der gleichen Periode abgesetzt.

	Produktionsmengen	Äquivalenzziffern
x_1	2.000	0,8
x_2	6.000	1,0
x_3	10.000	1,5

Übungsaufgabe 3.4/2:

Unter Verwendung der Daten aus der Übungsaufgabe 3.4/1 sind wiederum die Herstell- und Selbstkosten pro Stück von jeder Sorte zu ermitteln. Produktion und Absatz stimmen bei allen drei Sorten nicht mehr überein. Die folgenden Daten gelten zusätzlich zu denen der Übungsaufgabe 3.4/1. In den gesamten Kosten sind 22.600 € Vertriebskosten enthalten.

	Absatzmengen	Äquivalenzz. d. Vertriebs
x_1	3.500	0,4
x_2	2.000	0,8
x_3	8.300	1,0

Übungsaufgabe 3.4/3:

Erhält man die gleichen Ergebnisse wie in Übungsaufgabe 3.4/1, wenn man in Übungsaufgabe 3.4/2 die Äquivalenzziffern des Vertriebs c. p. mit denen der Fertigung gleichsetzt? Also für die Absatzmengen ebenfalls ausgeht von:

$$a_1 = 0{,}8$$

$$a_2 = 1{,}0$$

$$a_3 = 1{,}5$$

Übungsaufgabe 3.4/4:

Kalkulieren Sie (in Fortführung der Übungsaufgabe 3.3/5) mit Hilfe der Bezugsgrößenkalkulation die Selbstkosten/Stück eines Produktes, das beide Fertigungsstellen durchläuft, für folgende stückbezogenen Angaben:

Einzelmaterial	3,00
Einzellöhne	2,00
Maschinenminuten	12,00
Akkordminuten	9,00
Sondereinzelk.d.Fert.	0,70
Sondereinzelk.d.Vertr.	1,05

Übungsaufgabe 3.4/5:

Kalkulieren Sie die Selbstkosten pro Stück für folgende Angaben:

- Gesamtkosten 96.000 €; davon sind 12,5 % Verw.- u. Vertriebskosten;
- produzierte Menge 2.400 Stück; abgesetzte Menge 600 Stück.

Wie hoch ist die (wertmäßige) Lagerbestandsveränderung der Periode?

Übungsaufgabe 3.4/6:

Versuchen Sie, aus dem Zahlenmaterial der Übungsaufgabe 3.4/5 herauszufinden, wie hoch der Lohnzuschlagssatz wäre, wenn man die summarische Lohnzuschlagskalkulation anwenden würde.

Übungsaufgabe 3.4/7:

In einem Kuppelproduktionsprozess entstehen drei „gleichwertige" Kuppelprodukte, die auf dem Markt abgesetzt werden. Kalkulieren Sie die Herstellkosten der Produkte nach der Tragfähigkeit für die bilanzielle Bestandsbewertung, wenn die Gesamtkosten des Prozesses 234.000 € betragen.

Produkte	Erzeugungsmengen (kg)	Marktpreise (€/kg)
1	12.000	4
2	6.000	10
3	20.000	18

Welche Konsequenzen würde eine Anwendung der Restwertmethode haben, wenn man die Produkte 1 und 2 als Nebenprodukte bezeichnen würde?

Übungsaufgabe 3.4/8:

In dem Betrieb, der durch den BAB der Tab. 3 beschrieben ist, wird u. a. auch eine Produktart hergestellt, für die folgende stückbezogene Daten gelten:

Einzelmaterialkosten	15 €
Einzellöhne I	8 €
Einzellöhne II	6 €
Einzellöhne III	25 €

Ermitteln Sie die Ist-Herstell- und Selbstkosten für eine Einheit dieses Produkts nach der differenzierenden Lohnzuschlagskalkulation! Welche Ergebnisse erhält man, wenn man die summarische Lohnzuschlagskalkulation anwendet?

Übungsaufgabe 3.4/9:

Erläutern Sie genau die Unterschiede zwischen der summarischen und der differenzierenden Lohnzuschlagskalkulation! Worin bestehen die Gemeinsamkeiten beider Verfahren?

Übungsaufgabe 3.4/10:

Erläutern Sie genau die Unterschiede zwischen der differenzierenden Lohnzuschlagskalkulation und der sogenannten Bezugsgrößenkalkulation! Worin bestehen die Gemeinsamkeiten beider Verfahren?

Übungsaufgabe 3.4/11:

Berechnen Sie die Selbstkosten pro Stück nach der einstufigen Divisionskalkulation für folgende Angaben:

Eine Unternehmung produziert zwei Produktarten A und B. Bei Gesamtkosten von 54.725 € werden 140 Stück von A und 275 Stück von B hergestellt. Die Produktion des Produktes B verursacht um 30 % höhere Kosten als die von A.

Übungsaufgabe 3.4/12:

Eine Ziegelei stellt Backsteine, Klinker und Dachziegel her. Die Kostenhöhe wird vor allem durch die unterschiedliche Brenndauer beeinflusst und kann für die drei Produkte in obiger Reihenfolge durch die Äquivalenzziffern 1,1 : 1,3 : 1,8 wiedergegeben werden. Im Abrechnungsmonat wurden folgende Mengen produziert:

Backsteine	720.000
Klinker	105.000
Dachziegel	140.000

An Kosten sind angefallen:

Personalkosten	311.000 €
Roh-, Hilfs-, und Betriebsstoffe	79.420 €
Energie	235.000 €
Fremdleistungen	15.050 €
weitere Fertigungskosten	27.610 €
Kalk. Abschreibungen	24.600 €
Kalk. Zinsen	15.620 €

Ermitteln Sie die Herstellkosten pro Produktart und pro Produkteinheit!

Übungsaufgabe 3.4/13:

In einer Druckerei werden drei verschiedene Bücher in zwei Produktionsstufen hergestellt. Die Äquivalenzziffernreihen sind bekannt.

Alle Daten zur Ermittlung der Herstell- und Selbstkosten sowie der wertmäßigen Lagerbestandsveränderungen sind der folgenden Tabelle zu entnehmen:

	Druck		**Binden**		**Absatz**	
	Äquiv. ziffer	**Menge**	**Äquiv. ziffer**	**Menge**	**Äquiv. ziffer**	**Menge**
Buch 1	0,9	4.000	1,0	3.800	1,1	4.100
Buch 2	1,4	3.200	1,0	3.400	1,2	3.300
Buch 3	1,3	1.900	1,0	1.500	1,7	1.400
Kosten	42.200		6.090		19.530	

Übungsaufgabe 3.4/14:

In einer Kleiderfabrik ergeben sich aus der Kostenartenrechnung für das erste Quartal folgende Werte:

Mieten (Verwaltung 50 %, Fertigung 50 %)	18.000 €
Oberstoffe	25.300 €
Futter- und Hilfsstoffe	2.900 €
Fertigungsakkordlöhne	87.500 €
Hilfslöhne	13.100 €
Technische Gehälter	54.700 €
Kaufmännische Gehälter (Vertrieb u. Verwaltung)	96.000 €
Gesetzlicher Sozialaufwand	
– Fertigung (davon 15 % Hilfslöhne)	19.800 €
– tech. Angestellte	10.000 €

– kaufm. Angestellte	13.800 €
Werkzeuge und Ersatzteile (Fertigung)	1.080 €
Büro-Bedarf (Verwaltung)	192 €
Treibstoffe (Verwaltung)	2.600 €
Porti und Fernsprechgebühren (Verwaltung)	13.100 €
allgemeine Werbekosten	1.820 €
allgemeine Provisionen	18.000 €
Rechtsberatungskosten	15.000 €

Trennen Sie diese Kosten in Einzel- und Gemeinkosten (Materialgemeinkosten fallen nicht an)! Ermitteln Sie die Zuschlagssätze für die summarische Zuschlagskalkulation!

Übungsaufgabe 3.4/15:

In einer Fertigungsstelle wird für die differenzierende Lohnzuschlagskalkulation ein Kalkulationssatz von 3.200 % ermittelt. Der Berechnung lagen 7.200 Fertigungsstunden à 10 € zugrunde. In dieser Kostenstelle wird auf vier Maschinen mit einer Gesamtstundenzahl von 2.880 produziert.

Was würden Sie hier vorschlagen?

Übungsaufgabe 3.4/16:

Für die einstufige Divisionskalkulation werden folgende Daten benötigt:

a) □ Fixkosten
b) □ Gesamtkosten
c) □ Mengen aller Produktarten
d) □ Mengen aller Produktarten
e) □ Menge der einzigen Produktart
f) □ Vertriebs- und Verwaltungskosten
g) □ Lagerbestandsveränderung an Halbfabrikaten

Übungsaufgabe 3.4/17:

Für die mehrstufige Divisionskalkulation werden folgende Daten benötigt:

a) □ Produktions- und Absatzmengen der verschiedenen Produktarten
b) □ Materialkosten pro Stück
c) □ Produktionsmengen der verschiedenen Produktionsstufen
d) □ Absatzmenge der einzigen Produktart

e) □ Herstellkosten der verschiedenen Produktionsstufen sowie Verwaltungs- und Vertriebskosten

f) □ Lagerbestandsveränderung an Fertigfabrikaten

Übungsaufgabe 3.4/18:

Nach Durchführung der innerbetrieblichen Leistungsverrechnung ergibt sich folgender Ausschnitt aus dem BAB:

	Material	Fertigung I	Fertigung II	Fertigung III
Summe Gem.kosten	3.180 €	7.200 €	16.560 €	11.520 €
Bezugsgrößen	3.000 kg Einzelmaterial	150 Masch.std.	400 Akkord-std.	600 Masch.-std.

Ermitteln Sie die Herstellkosten des Produkts XY mit folgenden stückbezogenen Daten:

- 2 kg Einzelmaterial à 4 €
- 6 Maschinenminuten in Fertigung I
- 7 Akkordminuten in Fertigung II
- 12 Maschinenminuten in Fertigung III
- 14 Einzellöhne in Fertigung I–III

Übungsaufgabe 3.4/19:

In einem Blasstahlwerk wird durch Zuführung von Sauerstoff Roheisen zu Stahl veredelt. Die anfallende Thomas-Schlacke wird zu Dünger weiterverarbeitet. Die Gesamtkosten für 140 t Stahl belaufen sich auf 18.000 €. Die 4 t dabei anfallende Schlacke werden für 0,06 € pro Kilo zu (ebensoviel) Dünger verarbeitet und zum Preis von 29 € pro Doppelzentner verkauft. Wie hoch sind die Herstellkosten für eine t Stahl?

Übungsaufgabe 3.4/20:

Ein Betrieb, der mit einer zweistufigen Divisionskalkulation arbeitet, hat in einer Abrechnungsperiode 1.600 Stück produziert. Die Gesamtkosten betrugen 800.000 €, davon waren 40 % Verwaltungs- und Vertriebskosten. Wie viel Stück wurden in dieser Abrechnungsperiode abgesetzt, wenn sich die Selbstkosten auf 620 € pro Stück beliefern?

Übungsaufgabe 3.4/21:

Die Grenz-Selbstkosten eines Produkts (Einproduktunternehmen) betragen 18 €, davon sind MateUrialkosten 12 €, Fertigungskosten 3 €, Verwaltungs- und Vertriebskosten 3 €. Ermitteln Sie die vollen Selbstkosten mittels prozentualer Fixkostenzuschläge auf die Grenz-Herstellkosten (Fixkosten des Material- und Fertigungsbereichs) bzw. vollen Herstellkosten (Fixkosten des Verwaltungs- und Vertriebsbereichs), wenn die Fixkosten des Material- und Fertigungsbereichs 81.000 €, die Fixkosten des Verwaltungs- und Vertriebsbereichs 19.440 € betragen haben und insgesamt 1.800 Stück produziert und abgesetzt wurden!

Übungsaufgabe 3.4/22:

Es sind die Voll- und die Grenz-Selbstkosten eines Erzeugnisses zu ermitteln, für das die Materialeinzelkosten 6 €, die Sondereinzelkosten des Vertriebs 1,50 € und die Sondereinzelkosten der Fertigung 0,50 € betragen. Das Produkt durchläuft zwei Fertigungskostenstellen (I und II) und benötigt in I 10 Maschinenminuten (1,–/Masch.min.(Voll-); 0,60/Masch.min. (Grenz-), in Kostenstelle II 18 Akkordminuten (0,25/Akkordmin. (Voll-); 0,18/Akkordmin. (Grenz-). Die Zuschlagssätze für die Materialgemeinkosten betragen 10 % (Voll-) und 6 % (Grenz-)auf die Einzelmaterialkosten, für die Verwaltungs- und Vertriebsgemeinkosten 20 % (Voll-)und 15 % (Grenz-) auf die jeweiligen Voll- bzw. Grenz-Herstellkosten einschließlich der Sondereinzelkosten.

Übungsaufgabe 3.4/23:

In der Kostenstelle Fertigung II steht eine Kaltbandstraße zur Herstellung von Walzstahl. Da unterschiedliche Profile gefertigt werden, sind zur Herstellung auf das jeweils neue Profil Umrüstzeiten erforderlich. Es wurde festgestellt, dass die Kosten der Kostenstelle sowohl von den Maschinenzeiten als auch von den Umrüstzeiten abhängig sind. Insgesamt wurden im Monat Mai 575 Maschinenstunden und 169 Umrüststunden gemessen. Die Kalkulationssätze betragen 30,50 € pro Maschinenstunde und 15,60 € pro Umrüststunde. Im gleichen Monat wurden 1.500 Meter Walzstahl Profil A und 2.700 Meter Walzstahl Profil B gefertigt. 1 Meter Profil A erfordert 5 Maschinenminuten, 1 Meter Profil B 10 Minuten. Die Rüststunden wurden von beiden Produkten je zur Hälfte verursacht.

Wie hoch sind die Walzkosten pro Meter Walzstahl von Profil A und Profil B?

Übungsaufgabe 3.4/24:

Folgende Struktur eines Produktionsprozesses mit den Leistungsdaten für eine Periode ist gegeben:

		aufnehmende Stelle				
		I	II	III	IV	V
leistende Stelle	I		600 kWh	1.800 kWh	7.000 kWh	0
	II	30 Std.	0	0	140 Std.	0
	III	0	0	0	0	200 HF_A
	IV	0	0	0	0	400 HF_B
	V	0	0	0	0	0

Der Bereich III gibt 50 Halbfabrikate (HF_A), der Bereich IV 100 Halbfabrikate (HF_B) an ein Zwischenlager ab. Der Bereich V fertigt 300 Fertigfabrikate (FF).

Die primären Einzel- (ohne Materialeinzel-)und Gemeinkosten betragen:

Bereich	primäre Kosten
I	16.000 €
II	10.000 €
III	8.000 €
IV	12.000 €
V	25.000 €

a) Welches Kalkulationsverfahren ist aufgrund dieser Daten anwendbar?

b) Ermitteln Sie die Selbstkosten des Fertigfabrikats (FF), wenn dessen Material-kosten direkt zugerechnet werden und 108 € pro Stück betragen, die Verwaltungs- und Vertriebskosten insgesamt 11.300 € betragen, allerdings nur 80 % des FF verkauft werden. Die innerbetriebliche Leistungsverrechnung ist dabei mit Hilfe des Gleichungsverfahrens durchzuführen!

6.4 Fragen und Übungsaufgaben zu Kapitel 4

6.4.1 Fragen und Übungsaufgaben zu Kapitel 4.1

Fragen zu Kapitel 4.1:

- Nach welchen Gesichtspunkten lassen sich Kostenrechnungssysteme unterscheiden, und welche Systeme sind dabei zu nennen?
- Skizzieren Sie zunächst die
  - Istkostenrechnung
  - Normalkostenrechnung
  - Plankostenrechnung

und dann die
  - Vollkostenrechnung
  - Teilkostenrechnung.
- Was würden Sie unter einer Grenznormalkostenrechnung verstehen?
- Wie lässt sich das Mengen- und Wertgerüst der Produktionsfaktoren in der
  - Istkostenrechnung,
  - Normalkostenrechnung,
  - Plankostenrechnung

  unterscheiden?
- Warum gibt es keine reine Istkostenrechnung?
- Welches sind die Vor- und Nachteile der Istkostenrechnung?
- Unterscheiden Sie verschiedene Arten der Kostennormalisierung.
- Welches sind die Vor- und Nachteile der Normalkostenrechnung?
- Geben Sie einige Begriffe an, die häufig synonym mit „Plankosten" verwandt werden.
- Worin besteht der Unterschied zwischen einer starren und einer flexiblen Plankostenrechnung?
- Welchem Einwand ist die starre Form der Plankostenrechnung ausgesetzt?
- Ist in beiden Formen der Plankostenrechnung eine Trennung der Kosten in fixe und variable Bestandteile erforderlich?
- Definieren Sie die „Sollkosten".
- Skizzieren Sie das Verhältnis zwischen Istkosten- und Plankostenrechnung.
- Welches ist der zentrale Einwand gegen die Vollkostenrechnung?
- Was verstehen Sie unter einer Grenzplankostenrechnung? Nennen Sie synonyme Begriffe.
- Warum heißt die Grenzkostenrechnung „Grenzkostenrechnung"?
- Inwiefern ist die Deckungsbeitragsrechnung nicht völlig identisch mit der Grenzkostenrechnung?
- Inwiefern haben sich die Schwerpunkte bei den Aufgaben der Kostenrechnung im Laufe der Zeit verschoben?
- Welche Formen der Teilkostenrechnung kennen Sie?
- Worin sehen Sie die wesentliche Voraussetzung für eine wirksame Kostenkontrolle?

Übungsaufgabe 4.1/1:

Kreuzen Sie hier – wie auch bei den später folgenden Multiple-Choice-Aufgaben – alle richtigen Aussagen an.

a) □ Der entscheidende Nachteil der Istkostenrechnung ist die fehlende Möglichkeit der Nachkalkulation.

b) □ Jede Plankostenrechnung benötigt zur Kostenkontrolle auch die Istkosten.

c) □ Die zeitliche Abgrenzung einzelner Kostenarten widerspricht dem Charakter einer reinen Istkostenrechnung.

d) □ Normalkosten entsprechen dem normalen (wirtschaftlichen) Verbrauch an Produktionsfaktoren.

e) □ Eine Kostenstellenrechnung wird in einer flexiblen Plankostenrechnung nicht mehr benötigt.

f) □ Die „Kostenkontrolle“ in der Normalkostenrechnung zeigt, inwieweit die aktuellen Istkosten von den Durchschnittskosten der Vergangenheit abweichen.

g) □ Sollkosten sind die auf die Istbeschäftigung umgerechneten Plankosten.

h) □ In einer flexiblen Plankostenrechnung werden für Zwecke der Kostenkontrolle die für die Planbeschäftigung vorgegebenen Plankosten an die laufend wechselnden Istbeschäftigungen angepasst.

Übungsaufgabe 4.1/2:

a) □ Jede Grenzkostenrechnung ist eine Teilkostenrechnung, aber nicht jede Teilkostenrechnung ist eine Grenzkostenrechnung.

b) □ Nur Istkostenrechnungen können Vollkostenrechnungen sein.

c) □ In einer Grenzkostenrechnung werden auch die Fixkosten auf die Kostenträger verrechnet.

d) □ In einer Grenzkostenrechnung werden die Fixkosten en bloc in das Betriebsergebniskonto übernommen.

e) □ Für kurzfristige Dispositionen sind i. d. R. die Fixkosten relevant.

f) □ Die Grenzkostenrechnung arbeitet i. d. R. mit einem linearen Gesamtkostenverlauf, also mit konstanten Grenzkosten, also mit gleichbleibenden variablen Stückkosten.

g) □ Die Deckungsbeitragsrechnung ist eine Methode zur Berechnung der Sozialversicherungsbeiträge.

h) □ Die Deckungsbeitragsrechnung ist eine Form der kurzfristigen Erfolgsrechnung, die auf einer Teilkostenrechnung aufbaut.

Übungsaufgabe 4.1/3:

Ergänzen Sie bitte die folgenden Aussagen:

a) Ein Kostenrechnungssystem, das die Vorgabewerte an die wechselnden Istbeschäftigungen anpasst, ist eine. . . . . Kostenrechnung.
b) Teilkostenrechnungen entsprechen eher dem . . . . -Prinzip.
c) Für dispositive Aufgaben benötigt man die jeweils. . . . . Kosten.
d) Plankosten basieren auf geplanten. . . . . und. . . . . für die eingesetzten Produktionsfaktoren. Die Differenzen zwischen Ist- und Normalkosten bezeichnet man als . . . .

Übungsaufgabe 4.1/4:

Mit dieser und der folgenden Aufgabe soll der Begriff der „Sollkosten" und das Grundprinzip der Kostenkontrolle in der flexiblen Plankostenrechnung etwas näher erläutert werden.

Für eine Kostenstelle wird eine monatliche Produktion von 500 Stück geplant (= Plan-Beschäftigung). Die Kostenvorgabe für diese Plan-Beschäftigung beträgt 25.000 € (= Plankosten). 20 % dieser Plankosten sind Fixkosten; man rechnet mit einem linearen Gesamtkostenverlauf.

Am Ende eines bestimmten Monats (= Kontrollzeitraum) wurde festgestellt, dass für 300 produzierte Stücke (= Ist-Beschäftigung) bei konstanten Faktorpreisen insgesamt 20.000 € Istkosten entstanden sind.

Beurteilen Sie die Wirtschaftlichkeit dieser Kostenstelle.

Übungsaufgabe 4.1/5:

Ermitteln Sie nach Lösung der Übungsaufgabe 4.1/4 die Verbrauchs-, Beschäftigungs- und Gesamtabweichung für folgende Kostenstelle:

- Plan-Beschäftigung: 1.200 Maschinenstunden
  Plankosten: 140.000 €; davon 80.000 € Fixkosten
- Ist-Beschäftigung: 1.200 Maschinenstunden
  Ist-Kosten: 176.000 € bei konstanten Faktorpreisen

Übungsaufgabe 4.1/6:

Mit dieser und der folgenden Aufgabe soll der bereits mehrfach verwandte Begriff der „relevanten Kosten" näher erläutert werden.

Ein Betrieb stellt auf einer Spezialmaschine ein Einbauteil her. Im Durchschnitt werden davon 100 Stück pro Monat benötigt und gefertigt; die Maschinenkapazität reicht für insgesamt 250 Stück/Monat aus.

Neuerdings wird das Einbauteil von einem Zulieferer für 20 € pro Stück frei Haus angeboten. Die Geschäftsleitung will vom Rechnungswesen, das (nur) über eine Vollkostenrechnung verfügt, die Stückkosten für das Einbauteil erfahren: Sie betragen 30 €.

Man entscheidet sich daraufhin für Fremdbezug, da die Eigenerstellung pro Monat 1.000 € mehr kostet.

Ein Jahr später wird die Kostenrechnung von Voll- auf Grenzkostenbasis umgestellt. Bei der Überprüfung der alten Kalkulationsunterlagen zeigt sich, dass die Grenzkosten (variablen Stückkosten) des Einbauteils 16 € betragen. Man erkennt den früheren Entscheidungsfehler und stellt das Teil wieder selbst her; die Spezialmaschine ist noch vorhanden.

Wieder ein Jahr später wird die Spezialmaschine defekt; eine Reparatur ist nicht mehr möglich. Die Geschäftsleitung weiß noch, dass die Eigenerstellung des Einbauteils günstiger ist als der Fremdbezug und genehmigt eine identische Ersatzinvestition in Höhe von 67.200 €. Man schätzt die Nutzungsdauer der neuen Anlage auf 5 Jahre.

Wie hätten Sie entschieden?

Übungsaufgabe 4.1/7:

Anhand der folgenden Tabelle soll in einem Unternehmen über die Bereinigung des Produktions- und Absatzprogramms zur Verbesserung der Erfolgslage bei unveränderten Kapazitäten entschieden werden.

Produktart	Absatzmenge	Stückpreis	Volle Stückkosten	Nettogewinn pro Stück	Rangfolge	Nettogewinn pro Produktart
1	200	10 €	5 €	5 €	1.	1.000 €
2	400	12 €	8 €	4 €	2.	1.600 €
3	100	6 €	10 €	./. 4 €	4.	./. 400 €
4	800	15 €	16 €	./. 1 €	3.	./. 800 €
						Nettoerfolg : 1.400 €

Man entschließt sich, die Artikel 3 und 4 aus dem Programm zu streichen und den Absatz der Artikel 1 und 2 verstärkt zu fördern. Aufgrund dieser Maßnahmen wird mit einem Nettogewinn von mindestens 2.600 € gerechnet.

In der folgenden Periode gelingt es, den Absatz der Produkte 1 und 2 jeweils zu verdoppeln. Der Nettogewinn beträgt aber nicht 5.200 € wie erwartet, sondern es entsteht ein Verlust in Höhe von 1.100 €.

Wie konnte das passieren?

6.4.2 Fragen und Übungsaufgaben zu Kapitel 4.2

Fragen zu Kapitel 4.2:

- Welche Aufgaben soll die kurzfristige Erfolgsrechnung im Rahmen der Kostenrechnung erfüllen?
- Wie ist das Gesamtkostenverfahren bzw. das Umsatzkostenverfahren aufgebaut?
- Stellen Sie Gemeinsamkeiten und Unterschiede zwischen der Gewinn- und Verlustrechnung und der kurzfristigen Erfolgsrechnung dar. Welches sind die Vor- und Nachteile?
- Stellen Sie die Unterschiede zwischen dem Erfolgsbegriff des Gesamtkostenverfahren und dem Umsatzkostenverfahren dar.
- Erläutern Sie, warum das Gesamtkostenverfahren und das Umsatzkostenverfahren zu identischen Periodenergebnissen führen.

Übungsaufgabe 4.2/1:[391]

Ein Unternehmen, das in drei Fertigungsstufen sog. „Smart Speaker“, d. h. interaktive Laufsprecher herstellt, möchte für die zurückliegende Periode das Betriebsergebnis ermitteln. Es liegen folgende produktbezogenen Daten für die drei Lautsprechertypen vor:

Maschinentyp	Alexa	Echo	Dot
Materialeinzelkosten (€/ME)	112	220	368
Fertigungseinzelkosten I (€/ME)	25	35	50
Fertigungseinzelkosten II (€/ME)	42	50	62
Fertigungseinzelkosten III (€/ME)	30	40	44
Preis (€/ME)	450	650	990
Produktionsmenge	600	400	300
Absatzmenge	500	450	200

An Gemeinkosten sind für die fünf Hauptkostenstellen angefallen:

Kostenstelle	Material	Fertigung I	Fertigung II	Fertigung III	Verwaltung/ Vertrieb
Gemeinkosten (€)	39.840	96.800	76.560	70.800	76.600

391 In Anlehnung an Kalenberg (2013), S. 324.

a) Ermitteln Sie die Herstellkosten je Lautsprechertyp.
b) Ermitteln Sie die Selbstkosten je Lautsprechertyp. Unterstellen Sie dabei, dass die Lagerbestände der Vorperiode zu den unter a) ermittelten Herstellkosten bewertet wurden.
c) Ermitteln Sie das Betriebsergebnis nach dem Umsatz- und Gesamtkostenverfahren.

Übungsaufgabe 4.2/2:[392]

Die T-Rex AG fertigt die Produkte A und B:

Produktart	produzierte Menge x_p	abgesetzte Menge x_a	Absatzpreis netto (€/ME)
A	1.000	1.000	630,00
B	2.000	2.000	300,00

Dem Betriebsabrechnungsbogen des abgelaufenen Jahres sind folgende Kalkulationszuschlagssätze zu entnehmen:

- Gemeinkostenzuschlagssatz Material: 10 %
- Gemeinkostenzuschlagssatz Fertigung I: 38,5 %
- Gemeinkostenzuschlagssatz Fertigung II: 300 %
- Gemeinkostenzuschlagssatz Verwaltung: 8,8 %
- Gemeinkostenzuschlagssatz Vertrieb: 2,2 %

Die Bezugsgröße für die Verwaltungs- und Vertriebsgemeinkosten sind die Herstellkosten. Für die Erzeugnisse A und B gelten folgende Produktionsdaten:

	A	B
Materialeinzelkosten (€/ME)	240,00	80,00
Fertigungseinzelkosten I (€/ME)	156,00	52,00
Fertigungseinzelkosten II (€/ME)	30,00	10,00

a) Ermitteln Sie die Herstellkosten pro Stück und pro Sorte für die Produkte A und B.
b) Erstellen Sie die Kurzfristige Erfolgsrechnung auf Vollkostenbasis nach dem Gesamtkostenverfahren (GKV) und dem Umsatzkostenverfahren

392 In Anlehnung an Wöhe, G., Döring, U. (2013), S. 602 ff.

(UKV). Welches Verfahren liefert die besseren Informationen zur Beurteilung des Erfolgsbeitrag der beiden Produkte?

6.4.3 Fragen und Übungsaufgaben zu Kapitel 4.3

Fragen zu Kapitel 4.3:

- Worin unterscheiden sich Teilkostenrechnungssysteme von Vollkostenrechnungssystemen?
- Welches sind die wesentlichen Entscheidungsgrößen bei der Teilkostenrechnung und der Vollkostenrechnung?
- Wann kommen diese Kostenrechnungssysteme zum Einsatz und welche Vor- und Nachteile sind damit verbunden?
- Welche Arten von Deckungsbeiträgen können unterschieden werden?
- Wodurch unterscheidet sich die mehrstufige Deckungsbeitragsrechnung vom Direct Costing?
- Nennen Sie die verschiedenen Stufen der Fixkostenhierarchie in der mehrstufigen Deckungsbeitragsrechnung.

Übungsaufgabe 4.3/1:

Die MINGAR AG stellt Smartwatches für Sportler in verschiedenen Preisklassen her. Im laufenden Jahr sind die betrieblichen Kapazitäten nicht vollständig ausgelastet, d. h. es existiert kein innerbetrieblicher Engpass. Für die vier Sportuhren A, B, C und D gelten die folgenden Daten:

Sportuhr	x (ME/Monat)	p (€/ME)	K_{ges} (€/ME)	kv (€/ME)
A	20.000	50	46	35
B	20.000	40	45	20
C	20.000	30	25	20
D	20.000	20	10	8

x = produzierte und abgesetzte Menge in Ausgangssituation

x_{min} = Absatzmindestmenge (ME/Monat)

x_{max} = Absatzhöchstmenge (ME/Monat)

a) Wie hoch sind die Fixkosten und der Gewinn in der Ausgangssituation?

b) Ermitteln Sie Produktionsprogramm und Gewinn bei Anwendung der Entscheidungsregel der Vollkostenrechnung, wenn von jedem Uhrentyp allenfalls 5.000 Einheiten mehr oder weniger monatlich angeboten werden dürfen.

c) Ermitteln Sie Produktionsprogramm und Gewinn bei Anwendung der Entscheidungsregel der Deckungsbeitragsrechnung. Es gilt: x_{min} = 15.000(ME/Monat), x_{max} = 25.000(ME/Monat).

Übungsaufgabe 4.3/2:[393]

Die FRODO KG vertreibt vier Produkte, für die folgende Stückerlöse (p), Stückkosten (k) und Absatzmengen (x) gelten:

Produkt	x (ME)	p (€)	k (€)
A	1 Mio.	10,00	12,00
B	1 Mio.	20,00	25,00
C	1 Mio.	8,00	5,00
D	1 Mio.	24,00	17,00

Nach einem drastischen Preisverfall sind die Verkaufspreise bei den Produkten A und B nicht mehr kostendeckend. Die Fixkosten K_f der FRODO KG beziffern sich auf 12 Mio. € pro Periode. Bei der Berechnung der Stückkosten k wurden die Fixkosten gleichmäßig auf die gesamte Absatzmenge von 4 Mio. Stück verteilt.

a) Wie hoch sind der Deckungsbeitrag (DB) pro Sorte, der Gewinnbeitrag (G) pro Sorte und der gesamte Periodenerfolg?

b) Sollten die Verlustprodukte A und B aus dem Sortiment entfernt werden? Gehen Sie bei Beantwortung dieser Frage davon aus, dass (1) zwischen den vier Produkten kein Sortimentszusammenhang besteht und (2) auch nach einer Produkteliminierung jährliche Fixkosten in Hohe von 12 Mio. € anfallen würden.

Übungsaufgabe 4.3/3:

Ein Notebook-Produzent lässt in zwei Werken produzieren:

Im Werk I wird nur eine Produktgruppe A mit jeweils drei Produkten A_1, A_2 und A_3 gefertigt.

Im Werk II werden zwei Produktgruppen B (mit den Produkten B_1 und B_2) und C gefertigt.

393 In Anlehnung an Wöhe/Döring/Brösel (2016a), S. 221.

Für die zentralen Verwaltungsbereiche des Unternehmens fallen im Untersuchungszeitraum Mai fixe Kosten in Höhe von 30.000 € an. Der Absatz der Produktgruppe A und der Produktgruppe B erfolgt jeweils durch eigenständige Vertriebsabteilungen, für die Fixkosten in Höhe von 20.000 € bzw. 10.000 € anfallen. Die Produktgruppenfixkosten von C belaufen sich auf 30.000 €. Die fixen Kosten im Werk II, die sich weder der Produktgruppe B noch C zuordnen lassen, betragen 20.000 €. Die produktbezogenen Werte sind in der folgenden Tabelle dargestellt:

Produkt	Umsatz (T€)	variable Kosten (T€)	Fixkosten (T€)
A1	280	100	60
A2	180	120	80
A3	240	140	20
B1	80	20	20
B2	100	40	40
C	600	180	200

a) Erstellen Sie für den Notebook-Produzenten eine mehrstufige Deckungsbeitragsrechnung.
b) Welche Entscheidungen lassen sich aus der Analyse der Ergebnisrechnung ableiten?
c) Welche Voraussetzungen müssen als Grundlage Ihrer Entscheidungen gegeben sein?

Übungsaufgabe 4.3/4:

Ein Unternehmen fertigt sechs verschiedene Produkte. Im Unternehmensbereich I wird die Produktgruppe A mit den Produkten A_1 und A_2 hergestellt. Der Unternehmensbereich II umfasst die Produktgruppe B mit den Produkten B_1 und B_2 sowie die Produktgruppe C mit den Produkten C_1 und C_2. Die vom Controller des Unternehmens für das abgelaufene Jahr ermittelten Absatzdaten sind aus folgender Tabelle ersichtlich:

	A_1	A_2	B_1	B_2	C_1	C_2
Menge (ME/Jahr)	550	3.120	705	195	4.025	380
Preis (€/Stück)	2,00	0,50	3,00	12,00	0,20	7,25

Das Unternehmen hat in diesem Zeitraum auf den Umsatz der Produkte der Gruppe A einen Rabatt von 5 % und auf den Umsatz der Produkte der Gruppe

C einen Rabatt von 20 % gewährt. Ferner sind die in nachfolgender Tabelle aufgeführten Vertriebseinzelkosten der Produkte angefallen. Die Vertriebseinzelkosten werden direkt auf der Rechnung abgezogen und reduzieren den Rechnungsnettobetrag.

	A_1	A_2	B_1	B_2	C_1	C_2
Vertriebs-EK (€/Jahr)	45	82	15	90	44	104

Zusätzlich liegen die in der nachfolgenden Tabelle ersichtlichen Kosteninformationen vor:

	A_1	A_2	B_1	B_2	C_1	C_2
Variable Kosten €/Jahr)	300	700	900	1.200	100	1.500
Produktfixkosten (€/Jahr)	710	330	710	420	540	210
Produktgruppen-Fixkosten (€/Jahr)	400		520		175	

Durch die Koordination der die Produktgruppen B und C betreffenden Entscheidungen im Unternehmensbereich II sind Fixkosten in Höhe von 80 €/Quartal angefallen. Die zentralen Abteilungen des Unternehmens haben Fixkosten in Höhe von 150 €/Jahr verursacht.

a) Erstellen Sie bitte eine mehrstufige Deckungsbeitragsrechnung für das abgelaufene Jahr.
b) Welche Schlussfolgerungen ergeben sich aufgrund der zu Aufgabenteil a) durchgeführten Rechnungen für die Sortimentspolitik? Gehen Sie ferner auf Annahmen ein, die abzuleitenden Empfehlungen zugrunde liegen.
c) Nennen Sie Fälle, in denen die mehrstufige Deckungsbeitragsrechnung als produktpolitisches Steuerungsinstrument nicht geeignet ist.

Übungsaufgabe 4.3/5:[394]

Die CONCEPT III OHG ist ein Drei-Produkt-Unternehmen, das für das abgelaufene Quartal folgende Produktions- und Absatzdaten aufweist:

394 In Anlehnung an Wöhe/Döring/Brösel (2016a), S. 604 f.

Produktart	A	B	C	Summe
Produktionsmenge (ME)	2.000	1.000	4.000	
Erlös (€/ME)	40	30	50	
Variable Kosten (€/ME)	18	10	15	
Fixe Kosten (€/Quartal)				175.000

Die fixen Kosten in Höhe von 175.000 Euro/Quartal werden im Rahmen der Vollkostenrechnung nach der Durchschnittsmethode auf die Produktionsmenge (7.000 ME/Quartal) verteilt.

a) Ermitteln Sie für die Kurzfristige Erfolgsrechnung auf Vollkostenbasis die Umsatzerlöse, die variablen Kosten, die fixen Kosten und das Quartalsergebnis pro Sorte und in Summe! Interpretieren Sie das Ergebnis stichpunktartig.

b) Sollte CONCEPT III die beiden Verlustprodukte A und B aus dem Produktionsprogramm streichen? Welche Rolle spielt in diesem Zusammenhang der Deckungsbeitrag/ME db und der Deckungsbeitrag/Periode? Wie hoch wäre der neue Gesamtgewinn?

6.4.4 Fragen und Übungsaufgaben zu Kapitel 4.4

Fragen zu Kapitel 4.4:

- Wo und wann wurde die Prozesskostenrechnung entwickelt?
- Wie lässt sich das Aufkommen der Prozesskostenrechnung erklären?
- Grenzen Sie die Prozesskostenrechnung nach Zielstellung, Prämissen, Ablauf und möglichen Ergebnissen von der traditionellen Zuschlagskalkulation ab.
- Grenzen Sie die Begriffe „Aktivitäten", „Teilprozesse" und „Hauptprozesse" voneinander ab.
- Nennen Sie Beispiele für Kostentreiber bestimmter Teilprozesse.
- Welche Grundsätze gelten für die Identifikation von Kostentreibern?
- Unterscheiden Sie die Begriffe „leistungsmengeninduzierte" und „leistungsmengenneutrale" Kosten und nennen Sie jeweils zwei Beispiele.
- Nennen Sie Beispiele für Teilprozesse, die Verursacher von den Gemeinkosten in dem Unternehmensbereich sein können.
- Wie lassen sich die Kosten eines jeden Teilprozesses ermitteln?
- Wie lassen sich aus den Prozesskosten und Kostentreibern verursachungsgerechte Prozesskostensätze errechnen, die als Grundlage einer prozessorientierten Kalkulationen dienen?

Übungsaufgabe 4.4/1:[395]

Die ProKo-AG stellt zwei verschiedene Produkte her. Informationen über das letzte Jahr sind in den folgenden beiden Tabellen gegeben.

Information	A	B	Summe
Produzierte Einheiten (ME)	1.000	9.000	10.000
Fertigungseinzelkosten (€)	25.000	135.000	160.000
Maschinenstunden (h)	6.000	34.000	40.000
Anzahl Umrüstungen	4	2	6
Anzahl Bestellungen (Einkauf)	50	50	100
Materialeinzelkosten (€)	30.000	270.000	300.000
Konstruktionsstunden (h)	20	20	40

Prozesse	Jährliche Gemeinkosten in €	Kostentreiber
1. Maschinelle Bearbeitung	100.000	Anzahl Maschinenstunden
2. Maschinenumrüstung	5.000	Anzahl Umrüstungen
3. Einkauf	10.000	Anzahl Bestellungen
4. Materiallogistik	20.000	Wert der Bestellungen
5. Konstruktion	15.000	Anzahl Konstruktionsstunden
Summe	**150.000**	

Das Unternehmen benutzt zur Zeit die Maschinenstunden als Basis für die Zurechnung der Gemeinkosten zu den Produkten, denkt aber über die Einführung der Prozesskostenrechnung nach.

a) Wie teilen sich die Gemeinkosten nach dem bisherigen Verfahren auf A und B auf?
b) Wie hoch sind die Kosten für die Umrüstung nach der Prozesskostenmethode je nach Produktvariante?
c) Wie verhalten sich die Kosten der Beschaffung für Produkt A nach der traditionellen Kostenrechnung und nach der Prozesskostenrechnung?
d) Berechnen Sie die Prozesskosten für ein Produkt vom Typ A.
e) Basierend auf den Gemeinkosten und unter Berücksichtigung der produzierten Menge, wie groß ist die Verzerrung der gesamten Kosten bzw. der Quersubventionierung für A und B?

395 In Anlehnung an Jung (2014), S. 49.

Übungsaufgabe 4.4/2:[396]

Der Personalbereich des stark wachsenden SINGULARITY Startups wendet die Prozesskostenrechnung für eine Kosten- und Leistungsanalyse an. Insgesamt fallen für den Bereich jährliche Kosten in Höhe von 200.000 € an. Insgesamt stehen 5 Mitarbeiterjahre zu jeweils 1.600 Arbeitsstunden als Kapazität zur Verfügung. Es gelten die folgenden Standardzeiten für die einzelnen Tätigkeiten, die mittels interner Befragungen ermittelt wurden:

Vorgang	Standardzeit (Min./Vorgang)
Bewerbungen bearbeiten	24
Bewerbungsgespräche führen	8
Arbeitsverträge verhandeln	32

Zudem hat die Analyse der Teilprozesse und Prozessgrößen die folgenden Ergebnisse geliefert:

Nr.	Teilprozess	Kostentreiber	Prozessmenge
1.	Bewerbungen bearbeiten	Anzahl der Bewerbungen	8.000
2.	Bewerbungsgespräche führen	Anzahl der Gespräche	6.000
3.	Arbeitsverträge verhandeln	Anzahl der Arbeitsverträge	4.500
4.	So. Verwaltungsaufgaben	-	-

Die nicht in leistungsmengeninduzierten (lmi)-Teilprozessen gebundenen Mitarbeiterkapazitäten werden dem leistungsmengenneutralen (lmn)-Teilprozess zugewiesen. Ermitteln Sie für alle Teilprozesse:

- die erforderliche Mitarbeiterkapazität
- die Prozesskosten
- die lmn-Umlage
- die Gesamt-Prozesskosten nach lmn-Umlage
- den Gesamt-Prozesskostensatz

6.5 Fragen und Übungsaufgaben zu Kapitel 5

Der Schwerpunkt dieses Lehrbuches liegt auf dem Thema Kostenrechnung. Da die dargestellten Instrumente des strategisches Kostenmanagements – Target Costing, Life Cycle Costing und Gemeinkostenwertanalyse – Gegen-

396 In Anlehnung an Schreiber/Schulte (2018), S. 343 f. Für eine umfassendere Aufgabe zur Prozesskostenrechnung vgl. z. B. Weber/Schäffer/Binder (2016), S. 15 ff. oder auch Schierenbeck/Wöhle (2011), S. 257 f.

stand zahlreicher Controlling-Lehrbücher sind, sollen sie hier nur beispielhaft und komprimiert durch Fragen und Übungsaufgaben vertieft werden.

Fragen zu Kapitel 5:

- Erläutern Sie das Grundprinzip beim Target Costing. Welche Kernfrage steht im Mittelpunkt?
- In welcher Phase der Produktentwicklung kommt das Target Costing insbesondere zum Einsatz?
- Was ist mit einer „umfassenden Marktorientierung" beim Target Costing gemeint? Life Cycle Costing?
- Definieren Sie die Begriffe Target Price, Target Cost, Allowable Cost und Drifting Cost.
- Erläutern Sie die Vorgehensweise beim Target Costing.
- Welche Vor- und Nachteile bietet das Target Costing in der Praxis?
- Was ist unter dem Lebenszykluskonzept zu verstehen?
- Woraus setzen sich die Lebenszykluskosten zusammen?
- Unterscheiden Sie die Produktlebenszyklusrechnung, bzw. das Product Life Cycle Costing aus Kundensicht und aus Produzentensicht.
- Wie unterscheiden sich die Vorlaufphase, die Marktphase und die Nachlaufphase?
- Was ist der Untersuchungsgegenstand der Kundenlebenszyklusrechnung, bzw. des Customer Life Cycle Costing?
- Skizzieren Sie kurz die Vorgehensweise bei der Anwendung der Produktlebenszyklusrechnung.
- Bei welchen Unternehmen ist das Life Cycle Costing besonders verbreitet?
- Welche Zielsetzung verfolgt die Gemeinkostenwertanalyse?
- Wer sind die Funktionsträger bzw. Beteiligten bei der Durchführung einer Gemeinkostenwertanalyse?
- Beschreiben Sie die Vorgehensweise bei der Gemeinkostenwertanalyse. Was ist Gegenstand der unterschiedlichen Vorgehensschritte bzw. Phasen?
- Nehmen Sie eine kritische Bewertung der Gemeinkostenwertanalyse vor. Welche Herausforderungen können sich bei der Durchführung dieser Methode ergeben?

Übungsaufgabe 5.1:[397]

Der Start Up ANNA produziert nachhaltig produzierte, moderne Matratzen, die über den Online-Versandhandel distribuiert werden. Um seine Produktpalette als Online-Versandhändler zu erweitern und sich auf dem wettbewerbsintensiven Matratzenmarkt weiterhin behaupten zu können, plant das Unternehmen die Entwicklung einer neuartigen, komfortablen Premium Matratze „ANNA ONE". Mit Hilfe des Target Costing soll dieses Vorhaben unterstützt werden.

Laut einer von der ANNA GmbH erhobenen Marktanalyse ergaben sich aus Sicht der Kunden folgende relative Bedeutungen der Funktionen (F) zu diesem Produkt:

Funktionen		%
F1	Bequemlichkeit	40 %
F2	Pflegeleichtigkeit	25 %
F3	Handhabung	15 %
F4	Mechanische Haltbarkeit	10 %
F5	Design	5 %
F6	Transportabilität	5 %

Die geplante Matratze besteht aus den folgenden Komponenten (K), deren Beiträge zur Erfüllung der von den Kunden gewünschten Produktfunktionen folgendermaßen von Experten geschätzt werden:

Komponente		Funktion					
		F1	F2	F3	F4	F5	F6
K1	Federkern	70 %	25 %	5 %	30 %	5 %	15 %
K2	Schaumstoff	10 %	5 %	50 %	40 %	15 %	40 %
K3	Rahmen	5 %	0 %	30 %	25 %	35 %	40 %
K4	Bezug	15 %	70 %	15 %	5 %	45 %	5 %

397 In Anlehnung an Littkemann et al. (2019), S. 41 ff. Für eine umfassendere Aufgabe zum Target Costing vgl. z. B. Weber/Schäffer/Binder (2016), S. 35 ff. oder auch Schierenbeck/Wöhle (2011), S. 259 f.

Die ANNA GmbH verfügt über jahrelange Branchenkenntnisse und kann aufgrund dessen die Anteile der Komponenten an den Gesamtkosten der Matratze „ANNA ONE“ genau ermitteln:

K1	K2	K3	K4
45 %	20 %	10 %	25 %

a) Erläutern Sie kurz die Zielsetzung beim Target Costing.

b) Berechnen Sie auf Grundlage der gegebenen Informationen die Nutzenanteile der Komponenten K1 bis K4 und ermitteln Sie den zugehörigen Zielkostenindex je Komponente.

c) Erstellen Sie in Zielkostendiagramm und interpretieren Sie dieses. Welche Handlungsempfehlungen leiten Sie daraus ab?

Übungsaufgabe 5.2:[398]

Das Unternehmen HELIUM plant die Einführung von Flugtaxis. Die folgende Produktlebenszyklus-Kostenrechnung geht von einem Start der F&E-Aktivitäten im Januar 2020, von einer Markteinführung zur Jahresmitte 2022 und von einem Ende des Marktzyklus im Dezember 2026 aus. Es wird somit mit einem 2,5-jährigen Entstehungszyklus und einem 4,5-jährigen Marktzyklus geplant. Folgende Annahmen wurden getroffen:

- Zur Vereinfachung wird unterstellt, dass nach Ende des Marktzyklus auch keine Nachsorgekosten anfallen.
- Der Anfall der Umsatzerlöse soll entsprechend der Produktlebenszyklus-Theorie verlaufen.
- Bei den Vorlaufkosten wurde berücksichtigt, dass die Entwicklungskosten vornehmlich in den frühen Projektperioden, die Marketingkosten hingegen erst kurz vor der Markteinführung anfallen. Bei den Lizenzgebühren für die Entwicklung wird ein periodenfixer Verlauf über den Entstehungszyklus unterstellt.
- Dem unterstellten Verlauf der Herstellungs- sowie Verwaltungs- und Vertriebskosten liegt die Erfahrungskurven-Theorie zugrunde. Zunächst kann gerade zu Stückkosten produziert werden, im Zuge des fortschreitenden Mengenwachstums steigen hingegen die Stückkosten aufgrund der Fixkostendegression kaum noch an.
- Die Folgekosten nehmen im zeitlichen Verlauf aufgrund der Überalterung der Produktpalette überproportional zu.

398 In Anlehnung an Graumann (2019), S. 123 f.

Jahr (Werte in Mio. €)	2020	2021 (erwartet)	2022 (erwartet)	2023 (erwartet)	2024 (erwartet)	2025 (erwartet)	2026 (erwartet)
Erlöse	**0**	**0**	**160**	**380**	**460**	**300**	**100**
Vorlaufkosten gesamt	80	120	100	60	0	0	0
davon Entwicklung/Design	80	80	50	0	0	0	0
davon Lizenzen	0	20	20	20	0	0	0
davon Marketing	0	20	30	40	0	0	0
Laufende Kosten gesamt	0	0	120	180	160	110	30
davon Herstellkosten	0	0	80	140	120	80	20
davon Verw. & Vertrieb	0	0	40	40	40	30	10
Folgekosten gesamt	0	0	0	40	60	40	20
davon Garantien/Rücknahme	0	0	0	30	30	30	10
davon sonstige Kosten	0	0	0	10	30	10	10

a) Ergänzen Sie die Angaben zu einer vollständigen Produktlebenszyklusrechnung.

b) Berechnen Sie die Umsatzrentabilität.

Übungsaufgabe 5.3:[399]

Der Planung eines Anlagenbauers liegt ein Planungshorizont von 10 Jahren zugrunde. Die für eine neue Anlage geplanten Ein- und Auszahlungen sind in der folgenden Tabelle dargestellt.

399 In Anlehnung an Coenenberg/Fischer/Günther (2016), S. 615 f.

Jahr (Werte in Mio. €)	1	2	3	4	5	6	7	8	9	10
Einzahlungen (E_t)										
Anlagenverkauf				100	250	350	200	100		
Auszahlungen (A_t)										
Herstellung				75	100	150	125	50		
Entwicklung	12	15	18	20	27	21	6			
Verwaltung	15	16	16	22	22	22	22	22	18	16
Marketing/Vertrieb				18	18	18	14	8		
Entsorgung									10	8

a) Ergänzen Sie die Angaben zu einer vollständigen Produktlebenszyklusrechnung.

b) Welcher Kapitalwert ergibt sich bei einem Kalkulationszinssatz von 12 %?

6.6 Fallstudie TENO Sitzmöbel GmbH

Bei der TENO-Fallstudie handelt es sich um ein durchgängig zusammenhängendes Fallbeispiel, das die Verbindung verschiedener Teilbereiche der Kostenrechnung herstellt und folgende Eigenschaften aufweist:

- Die Fallstudie beginnt an der Schnittstelle zwischen Finanzbuchhaltung und Kostenrechnung mit der Ableitung der Kosten unter Verwendung der handelsrechtlichen Aufwendungen.
- Es handelt sich um eine Istkostenrechnung auf Vollkostenbasis, die in einer späteren Fallstudie zu einer Grenz-Plankostenrechnung ausgebaut wird.
- Der klassische Abrechnungsweg jeder Kostenrechnung von der Kostenartenerfassung über die Kostenstellenrechnung (BAB inkl. innerbetriebliche Leistungsverrechnung) bis zur Kalkulation (hier differenzierende Zuschlagskalkulation) wird in der TENO-Fallstudie deutlich sichtbar und kann lehrreich „trainiert" werden.

Praxisfall

Die TENO Sitzmöbel GmbH produziert und verkauft zwei Produkte (vgl. **Abb. 40**). Bei Produkt 1 handelt es sich um einen Stahlrohr-Freischwinger, der sich aufgrund seiner Qualität, seines Sitzkomforts und seiner zeitlosen Eleganz schon längere Zeit großer Beliebtheit erfreut. Er wird in den Ausführungen Buche und Esche hergestellt. Die drei wesentlichen Elemente dieses Stuhls sind das Stahlrohr-Gestell, der Sitz- bzw. Lehnrahmen (aus Holz) sowie das Sitz- bzw. Lehngeflecht (aus Peddigrohr).

Produkt 2 der TENO GmbH ist ein qualitativ hochwertiger Küchenhocker, der mit einem Sitzgeflecht aus Peddigrohr versehen ist.

Abb. 40: *Stahlrohr-Freischwinger und Küchenhocker der TENO GmbH*

Die Stahlrohrgestelle, Sitz- und Lehngeflechte sowie die Rohlinge für die Beine des Hockers werden von fremden Zulieferern eingekauft. Die eigentliche Tätigkeit der TENO GmbH besteht in der Herstellung der Sitz- bzw. Lehnrahmen, in der Bearbeitung der Rohlinge und im Verkauf der montierten bzw. geleimten Produkte.

Der Produktionsablauf beider Produkte – skizzenhaft aufgezeichnet – ist wie folgt:

Produkt 1 (Stuhl)

- Die fremdbezogenen, schon kammergetrockneten Bohlen der jeweiligen Holzart werden zunächst gelängt (verlängert, gestreckt) und getrennt (Maschine I).
- Dann werden die Teilstücke gerichtet und gedickt (Maschine II).
- Eine Kopierfräsanlage (Maschine III) bringt die einzelnen Teile in die endgültige Form.
- Verleimung der Sitz- und Lehnrahmen.
- Schleifen (Maschine IV) und Lackieren der Rahmen.
- Einleimung der Sitz- und Lehngeflechte in die Rahmen.
- Abschließend erfolgt die Montage der Stühle.

Produkt 2 (Hocker)

- Die bereits formgesägten Hockerbein-Rohlinge erhalten mittels der Kopierfräsanlage (Maschine III) ihre Endform.
- Die Herstellung der Sitzrahmen des Hockers erfolgt analog zur Herstellung der Sitzrahmen des Produktes 1.
- Verleimung der Sitzrahmen und der Hockerbeine.
- Schleifen (Maschine IV) und Lackieren der Hocker.
- Abschließend erfolgt die Einleimung der Sitzgeflechte in die Sitzrahmen.

Die TENO GmbH führt eine monatliche Kostenrechnung durch (Istkostenrechnung auf Vollkostenbasis), mit deren Hilfe die angefallenen Kosten „kontrolliert" sowie die Kalkulationen für den Stuhl in den Ausführungen Buche bzw. Esche und den Hocker durchgeführt werden. In der Finanzbuchhaltung des Unternehmens wurden im September 2009 folgende Aufwendungen (vgl. § 275 HGB) erfasst:

(1)	Materialaufwand	
	Aufwendungen für Roh-, Hilfs- und Betriebsstoffe	289.360 €
(2)	Personalaufwand	
	Löhne und Gehälter	106.292 €
	soziale Abgaben und Aufwendungen für Altersversorgung	24.680 €
	(davon für Altersversorgung	8.432 €)
(3)	Abschreibungen auf Sachanlagen	12.330 €
(4)	sonstige betriebliche Aufwendungen	26.350 €
(5)	Zinsen	1.460 €
(6)	außerordentliche Aufwendungen	500 €
(7)	Steuern vom Einkommen und vom Ertrag	–,–
(8)	sonstige Steuern	370 €
		461.342 €

Die einzelnen „Haupt-Aufwandsposten" (1–8) setzen sich folgendermaßen zusammen:

(1)	Materialaufwand	
	Holz	
	– Holzbohlen Buche	35.360 €
	– Holzbohlen Esche	20.600 €
	– Holzrohlinge (für den Hocker)	7.000 €
	Stahlrohrgestelle	99.000 €

	Geflechte	
	– Sitzgeflechte	60.000 €
	– Lehngeflechte	33.000 €
	Aufwendungen für Ersatzwerkzeuge der Maschinen	12.000 €
	Strom	6.000 €
	Aufwendungen für Leim, Lacke und Schrauben	14.100 €
	Schmiermittel, sonstiges Ersatz- und Reinigungsmaterial	2.300 €
		289.360 €
(2)	Personalaufwand	
	Löhne und Gehälter	
	– Brutto-Löhne	55.628 €
	– Brutto-Gehälter	26.800 €
	– Gratifikationen, Tantiemen, Lohnfortzahlungen, Trennungsentschädigungen, Zahlungen lt. Vermögensbildungsgesetz etc.	23.864 €
	soziale Abgaben und Aufwendungen für Altersversorgung	
	– soziale Abgaben (RV, KV, ALV, PflV)	16.248 €
	– Altersversorgung	8.432 €
		130.972 €
(3)	Abschreibungen auf Sachanlagen	
	auf Gebäude	1.333 €
	auf Maschinen (Maschinen I-IV)	4.747 €
	auf das sonstige Anlagevermögen	6.250 €
		12.330 €
(4)	sonstige betriebliche Aufwendungen	
	Verluste aus dem Abgang von Gegenständen des Anlagevermögens (Verkauf einer alten Maschine)	4.000 €
	Telefon, Büromaterial etc.	1.200 €
	Miete für die Räume des Bürogebäudes	3.750 €
	Heizung, Wasser und Reinigung des Bürogebäudes	800 €
	Heizung, Wasser und Reinigungsmittel für die Fertigungsräume	500 €
	Speditionskosten	7.600 €
	Verpackungsmaterial	4.000 €
	Werbeaufwendungen	3.000 €
	Beiträge, Gebühren, Versicherungen, Rechtsberatung u. a.	1.500 €
		26.350 €

(5)	Zinsen *für einen langfristigen Kredit (Zinssatz 8 %)*	1.460 €
(6)	sonstige Aufwendungen *eine Spende wurde an das DRK gezahlt*	500 €
(7)	Steuern vom Einkommen und vom Ertrag *Im September 2009 erfolgten bei der TENO GmbH weder Körperschaftsteuer- noch Gewerbesteuerzahlungen (oder Erstattungen)*	–,–
(8)	sonstige Steuern *Hierbei handelt es sich um eine Grundsteuer-Nachzahlung für 2007*	370 €

Neben den Daten aus der Finanzbuchhaltung liegen noch weitere – für die monatliche Kostenrechnung bedeutsame – Informationen vor:

- Die produktiven Brutto-Löhne/-Gehälter betragen im September 45.812 €/22.600 €. Alle gesetzlichen, tariflichen und freiwilligen Personalzusatzkosten (= Sozialkosten) werden hierauf mit einem jahresdurchschnittlichen Prozentsatz von 85 % (Löhne) und 63 % (Gehälter) verrechnet.
- Bei den Abschreibungen auf Sachanlagen stehen den Aufwendungen der Finanzbuchhaltung zum Teil kalkulatorische Abschreibungen in anderer Höhe gegenüber:

Kalkulatorische Abschreibung auf Gebäude	1.333 €
Kalkulatorische Abschreibung auf die Maschinen I–IV	4.234 €
Kalkulatorische Abschreibungen auf das sonstige Anlagevermögen	5.200 €.

- Die Aufwendungen für Gebühren, Rechtsberatung und Versicherungen sind im Jahresdurchschnitt zusammen um monatlich 1.500 € höher als in diesem Monat verbucht. Der monatliche Durchschnitt der Werbeaufwendungen liegt bei 3.500 €.
- Die kalkulatorischen Zinsen auf das betriebsnotwendige Kapital betragen 7.000 €.
- Kalkulatorische Wagnisse sind wie folgt einzubeziehen:

Beständewagnis	1.500 €
Fertigungswagnis	300 €
Vertriebswagnis	3.100 €

- Für einen geringfügig in der Verwaltung unentgeltlich tätigen Gesellschafter der GmbH wird ein kalkulatorischer Unternehmerlohn in Höhe von 2.000 € angesetzt.

- An Steuern sind in diesem Monat als durchschnittliche Monatsbeträge noch zu berücksichtigen:
  GewSt 8.335 €
  GrdSt 950 €
- Alle weiteren Kosten entsprechen den dazugehörigen Aufwandspositionen.
- Die Kosten für das Holz, die Gestelle und die Geflechte sind den Kostenträgern direkt zurechenbar (Einzelmaterialkosten). Das gleiche gilt für die in der Montage/Verpackung gezahlten Löhne in Höhe von 4.275,– (Akkordlöhne). Bei allen anderen Kosten handelt es sich um Kostenträger-Gemeinkosten (echte und unechte).

Aufgabe 1: Gesamtkostenübersicht

Ermitteln Sie die im Monat September angefallenen Gesamtkosten.

In der TENO GmbH werden folgende Kostenstellen unterschieden:

Hilfskostenstellen:

1. Spanabsauganlage
2. Meisterbüro
3. Reparaturwerkstatt
4. Raumstelle
5. innerbetrieblicher Tansport (ibTr)

Hauptkostenstellen:

1. Materiallager
2. Einkauf
3. Maschine I
4. Maschine II
5. Maschine III
6. Leimerei
7. Schleiferei (Maschine IV)/Lackiererei
8. Montage/Verpackung
9. Verwaltung
10. Verkauf
11. Auslieferungslager

Zur Veranschaulichung der betrieblichen Kostenstelleneinteilung soll eine Grundriss-Skizze der TENO GmbH (Abb. 41) beitragen:

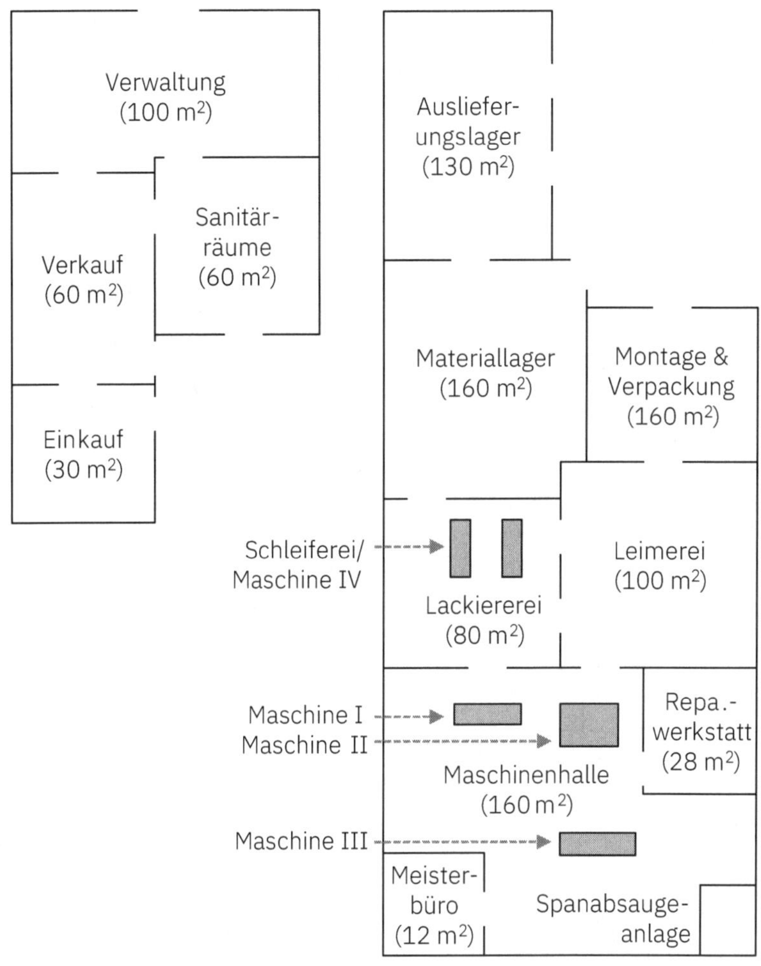

***Abb. 41:** Grundriss-Skizze der TENO GmbH*

- Die Kosten für Leime, Lacke und Schrauben sind aufgrund der Material-Entnahmescheine mit 900 €, 10.500 € und 2.700 € auf Leimerei, Lackiererei und Montage zu verteilen.
- Bei den Ersatzwerkzeugen handelt es sich um die einzelnen Maschinen direkt zurechenbaren, einem schnellen Verschleiß unterworfenen Werkzeuge, nämlich Sägeblätter, Hobelmesser, Fräsköpfe und Schleifwerkzeuge. Im Einzelnen fallen bei den Maschinen I – IV folgende Kosten an:

Maschine I:	4.000 €
Maschine II:	2.000 €
Maschine III:	5.000 €
Maschine IV:	1.000 €

- Schmiermittel, sonstiges Ersatz- und Reinigungsmaterial ist laut Materialentnahme der Reparaturwerkstatt (950 €), dem innerbetrieblichen Transport (400 €), den Maschinen I–IV (je 150 €) und der Lackiererei (350 €) zuzurechnen.
- Der Stromverbrauch wird bei den Maschinen I–IV, der Spanabsauganlage und dem innerbetrieblichen Transport mittels gesonderter Stromzähler für den Kraftstrom ermittelt. Der restliche Stromverbrauch des Fertigungsbereichs (Lichtstrom etc.) wird im Verhältnis 1:7:0,5:0,5:0,5:0,5 auf die Reparaturwerkstatt, die Raumstelle, das Materiallager, die Lackiererei, die Montage und das Auslieferungslager aufgeteilt. Der Grundpreis in Höhe von 195 € wird der Verwaltung zugerechnet. Die Stromkosten für Einkaufs-, Verwaltungs- und Verkaufsbüros belaufen sich im September auf 105 € und werden auf Einkauf (25 €), Verwaltung (45 €) und Verkauf (35 €) verteilt. Eine kWh wird mit 0,15 € berechnet.
- Die Zähler der mit Kraftstrom betriebenen Anlagen zeigen folgenden Monatsverbrauch an (in kWh):

Maschine I:	9.860
Maschine II:	3.880
Maschine III:	9.500
Maschine IV:	560
Spanabsauganlage:	4.400
Transportsystem:	2.200

- Die TENO GmbH beschäftigt zur Zeit 20 Mitarbeiter mit regelmäßigem Einkommen und festem Arbeitsvertrag, die den einzelnen Kostenstellen wie folgt zugerechnet werden:

Kostenstelle	Mitarbeiter	Brutto-Lohn (L)/Brutto-Gehalt (G)	
Meisterbüro	1	G	3.550 €
Reparaturwerkstatt	1	L	3.410 €
Materiallager	1	L	3.198 €
Einkauf	1	G	3.420 €
Maschine I	1	L	3.258 €
Maschine II	1	L	3.317 €
Maschine III	1	L	3.394 €
Leimerei	3	L	3.235 €
		L	3.126 €
		L	215 €
Schleiferei/Lackiererei	4	L	3.430 €
		L	3.112 €
		L	3.270 €
		L	815 €
Montage/Verpackung	1	L	2.573 €
Verwaltung	2	G	6.050 €
		G	3.450 €
Verkauf	2	G	2.130 €
		G	4.000 €
Auslieferungslager	1	L	2.994 €

Drei Hilfskräfte werden den Kostenstellen mittels Stundenzetteln zugerechnet. Danach entfallen auf das Materiallager 2.755 €, die Leimerei 118 €, die Lackiererei 832 €, die Montage 1.702 € und das Auslieferungslager 1.058 €.

- Die Steuern werden – bis auf die GrdSt – aus Vereinfachungsgründen dem Verwaltungsbereich zugerechnet. Die GrdSt entfällt auf die Raumstelle.
- Beiträge, Gebühren, Versicherungen und Rechtsberatungskosten werden zu 80 % dem Verwaltungsbereich und zu je 10 % dem Einkauf bzw. Verkauf angelastet. Die Gebäudeversicherungen betragen durchschnittlich 700 € monatlich und werden der Raumstelle zugerechnet.
- Die Büros des Einkaufs, des Verkaufs und der Verwaltung sind aufgrund der Lärmbelastung in der Fertigung vom produzierenden Teil des Unternehmens abgetrennt. Sie befinden sich in einem angrenzenden Bürogebäude und stehen nicht im Eigentum der GmbH. Die Raummiete (15 €/m2) wird nach der Größe der Räumlichkeiten zugerechnet. Umkleide- und Sanitär-Räume werden (aus Vereinfachungsgründen) der Verwaltung zugeschlagen.

- Heizung, Wasser und Reinigungsmittel für die Fertigungsräume belasten die Raumstelle.
- Die Speditionskosten betreffen zum Teil den Einkauf von Material und zum Teil den Transport von Stühlen zum Kunden. Die Zurechnung erfolgt aufgrund der Rechnung der Spediteure.
  Einkauf: 2.500 €
  Verkauf: 5.100 €.
- Die Kosten für Telefon, Büromaterial etc. sowie Heizung, Wasser und Reinigung des Bürogebäudes werden laut Entnahmescheinen, Rechnungen und Raumgrößen aufgeteilt auf das Meisterbüro (71 €), den Einkauf (300 €), die Verwaltung (1.185 €) und den Verkauf (444 €).
- Werbekosten fallen in den Verantwortungsbereich des Verkaufs.
- Die Kosten für Verpackungsmaterial sind der Montage/Verpackung zuzurechnen.
- Die kalkulatorischen Abschreibungen auf das Gebäude gehören zu den Raumkosten. Die kalkulatorischen Abschreibungen auf die Maschinen I – IV belaufen sich auf 694 €, 486 €, 2.500 € und 554 €. Die kalkulatorischen Abschreibungen auf das sonstige Anlagevermögen berechnen sich nach dem Wert der „sonstigen" Gegenstände des Anlagevermögens in den einzelnen Kostenstellen.

Kostenstelle	**„sonstiges" Anlagevermögen zu Anschaffungskosten**
Spansauganlage	10.000 €
Meisterbüro	3.000 €
Reparaturwerkstatt	4.000 €
innerbetrieblicher Transport	90.000 €
Materiallager	8.000 €
Einkauf	5.000 €
Leimerei	60.000 €
Lackiererei	40.000 €
Montage/Verpackung	5.000 €
Verwaltung	15.000 €
Verkauf	5.000 €
Auslieferungslager	5.000 €
	250.000 €

- Die kalkulatorischen Zinsen setzen sich zusammen aus den Zinsen auf die Anschaffungskosten des Grundstückes (AK = 100.000 €), aus den Zinsen

auf 50 % der Anschaffungskosten aller betriebsnotwendigen, abnutzbaren Gegenstände des Anlagevermögens (Summe der AK = 1.620.000 €) und den Zinsen auf das durchschnittlich monatlich gelagerte Umlaufvermögen (Materiallager: 100.000 €, Auslieferungslager: 40.000 €), welches zu AK bzw. Herstellkosten angesetzt wird. Der Zinssatz beträgt 8 %.
Die kalkulatorischen Zinsen auf die AK des Grundstücks und des – im abnutzbaren Anlagevermögen mit AK in Höhe von 800.000 € enthaltenen – Gebäudes sind bei der Raumstelle zu verbuchen. Die Zinsen auf das sonstige abnutzbare Anlagevermögen sind nach der Aufteilung des betriebsnotwendigen Vermögens auf die einzelnen Kostenstellen zu verteilen. Dabei sind – neben den schon oben angeführten sonstigen Gegenständen des Anlagevermögens – auch die Anschaffungskosten der Maschinen I–IV noch einzubeziehen, denn die wurden bei der Berechnung der kalkulatorischen Abschreibung nicht in die sonstigen Gegenstände des Anlagevermögens einbezogen:

AK Maschine I:	100.000 €
AK Maschine II:	70.000 €
AK Maschine III:	300.000 €
AK Maschine IV:	2 × 50.000 €

Die Zinsen auf das Umlaufvermögen sind entsprechend dem jeweiligen Lagerwert auf das Material- bzw. Auslieferungslager aufzuteilen.

- Die Wagnisse sind wie folgt aufzuteilen:

Beständewagnis:	Materiallager 900 € und Auslieferungslager 600 €.
Fertigungswagnis:	je 100 € auf die Maschinen I–III.
Vertriebswagnis:	Verkauf 3.100 €.

- Der kalkulatorische Unternehmerlohn entfällt auf den Verwaltungsbereich.

Aufgabe 2: Gemeinkosten nach Kostenstellen

Ermitteln Sie die Höhe der Gemeinkosten in den einzelnen Kostenstellen der TENO GmbH.

Zusatzinformationen zur innerbetrieblichen Leistungsverrechnung (ibL):

- Die Spanabsauganlage gibt ihre Leistungen an die Maschinen I-III ab. Die Absaugung der Schleifmaschinen (Maschine IV) erfolgt – wegen der Explosionsgefahr aufgrund des feinen Schleifstaubes – durch maschinenintegrierte Anlagen. Maßgeblich für die Umlage der Spanabsauganlage ist der Anteil am gesamten Spananfall: Die Kosten der Anlage sind im Verhältnis 1 : 5 : 4 auf die Maschinen I-III zu verteilen.

- Der Meister ist für die gesamte Fertigung verantwortlich. Die Umlage erfolgt zu gleichen Teilen auf die Reparaturwerkstatt, den innerbetrieblichen Transport (der Meister führt die tägliche Transportplanung durch), die Maschinen I, II, III, die Leimerei, die Schleiferei/Lackiererei und die Montage/Verpackung. Bezugsgröße im September sind 152 Meisterstunden.
- Die Reparaturwerkstatt gibt Leistungen ab an die Spanabsauganlage, an sich selbst (Reparatur von Werkzeugen), an die Raumstelle (z. B. Reparatur und Wartung der Wasser- und Heizungsanlage), an den innerbetrieblichen Transport (Reparatur und Wartung der Hubstapler bzw. der Transportketten) und an alle anderen Kostenstellen, soweit sie Reparaturen von der Werkstatt durchführen lassen. Bezugsgröße sind im September 160 Stunden, die sich laut Stundenzettel wie folgt verteilen:

Kostenstelle	Stunden
Spanabsauganlage	5
Reparaturwerkstatt	5
Raumstelle	20
IbTr	20
Materiallager	5
Einkauf	5
Maschine I	30
Maschine II	20
Maschine III	20
Schleiferei (Masch. IV)	10
Lackiererei	10
Auslieferungslager	10
	160

- Die Raumkosten werden nach der Größe der Räume (gesamt 750 m²) auf die Kostenstellen des Fertigungsbereiches verteilt. Die einzelnen Raumgrößen der TENO GmbH sind Abb. 41 zu entnehmen. Bei der Verteilung sind die Maschinen I-III gleichmäßig zu berücksichtigen.
- Die Leistungen des innerbetrieblichen Transports werden dem Materiallager, den Maschinen I, II, III, der Leimerei, der Schleiferei/Lackiererei, der Montage und dem Auslieferungslager im Verhältnis 2 : 1 : 1 : 1 : 1 : 1 : 1 : 2 zugerechnet.

Aufgabe 3: Verrechnungssätze der ibL nach dem Stufenleiterverfahren

Ermitteln Sie die Verrechnungssätze der ibL anhand des Stufenleiterverfahrens, und nehmen Sie die Umlage der Kosten der Hilfskostenstellen auf die

Hauptkostenstellen vor. Die Hilfskostenstellen sind für das Stufenleiterverfahren in eine zweckmäßige Reihenfolge zu bringen.

Für die Ermittlung der Kalkulationssätze der Hauptkostenstellen sowie zur Ermittlung der Herstell- und Selbstkosten der drei Produkte sind die folgenden Zusatzinformationen zu berücksichtigen:

Kostenstelle	Art der Bezugsgröße	Höhe der Bezugsgröße	Bezugsgrößen je Stück des Produktes		
			Stuhl (Esche)	Stuhl (Buche)	Hocker
Materiallager und Einkauf[1]	Einzelmaterialkosten	254.960[2]	75,60	68,60	30,83
Maschine I	Maschinenzeit-Äquivalenzziffern[3]	3.685 Einheiten	1,00	1,00	0,55
Maschine II	Maschinenzeit-Äquivalenzziffern[3]	3.685 Einheiten	1,00	1,00	0,55
Maschine III	Maschinenzeit-Äquivalenzziffern[3]	3.505 Einheiten	1,00	0,80	0,95
Leimerei	Leimpunkte[4]	61.200 Punkte	16,00	16,00	12,00
Schleiferei (Maschine IV)/Lackierei	Arbeitszeit-Äquivalenzziffern[5]	4.000 Einheiten	1,00	1,00	1,00
Montage/Verpackung	Akkordlohn-Summe	4.275,00	1,20	1,20	0,45
Verwaltung	gesamte Herstellkosten	noch zu ermitteln	unbekannt	unbekannt	unbekannt
Verkauf und Auslieferungslager[6]	Herstellkosten des Umsatzes	noch zu ermitteln[7]	unbekannt	unbekannt	unbekannt
Absatz (in ME)			1.000	2.100	640
Produktion (in ME)			1.000	2.300	700

1 Die Gemeinkosten des Materiallagers *und* des Einkaufs sollen als einheitlicher Zuschlag auf die Einzelmaterialkosten verrechnet werden.

2 Vgl. hierzu auch die entsprechenden Kosten der Kostenartenrechnung.

3 Man geht bei diesen drei Kostenstellen davon aus, dass sich die Gemeinkosten jeder Stelle im Prinzip proportional zu den Maschinenzeiten verhalten. Da aber die Maschinenzeiten für die drei Produkte bisher nicht exakt ermittelt wurden, schätzt man Äquivalenzziffern (Relationen) der Maschinenzeitbeanspruchung für die drei Produkte. Die Gewichtung dieser Äquivalenzziffern mit den Produktionsmengen ergibt die angegebenen gesamten (Rechnungs-)Einheiten.

4 Die Einzelteile der Stühle/Hocker werden an bestimmten Punkten zusammengeleimt. Die Gemeinkosten der Leimerei werden nach der Anzahl der Leimpunkte auf die Kostenträger verteilt.

5 Vgl. hierzu analog die Erläuterung in Fußnote 3.

6 Vgl. hierzu analog die Erläuterung in Fußnote 1.

7 Zur Ermittlung der Herstellkosten des Umsatzes ist hier die Kenntnis der einzelnen Absatzmengen erforderlich; der Vollständigkeit halber (und zur späteren Kontrolle der gesamten Herstellkosten) werden auch die einzelnen Produktionsmengen angegeben. Bestandsveränderungen an Halbfabrikaten treten nicht auf.

Aufgabe 4: Kalkulationssätze der Hauptkostenstellen

Ermitteln Sie die Kalkulationssätze der Hauptkostenstellen.

Aufgabe 5: Herstell- und Selbstkosten nach der differenzierenden Zuschlagskalkulation

Kalkulieren Sie die Herstell- und Selbstkosten der drei Produkte nach dem Verfahren der differenzierenden Zuschlagskalkulation (Bezugsgrößen-Kalkulation).

6.7 Fallstudie KOOL CYCLES GmbH

Bei der KOOL-Fallstudie handelt es sich um ein durchgängig zusammenhängendes Fallbeispiel, das die Verbindung verschiedener Teilbereiche der Kostenrechnung herstellt und neben der klassischen Voll- und Teilkostenrechnung auch die Deckungsbeitragsrechnung sowie die engpassbezogene Produktionsprogrammplanung und Prozesskostenrechnung umfasst.[400]

Die KOOL CYCLES GmbH (im folgenden auch „KOOL“) ist ein junges Start Up, das von zwei sportbegeisterten Studenten in Hamburg gegründet wurde und hochwertige Fahrradradrahmen aus CFK (carbon-faserverstärkte Kunststoffe, im folgenden „Carbon“) fertigt.[401] Das Unternehmen produziert an der Hamburger Produktionsstätte im Hamburg-Barmbek für die Zielgruppe der ambitionierten Amateur- und Profi-Radsportler. Aufgrund des stetig wachsenden deutschen und internationalen Fahrradmarktes entwickelt sich die KOOL CYCLES GmbH sehr positiv und beschäftigt nach einem rasanten Wachstum mittlerweile mehr als 50 Mitarbeiterinnen und Mitarbeiter.

Das Unternehmen hat frühzeitig die Bedeutung der besonders festen und verwindungssteifen Carbon-Fasern erkannt. Da Carbon trotz einer größeren Krafteinwirkung in seine Ursprungsform zurückkehrt und ein Fahrradrahmen auch bei extremer Belastung nicht verwindet, eignet sich Carbon ideal für den Leistungssport. Außerdem lässt sich Carbon im Gegensatz zu Metallen flexibel formen, da Carbon-Fasern wie eine Art Textil in Matten gewebt werden, die mit Epoxidharz verklebt werden. Sofern die Ausrichtung der Fasern in den

400 Die Fallstudie ist fiktiv und ohne Bezug zu existierenden Unternehmen oder bestehenden Produktionsverfahren. Inspiriert wurde diese Fallstudie durch eine ähnliche Fallstudie von Neubrand/Maric (2020), S. 375 ff. Den Autoren sowie den Herausgebern und dem Schäffer-Poeschel Verlag gilt besonderer Dank für die Abstimmung der Nutzung dieser Quelle als Referenz.

401 Der Unternehmensname wurde in Anlehnung an das französische Unternehmen LOOK Cycle International gewählt, dem es in den vergangenen Dekaden immer wieder gelungen ist, wegweisende Innovationen im Radsport hervorzubringen wie z.B. den ersten Rennradrahmen aus kohlenstofffaserverstärktem Kunststoff.

Matten zur Richtung der Kraft passt, lassen sich Rahmen konstruieren, die ohne Schweißnähte gleichzeitig an manchen Stellen weich und komfortabel und an anderen Stellen steif und effizient sind. Dabei ist das Verhältnis von Gewicht zu Steifigkeit sowie Gewicht zu Festigkeit anderen Materialien deutlich überlegen.

Auf Basis langjähriger Studien und technischer Experimente im Hochschulumfeld fertigt die KOOL CYCLES GmbH mittlerweile kommerziell die drei verhältnismäßig hochpreisigen High-End Carbon-Rahmen EPIC (Rennrad), MAXSPEED (Triathlon, im folgenden auch „MAX“) und EVOLUTION (Mountainbike, im folgenden auch „EVO“), die i.d.R. unter der Eigenmarke „Fast Forward“ vermarktet werden (vgl. Abb. 42).

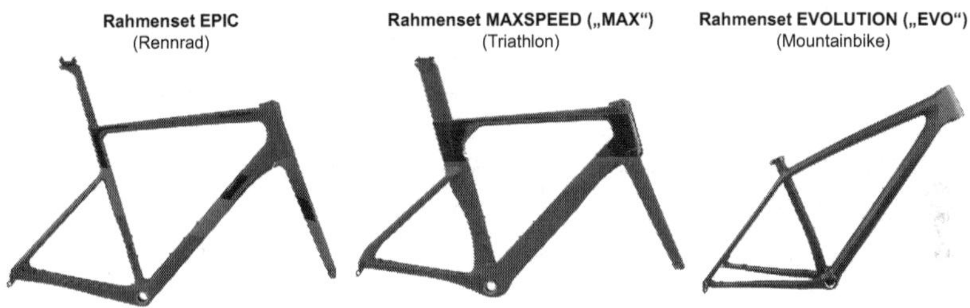

Abb. 42: *Gefertigte Rahmensets EPIC, MAXSPEED und EVOLUTION*

Um aus Kohlefaser-Matten Rahmenrohre zu fertigen, stehen grundsätzlich drei Fertigungsmethoden zur Verfügung: das Tube-to-Tube-Verfahren, die Muffen-Bauweise sowie das Monocoque-Verfahren. Beim Monocoque-Verfahren – der gängigsten Produktionsmethode – werden die in Harz getränkten Kohlefaser-Matten in aufwändiger Handarbeit in Formen gelegt und im Backofen ausgehärtet. Damit sich keine Lufteinschlüsse bilden und die Rohre möglichst glatt und stabil gefertigt werden, drücken mit Druckluft aufgeblasene Silicon-Schläuche von innen gegen die Carbon-Matten. Diese Schläuche werden in der Regel nach dem Fertigungsprozess der Rahmen entfernt. Da bei der Herstellung von Carbon-Rahmen viel Handarbeit erforderlich ist, fertigen die meisten Wettbewerber mittlerweile fast alle in China oder Taiwan.[402]

Im Gegensatz dazu kauft die KOOL CYCLES GmbH nur die Kohlefaser-Matten in China ein. Alle weiteren Produktionsmaterialien wie z.B. Harz und Silicon-Schläuche werden in Deutschland beschafft. Zudem differenziert sich das Unternehmen von seinen meist wesentlich größeren Wettbewerbern, indem

402 Vgl. *www.bike-magazin.de/service/bike_wissen/carbon-report-alles-zum-kohlefaser-werkstoff;* abgerufen am 26.01.2022.

es ausschließlich in Auftragsfertigung und vollständig in Deutschland fertigt. Dadurch positioniert sich das Unternehmen im Premiumsegment und verspricht höchste Produktqualität „Made in Germany“, die sich auch entsprechend in der Preisgestaltung der drei Carbon-Rahmen widerspiegelt. Da es sich in der aktuellen Entwicklungsstufe des Unternehmens ausschließlich um Auftragsfertigung handelt, wird nur nach Auftragseingang produziert und es entsteht nahezu kein Ausschuss. In der folgenden Tab. 19 werden die Kosten für das Carbon-Rohmaterial und weitere Produktionsmaterialien (u.a. Harz und Silicon-Schläuche) zusammengefasst. Dabei entspricht die produzierte Menge der Absatzmenge. Die Materialkosten sind proportional abhängig vom Output.

	Einheit	**EPIC**	**MAX**	**EVO**
Verbrauch Carbon	q^2 pro Rahmen	10,20	14,60	15,40
Kosten Carbon	€ pro q^2	42,00	48,00	46,00
Gesamtkosten Carbon	€ pro Rahmen	428,40	700,80	708,40
So. Produktionsmaterial	€ pro Rahmen	274,00	332,00	320,00
Produktions- bzw. Absatzmenge	Rahmen	2.350	1.800	2.150
Absatzpreis	€ pro Rahmen	2.400,00	2.900,00	2.750,00

Tab. 19: *Verbrauchsmengen/-kosten und Absatzpreise pro Rahmenset*

Die gesamte Herstellung ist in hohem Maß von sorgfältiger Handarbeit geprägt und kann vereinfacht in die folgenden drei Fertigungsstufen unterteilt werden:[403]

(1) Konstruktion: Die drei Rahmensets bestehen aus über 1.000 Carbon-Zuschnitten, die systematisch entwickelt und in ihrer Form auf die Belastungen der zugehörigen Rahmenabschnitte ausgelegt wurden. Die Zuschnitte bestehen jeweils aus zwei Schichten mit zusammen 0,2 mm Stärke, die je nach erforderlicher Wandstärke und Bauteil übereinander laminiert werden (vgl. Abb. 43).[404] Dabei fügen die Produktionsexperten die einzelnen Carbon-Zuschnitte nach exakten Vorgaben eines Lageplans aneinander. Wiederverwendbare Silikonformen dienen dabei als Grundform für das „Preforming“. Neben der Anzahl der übereinander liegenden Carbon-Matten kommt der Ausrichtung der Faserorientierung eine große Bedeutung zu, die der vorausgegangenen Kräftesimulation folgt.

403 Vgl. *www.emtb-news.de/news/rotwild-rahmenfertigung-carbon/;* abgerufen am 26.01.2022.

404 Vgl. *www.bike-magazin.de/service/bike_wissen/carbon-report-alles-zum-kohlefaser-werkstoff;* abgerufen am 26.01.2022.

Abb. 43: *Steuerrohr aus Carbon-Layern (Beispiel)*

(2) Produktion: Die fertigen Bauteile werden in einer Metallform fixiert und anschließend in einem Ofen unter hohem Druck und Temperaturen um die 80 °C „gebacken", so dass der Rahmen seine endgültige Form und Stabilität erhält. Sorgfältiges Arbeiten erfordert auch das Entformen, d.h. das Herauslösen des Rahmens aus seiner Metallform. Die anschließende manuelle Nachbearbeitung beinhaltet die Säuberung von Graten sowie die Entnahme der für das Formen notwendigen Schläuche und Silikonbestandteile aus dem Inneren des Rahmens. Nach dem Aushärten und Abkühlen wird die Oberfläche geglättet.

(3) Qualitätsprüfung: Begleitet wird der gesamte Produktionsprozess von permanenten Qualitätskontrollen. Jeder Rahmen wird intensiv begutachtet und auf seine Passgenauigkeit und Verarbeitungstoleranzen hin geprüft. Stichproben im Produktionsprozess dienen zur Überprüfung der Produktqualität und erlauben mit Hilfe eines Röntgen-Geräts die Sicht ins Innere der Rahmen. Am Ende steht die Endverarbeitung, d.h. das Finish in mehreren Arbeitsschritten inklusive Grundierung, mehrfacher Lackierung und Aufbringung des Dekors.

Vom Legen der ersten Carbon-Lage bis hin zum fertig lackierten Rahmen sind für die Rahmen EPIC 12 Stunden, für MAXSPEED 14 Stunden und für EVOLUTION 13 Stunden notwendig (vgl. Abb. 44).

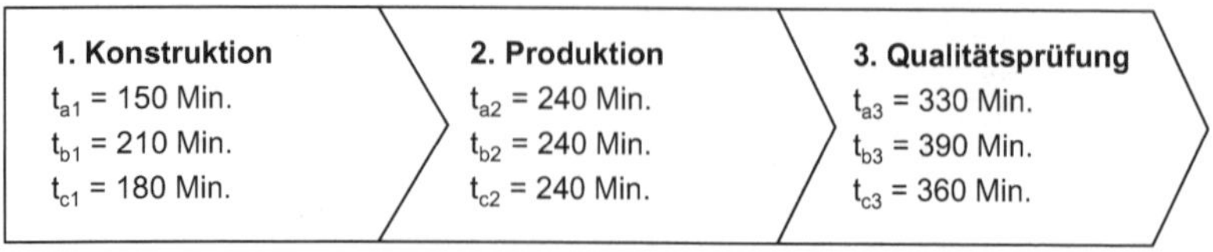

1. Konstruktion	2. Produktion	3. Qualitätsprüfung
t_{a1} = 150 Min.	t_{a2} = 240 Min.	t_{a3} = 330 Min.
t_{b1} = 210 Min.	t_{b2} = 240 Min.	t_{b3} = 390 Min.
t_{c1} = 180 Min.	t_{c2} = 240 Min.	t_{c3} = 360 Min.

t_{ax} = Fertigungszeit pro EPIC-Rahmen in der Fertigungsstufe x

t_{bx} = Fertigungszeit pro MAXSPEED-Rahmen in der Fertigungsstufe x

t_{cx} = Fertigungszeit pro EVOLUTION-Rahmen in der Fertigungsstufe x

Abb. 44: *Fertigungszeiten nach Rahmensets und Fertigungsstufen*

Die Löhne der drei Fertigungsstufen sind Akkordlöhne, die vollständig von der geleisteten Fertigungszeit abhängen. Ebenso fallen die Energiekosten proportional zu den Fertigungsminuten an. Die Fertigungskosten sowie die Kosten für Verwaltung und Vertrieb sind in Tab. 20 zusammengefasst. Die Abschreibungen der Produktionsmaschinen – insbesondere die Öfen für das Backen der Rahmen – wurden entsprechend der geplanten Nutzungsdauer berechnet.

Kostenstelle		1001	1002	1003	2001	2002	2003	
	Einheit	Konstruktion	Produktion	Quali.prüfung	Personal	Verwaltung	Vertrieb	Gesamt
Lohn/Gehalt	€	1.467.648	366.912	917.280	231.790	1.100.736	733.824	**4.818.190**
Strom	€	40.326	266.152	40.326	1.157	32.261	24.196	**404.417**
Miete	€	78.390	106.610	62.712	15.990	50.170	15.678	**329.550**
So. Fertigungskosten	€	187.799	281.699	117.374	0	0	0	**586.872**
AfA Maschinen	€	19.760	122.512	55.328	0	0	0	**197.600**
Gesamtkosten	**€**	**1.793.923**	**1.143.885**	**1.193.020**	**248.937**	**1.183.166**	**773.698**	**6.336.629**

Tab. 20: *Kosten- und Kapazitätsübersicht auf Jahresbasis*

Aufgabe 1: Vollkostenrechnung

Berechnen Sie das Ergebnis pro Rahmenset mit Hilfe der Vollkostenrechnung. Ermitteln Sie hierzu zunächst die gesamten Fertigungsminuten je Modell und Fertigungsstufe. Verwenden Sie diese berechneten Fertigungsminuten als Schlüssel, um die Gemeinkosten für Personal, Verwaltung und Vertrieb zu verrechnen.

Aufgabe 2: Bewertung Zusatzauftrag bei Vollkostenrechnung

Das Vertriebsteam der KOOL CYCLES GmbH ist von einem potentiellen neuen Geschäftskunden, der Trionic AG angesprochen worden. Diese möchte in den nächsten zwölf Monaten ins Ausland expandieren und mehrere neue Filialen in europäischen Großstädten eröffnen, um dort neben ihren preisgünstigen Eigenmarken auch komplette Rennräder mit KOOL Carbon-Rahmensets zu verkaufen. Die Trionic AG plant, jährlich 400 Rahmensets des Modells EPIC abzusetzen. Zur Unterstützung der Vertriebsoffensive verlangt Trionic allerdings einen Abschlag von 35 Prozent auf den Listenpreis. Es wird davon ausgegangen, dass diese zusätzlichen 400 Rahmen durch Überstunden zum regulären Akkordlohn produziert werden können. Berechnen Sie unter Verwendung der Selbstkosten pro Rahmenset den zu erwartenden jährlichen Ergebniseffekt.

Aufgabe 3: Bewertung Zusatzauftrag bei Teilkostenrechnung: Deckungsbeitragsrechnung

Bei genauer Analyse der Produktionsprozesse der KOOL CYCLES GmbH durch eine studentische Unternehmensberatung stellt sich heraus, dass nicht die gesamten Fertigungskosten von der produzierten Menge bzw. den Fertigungsminuten abhängen. Neben den Gemeinkosten der Bereiche Personal, Verwaltung und Vertrieb sind auch die So. Fertigungskosten und die AfA Maschinen unabhängig von den Fertigungsminuten.

Berechnen Sie zunächst die variablen Kosten je Fertigungsminute und anschließend die durchschnittlichen variablen Stückkosten je Rahmenmodell. Ermitteln Sie unter Verwendung der variablen Kosten den zu erwartenden Ergebniseffekt aus dem Zusatzauftrag der Trionic AG aus Teilaufgabe 2. Wie ist die Differenz zu Teilaufgabe 2 zu erklären?

Aufgabe 4: Deckungsbeitragsrechnung bei Kapazitätsengpass

Aufgrund der exzellenten Produktqualität und der damit verbundenen sehr guten Unternehmensreputation der KOOL CYCLES GmbH sowie des professionellen Social Media Marketings liegt der Auftragseingang im laufenden Jahr bei allen drei Rahmenmodellen deutlich über den Planzahlen der Geschäftsführung. Da die Produktionskapazitäten in Hamburg jedoch begrenzt sind, besteht Unsicherheit, ob diese Kapazitäten ausreichen, um die gesteigerte Anzahl von Aufträgen annehmen zu können. Zudem soll aus strategischen Gründen ein Zukauf von Rahmen von Drittanbietern vermieden werden. Ohne eine Kapazitätserweiterung verfügt das Unternehmen derzeit über folgende Eigenproduktionskapazitäten je Fertigungsstufe: Konstruktion 1.300.000 Min., Produktion 1.700.000 Min. und Qualitätsprüfung 2.500.000 Min.[405] Die neue zu erwartende Absatzmenge ist ca. 10 -15 Prozent höher als ursprünglich geplant und beträgt nun für das Rahmenset EPIC 2.585 Rahmen (ursprünglich 2.350 Rahmen), für das Rahmenset MAXSPEED („MAX") 2.070

405 Diese umfangreichen Fertigungskapazitäten sind für die KOOL CYCLES GmbH nur durch die Parallelisierung und Automatisierung vieler Prozesse realisierbar (z.B. der Fertigungsprozess in den Öfen oder auch bestimmte Prüfprozesse).

Rahmen (ursprünglich 1.800 Rahmen) und für das für das Rahmenset EVOLUTION („EVO“) 2.410 Rahmen (ursprünglich 2.150 Rahmen).

Kommt es zu einem Kapazitätsengpass und welches Rahmenset sollte die KOOL CYCLES GmbH produzieren, um den Gewinn zu maximieren? Wie hoch sind der resultierende Deckungsbeitrag und das Ergebnis?

Aufgabe 5: Make-or-Buy-Entscheidung

Für den Rennrad-Rahmen EPIC besteht neben der Möglichkeit der Eigenfertigung die Alternative, bei den taiwanesischen Carbon-Rahmenhersteller Calibur Carbon die fertigen Carbon-Rahmen als Fertigprodukt zu beziehen. Calibur Carbon bietet 400 Rahmensets zu einem Preis von 1.400 USD pro Rahmenset an. Auf den Einkaufspreis müssen 15 Prozent Einfuhrzölle gezahlt werden. Für den fast sechswöchigen Transport per Containerschiff und LKW von Taipeh nach Hamburg fallen Transportkosten in Höhe von 55,00 € pro Rahmenset an, die nicht im Einstandspreis berücksichtigt sind. Es gilt ein Wechselkurs von 1,15 USD pro € und es werden freie Produktionskapazitäten unterstellt.

Welche Beschaffungsvariante wählen Sie auf Basis eines Kostenvergleichs der Eigenfertigung mit dem vollständigen Fremdbezugspreis bei einem Zukauf von dem taiwanesischen Unternehmen Calibur Carbon?

Aufgabe 6: Make-or-Buy-Entscheidung bei Kapazitätsengpass

Aufgrund der gesteigerten Nachfrage sowie limitierter Fertigungskapazitäten ist es der KOOL CYCLES GmbH nicht möglich, die gesamte Nachfrage aus eigener Herstellung zu befriedigen. Um dennoch ihre Kunden zufrieden zu stellen und allen Kunden die angefragten Mengen zur Verfügung stellen zu können, soll ein Zukauf einzelner Rahmensets von externen Anbietern genauer geprüft werden. Neben der Eigenfertigung hat das Unternehmen die Möglichkeit, das EPIC-Rahmenset bei den aus Teilaufgabe 5 bekannten taiwanesische Unternehmen Calibur Carbon zu den bekannten Konditionen beschaffen. Außerdem können die Rahmensets MAX und EVO über den bekannten Schweizer Hersteller CMB bezogen werden, der jedoch vergleichsweise hohe Preise verlangt. Das Rahmenset MAX wird zu einen Komplettpreis von 2.200 € angeboten und das Rahmenset EVO zu einem Komplettpreis von 1.950 €. Diese Beschaffungspreise beinhalten sämtliche Transportkosten; es fallen keine weiteren Kosten an. Es gelten die Kapazitätsrestriktionen aus Aufgabenteil 4, d.h. die KOOL CYCLES GmbH verfügt derzeit über folgende Eigenproduktionskapazitäten je Fertigungsstufe: Konstruktion 1.300.000 Min., Produktion 1.700.000 Min. und Qualitätsprüfung 2.500.000 Min.

Welches Rahmenset sollte das Unternehmen selbst produzieren und welches zukaufen, um den Gewinn zu maximieren? Berechnen Sie den hieraus resultierenden Gewinn.

Aufgabe 7: Prozesskostenrechnung

Aufgrund des schnellen Unternehmenswachstums der KOOL CYCLES GmbH entschließt sich die Geschäftsführung, eine kaufmännische Leiterin in die Geschäftsführung zu berufen. Diese ist von der Bedeutung einer genauen Kalkulation für die Preisfindung der drei unterschiedlichen Rahmensets überzeugt und bemüht sich daher, die bereits sehr gute Kostenrechnung durch eine noch genauere, verursachungsgerechte Zuordnung der Gemeinkosten zu verbessern. In diesem Zusammenhang analysiert sie sämtliche Gemeinkosten und stellt fest, dass es sich bei den Kosten der Personalabteilung zum Großteil um die Personalkosten der drei Angestellten handelt. Neben der Abteilungsleiterin arbeiten in der Personalabteilung (Kostenstelle 2001) zwei weitere Personen. Die Abteilungsleiterin und ein weiterer Mitarbeiter arbeiten jeweils 38 Stunden pro Woche; die dritte Mitarbeiterin arbeitet 20 Stunden pro Woche. Es wird von vier Wochen pro Monat ausgegangen. Auf Urlaubs- und Krankheitstage entfallen pro Jahr im Durchschnitt vier Wochen.[406] Die gesamten jährlichen Gehälter der Personalabteilung sind in Tab. 20 dargestellt.

Die kaufmännische Leiterin schlägt vor, mit Hilfe der Prozesskostenrechnung die Gemeinkosten der Personalabteilung möglichst verursachungsgerecht auf die einzelnen Kostenträger, d.h. Rahmensets zu verteilen. Zu diesem Zweck hat sie sämtliche Teilprozesse bzw. Aktivitäten der Personalabteilung sowie deren zeitliche Dauer erfasst (vgl. Tab. 21). Da das Unternehmen nicht nach Produktsegmenten (Rennrad, Triathlon, Mountainbike) sondern nach Funktionen (Konstruktion, Produktion, Qualitätsprüfung) organisiert ist, werden auch für diese Bereiche die neuen Mitarbeiterinnen und Mitarbeiter gesucht und eingestellt. Die Verteilung der Leistungsmengen aller Teilprozesse auf die drei Funktionsbereiche kann eindeutig nachvollzogen werden und ist ebenfalls in Tab. 21. dargestellt. Der Schwerpunkt der Neueinstellungen liegt auf dem Bereich Qualitätsprüfung, da hier in der Vergangenheit immer wieder Engpässe aufgetreten sind. Um die Gemeinkosten nicht zusätzlich zu erhöhen, sollen in den Bereichen Personal, Verwaltung und Vertrieb keine neuen Mitarbeiter eingestellt werden.

406 Aufgrund der sehr erfolgreichen Unternehmensentwicklung der äußerst profitablen KOOL CYCLES GmbH ist die Mitarbeitermotivation sehr hoch, so dass oftmals nicht alle Urlaubstage genutzt werden und zudem die Anzahl der Krankheitstage sehr niedrig ist.

Nr. TP	Teilprozesse Kostenstelle Personal	Kostentreiber	Ges. Leistungsmenge pro Monat	*davon KoSt. 1001 Konstruktion*	*davon KoSt. 1002 Produktion*	*davon KoSt. 1003 Quali.prüfung*	Zeitaufwand je Teilprozess in Min.
P-1	Bewerbungsunterlagen sichten	Anzahl Bewerbungen	45	*15*	*10*	*20*	30
P-2	Telefoninterviews führen	Anzahl Interviews	25	*8*	*7*	*10*	45
P-3	Bewerbungsgespräche organisieren	Anzahl Pers.gespräche	15	*5*	*4*	*6*	45
P-4	Bewerbungsgespräche führen	Anzahl Pers.gespräche	10	*3*	*2*	*5*	120
P-5	Vertragsverhandlungen führen	Anzahl Verhandlungen	5	*2*	*1*	*2*	60
P-6	Mitarbeiter Onboarding	Anzahl neue Mitarbeiter	25	*8*	*6*	*11*	320
P-7	Gehalts-/Personalgespräche	Anzahl Gespräche	60	*18*	*15*	*27*	60
P-8	Gehaltsabrechung	Anzahl Mitarbeiter	55	*16*	*14*	*25*	15
P-9	Abteilung leiten und So.	nicht mengeninduziert	n/a	*n/a*	*n/a*	*n/a*	n/a

Tab. 21: *Leistungsmengen und Zeitaufwand der Teilprozesse im Bereich Personal pro Monat*

Wenden Sie die Prozesskostenrechnung auf den Personalbereich an und berechnen die Auswirkungen auf den Deckungsbeitrag je Rahmenset und das Gesamtergebnis. Die in der Prozesskostenrechnung zusätzlich auf die Kostenstellen umgelegten Kostenstellen sind dabei als variabel zu betrachten.

7 Lösungen der Übungsaufgaben und Fallstudien

7.1 Lösungen der Übungsaufgaben zu Kapitel 1

7.1.1 Lösungen zu Kapitel 1.1

Lösung der Übungsaufgabe 1.1/1:

Richtig sind a, c, d, e.

Lösung der Übungsaufgabe 1.1/2:

Richtig ist a.

Lösung der Übungsaufgabe 1.1/3:

	Korrekturen:
a) Die Finanzbuchhaltung ist vorwiegend als Informationsquelle für ~~die Unternehmensleitung~~ bestimmt	Außenstehende (Gläubiger, Aktionäre, Fiskus)
b) Die Kostenrechnung dient der Kontrolle der Wirtschaftlichkeit.	✓
c) Die Fragestellung der Kosten~~arten~~rechnung lautet: Wofür sind welche Kosten in welcher Höhe pro Stück angefallen?	träger
d) Zur Kontrolle der Rentabilität ist am besten die ~~Finanzbuchhaltung~~ geeignet.	kurzfristige Erfolgsrechnung
e) Die kurzfristige Erfolgsrechnung ist aussagefähiger als die GuV der Finanzbuchhaltung, weil sie die Kosten nach ~~Kostenarten~~ und die Betriebserträge nach Kostenträgern differenziert und in der Regel eine ~~Quartals~~rechnung ist.	Kostenträgern Monats-
f) Der ausschüttbare Gewinn wird in der ~~Betriebs~~buchhaltung ermittelt.	Finanz-/Geschäfts-
g) Die Finanzbuchhaltung hat u. a. die wichtige Aufgabe, den Jahreserfolg durch Gegenüberstellung von Ertrag und ~~Kosten~~ zu ermitteln.	Aufwand

7.1.2 Lösungen zu Kapitel 1.2

Lösung der Übungsaufgabe 1.2/1:

Richtig sind b, d.

Lösung der Übungsaufgabe 1.2/2:

Richtig sind a, b.

Lösung der Übungsaufgabe 1.2/3:

Die Finanzbuchhaltung/Kostenrechnung

- ist in ihrem Schwerpunkt nach außen (extern)/nach innen (intern) orientiert.
- kontrolliert die Rentabilität/Wirtschaftlichkeit.
- ist gesetzlich vorgeschrieben/nicht vorgeschrieben.
- ist regelmäßig eine Jahresrechnung/Monatsrechnung.
- arbeitet mit Aufwendungen und Erträgen/Kosten und Betriebserträgen.
- ist tendenziell systembezogen/systemindifferent.

7.1.3 Lösungen zu Kapitel 1.3

Lösung der Übungsaufgabe 1.3/1:

Bei der Kreditaufnahme in bar erhöhen sich sowohl der Kassenbestand als auch der Bestand an Verbindlichkeiten. Eine Veränderung des Geldvermögens tritt deshalb nicht ein.

Lösung der Übungsaufgabe 1.3/2:

In der Finanzbuchhaltung gilt: Erfolg = Ertrag - Aufwand.

Hier handelt es sich um den Jahreserfolg (oder: Jahresergebnis). Ist der Erfolg positiv (negativ), so spricht man von Gewinn (Verlust).

Erfolg = Gewinn, wenn Ertrag > Aufwand
= Verlust, wenn Ertrag < Aufwand

In der kurzfristigen Erfolgsrechnung gilt: Erfolg = Betriebsertrag - Kosten.

Hierbei handelt es sich um den (kurzfristigen) Betriebserfolg. Ist dieses Betriebsergebnis positiv (negativ), so spricht man von Betriebsgewinn (-verlust).

Lösung der Übungsaufgabe 1.3/3:

Für die Gliederung des neutralen Ertrages kann Abb. 5 herangezogen werden. Danach sind folgende drei Arten des neutralen Ertrags zu unterscheiden:

- Betriebsfremder Ertrag, wie z. B. Kursgewinne aus nicht betriebsnotwendigen Wertpapieren oder Mieterträge aus betrieblich (auch für die eigenen Arbeitnehmer) nicht notwendigen Gebäuden.
- Periodenfremder Ertrag, wie z. B. Gewerbesteuer-Rückerstattungen.
- Betrieblicher außerordentlicher Ertrag, wie z. B. Erträge aus Verkäufen gebrauchter Anlagegüter über ihrem Buchwert oder Erträge aus der Auflösung stiller Reserven im Vorratsvermögen.

Lösung der Übungsaufgabe 1.3/4:

a) Fälle 10 und 6. Es müsste – streng betrachtet – noch hinzugefügt werden, dass die Fertigerzeugnisse zu einem Preis in Höhe der Selbstkosten veräußert werden. Liegt der Preis über den Selbstkosten, so handelt es sich um eine Kombination der Fälle 17, 11 und 6.

b) Fall 4.

c) Fall 4.

d) Fälle 14, 8 und 2.

e) Fälle 13, 8 und 3.

Lösung der Übungsaufgabe 1.3/5:

a) Mai: Ausgabe
Juni: -; der Wechsel führt lediglich zu einer Umschichtung innerhalb des Geldvermögens:
Juli: Aufwand und Kosten
Okt.: Auszahlung

b) Ist das Kalenderjahr Abrechnungsperiode, so fallen alle vier Begriffe zusammen, denn es wird in der gleichen Periode gezahlt, gelagert und verbraucht.

Lösung der Übungsaufgabe 1.3/6:

Jan.: Betriebsertrag und Ertrag
März: Einnahme
April: Einzahlung

Lösung der Übungsaufgabe 1.3/7:

Güter müssen in einer anderen Periode verbraucht werden als sie zugegangen (beschafft worden) sind: Es müssen also Lagerbestandsveränderungen auftreten. Bei nicht lagerfähigen Gütern und bei Dienstleistungen entsteht mit der Ausgabe (Zugang) stets auch der Aufwand (Verbrauch).

Lösung der Übungsaufgabe 1.3/8:

a) Akkordlohn wird während der Periode bar ausgezahlt.

b) Fertigerzeugnisse werden noch in der Herstellungsperiode bar verkauft.

Lösung der Übungsaufgabe 1.3/9:

- Spende für karitative Zwecke,
- kalkulatorischer Unternehmerlohn,
- Fremdreparaturen an Produktionsanlagen,

- Kreditaufnahme,
- Restabschreibung einer Maschine,
- Verkauf ab Lager.

Lösung der Übungsaufgabe 1.3/10:

	Auszahl.	Ausg.	Aufw.	Kosten	Einzahl.	Einnah.	Ertrag	Betr.ertr.
a		24.000						
b					12.000	12.000	12.000	12.000
c	20.000	16.700	16.700	16.700				
d					25.000			
e						6.800	1.800	
	Auszahl.	Ausg.	Aufw.	Kosten	Einzahl.	Einnah.	Ertrag	Betr.ertr.
f	= im März ohne Auswirkung.							
g	5.000	5.000						
h		700	700	700				
i					8.500	48.500	48.500	48.500
j	300	300	300					
k				8.000				
l			11.000	11.000				
m {			12.000	12.000				
			6.000	6.000				
							15.000	18.000
S	25.300	46.700	46.700	54.400	45.500	67.300	77.300	78.500

Ebene I : Einzahl. ⁒ Auszahlung
45.500 ⁒ 25.300 = 20.200 = Erhöhung Kasse

Ebene II : Einnah. ⁒ Ausgabe
67.300 ⁒ 46.700 = 20.600 = Erhöhung Geldvermögen

Ebene III : Ertrag ⁒ Aufwand
82.300 ⁒ 51.700 = 30.600 = Erhöhung Gesamtvermögen

Ebene IV : Betr.ertr. ⁒ Kosten
78.500 ⁒ 54.400 = 24.100 = Erhöhung betr.notw.Verm.

Der Saldo der Ebene III entspricht dem (Bilanz-)Gewinn, der allerdings regelmäßig nur jährlich, nicht monatlich, ermittelt wird; er ist um 6.500 € höher als der Saldo der Ebene IV (= Betriebserfolg). Diese Differenz ist darauf zurückzuführen, dass das neutrale Ergebnis (neutraler Ertrag ⁒ neutralem Aufwand) mit

1.500 € (1.800 ./. 300 €) positiv ist und dass die kalkulatorischen Kosten den Bilanzgewinn nicht mindern dürfen, hier per Saldo 5.000 € (= 8.000 € als Kosten verrechneter kalkulatorischer Unternehmerlohn ./. 3.000 € in den Beständen aktivierter kalkulatorischer Unternehmerlohn).

Lösung der Übungsaufgabe 1.3/11:

	Korrekturen:
a) Wenn liquide Mittel abfließen, ohne dass Güter ~~verbraucht~~ worden sind, dann ist Fall 1 gegeben	beschafft
b) Einnahmen und ~~Erträge~~ einer Periode fallen immer dann auseinander, wenn der Zugang liquider Mittel kleiner oder größer als der Umsatz dieser Periode ist.	Einzahlungen
c) Wenn der Anfangsbestand eines Rohstoffes in einer Periode kleiner als der Endbestand ist, so bedeutet dies, dass eine ~~Einzahlung~~ stattgefunden haben muss.	Ausgabe
d) Immer dann, wenn ~~Lagerbestandsveränderungen~~ stattfinden, fallen Ausgaben und Auszahlungen auseinander	Kreditvorgänge
e) Anderskosten sind kalkulatorische Kosten, denen Aufwand in anderer Höhe gegenübersteht.	✓
f) Eine Gutschrift auf dem Bankkonto ist nur dann gleichzeitig ~~ein Ertrag~~, wenn in der gleichen Periode ein Veräußerungsvorgang stattgefunden hat.	eine Einnahme
g) Bei der Inanspruchnahme von Dienstleistungen sind die Aufwendungen gleich den ~~Kosten~~.	Ausgaben

Lösung der Übungsaufgabe 1.3/12:

	Kasse:	AB	1.000	
		+ Zugänge	68.000	
		./. Abgänge	50.000	
		EB	19.000	19.000
+	Forderungen	AB	12.000	19.000
		+ Zugänge	44.000	
		./. Abgänge	12.000	
		EB	44.000	+ 44.000
./.	Verbindlichkeiten	AB	6.000	
		+ Zugänge	26.000	
		./. Abgänge	6.000	
		EB	26.000	./. 26.000
=	Geldvermögen am 30.06.			+ 37.000

Lösung der Übungsaufgabe 1.3/13:

	a	b	c	d	e	f	g	h	i
Kasse	⁒	⁒				⁒		+	
Ford.					+				
Verbind.			+			⁒			
Geldverm.	⁒	⁒	⁒		+			+	
Sachverm.	+		+	⁒	⁒		⁒		+
Gesamtverm.		⁒		⁒	+		⁒	+	+

Anmerkungen: + = Erhöhung; ⁒ = Verringerung

Zu beachten ist hierbei natürlich die sehr partielle Betrachtungsweise der einzelnen Geschäftsvorfälle in Hinblick auf ihre endgültige Erfolgswirksamkeit: Im Fall b) wird z. B. nicht berücksichtigt, dass der isolierten Gesamtvermögensverminderung in Höhe der Löhne i. d. R. auch eine Gesamtvermögenserhöhung aufgrund der hergestellten Fabrikate gegenübersteht; vgl. etwa Fall i).

7.2 Lösungen der Übungsaufgaben zu Kapitel 2

7.2.1 Lösungen zu Kapitel 2.1

Lösung der Übungsaufgabe 2.1/1:

Variabel sind die Kosten, die zur Erstellung und zum Absatz der Leistungen erforderlich sind, denn sie fallen nicht an, wenn nichts produziert und nichts abgesetzt wird.

Fix sind die Kosten, die zur Aufrechterhaltung der Betriebsbereitschaft erforderlich sind, denn sie fallen auch an, wenn nichts produziert und abgesetzt wird.

Lösung der Übungsaufgabe 2.1/2:

(I) Der wertmäßige Kostenbegriff geht auf c) SCHMALENBACH zurück. Hier müssen die Merkmale 1) (Güterverzehr), 3) (Leistungsbezogenheit) und 4) (Bewertung zu Grenzauszahlungen, zum Grenzgewinn oder zu Opportunitätskosten) gegeben sein.

(II) Der pagatorische Kostenbegriff geht auf b) Koch zurück. Neben den Merkmalen 1) und 3) verlangt der pagatorische Kostenbegriff allerdings eine Bewertung zum 2) Aufwand oder – nach KOCH – zu nicht kompensierten Ausgaben.

(III) Der entscheidungsorientierte Kostenbegriff stellt eine – von a) RIEBEL – modifizierte Form des pagatorischen Kostenbegriffs dar. Nach RIEBEL sind Kosten nur die durch die Entscheidung ausgelösten zusätzlichen Aufwendungen (sozusagen „Grenzaufwendungen"). Als Merkmale können somit 1), 3) und 2) in einer zu KOCH modifizierten Form benannt werden.

7.2.2 Lösungen zu Kapitel 2.2

Lösung der Übungsaufgabe 2.2/1:

Die Gesamtkostenfunktion kann hier degressiv oder regressiv oder fix verlaufen. Welcher dieser Verläufe zutrifft, lässt sich erst feststellen, wenn man den genauen Verlauf der degressiven Stückkosten kennt.

Lösung der Übungsaufgabe 2.2/2:

Die Gesamtkostenfunktion kann hier progressiv oder regressiv verlaufen. Welcher dieser Verläufe zutrifft, lässt sich ebenfalls erst nach genauer Kenntnis der Grenzkostenfunktion sagen.

Lösung der Übungsaufgabe 2.2/3:

- **proportional:** Rohstoffkosten; Vertreterprovisionen
- **degressiv:** Werkzeugkosten; Kokskosten mit zunehmender Hochofengröße
- **progressiv:** Lohnkosten bei Überstunden, Nacht- und Feiertagsarbeit; Abfall- und Ausschusskosten
- **regressiv:** Bewachungskosten, die sich beim Übergang von 1-Schicht- auf 2- oder 3-Schicht-Betrieb verringern
- **fix:** kalkulatorische Zinsen auf Betriebsgrundstücke; Mieten und Gehälter aufgrund langfristiger Verträge
- **intervallfix:** Fahrzeugkosten bei Überschreiten eines bestimmten Transportvolumens; Gehälter für Verwaltungsangestellte bei Überschreiten eines bestimmten Geschäftsvolumens

Lösung der Übungsaufgabe 2.2/4:

	x = 20	x = 50
K	1,7	1,1
k_v	0,7	0,7
k_F	1,0	0,4
K'	0,7	0,7
K	34	55

Lösung der Übungsaufgabe 2.2/5:

Die gesamten Stückkosten sind niemals kleiner als die variablen Stückkosten, da sie stets einen Anteil an fixen Stückkosten enthalten. Dieser Anteil kann zwar bei sehr großen Ausbringungsmengen sehr klein werden, niemals aber negativ, da die Fixkosten stets positive Werte aufweisen.

Lösung der Übungsaufgabe 2.2/6:

- Die Gesamtkosten betragen bei x = 10:
- K = 200 + 10 × 10 - 0,5 × 100 + 0,01 × 1.000 = 260
- Davon sind Fixkosten K_F = 200 und variable Kosten K_V = 60
- Die Grenzkostenfunktion lautet: K' = 10 - x + 0,03x^2

Ergebnis:

	x = 10
k	26
k_v	6
k	20
K'	3

Die Grenzkosten besagen, dass das 10. Stück Kosten von 3 € verursacht hat. Diese zusätzlichen Stückkosten liegen sogar noch unter den durchschnittlichen variablen Stückkosten und – wegen der hohen anteiligen Fixkosten – ganz erheblich unter den gesamten durchschnittlichen Stückkosten. Wenn also der Betrieb überhaupt produziert und absetzt, dann wird sich wahrscheinlich eine Produktionsausweitung lohnen, um die durchschnittlichen Stückkosten weiter zu senken.

Lösung der Übungsaufgabe 2.2/7:

Bei konstanten Grenzkosten muss es sich um einen linearen Gesamtkostenverlauf handeln. Die (konstante) Steigung von 20 entspricht mithin gleichzeitig den durchschnittlichen variablen Stückkosten (k_V = 20).

Damit betragen bei einer Beschäftigung von 100 Einheiten die fixen Stückkosten 10 € (= 30€ - 20€) und die gesamten Fixkosten K_F = 1.000€.

Der gesuchte lineare Kostenverlauf lautet also K = K_F + k_V × x = 1.000 + 20x.

Lösung der Übungsaufgabe 2.2/8:

Die Grenzkostenfunktion lautet:

$$\frac{dK}{dx} = K' = 15 - 1{,}8x + 0{,}09x^2$$

Ihr Minimum liegt bei

$K'' = 0 = -1{,}8 + 0{,}18x$

$x = 10$

$K'_{Min} = 6$

Das Betriebsminimum entspricht dem Minimum der variablen Stückkosten, die folgender Funktion entsprechen:

$k_v = 15 - 0{,}9x + 0{,}03x^2$

$k'_v = -0{,}9 + 0{,}06x = 0$

$x = 15$

$k_{v,Min} = 8{,}25$

Das Betriebsoptimum entspricht dem Minimum der gesamten Stückkosten, die folgender Funktion entsprechen:

$k = \frac{10}{x} + 15 - 0{,}9x + 0{,}03x^2$

$k' = -\frac{10}{x^2} - 0{,}9 + 0{,}06x = 0$

$x \approx 15{,}68$

$k_{Min} \approx 8{,}90$

Lösung der Übungsaufgabe 2.2/9:

Die kurzfristige Preisuntergrenze entspricht den variablen Stückkosten; sie betragen hier 0,7 €.

Die langfristige Preisuntergrenze entspricht den gesamten Stückkosten; ihr Minimum liegt hier bei der (nicht angegebenen) Kapazitätsgrenze der Abteilung.

Lösung der Übungsaufgabe 2.2/10:

Beim Überschreiten bestimmter Beschäftigungsgrenzen steigen die Kosten sprunghaft an, um dann bis zum nächsten Beschäftigungsintervall wieder fix, aber auf höherem Niveau, zu verlaufen. Intervallfixe Kosten verändern sich nicht mit jeder (geringen) Veränderung der zugrunde liegenden Bezugsgröße (z. B. Beschäftigung), sondern nur mit größeren Veränderungsquanten (z. B. zusätzliche Produktionsschicht oder zusätzliche Maschine). Intervallfixen Kosten liegt eine treppenförmige Kostenfunktion zugrunde.

Lösung der Übungsaufgabe 2.2/11:

Deckungsbeitrag	÷	10€ - 4€ = 6€
Bruttogewinn	=	Deckungsbeitrag
Nettogewinn	÷	10€ - 6€ = 4€

Lösung der Übungsaufgabe 2.2/12:

$$k_{100} \times 100 = 15 \times 100 = K_{100} = 1.500$$

$$k_{200} \times 200 = 12{,}50 \times 200 = K_{200} = 2.500$$

Die Kostendifferenz zwischen K_{100} und K_{200} beträgt 1.000 €, also bei linearem Verlauf für jedes der 100 Stück Differenz variable Kosten = Grenzkosten in Höhe von 10 €.

Die Fixkosten lassen sich wie folgt ermitteln:

$$K_{100} - K_{v100} = K_F = 1.500 - 1.000 = 500$$

$$K_{200} - K_{v200} = K_F = 2.500 - 2.000 = 500$$

Die gesuchte Gesamtkostenfunktion lautet damit:

$$K = 500 + 10x$$

Lösung der Übungsaufgabe 2.2/13:

Die langfristige Preisuntergrenze entspricht dem Minimum der gesamten Stückkosten, also dem Minimum von

$$k = \frac{250}{x} + 5 - 4x + x^2$$

x	1	2	3	4	5	6	7	8
k	252	126	85,3	67,5	60	58,7	61,71	68,25

Das Betriebsoptimum ist erreicht bei einer Ausbringung von 6 Maschinen. Langfristig darf der Preis nicht unter 58,7 € herabsinken.

Die kurzfristige Preisuntergrenze entspricht dem Minimum der variablen Stückkosten, also dem Minimum von

$$k_V = 5 - 4x + x^2$$

X	1	2	3	4	5	6	7	8
K_v	2	1	2	5	10	17	26	37

Das Betriebsminimum ist erreicht bei der Fertigung von 2 Maschinen pro Abrechnungsperiode. Kurzfristig darf der Preis nicht unter 1 € sinken.

Lösung der Übungsaufgabe 2.2/14:

a) 80 % von 200 Stück = 160 Stück
$K_1 = 175 + 3{,}5 \times 160 = 735$
$K_2 = 400 + 2 \times 160 = 720$
Im Fall der 80 %igen Kapazitätsauslastung wäre Maschine 2 der Vorzug zu geben.

b) $175 + 3{,}5x = 400 + 2x$
$1{,}5x = 225$
$x = 150$
Bis zum 149. Stück produziert Maschine 1 aufgrund des geringeren Fixkostenbetrages trotz höherer variabler Kosten günstiger. Bei 150 Stück sind beide Maschinen kostengleich. Danach wird Maschine 2 günstiger, weil ab dem 151. Stück die Kostenersparnis bei den variablen Kosten den Fixkostennachteil überkompensiert hat.

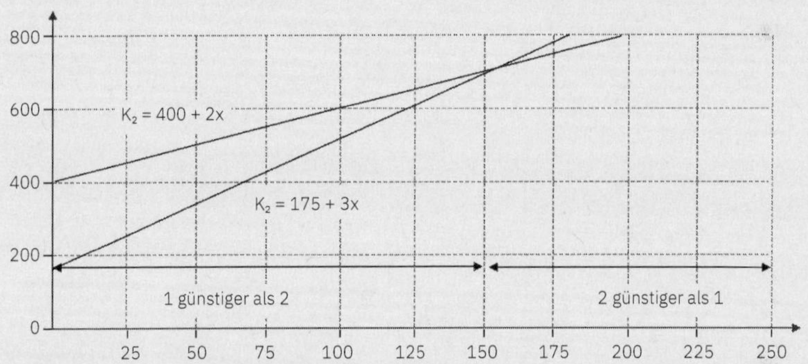

***Abb. 45:** Kostenvergleichsanalyse*

c) Die Kaufpreise bestimmen die Höhe der fixen Kosten der Maschinen. In der Regel entspricht die kalkulatorische Abschreibung pro Periode den fixen Kosten pro Periode.

Lösung der Übungsaufgabe 2.2/15:

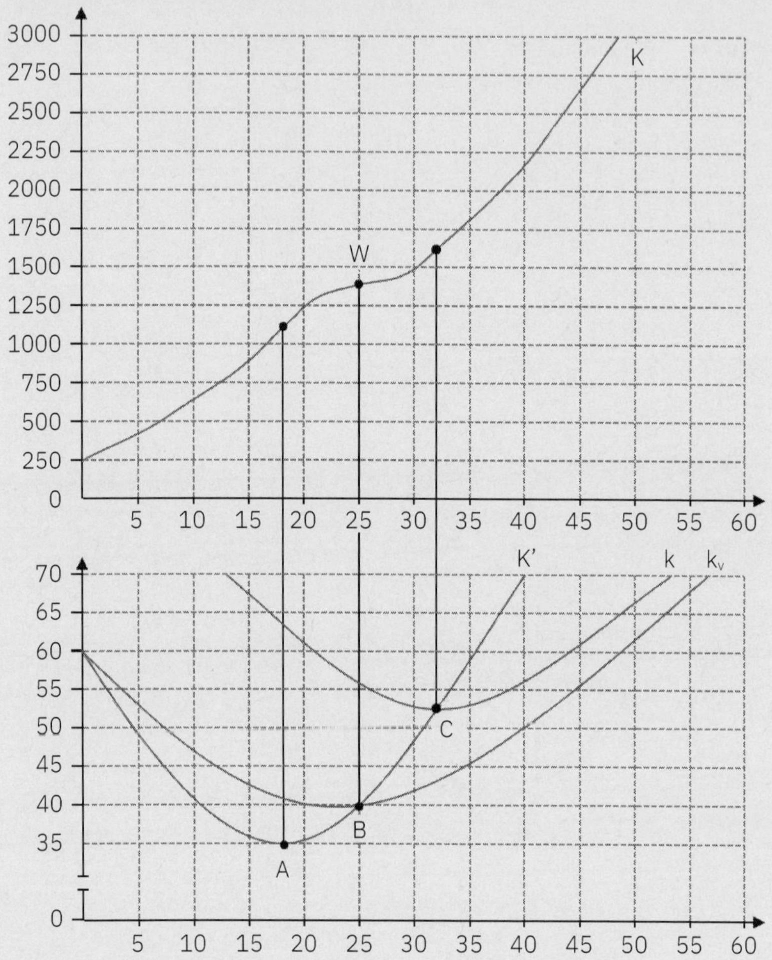

***Abb. 46:** Kostenverlaufsfunktionen bei der Produktionsfunktion „Typ A"*

Lösung der Übungsaufgabe 2.2/16:

Richtig ist c.

Lösung der Übungsaufgabe 2.2/17:

Richtig sind b, d, e, f, h.

Lösung der Übungsaufgabe 2.2/18:

Richtig sind b, d.

Lösung der Übungsaufgabe 2.2/19:

Richtig sind b, e, f.

Lösung der Übungsaufgabe 2.2/20:

$$k\ \left(bei\ Vollbeschäftigung\right) = \frac{24.000}{12.000} + 5 = 7€$$

$$k\ \left(bei\ 9.600\ Stück\right) = \frac{24.000}{9.600} + 5 = 7{,}50€$$

Die Stückkosten steigen damit bei einem 20 %igen Beschäftigungsrückgang um ca. 7 % von 7 € auf 7,50 €.

Je höher der Anteil der Fixkosten an den Gesamtkosten, desto stärker die Veränderung der Stückkosten bei Änderungen der Beschäftigung:

Würde im obigen Fall die Vollbeschäftigung bei 6.000 Stück liegen, so ergäbe sich bei einem Beschäftigungsrückgang von 20 % eine Stückkostensteigerung um ca. 11 %, nämlich von 9 € auf 10 €.

Lösung der Übungsaufgabe 2.2/21:

Die benötigten Kostenfunktionen lauten:

a) k = 3 + (20/x)

b) $k_V = 3$

Bei einer Ausbringungsmenge von 25 Stück ergeben sich:

a) k(25) = 3,8€

b) $k_V(25) = 3€$

Bei einer Ausbringungsmenge von 40 Stück erhält man:

a) k(40) = 3,5€

b) $k_V(40) = 3€$

Man erkennt, dass die variablen Stückkosten bei linearem Gesamtkostenverlauf unabhängig von der Ausbringungsmenge stets dem Steigungsmaß der Gesamtkostenkurve entsprechen.

Lösung der Übungsaufgabe 2.2/22:

a) Bei einer Ausbringungsmenge von einem Stück entfallen die gesamten Fixkosten auf dieses eine Stück. (Bei Fixkosten von Null ist die Identität bei jeder Ausbringungsmenge gegeben.)
b) An der Kapazitätsgrenze, also bei maximaler Ausbringung, verteilen sich die Fixkosten auf die höchstmögliche Stückzahl.
c) wie b). Da die fixen Stückkosten an der Kapazitätsgrenze ihr Minimum haben, führt die Addition der konstanten variablen Stückkosten auch dort zum Minimum.

Lösung der Übungsaufgabe 2.2/23:

Die Mehrproduktion von 30 Stück erhöht die Gesamtkosten um 150 €; also betragen die variablen Stückkosten 5 €. Bei einer Produktion von 40 (70) Stück entfallen 200 € (350 €) auf die variablen Kosten und 200 € auf den Fixkostenanteil.

Lösung der Übungsaufgabe 2.2/24:

	x = 100	x = 500
K'	6	6
k_V	6	6
k	11	7
K	1.100	3.500

Lösung der Übungsaufgabe 2.2/25:

$$K = 50 + 10x$$

Lösung der Übungsaufgabe 2.2/26:

Die Grenzkostenfunktion lautet:

$$\frac{dK}{dx} = K' = 13{,}5 - 1{,}5x + 0{,}15x^2$$

Ihr Minimum liegt bei

$$K'' = 0 = -1{,}5 + 0{,}3x$$

$$x = 5$$

$$K'_{Min} = 9{,}75$$

Das Betriebsminimum entspricht dem Minimum der variablen Stückkosten, die folgender Funktion entsprechen:

$k_v = 13{,}5 - 0{,}75x + 0{,}05x^2$

$k'_v = -0{,}75 + 0{,}1x = 0$

$x = 7{,}5$

$k_{v,Min} = 10{,}6875$

Das Betriebsoptimum entspricht dem Minimum der gesamten Stückkosten, die folgender Funktion entsprechen:

$k = \frac{200}{x} + 13{,}5 - 0{,}75x + 0{,}05x^2$

$k' = -\frac{200}{x^2} - 0{,}75 + 0{,}1x = 0$

$x \approx 15{,}66$

$k_{Min} \approx 26{,}79$

Das Gewinnmaximum kann nicht errechnet werden, da Angaben über die Preisabsatzfunktion und damit über den Grenzumsatz bzw. Absatzpreis fehlen.

Lösung der Übungsaufgabe 2.2/27:

Die Grenzkosten einer linearen Gesamtkostenfunktion sind konstant, hier also gleich 3 €. Die Gesamtkosten bei einer Ausbringung von 200 Einheiten betragen 200 × 4 = 800 €. Hierin sind variable Kosten von je 3 €, also 600 €, und Fixkosten von 200 € enthalten. Die Kostenfunktion lautet somit: $K = 200 + 3x$.

7.2.3 Lösungen zu Kapitel 2.3

Lösung der Übungsaufgabe 2.3/1:

Richtig sind a, b, c, d, g.

Lösung der Übungsaufgabe 2.3/2:

Richtig sind b, d, e, g.

Lösung der Übungsaufgabe 2.3/3:

a) Fixkosten pro Stück können nach dem Verursachungsprinzip (in allen seinen Formen) nicht ermittelt werden, denn durch die Erstellung einer beliebigen Produkteinheit wird die Fixkostenhöhe per definitionem nicht verändert.

b) und c) Für die Verteilung der Fixkosten nach dem Durchschnitts- bzw. Tragfähigkeitsprinzip ist stets nach der folgenden Rechentechnik vorzugehen:

Zunächst werden die gesamten Fixkosten zur Gesamtmenge der jeweiligen Schlüsselgröße in Beziehung gesetzt. Der Quotient gibt an, welcher Fixkostenbetrag auf eine Einheit der jeweiligen Schlüsselgröße entfällt; er dient dazu, die Fixkosten pro Produkteinheit entsprechend den auf diese Produkteinheit entfallenden Einheiten der Schlüsselgröße zu ermitteln.

b1) 20.000/4.000 = 5€ Fixkosten pro Stück jeder Produktart

b2) 20.000/4.000 = 1,25€ Fixkosten pro kg Gewicht
Produktart 1: 2 × 1,25 = 2,50 € Fixkosten pro Stück
Produktart 2: 6 × 1,25 = 7,50 € Fixkosten pro Stück
Produktart 3: 4 × 1,25 = 5,00 € Fixkosten pro Stück

Probe:		
	1000 Stück à 2,50 € =	2.500 €
	1000 Stück à 7,50 € =	7.500 €
	2000 Stück à 5,00 € =	10.000 €
		20.000 € gesamte Fixkosten

c1) 20.000/80.000 = 0,25€ Fixkosten pro € Umsatz
Produktart 1: 10 × 0,25 € = 2,50 € Fixkosten pro Stück
Produktart 2: 10 × 0,25 € = 2,50 € Fixkosten pro Stück
Produktart 3: 30 × 0,25 € = 7,50 € Fixkosten pro Stück

c2) 20.000/50.000 = 0,40€ Fixkosten pro € Deckungsbeitrag
Produktart 1: 1 × 0,40 € = 0,40 € Fixkosten pro Stück
Produktart 2: 7 × 0,40 € = 2,80 € Fixkosten pro Stück
Produktart 3: 21 × 0,40 € = 8,40 € Fixkosten pro Stück

	Fixkosten nach Verfahren			
Produkt	**b1)**	**b2)**	**c1)**	**c2)**
1	5,00	2,50	2,50	0,40
2	5,00	7,50	2,50	2,80
3	5,00	5,00	7,50	8,40

Man erkennt deutlich die Abhängigkeit der Ergebnisse von der (willkürlich) gewählten Schlüsselgröße und damit die Müßigkeit solcher Fixkostenzurechnungen.

Lösung der Übungsaufgabe 2.3/4:

Summe der Bruttogewinne (Deckungsbeiträge):

$$5.000 \times 7 + 300 \times 0 + 1.000 \times 20 = 55.000€$$

$$\frac{Fixkosten}{Bruttogewinne} = \frac{27.500}{55.000} = 0{,}5 \text{ € } Fixkosten\ pro\ 1 \text{ € } Bruttogewinn$$

Fixk. pro Stück bei Produkt 1: 0,5 × 7 = 3,50€
2: 0,5 × 0 = 0,00€
3: 0,5 × 20 = 10,00€

Probe: 5.000 × 3,50 + 1.000 × 10 = 27.500€ = gesamte Fixkosten

Nettogewinn/Stück bei Produkt 1: 16 - 9 - 3,50 = 3,50€
2: 11 - 11 - 0,00 = 0,00€
3: 30 - 10 - 10,00 = 10,00€

7.3 Lösungen der Übungsaufgaben zu Kapitel 3

7.3.1 Lösungen zu Kapitel 3.2

Lösung der Übungsaufgabe 3.2/1:

Einzelkosten: Kosten für Zubehörteile in der Automobilindustrie (z. B. Reifen, elektrische Anlagen); Kosten des Stahls im Schiffsbau.

Sondereinzelkosten der Fertigung: Kosten für Sondervorrichtungen; Entwicklungskosten; Kosten für Materialanalysen und -mischungen.

Sondereinzelkosten des Vertriebs: Kosten für auftragsbezogene Geschäftsreisen; Verkaufsprovisionen; Zölle.

Lösung der Übungsaufgabe 3.2/2:

Variable Gemeinkosten: Stromkosten für Maschinen, die verschiedene Produkte bearbeiten; Kosten für Schmier- und Putzmittel dieser Maschinen; Portokosten; kalkulatorische Wagniskosten (für Gewährleistungen).

Fixe Gemeinkosten: Abschreibungen auf Verwaltungsgebäude; Personalkosten für Pförtner; Stromkosten für Notbeleuchtung; Grundbeiträge zur IHK.

Die Frage nach variablen und fixen Einzelkosten sollte lediglich in Erinnerung bringen, dass Einzelkosten immer variabel und nie fix sind.

Lösung der Übungsaufgabe 3.2/3:

Eigenreparatur: Die Löhne sind als Hilfslöhne den Personalkosten zuzurechnen (Konto 432).

Fremdreparatur: Die Löhne sind als Dienstleistungskosten für Instandhaltung der Kostengruppe 45 zuzurechnen.

Lösung der Übungsaufgabe 3.2/4:

Verbrauch lt. Inventurmethode: 512 kg

Materialbestände (in kg)			
AB	202	Verbrauch	512
1. 6.	100	EB	690
20. 6.	500		
29. 6.	400		
	1.202		1.202

Verbrauch lt. Skontrationsmethode:			150 kg
		+	150 kg
		+	180 kg
		=	480 kg
Verbrauch lt. retrograder Methode:	110 Stück à 2,0 kg	=	220 kg
	480 Stück à 0,5 kg	=	240 kg
			460 kg

Die unterschiedlichen Ergebnisse zeigen an, dass in den hergestellten Produkten 460 kg enthalten sind, während laut Materialentnahmescheinen 480 kg entnommen wurden. Die Differenz von 20 kg kann noch in der Fertigung lagern. Ist dies nicht der Fall, so liegt entweder Schwund, Diebstahl oder außergewöhnlich hoher Abfall vor, der seine Ursachen in Materialfehlern oder in unsachgemäßer, d. h. unwirtschaftlicher Behandlung hat.

Im Materiallager müssten buchmäßig noch 722 kg als Endbestand vorhanden sein; der Endbestand laut Inventur beträgt jedoch nur 690 kg. Die Differenz zwischen Soll- und Istbestand in Höhe von 32 kg kann auf Schwund, Diebstahl, Verderb etc. im Lager zurückzuführen sein, wenn Buchungsfehler ausgeschlossen werden.

Lösung der Übungsaufgabe 3.2/5:

Der durchschnittliche Istpreis ist das (mit den Mengen) gewogene arithmetische Mittel aus den Istwerten des Anfangsbestandes und der Zugänge:

$$Durchschnittlicher\ Istpreis\ = \frac{6.150}{1.202}\ \approx\ 5{,}12\ €/kg$$

Mit diesem Preis ist sowohl der Endbestand als auch der Verbrauch zu bewerten. Da ein gerundeter Istpreis vorliegt, muss man sich für einen der beiden Werte entscheiden und den anderen per Saldo ermitteln, da anderenfalls der Abschluss der Konten der Finanzbuchhaltung gestört würde.

Bewertet man den Verbrauch von 512 kg mit dem Istpreis, so beträgt der wertmäßige Materialverbrauch (Materialkosten) 2.621,44 € und der Endbestand dann (nach Saldierung) 3.528,56 €.

Im umgekehrten Fall erhält man 3.532,80 € für den Endbestand und (nach Saldierung) 2.617,20 € für die Materialkosten.

Der Vorteil von Festpreisverfahren wird bei diesen Rechnungen deutlich.

Lösung der Übungsaufgabe 3.2/6:

Beispiele für Hilfslöhne sind:

- Löhne für Vorarbeiter, Einrichter und Prüfer
- Löhne für Werkstattschreiber, Arbeitsverteiler und sonstige Lohnempfänger in Betriebsbüros,
- Löhne für Transport- und Lagerarbeiten;
- Löhne für Maschinisten, Heizer, Reinigungspersonal;
- Löhne für Pförtner, Wach- und Feuerwehrpersonal;
- Löhne für Auszubildende, Lehrlinge, Volontäre;
- Löhne für Sanitäts-, Kantinen- und Sozialpersonal;
- Löhne für Betriebsratstätigkeiten.

Lösung der Übungsaufgabe 3.2/7:

Gewerbesteuer	als das Gesamtergebnis betreffende Aufwendung in Klasse 2
Körperschaftssteuer	als das Gesamtergebnis betreffende Aufwendung in Klasse 2
Grundsteuer	als Kosten in Klasse 4
Kraftfahrzeugsteuer	als Kosten in Klasse 4
Einkommensteuer	als Privatentnahme in Klasse 1

Lösung der Übungsaufgabe 3.2/8:

Gewinn- und Verlustrechnung

kalkulatorische Abschreibung (4)	1.000	Verrechnete kalkulatorische	
bilanzielle Abschreibung (2)	1.440	Abschreibung (2)	1.000

Lösung der Übungsaufgabe 3.2/9:

	(a)		(b)		(c)	
	a	R	a	R	a	R
1. Jahr	1.250	8.750	1.250	8.750	1.250	8.750
	|	|	|	|	|	|
	|	|	|	|	|	|
4. Jahr	1.250	5.000	1.250	5.000	1.250	5.000
5. Jahr	1.250	3.750	2.500	2.500	1.666	3.334
6. Jahr	1.250	2.500	2.500	0	1.667	1.667
Summe	**7.500**		**10.000**		**8.333**	

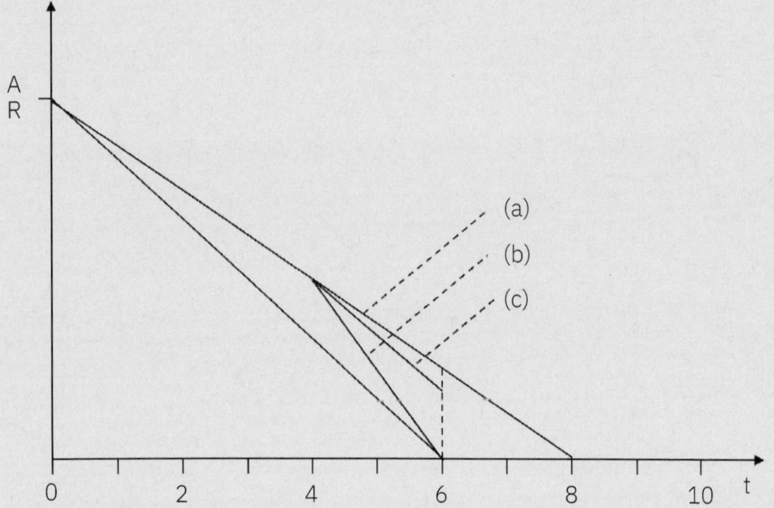

Abb. 47: *Abschreibungsverrechnung im Zeitverlauf*

Der Entscheider sollte die Möglichkeit c) wählen. Die Begründung findet sich im Abschnitt 3.2.3.5.1.

Lösung der Übungsaufgabe 3.2/10:

Die variable Abschreibung kann nicht berechnet werden, da eine Angabe fehlt, nämlich der geschätzte Gesamttonvorrat der Grube.

Beträgt dieser 40.000 t, dann erhält man folgende Abschreibungsbeträge:

1. Jahr: 20 × 2.900 = 58.000€
2. Jahr: 20 × 8.120 = 162.400€

Lösung der Übungsaufgabe 3.2/11:

$$a_1 = \frac{22.400}{80.000} \times 12.000 = 0{,}28 \times 12.000 = 3.360€$$

Lösung der Übungsaufgabe 3.2/12:

$$D = 500\ €$$

Der Restwert muss natürlich Null betragen, wenn die Rechnung richtig ist, denn es soll ja nicht geometrisch-degressiv abgeschrieben werden.

a_1	=	3.000 €
a_2	=	2.500 €
a_3	=	2.000 €
a_4	=	1.500 €
a_5	=	1.000 €
a_6	=	500 €
A	=	10.500 €

Lösung der Übungsaufgabe 3.2/13:

Kalkulatorische Restwerte am Ende des

Jahres 1:	75.000 €
Jahres 2:	50.000 €
Jahres 3:	25.000 €
Jahres 4:	0 €

Mittlere Restwerte im

Jahr 1:	87.500 €
Jahr 2:	62.500 €
Jahr 3:	37.500 €
Jahr 4:	12.500 €

Mittlerer Ausgangswert für alle 4 Jahre: 50.000 €

Kalkulatorische Jahreszinsen:

	Durchschnitt	Restwert
1. Jahr	5.000	8.750
2. Jahr	5.000	6.250
3. Jahr	5.000	3.750
4. Jahr	5.000	1.250
Summe	20.000	20.000

Lösung der Übungsaufgabe 3.2/14:

Wenn man von Rechenfehlern absieht, muss das Vermögen in der Bilanz mit mindestens 220.000 € unterbewertet sein. Dieser Mindestbetrag erhöht sich dann, wenn aus den Aktiven nicht betriebsnotwendige Teile eliminiert wurden und wenn – ökonomisch hier nicht vertretbar – Abzugskapital berücksichtigt wurde.

Lösung der Übungsaufgabe 3.2/15:

Durchschnitts- und Restwertmethode sind nur bei abnutzbaren Teilen des Anlagevermögens anwendbar. Unbebaute Grundstücke gehören zu den nicht abnutzbaren Teilen.

Die kalkulatorischen Monatszinsen betragen deshalb:

$$\frac{80.000 \times 0{,}06}{12} = 400,-$$

Lösung der Übungsaufgabe 3.2/16:

$$Vertriebswagnissatz = \frac{240.000}{6.000.000} = 1{,}5\%$$

$$\mathit{Kalk.Vertriebswagnis} = \mathbf{400.000€ \times 0{,}015 = 6.000€}$$

Lösung der Übungsaufgabe 3.2/17:

Der Wagnissatz beträgt 150.000/7.500.000 = 2%. Als kalkulatorische Fertigungswagnisse sind somit in der folgenden Planperiode 900.000 € × 0,02 = 18.000 € anzusetzen.

Lösung der Übungsaufgabe 3.2/18:

Der Wagnissatz berücksichtigt von dem Gesamtumsatz lediglich die Zielverkäufe und beläuft sich damit auf 60.000/2.000.000 = 0,5%. In der nächsten Planperiode sind 4.000.000 € × 0,005 = 20.000 € als kalkulatorische Forderungswagnisse (= Vertriebswagnisse) zu erfassen.

Lösung der Übungsaufgabe 3.2/19:

Durchschnittlich sind 80.000/2 = 40.000 während der Nutzungsdauer gebunden. Bei einem Zinssatz von 10 % ergeben sich kalkulatorische Zinsen von 40.000 € × 0,1 = 4.000 € pro Jahr.

Lösung der Übungsaufgabe 3.2/20:

Aus den Angaben lässt sich entnehmen, dass bei dem abnutzbaren Anlagevermögen lediglich von der Restwertmethode (verfeinert: mittlere Restwerte) ausgegangen werden kann, so dass sich als betriebsnotwendiges Vermögen und an kalkulatorischen Zinsen ergeben:

Grundstücke:	157.600 €
Finanzanlagen:	100.000 €
Gebäude, Maschinen, Forderungen ((AB + EB)/2):	179.000 €
Summe	436.600 € × 0,08 = 34.928 €

In der Höhe von 34.928 € können kalkulatorische Zinsen verrechnet werden.

Lösung der Übungsaufgabe 3.2/21:

Verbrauch laut Inventurmethode: 1000 kg;

Verbrauch laut Skontrationsmethode: 800 kg.

Die Differenz beträgt 25 % (bezogen auf die Verbrauchsmenge laut Skontration). Als kalkulatorisches Beständewagnis sollten also verrechnet werden:

(Verbrauchsmenge laut Skontration) 800 × 0,25 × 4,50 € = 900 €

Lösung der Übungsaufgabe 3.2/22:

Folgende Angaben sollten enthalten sein: Nummer des Materialscheins, Materialart, Materialkennziffer, Menge, Maße, u. U. Preis je Einheit, u. U. Gesamtbetrag, Bezeichnung der anfordernden Kostenstelle, Bezeichnung der Kostenart, Auftragsnummer, Ausgabedatum, Unterschrift des Ausgebenden, Empfangsbestätigung, Kontierungsanweisungen.

Lösung der Übungsaufgabe 3.2/23:

Den kalkulatorischen Kosten steht im Gegensatz zu den sonstigen Kosten (= Grundkosten) *entweder kein Aufwand* (= Zusatzkosten) oder *Aufwand in anderer Höhe* (= Anderskosten) in der Finanzbuchführung gegenüber.

Lösung der Übungsaufgabe 3.2/24:

a) Energiekosten – verändern sich mit der Maschinenlaufzeit, sind aber nicht direkt einem Kostenträger zurechenbar.
b) Schmiermittelkosten – verändern sich auch ohne direkte Zurechenbarkeit mit der Maschinenlaufzeit.
c) unechte Gemeinkosten – sind per definitionem variabel, z. B. Nägel, Schrauben, Farben oder Leime.
d) Bestimmte Lagerkosten – (Sortierarbeiten, kalkulatorische Zinsen auf Materialien etc.) verändern sich mit dem Produktionsvolumen, sind aber nicht direkt zurechenbar.

e) Wasser/Dampf etc. – siehe a).

f) Bestimmte Verwaltungskosten (Telefon, Schreibmaterial etc.) – siehe d).

Lösung der Übungsaufgabe 3.2/25:

Die progressive Abschreibung entspricht ungefähr dem Werteverzehr bei neugepflanzten Obstplantagen/Weinbergen oder bei Großprojekten mit langer Anlaufzeit (z. B. Braunkohletagebau).

Lösung der Übungsaufgabe 3.2/26:

Da keine Angaben über die Reihenfolge des Verbrauchs vorliegen, muss ein Durchschnitts-Istpreis gebildet werden. Dieser beträgt (1.275 € + 1.660 € + 1.080 € + 2.050 €) : 720 = 8,42 €.

600 × 8,42€ = 5.052€	= Istverbrauch
600 × 8,60€ = 5.160€	= Verbrauch bewertet zum Verrechnungspreis
- 108€	= Preisdifferenz

Diese Preisdifferenz (Preisabweichung) wird entweder pauschal in das Betriebsergebnis gebucht oder nachträglich (in der Nachkalkulation) auf die Kostenträger verrechnet.

Lösung der Übungsaufgabe 3.2/27:

a)

X:	2 × 200	=	400			
Y:	0,5 × 100	=	50			
Z:	1 × 120	=	120			
			570	=	Verbrauch	lt. Rückrechnung
	720 - 570	=	150	=	Endbestand	lt. Rückrechnung

b) Die Differenz zum Endbestand lt. Inventur beträgt 30 Stück: Sie kann mit der Ungenauigkeit der Rückrechnung erklärt werden, da nicht exakt die Istverbrauchsmengen festgestellt werden, sondern der Sollverbrauch. Es sind aber auch andere Fehler denkbar, wie Diebstahl, Schwund usw. Selbst auf eine fehlerhafte Inventur könnte die Differenz zurückzuführen sein.

Lösung der Übungsaufgabe 3.2/28:

a)

	160(Std. pro Arbeiter) × 10(Arbeiter) × 10€ × 12(Monate)	=	192.000 €
+	320(Std. Krankheit) × 15€	=	4.800 €
+	Sozialkosten	=	100.000 €

+	Urlaubsgeld (10 × 400€)	=	4.000 €
+	Weihnachtsgeld (10 × 400€)	=	4.000 €
			304.800 €

304.800€ : 12 = 25.400€ = Personalkosten für Januar.

b) Die Abweichung beträgt lediglich 600 €. Dies könnte darauf zurückzuführen sein, dass ein oder zwei Arbeiter im Januar Urlaub nahmen und/oder Arbeiter erkrankten und somit fremde Arbeitskräfte eingesetzt werden mussten.

Lösung der Übungsaufgabe 3.2/29:

a) Es handelt sich um eine lineare Abschreibung auf Basis der Tagespreise (Zeitwertabschreibung) mit einer Nutzungsdauer von 8 Jahren und einem Abschreibungssatz von 12,5 %.

b) Da die Preise jährlich um 5 % gestiegen sind, soll auch für 05 damit gerechnet werden. Die Abschreibung beträgt dann 0,125 × 60.755,31€ = 7.596,91€

Lösung der Übungsaufgabe 3.2/30:

In der Tat reichen – wie man aus der Abschreibungsliste entnehmen kann – die Abschreibungsbeträge nicht aus, um die Maschine im Jahre 08 zum Preise von 70.355,02 € neu zu beschaffen.

T	Zeitwert-Abschreibung	Preisentwicklung
01	6.250,00	50.000,00
02	6.562,50	52.500,00
03	6.890,63	55.125,00
04	7.235,16	57.881,25
05	7.596,91	60.775,31
06	7.976,76	63.814,08
07	8.375,60	67.004,78
08	8.794,38	70.355,02
	59.681,94	

Vorausgesetzt, die Preisentwicklung sei nicht exakt voraussehbar und die (beste Lösung der) Abschreibung vom Wiederbeschaffungswert von 70.355,02 € daher nicht von Anfang an anwendbar, empfiehlt sich eine Korrektur der jährlichen Abschreibungen, indem eine Nachholung für im Vorjahr zu wenig verrechnete Abschreibungsbeträge erfolgt. Bei linearer Abschreibung ergeben sich die folgenden Werte:

T	Tagespreise	Kumulierte Soll-Abschreibung[407]	korrigierte Zeitwert-Abschreibung[408]
01	50.000,00	6.250,00	6.250,00
02	52.500,00	13.125,00	6.875,00
03	55.500,00	20.671,89	7.546,89
04	57.881,25	28.940,64	8.268,75
05	60.775,31	37.984,55	9.043,91
06	63.814,08	47.860,56	9.876,01
07	67.004,78	58.629,20	10.768,64
08	70.355,02	70.355,04	11.725,84
			70.355,04

Mit dieser Technik der korrigierten Zeitwert-Abschreibung werden allerdings die einzelnen Perioden sehr ungleichmäßig mit Abschreibungsbeträgen belastet. Man hätte auch den Anschaffungsbetrag linear abschreiben können und die Differenz zwischen dem Anschaffungsbetrag und dem für t=8 geschätzten Wiederbeschaffungspreis mit Hilfe kalkulatorischer Wagnisse (hier als Fertigungswagnis) gleichmäßig auf die Nutzungsdauer verteilen können.

Lösung der Übungsaufgabe 3.2/31:

Als Verbrauch errechnet man nach:

- der Skontrationsmethode 425,00 kg,
- der retrograden Methode 452,25 kg.

Neben sonstigen Ursachen (z. B. Fehlbuchungen) kann der vorliegende Sonderfall auftreten, wenn in der Fertigungsstelle noch Material gelagert wurde, das im Februar nicht verbraucht worden ist.

Lösung der Übungsaufgabe 3.2/32:

digital	geom.-degressiv
$a_1 = 10.000$	$a_1 = 15.000$
$a_2 = 8.000$	$a_2 = 7.500$
$a_3 = 6.000$	$a_3 = 3.750$
$R_3 = 6.000$	$R_3 = 3.750$

407 Die „kumulierte Soll-Abschreibung" entspricht jenem Betrag, der bis zur laufenden Periode t insgesamt verrechnet worden wäre, wenn man die Höhe der jeweiligen Tagespreise t bereits zu Beginn der Nutzungsdauer gekannt hätte. Berechnung: Tagespreis (in t) × 0,125 × t.

408 Die „korrigierte Zeitwert-Abschreibung" in t ist die Differenz zwischen der kumulierten Soll-Abschreibung in t und t-1.

Lösung der Übungsaufgabe 3.2/33:

In der Kostenrechnung ist man bestrebt, die Kosten verursachungsgerecht zu verteilen. Die Abschreibungsmethode, die diesem Grundprinzip am nächsten kommt, ist die variable Abschreibung.

Unter der Voraussetzung, dass Substanzerhaltung angestrebt wird, erhält man als Abschreibungsbetrag:

$$\frac{18.000}{60.000} \times 11.500 = 3.450€.$$

7.3.2 Lösungen zu Kapitel 3.3

Lösung der Übungsaufgabe 3.3/1:

Die zu überprüfenden Alternativen sind

- eine Kostenstelle mit 5 Drehbänken
- zwei Kostenstellen mit 3 bzw. 2 Drehbänken.

Für die Revolverdrehbänke erhält man den Stundensatz (k_R)

$$k_R = \frac{3.600}{300} = 12€ (\text{genau: } \frac{10.800}{900})$$

und für die Karusselldrehbänke (k_k)

$$k_K = \frac{5.400}{300} = 18€$$

Als Stundensatz einer zusammengefassten Kostenstelle ($k_\varnothing$) ergibt sich

$$k_\emptyset = \frac{21.600}{1.500} = 14{,}40€$$

Die Berücksichtigung der Fehlergrenze zeigt

$$k_R(1 + 0{,}1) = 13{,}20 < 14{,}40 < 16{,}20 = k_K(1 - 0{,}1)$$

Für die Werkhalle sind also zwei Kostenstellen zu bilden.

Lösung der Übungsaufgabe 3.3/2:

1. $x_1 \times q_1 = K_{P1} + \mathbf{x_{11}} \times \mathbf{q_1} + x_{21} \times q_2 + x_{31} \times q_3 + x_{41} \times q_4$
2. $x_2 \times q_2 = K_{P2} + x_{12} \times q_1 + \mathbf{x_{22}} \times \mathbf{q_2} + x_{32} \times q_3 + x_{42} \times q_4$
3. $x_3 \times q_3 = K_{P3} + x_{13} \times q_1 + x_{23} \times q_2 + \mathbf{x_{33}} \times \mathbf{q_3} + x_{43} \times q_4$
4. $x_4 \times q_4 = K_{P4} + x_{14} \times q_1 + \mathit{x_{24}} \times \mathit{q_2} + x_{34} \times q_3 + \mathbf{x_{44}} \times \mathbf{q_4}$

   fett = Eigenverbrauch
   kursiv = Leistung von 2 an 4

Lösung der Übungsaufgabe 3.3/3:

1	:	$250 \times q_1$	=	750	+	$50 \times q_2$
2	:	$150 \times q_2$	=	1.000	+	$100 \times q_1$
1°	:	750	=	$250 \times q_1$	-	$50 \times q_2$
2a	:	1.000	=	$-100 \times q_1$	+	$150 \times q_2$
1b (1a × 3)	:	2.250	=	$750 \times q_1$	-	$150 \times q_2$
2a	:	1.000	=	$-100 \times q_1$	+	$150 \times q_2$
1b + 2°	:	3.250	=	$650 \times q_1$		
		q	**=**	**5**		
in 1°	:	750	**=**	$1.250 - 50q_2$		
		q	**=**	**10**		
Probe:						
in 1	:	1.250	=	750 + 500		
in 2	:	1.500	=	1000 + 500		

Lösung der Übungsaufgabe 3.3/4:

Auf die Ergebnisse beim Gleichungs- und Anbauverfahren hat die Reihenfolge der Hilfskostenstellen keinen Einfluss.

Für das Stufenleiterverfahren ändern sich die Verrechnungssätze mit veränderter Reihenfolge; sie lauten:

Reparaturwerkstatt	$q_1 = 800/100$	= 8,00€/Std.
Dampferzeugung	$q_2 = (500 + 40)/(200 - 100)$	= 5,40€/t
Grundstücke u. Gebäude	$q_3 = (1000 + 40 + 270)/(500 - 40 - 20h)$	= 2,98€/qm

Lösung der Übungsaufgabe 3.3/5:

	Kostenstelle								
	Wasser	Strom	Rep.	Material	Meisterbüro	Fertigung I	Fertigung II	Verwaltung	Vertrieb
35.800 →	1.200	2.800	800	3.000	2.000	8.000	11.000	4.500	2.500
Umlage Wasser	↳	60	100	100	0	400	400	50	90
Umlage Strom		↳	200	400	100	800	600	360	400
Umlage Repar.			↳	100	0	600	0	90	310
Umlage Meisterbüro				0	↳	700	1400	0	0
35.800				3.600		10.500	13.400	5.000	3.300
Bezugsgröße				18.000		2.100	670	83.000	
Kalkulationssatz				20 % d. Einz. mat.kosten		5 EUR pro Masch.std.	20 EUR pro Akkord.std.	10 % der Herstellkosten	

Lösung der Übungsaufgabe 3.3/6:

Die Kalkulationssätze lauten für

Fertigung I:	50 % auf den Akkordlohn
Fertigung II:	30 €/Maschinenstunde
Verwaltung und Vertrieb	20 % auf die Herstellkosten

Lösung der Übungsaufgabe 3.3/7:

Mit der Summe aller primären Gemeinkosten, die zu Beginn der Rechnung aus der Kostenartenrechnung übernommen werden, denn bei allen Rechenoperationen im BAB werden weder Kosten weggenommen noch hinzugefügt, sondern stets nur umverteilt.

Lösung der Übungsaufgabe 3.3/8:

Primäre Kosten sind Kosten für Produktionsfaktoren, die ein Unternehmen nicht selbst herstellt, sondern von Beschaffungsmärkten bezieht. Primäre Kostenarten sind z. B. Arbeitskosten (Löhne und Gehälter, Sozialkosten), Werkstoffkosten oder Betriebsmittelkosten. Sekundäre Kosten sind alle Kosten von Produktionsfaktoren, die das Unternehmen selbst herstellt. Sie werden innerhalb der innerbetrieblichen Leistungsverrechnung auf die Endkostenstellen verrechnet (vgl. Abschnitt 3.2.2).

Lösung der Übungsaufgabe 3.3/9:

Gleichungsverfahren:

$$5.000 \times q_1 = 30.000 + 1.000 \times q_2$$

$$3.000 \times q_2 = 40.000 + 2.000 \times q_1$$

$$q_1 = 10€/kWh \qquad q_2 = 20€/m^3$$

Anbauverfahren:

$$q_1 = \frac{30.000}{5.000-2.000} = 10€/kWh \quad q_2 = \frac{40.000}{3.000-1.000} = 20€/m^3$$

Das Anbauverfahren führt hier nur zufällig zu den gleichen Ergebnissen wie das Gleichungsverfahren.

Lösung der Übungsaufgabe 3.3/10:

	Summe	Kostenstellen										
		Sozial	Raum	Strom	Material I	Material II	AV	Fertigung I	Fertigung II	Verwaltung	Vertrieb I	Vertrieb II
primäre Gemeinkosten	35.360	1.100	2.000	1.700	2.540	4.200	920	10.760	5.300	3.300	1.140	2.400
Umlage Sozial	1.100	↳	60	40	100	60	40	400	160	80	60	100
Umlage Raum	2.060		↳	120	300	80	60	600	460	200	100	140
Umlage Strom	1.860			↳	60	120	30	900	360	90	180	120
Umlage AV	1.050						↳	840	210			
gesamte Gemeinkosten	41.430	0	0	0	3.000	4.460	0	13.500	6.490	3.670	1.480	2.760
Bezugsgröße					6.000	22.300		2.500	64.900	103.000		11.040
Kalkulationssatz					0,50 € pro kg Einzelmat.	20 % Einzelmat. kosten		5,40 € pro Masch. std.	0,10 € pro kg Durchs. gew.	5 % der Herstellkosten		0,25 € pro kg Verlade. gew.

Lösung der Übungsaufgabe 3.3/11:

Beim Anbauverfahren wird die Leistungsabgabe an Hilfskostenstellen vernachlässigt, so dass sich ergibt:

$$A = \frac{15.000}{750} = 20,-/LE$$

$$B = \frac{18.000}{400} = 45,-/LE$$

$$C = \frac{1.000}{500} = 2,-/LE$$

Die Durchführung der innerbetriebliche Leistungsverrechnung nach dem Stufenleiter- und Gleichungsverfahren liefert die folgenden Ergebnisse.

Stufenleiterverfahren:	Gleichungsverfahren:
$A\ (=1) = 18{,}99/LE$	$A = 19{,}90/LE$
$B\ (=2) = 43{,}42/LE$	$B = 42{,}34/LE$
$C\ (=3) = 4{,}78/LE$	$C = 4{,}28/LE$

Lösung der Übungsaufgabe 3.3/12:

a) ○ primäre Gemeinkosten jeder Kostenstelle
   ○ Unterscheidung in Haupt- und Hilfskostenstellen

b) Zuschlagsbasis jeder Hauptkostenstelle

Lösung der Übungsaufgabe 3.3/13:

(1)	$150q_A = 15.000 + 15q_B + 4q_C$
(2)	$30q_{AB} = 12.000 + 18q_A$
(2*)	$q_B = 400 + 0{,}6q_A$
(3)	$125q_C = 40.500 + 5q_B$
(2* in 3)	$125q_C = 40.500 + 2.000 + 3q_A$
(3*)	$q_C = 340 + 0{,}024q_A$
(3* und 2* in 1)	$150q_A = 21.000 + 1.360 + 9q_A + 0{,}096q_A$
Ergebnis:	$q_A = 158{,}69 q_B = 495{,}21 q_C = 343{,}81$

Lösung der Übungsaufgabe 3.3/14:

Kostenarten	Verteilungsgrundlage	Kostenstellen						
		Transport	Schlosserei	Lager	Fertigung	Verwaltung	Vertrieb	Summe
Gehälter	%	5.600	2.800	8.400	5.600	16.800	16.800	56.000
Gebäudemieten	6 € pro qm	300	1.200	1.320	9.600	1.500	1.080	15.000
Kleinmaterial	direkt				16.000			16.000
Werkzeuge	60 : 40		12.800		19.200			32.000
Hilfslöhne	%	9.450	6.300	9.450	37.800			63.000
Strom	0,20 € pro kWh	60	400	300	1.740	100	60	2.660
Gewerbesteuer	direkt					10.500		10.500
Kalk. Abschreibungen (1/12)	nach Wert des AV	1.000	167	83	4.667	50		5.967
Kalk. Zinsen (1/12)	nach Ø-Meth. bei 10 %	250	42	21	1.166	13		1.492
primäre Gemeinkosten		**16.660**	**23.709**	**19.574**	**95.773**	**28.963**	**17.940**	**202.619**

Lösung der Übungsaufgabe 3.3/15:

Die Normalkosten sollen als Durchschnitt der Istkosten der letzten 5 Jahre berechnet werden. Der Normalkostensatz pro Maschinenstunde wäre dann 15,2€ + 16€ + 16,3€ + 15,9€ + 16,1€ = 79,5€ : 5 = 15,90€ (eine andere Berechnung wäre auch möglich durch Division der Summe der Maschinenstunden durch die Summe der Gemeinkosten = 217.234 : 13.630€ = 15,94€). Bei 15,90 € Normalkosten pro Maschinenstunde werden bei 3.050 Maschinenstunden 48.495 € an Normal-Gemeinkosten verrechnet. Da 49.500 € Ist-Gemeinkosten anfallen, kann eine Unterdeckung von 48.495€ - 49.500€ = -1.005€ bzw. 2 % festgestellt werden.

Lösung der Übungsaufgabe 3.3/16:

	Kostenstellen	
	A	B
Ist-Gemeinkosten	17.425	1.270
Zuschlagsbasis	110.200	14.800
Ist-Zuschlag (%)	15,81	8,58
Normal-Zuschlag (%)	14,79	8,70
Verrechnete Gemeink.	16.299	1.288
Über-/Unterdeckung (absolut)	- 1.126	+ 18
Über-/Unterdeckung (in %)	6,91	1,39

Diese beiden Aufgaben (3.3/15 und 3.3/16) zur Kostenkontrolle in einer Normal-Kostenrechnung sollen die Rechentechnik des Systems verdeutlichen, nicht aber den Eindruck erwecken, als sei die Normalkostenrechnung für eine wirksame Kostenkontrolle geeignet – das ist regelmäßig nur eine Plankostenrechnung.

Lösung der Übungsaufgabe 3.3/17:

1. Strom: $4.000 + 50 \times q_2 = 20.000 \times q_1$
2. Reparatur: $6.500 + 10.000 \times q_1 + 1.000 \times q_3 = 500 \times q_2$
3. Dampf: $4.000 + 100 \times q_2 = 6.000 \times q_3$

1a. $q_1 = 0{,}2 + 0{,}0025q_2$

3a. $q_3 = 0{,}\overline{6}6 + 0{,}01\overline{6}6q_2$

Nach Einsetzen von 1a. und 3a. in 2. erhält man:

$9.166,\overline{6}$	=	$458,\overline{3}q_2$
q_2	=	20€ pro Reparatur-stunde
q_1	=	0,25€ pro kWh
q_3	=	1€ pro cbm

Lösung der Übungsaufgabe 3.3/18:

Am besten als Bezugsgröße geeignet sind die Stückzahlen der Halbfabrikate, da sich die variablen Kosten exakt im gleichen Ausmaß wie diese Stückzahlen verändern. Eine ebenfalls recht brauchbare Größe stellen die Maschinenstunden dar, die zwar nicht exakt den prozentualen Änderungen der variablen Kosten entsprechen, aber tendenziell die gleichen Richtungsänderungen mit ungefähr den gleichen prozentualen Ausschlägen aufweisen. Nicht so gut sind die Fertigungsmaterial- und -lohnkosten geeignet. Dies kann auf die externe Beeinflussung durch die Preisentwicklungen zurückzuführen sein. Sowohl das Fertigungsmaterial unterliegt bei seiner Beschaffung Preisänderungen als auch die Fertigungslöhne, die insbesondere im Monat 5 einen Sprung machen.

Lösung der Übungsaufgabe 3.3/19:

$q_1 = 5$ €$/qm$ $\qquad q_2 = 0{,}50$ €$/cbm$ $\qquad q_3 = 10$ €$/Std.$

Lösung der Übungsaufgabe 3.3/20:

I	Strom	$55.000q_1$	=	3.932	+	$4.400q_1$	+	$40q_2$	+	$240q_3$
II	Dampf	$120q_2$	=	2.040	+	$4.800q_1$				
III	Fuhrp.	$4.000q_3$	=	4.590	+		+	$10q_2$		
II'		q_2	=	17	+	$40q_1$				
II' in III		$4.000q_3$	=	4.590			+	$10(17+40q_1)$		
		q_3	=	(4.760/4.000)	+	$(400/4.000)q_1$				
III'		q_3	=	1,19	+	$0{,}1q_1$				
	II' und III' in I	$50.600q_1$	=	3.932	+	$40(17+40q_1)$	+	$240(1{,}19+0{,}1q_1)$		
		$50.600q_1$	=	4.897,6	+	$1.600q_1$	+	$24q_1$		
		$48.976q_1$	=	4.897,6						
	I'	q_1	=	0,1 (€/kWh)						
	I' in II'	...... q_2	=	21 (€/t)						
	UI' in III'	q_3	=	1,2 (€/tkm)						

	Strom	Dampf	Fuhrpark	Werkstatt	Montage	Verwaltung	Vertrieb
primäre Gemeinkosten	3.932	2.040	4.590	12.585	17.536	6.368	4.644
Umlage Strom	440	480		2.000	1.300	920	360
Umlage Dampf	840		210	735	315	210	210
Umlage Fuhrpark	288				432		4.080
gesamte Gemeinkosten	5.500	2.520	4.800	15.320	19.583	7.498	9.294
Bezugsgröße				13.678	12.200	151.372	
Kalkulationssatz				112 % der Einzellöhne	160,25 % der Einzelmat.kosten	11,09 % der Herstellkosten	

Lösung der Übungsaufgabe 3.3/21:

Die innerbetrieblichen Leistungsverrechnungssätze nach dem Stufenleiterverfahren lauten:

Dampf $q_1 = 2.040/120 = 17(€/t)$

Fuhrp. $q_2 = (4.590 + 10 \times 17)/4.000 = 1{,}19(€/t)$

Strom $q_3 = (3.932 + 40 \times 17 + 240 \times 1{,}19)/(55.000 - 4.400 - 4.800) = 0{,}107(€/kWh)$

Die Unterschiede zu den ibL-Sätzen des Gleichungsverfahrens aus Aufgabe 3.3/20 sind aufgrund der Anordnung der Hilfskostenstellen bei Fuhrpark und Strom nicht besonders groß. Bei Dampf resultiert eine Differenz von 4 € pro t, weil dort die „nachgelagerten" Stromkosten in Höhe von 4.800 × 0,1€ = 480€ nicht auf die Gesamterzeugung von 120 t verrechnet wurden.

Auf die Kalkulationssätze der Hauptkostenstellen hat diese Differenz aufgrund der relativ hohen Beträge an primären Gemeinkosten praktisch keine Auswirkung mehr. Trotzdem sollte auf das Gleichungsverfahren zur Ermittlung von „Festpreisen" nicht verzichtet werden.

	Dampf	Fuhrpark	Strom	Werkstatt	Montage	Verwaltung	Vertrieb
primäre Gemeinkosten	2.040	4.590	3.932	12.585	17.536	6.368	4.644
Umlage Strom	↳	170	680	595	255	170	170
Umlage Dampf		↳	285,6	0	428	0	4.046
Umlage Fuhrpark			↳	2.140	1.391	984,4	385,2
gesamte Gemeinkosten	0,0	0,0	0,0	15.320,0	19.610,4	7.522,4	9.245,2
Bezugsgröße				13.678	12.200	151.372	
Kalkulationssatz				112 %	160,48 %	11,08 %	

Anmerkung: Bei der Umlage Strom ergibt sich eine Rundungsdifferenz (wegen 0,107) von 3 €.

Lösung der Übungsaufgabe 3.3/22:

In die Berechnung der ibL-Sätze der Hilfskostenstellen sind nur die variablen Kosten dieser Stellen einzubeziehen, da nur die variablen (hier: proportionalen) Kosten mit der Gesamtleistung und Leistungsabgabe der Hilfskostenstellen variieren:

Gebäude:	$12.000q_1 = 2.760 + 680q_2$	
Fuhrp.:	$46.000q_2 = 27.140 + 2.000q_1$	
	$q_1 \approx 0,26408$ pro qm	$q_2 \approx 0,60148$ pro km

	Gebäudereinigung		Fuhrpark		Fertigung		Verwaltung u. Vertrieb	
	variabel	fix	variabel	fix	variabel	fix	variabel	fix
primäre Gemeinkosten	2.760	17.120	27.140	18.060	34.720	61.450	2.200	33.700
Umlage Gebäudereinigung			528			1.970		671
Umlage Fuhrpark	409				6.015		21.444	
gesamte Gemeinkosten	3.169	17.120	27.668	18.060	40.735	63.420	23.644	34.371
Bezugsgröße					1.500		340.000	
Kalkulationssatz					27,16 € pro Masch.std.		6,9 % der Herstellkost.	

In einer Grenzkostenrechnung werden im Ergebnis nur die variablen (i. d. R. proportionalen) Kosten auf die Kostenträger verrechnet. Im obigen BAB findet deshalb auch die ibL auf reiner Grenzkostenbasis statt. Durch die Kalkulationssätze der Hauptkostenstellen gehen nur die variablen Kosten dieser Kostenstellen auf die Kostenträger über. Die Fixkosten der Kostenstellen (Haupt- und Hilfskostenstellen) werden in Summe aus der Kostenstellenrechnung unter Umgehung der Kostenträgerrechnung in das Betriebsergebnis erfolgswirksam ausgebucht. Häufig wird in der Praxis eine parallele Vollkosten-Kalkulation durchgeführt: Dann rechnet man die Fixkosten nachträglich trotz des Verstoßes gegen das Verursachungsprinzip in die Kalkulationssätze ein und überwälzt sie damit nach dem Durchschnittsprinzip auf die Kostenträger.

7.3.3 Lösungen zu Kapitel 3.4

Lösung der Übungsaufgabe 3.4/1:

2.000 × 0,8	=	1.600
6.000 × 1,0	=	6.000
10.000 × 1,5	=	15.000
		22.600

113.000€ : 22.600 = 5,00€/Stck.Selbstkosten der Einheitssorte (Sorte 2)

5€ × 0,8	=	4,00 €	
5€ × 1,0	=	5,00 € }	Stückselbstkosten der drei Sorten
5€ × 1,5	=	7,50 €	

Probe:

2.000 × 4,00€	=	8.000 €
6.000 × 5,00€	=	30.000 €
10.000 × 7,50€	=	75.000 €
		113.000 €

Die Herstellkosten können für diese Aufgabe nicht ermittelt werden, da Angaben über die Vertriebs- und Verwaltungskosten fehlen. Vielleicht hat der Betrieb keine Kostenstellenrechnung und kann auch aus der Kontierung der Kosten nicht erkennen, wie hoch die Vertriebs- und Verwaltungskosten sind.

Lösung der Übungsaufgabe 3.4/2:

Gesamte Herstellkosten: 113.000€ - 22.600€ = 90.400€

Die Einheitsmenge (jetzt im Fertigungsbereich) beträgt weiterhin 22.600; die Herstellkosten pro Stück der Einheitssorte 4,00 €.

Die Einheitsmenge im Vertriebsbereich beträgt 11.300; die Verwaltungs- und Vertriebskosten pro Stück der Einheitssorte also 2,00 €.

Stückk.:	HK	+	VuVK	=	SK
Sorte 1:	3,20	+	0,80	=	4,00
Sorte 2:	4,00	+	1,60	=	5,60
Sorte 3:	6,00	+	2,00	=	8,00

Probe:	HK	+	VuVK	=	SK
Sorte 1:	6.400	+	2.800	=	9.200
Sorte 2:	24.000	+	3.200	=	27.200
Sorte 3:	60.000	+		=	76.600
	90.400	+	22.600	=	113.000

Lösung der Übungsaufgabe 3.4/3:

Die Herstellkosten pro Stück der Einheitssorte betragen weiterhin 4,00 €.

Die Verwaltungs- und Vertriebskosten ändern sich auf

22.600€ : 17.250 ≈ 1,31€ pro Stück der Einheitssorte.

Es ergeben sich folgende Selbstkosten:

Stückk.:	HK	+	VuVK	=	SK
Sorte 1:	3,20	+	1,05	≈	4,25
Sorte 2:	4,00	+	1,31	≈	5,31
Sorte 3:	6,00	+	1,96	≈	7,96

Probe:	HK	+	VuVK	=	SK
Sorte 1:	6.400	+	3.675	≈	10.075
Sorte 2:	24.000	+	2.620	≈	26.620
Sorte 3:	60.000	+	16.268	≈	76.268
	90.400	+	22.563	≈	112.963

Die Ergebnisse ändern sich also gegenüber 3.4/1 trotz gleicher Ziffernreihen in Produktion und Vertrieb, weil sich aufgrund der veränderten Absatzzahlen die Verwaltungs- und Vertriebskosten in einem anderen Verhältnis auf die Sorten verteilen.

Lösung der Übungsaufgabe 3.4/4:

Einzelmaterial	3,00 €
Materialgemeinkosten	0,60 €
Einzellöhne	2,00 €

Fertigungsgemeinkosten I	1,00 €
Fertigungsgemeinkosten II	3,00 €
Sondereinzelkosten der Fertigung	0,70 €
Herstellkosten	10,30 €
Verwaltungs- und Vertriebsgemeinkosten (10 % auf HK ohne Sondereinzelk. d. Fert.)	0,96 €
Sondereinzelkosten des Vertriebs	1,05 €
Selbstkosten	12,31 €

Lösung der Übungsaufgabe 3.4/5:

Herstellkosten	+	VuVK	=	Selbstkosten
84.000/2.400	+	12.000/600		
35 €	+	20 €	=	55 €/Stück

Die Lagerbestandserhöhung beträgt 1.800 × 35€ = 63.000€.

Lösung der Übungsaufgabe 3.4/6:

Die summarische Lohnzuschlagskalkulation verrechnet die gesamten Fertigungsgemeinkosten des Betriebs auf die gesamten Lohneinzelkosten des Betriebes. Sie heißt deshalb auch kumulative Betriebszuschlagskalkulation.

Gesamte Fertigungsgemeinkosten (lt. BAB)	23.900 €
Gesamte Lohneinzelkosten durch Rückrechnung	37.500 €
Summarischer Lohnzuschlagssatz	≈ 63,7 %

Herstellkosten	83.000 €
Fertigungsgemeink. ./.	23.900 €
Materialeinzelkosten ./.	18.000 €
Materialgemeink. ./.	3.600 €
Lohneinzelkosten =	37.500 €

Lösung der Übungsaufgabe 3.4/7:

Die Kosten sind nach den Marktpreisen (als Äquivalenzziffern der Tragfähigkeit) zu verteilen. Nach der einstufigen Äquivalenzkalkulation erhält man für die

Herstellkosten / kg		
1	:	2,00 €
2	:	5,00 €
3	:	9,00 €

Wendet man die Restwertmethode an, so betragen die Herstellkosten des Hauptprodukts 6,30 €/kg. Die Nebenprodukte sind bei einer bilanziellen Bestandsbewertung in Höhe ihrer Marktpreise (abzüglich eventuell noch anfallender Weiterverarbeitungs- und Vertriebskosten) anzusetzen.

Lösung der Übungsaufgabe 3.4/8:

	Materialeinzelkosten		15,00 €	
+	Materialgemeinkosten	5,29 %	0,79 €	
=	Materialkosten		15,79 €	15,79 €
	Lohneinzelkosten I		8,00 €	
+	Fertigungsgemeink. I	110 %	8,80 €	
+	Lohneinzelkosten II		6,00 €	
+	Fertigungsgemeink. II	330 %	19,80 €	
+	Lohneinzelkosten III		25,00 €	
+	Fertigungsgemeink. III	82,6 %	20,65 €	
=	Fertigungskosten		88,25 €	88,25 €
=	Herstellkosten			104,04 €
+	Verw.- u. Vertr.gemeink.	10,14 %		10,55 €
=	Selbstkosten			114,59 €

Nach der summarischen Lohnzuschlagskalkulation ergäben sich 119 % als summarischer Zuschlagsatz, also:

	Materialkosten (wie oben)			15,79 €
	ges. Lohneinzelkosten		39,00 €	
+	ges. Fertigungsgemeink.	119 %	46,41 €	
=	Fertigungskosten		85,41 €	85,41 €
=	Herstellkosten			101,20 €
+	Verw.-u. Vertr.gemeink.	10,14 %		10,26 €
=	Selbstkosten			111,46 €

Weitaus größere Unterschiede in den Ergebnissen können dann resultieren, wenn die verschiedenen Produktarten die einzelnen Fertigungsstellen unterschiedlich beanspruchen. Würde z. B. ein anderes Produkt c. p. Einzellöhne II in Höhe von 25,00 €/Stck. und Einzellöhne III in Höhe von 6,00 €/Stck. aufweisen, dann wären auch hier die Selbstkosten nach summarischer Lohnzuschlagskalkulation 111,46 €. Nach differenzierender Lohnzuschlagskalkulation erhielte man aber 166,37 €.

Zwar werden nach beiden Verfahren (bzw. nach allen Verfahren) stets nicht mehr und nicht weniger als die insgesamt angefallenen Kosten (hier: 11.250€

+ 31.000€ + 20.900€ = 63.150€) verteilt, diese Gesamtkosten verteilen sich aber in Abhängigkeit vom Kalkulationsverfahren unterschiedlich auf die einzelnen Produktarten. Um Fehlentscheidungen aufgrund der Rechenergebnisse zu vermeiden, sind eine möglichst weitgehende Differenzierung der Kostenstellen und eine Auswahl von verursachungsgerechten Bezugsgrößen so wichtig.

Lösung der Übungsaufgabe 3.4/9:

Unterschiede: Nur bei der Behandlung der Fertigungsgemeinkosten: Einmal summarisch für alle Fertigungsstellen, zum anderen differenziert für jede einzelne Fertigungsstelle.

Gemeinsamkeiten: Bei der Behandlung aller anderen Kostenarten; also bei den Materialgemeinkosten, Verwaltungs- und Vertriebsgemeinkosten sowie bei den Einzelkosten.

Lösung der Übungsaufgabe 3.4/10:

Unterschiede: Vor allem bei der Auswahl der Bezugsgrößen in den Fertigungsstellen: Einmal stets die Einzellöhne, zum anderen möglichst viele mengenmäßige Bezugsgrößen, die der Kostenverursachung noch besser entsprechen. Außerdem werden bei der Bezugsgrößenkalkulation die Einzellöhne häufig in das Bezugsgrößensystem einbezogen.

Gemeinsamkeiten: Bei der Verrechnung aller anderen Kostenarten; im allgemeinen wird aber bei der Bezugsgrößenkalkulation, die insbesondere in modernen Plankostenrechnungssystemen eingesetzt wird, auch im Material- und Verwaltungs- und Vertriebsbereich differenzierter gearbeitet.

Lösung der Übungsaufgabe 3.4/11:

Die einstufige Divisionskalkulation ist hier nicht anwendbar, da die Voraussetzungen des Einprodukt-Betriebes nicht gegeben sind. Man muss hier mit der einstufigen Äquivalenzziffernkalkulation arbeiten:

1,0 × 140€ + 1,3 × 275€	=	97,5 €
54.725 : 497,5€	=	110 €
Selbstkosten / Stück A	=	110 €
Selbstkosten / Stück B	=	143 € (= 1,3 × 110)

Lösung der Übungsaufgabe 3.4/12:

720.000€ × 1,1	=	792.000 €
105.000€ × 1,3	=	136.500 €
140.000€ × 1,8	=	252.000 €
Einheitsmenge	=	1.180.500 €

Kosten pro Stück der Einheitsmenge = 708.300/1.180.500 = 0,60 €/Stück

Produktart	Herstellkosten pro Produktart	Herstellkosten pro Produkteinheit
Backsteine	792.000 × 0,6 = 475.200€	0,6€ × 1,1 = 0,66€/Stück
Klinker	136.500 × 0,6 = 81.900€	0,6€ × 1,3 = 0,78€/Stück
Dachziegel	252.000 × 0,6 = 151.200€	0,6€ × 1,8 = 1,08€/Stück
Summen	708.300€	

Lösung der Übungsaufgabe 3.4/13:

Druck	Binden	Absatz
4.000 × 0,9	3.800 × 1,0	4.100 × 1,1
+ 3.200 × 1,4	+ 3.400 × 1,0	+ 3.300 × 1,2
+ 1.900 × 1,3	+ 1.500 × 1,0	+ 1.400 × 1,7
= 10.550	= 8.700	= 10.850
42.200/10.550 = 4€	6.090/8.700 = 0,7€	19.530/10.850 = 1,8€

	HK	SK	L_1	L_2
Buch 1	4,30 €	6,28 € +	720 € ./.	1.290 €
Buch 2	6,30 €	8,46 € ./.	1.120 € +	630 €
Buch 3	5,90 €	8,96 € +	2.080 € +	590 €

Anmerkungen:

HK = Herstellkosten pro Stück

SK = Selbstkosten pro Stück

L_1 = Lagerbestandsveränderung wertmäßig zwischen Druck und Binden

L_2 = Lagerbestandsveränderung wertmäßig zwischen Binden und Absatz

Lösung der Übungsaufgabe 3.4/14:

Materialeinzelkosten	:	25.300	+	2.900	=	28.200
Lohneinzelkosten	:					87.500
Fertigungsgemeinkosten		9.000	+	13.100		
		+54.700	+	19.800		
		+10.000	+	1.080	=	107.680
Verwaltungs- und Vertriebsgemeinkosten	:	übrige Kosten			=	169.512
Fertigungsgemeinkostenzuschlag	:			107.680/87.500	=	123,06 %
Verwaltungs- und Vertriebsgemeinkostenzuschlag	:			169.512/223.380	=	75,89 %

Lösung der Übungsaufgabe 3.4/15:

Derart hohe Lohnzuschlagssätze sind nicht zweckmäßig. Man sollte hier besser die Fertigungsstunden oder noch besser die Maschinenstunden als mengenmäßige Bezugsgrößen wählen.

Durch Rückrechnung ergeben sich für diese Kostenstelle folgende Fertigungsgemeinkosten:

$$\frac{Fert.gemeink.}{7.200} = 32\ €\left(= \ 3.200\%\right) Fert.gemeink. = 230.400\ €$$

Man erhält also als Alternativen:

$$\frac{230.400}{720} = 320\ €\ pro\ Fertigungsstunde \text{ oder}$$

$$\frac{230.400}{2.880} = 80\ €\ pro\ Maschinenstunde$$

Lösung der Übungsaufgabe 3.4/16:

Richtig sind b und d. Die Fixkosten würde man zusätzlich benötigen, wenn man eine Divisionskalkulation auf Grenzkosten-Basis durchführen wollte.

Lösung der Übungsaufgabe 3.4/17:

Richtig sind c, d, e. Die Materialkosten pro Stück würde man benötigen, wenn man eine „Veredelungsrechnung“ durchführen wollte.

Lösung der Übungsaufgabe 3.4/18:

Die Kalkulationssätze lauten:

Material I	:	1,06 €	pro kg Materialgewicht
Fertigung I	:	48,00 €	pro Maschinenstunde bzw. 0,80 € pro Maschinenminute
Fertigung II	:	41,40 €	pro Akkordstunde bzw. 0,69 € pro Akkordminute
Fertigung III	:	19,20 €	pro Maschinenstunde bzw. 0,32 € pro Maschinenminute

Als Herstellkosten erhält man nach der hier angewandten Bezugsgrößenkalkulation:

	Materialeinzelkosten			8,00 €	
+	Materialgemeinkosten	2 kg	à 1,06 €	2,12 €	
=	Materialkosten			10,12 €	10,12 €
	Lohneinzelk. I-III			14,00 €	
+	Fertigungsgemeink. I	6 Min.	à 0,80 €	4,80 €	
+	Fertigungsgemeink. II	7 Min.	à 0,69 €	4,83 €	
+	Fertigungsgemeink. III	12 Min.	à 0,32 €	3,84 €	
=	Fertigungskosten			27,47 €	27,47 €
=	Herstellkosten				37,59 €

Lösung der Übungsaufgabe 3.4/19:

	Gesamtkosten für 140 t Stahl	18.000 €	
./.	Netto-Erlös aus Thomas-Mehl		
	4.000(0,29€ - 0,06€)		920 €
=	Restkosten		17.080 €
	Herstellkosten pro t Stahl		122 €

Lösung der Übungsaufgabe 3.4/20:

$$\frac{480.000}{1.600} + \frac{320.000}{x_A} = 620€$$

$$xA = 1.000\ Stück$$

Lösung der Übungsaufgabe 3.4/21:

Zuschlagssatz für die Fixkosten des Material- und Fertigungsbereichs:

$$\frac{Fixkosten}{Grenz\text{–}Herstellk.} = \frac{81.000}{1.800 \times 1,5} = 3\ (300\%)$$

Zuschlagssatz für die Fixkosten des Verwaltungs- und Vertriebsbereichs:

$$\frac{Fixkosten}{volle\ Herstellk.} = \frac{19.440}{27.000+81.000} = 0{,}18\ \left(18\%\right)$$

		Grenzkosten	+	Fixkosten	=	volle Kosten
	Herstellkosten	15,00 €	+	45,00 €	=	60,00 €
+	Verw. u. Vertr.-Kosten	3,00 €	+	10,80 €	=	13,80 €
=	Selbstkosten	18,00 €	+	55,80 €	=	73,80 €

Lösung der Übungsaufgabe 3.4/22:

Kostenart	Vollkosten	Grenzkosten
Materialeinzelkosten	6,00 €	6,00 €
Materialgemeinkosten	0,60 €	0,36 €
Fertigungskosten I	10,00 €	6,00 €
Fertigungskosten II	4,50 €	3,24 €
Sondereinzelkosten der Fertigung	0,50 €	0,50 €
Herstellkosten	21,60 €	16,10 €
Verw.u.V-Gemeinkosten	4,32 €	2,42 €
Sondereinzelkosten des Vertriebs	1,50 €	1,50 €
Selbstkosten	27,42 €	20,02 €

Lösung der Übungsaufgabe 3.4/23:

A	benötigt	7.500 Maschinenminuten	=	125 Stunden
B	benötigt	27.000 Maschinenminuten	=	450 Stunden
		insgesamt	=	575 Stunden

Die Rüstkosten verteilen sich je zur Hälfte auf A und B.

A = 125 × 30,50 = 3.812,50 + 0,5(169 × 15,60) = 5.130,70€

B = 450 × 30,50 = 13.725,00 + 0,5(169 × 15,60) = 15.043,20€

C = 5.130,70 : 1.500 = 3,42€ Walzkosten pro m Walzstahl

D = 15.043,20 : 2.700 = 5,57€ Walzkosten pro m Walzstahl

Lösung der Übungsaufgabe 3.4/24:

a) Aufgrund der Angaben ist lediglich eine mehrstufige Divisionskalkulation durchführbar.

b)

q_I: $16.000 + 30 \times q_{II} = 9.400 \times q_I$

q_{II}: $10.000 + 600 \times q_I = 170 \times q_{II}$

$q_I = 1{,}91€/kWh$

$q_{II} = 65{,}57€/Std.$

Probe: I: $16.000 - 9.400 \times 1{,}91 + 30 \times 65{,}57 \approx 0$

II: $10.000 - 170 \times 65{,}57 + 600 \times 1{,}91 \approx 0$

Verrechnungssätze für die Halbfabrikate:

q_{III}: $(8.000 + 1.800 \times 1{,}91)/250 = \underline{45{,}75/HF_A}$

q_{IV}: $(12.000 + 7.000 \times 1{,}91 + 140 \times 65{,}57)/500 = \underline{69{,}10/HF_B}$

Fertigungskosten pro Fertigfabrikat:

q_V: $(25.000 + 9.150 + 27.640)/300 = \underline{205{,}97/FF}$

Herstellkosten	:	108 + 205,97 = 313,97€
Verwaltungs- und Vertriebskosten	:	11.300/240 = 47,08€
Selbstkosten	:	= 361,05€

7.4 Lösungen der Übungsaufgaben zu Kapitel 4

7.4.1 Lösungen zu Kapitel 4.1

Lösung der Übungsaufgabe 4.1/1:

Richtig sind b, c, f, g, h.

Lösung der Übungsaufgabe 4.1/2:

Richtig sind a, d, f, h.

Lösung der Übungsaufgabe 4.1/3:

a) flexible
b) Verursachungs-Prinzip
c) relevanten
d) Mengen und Preisen
e) Über- und Unterdeckungen

Lösung der Übungsaufgabe 4.1/4:

Anhand der geplanten Daten lässt sich der Kostenverlauf dieser Kostenstelle wie folgt graphisch darstellen:

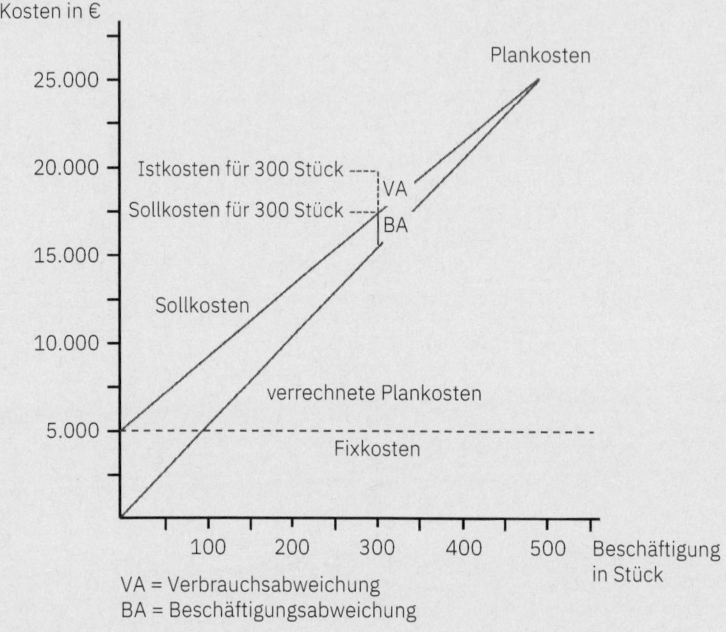

Abb. 48: *Grundprinzip der Kostenkontrolle in der flexiblen Plankostenrechnung*

Der eingezeichnete Sollkostenverlauf gibt für alle Ist-Beschäftigungen von 0 bis 500 Stück an, welche Kosten bei wirtschaftlichem Handeln entstehen „sollen“, wenn in einer Kontrollperiode nicht die Planbeschäftigung, sondern irgendeine andere Beschäftigung tatsächlich erreicht wird. Man vergleicht also die Istkosten mit jenem Punkt der Sollkostenkurve, der der Ist-Beschäftigung entspricht. Die Differenz zwischen Ist- und Sollkosten nennt man „Verbrauchsabweichung“; sie ist – nach Ausschaltung der Einflüsse veränderter Faktorpreise, was hier jedoch wegen der konstanten Preise nicht mehr nötig ist – ein Maßstab für die innerbetriebliche Wirtschaftlichkeit. Die untere Gerade gibt die Kurve der verrechneten Plankosten wieder.

Rechnerisch ermittelt man die Sollkosten, verrechneten Plankosten, Verbrauchsabweichung und Gesamtabweichung wie folgt:

Sollkosten	=	Plankosten + (Variable Plankosten/Planbeschäftigung) × Ist - Beschäftigung
	=	5.000 + (20.000/500) × 300
	=	17.000€
Verrechnete Plankosten	=	Plankosten/Planbeschäftigung × Ist - Beschäftigung
	=	25.000/500 × 300
	=	15.000€
Verbrauchsabweichung	=	Istkosten - Sollkosten
	=	20.000 - 17.000
	=	3.000€
Gesamtabweichung	=	Istkosten - verrechnete Plankosten
	=	20.000 - 15.000
	=	5.000€

Für die Aufgabe beträgt also die Verbrauchsabweichung 3.000 €. Diese Kosten wären bei wirtschaftlichem Handeln vermeidbar gewesen. In praxi schließt sich hier eine Kostenanalyse und Kostendurchsprache mit dem Kostenstellen-Leiter an, um die Ursachen der Abweichung zu lokalisieren und geeignete Maßnahmen für die Zukunft zu ergreifen. Natürlich kann auch ein Planungsfehler ganz oder teilweise Ursache der Verbrauchsabweichung sein.

Lösung der Übungsaufgabe 4.1/5:

Auf die graphische Lösung soll hier verzichtet werden; sie kann analog zur Lösung der Übungsaufgabe 4.1/4 erfolgen.

Sollkosten	80.000 + (60.000/1.200) × 1.400	=	150.000€
verrechnete Plankosten	(140.000/1.200) × 1.400	=	163.333€
Verbrauchsabweichung	176.000 - 150.000	=	26.000€
Beschäftigungsabweichung	150.000 - 163.333	=	−13.333€
Gesamtabweichung	176.000 - 163.333	=	12.667€

Bei der Analyse dieser Verbrauchsabweichung wird man sicherlich auch überprüfen, inwieweit sich die „Überbeschäftigung“ in einer Erhöhung der Ist-Kosten niedergeschlagen hat.

Lösung der Übungsaufgabe 4.1/6:

Entscheidungen über „Eigenerstellung oder Fremdbezug“ bei unveränderten (gegebenen, vorhandenen, konstanten) Kapazitäten sind kurzfristige Entscheidungen. Wenn diese Kapazitäten – wie in der Aufgabenstellung – nicht voll ausgelastet sind, also kein Engpass wirksam wird, vergleicht man die Grenzkosten bei Eigenerstellung (k_V) mit den Grenzkosten bei Fremdbezug, also dem Lieferantenpreis inkl. Nebenkosten (q):

$$q \overset{\leq}{=} \underset{>}{} k_V$$

M. a. W.: Es wird fremdbezogen, solange der Lieferantenpreis unter den Grenzkosten bei Eigenerstellung liegt. Die kurzfristige Preisobergrenze für fremdbezogene Teile entspricht damit den variablen Stückkosten.

Hier hat sich die Geschäftsleitung zunächst an den vollen Stückkosten orientiert. Die darin enthaltenen (und nicht verursachungsgemäß zugerechneten) Fixkosten betrugen 14 pro Stück. Dieser Teil der Vollkosten ist nicht entscheidungsrelevant: Bei gegebenen Kapazitäten bleiben die Fixkosten unverändert, ob nun fremdbezogen oder selbst erstellt wird. Relevante Kosten sind hier die variablen Stückkosten = Grenzkosten.

In dem Jahr des Fremdbezugs hat der Betrieb nicht – wie erwartet – 12.000 € gespart, sondern seine Kosten aufgrund der Fehlentscheidung um 4.800€ (12 × 100 × 4) erhöht.

Anders stellt sich die Situation vor der Ersatzinvestition dar. Es handelt sich jetzt um eine kapazitätsverändernde und damit langfristige Entscheidung. Nicht nur die Grenz-, sondern auch die Fixkosten sind hier entscheidungsrelevant: Man vergleicht langfristig die Kosten für Fremdbezug einerseits mit den variablen und fixen Kosten der Eigenerstellung andererseits.

Hierzu kann man – wenn man nicht den theoretisch richtigen Weg einer Investitionsrechnung geht

a) entweder eine langfristige Preisobergrenze für Fremdbezug errechnen
b) oder jene kritische Menge (break-even-Menge) an Einbauteilen feststellen, ab der sich die Investition gegenüber dem Fremdbezug lohnt.

Im folgenden sei angenommen, dass außer den Anschaffungs’kosten’ der Maschine keine weiteren Fixkosten mit der Eigenerstellung verbunden sind, dass mit einer linearen kalkulatorischen Abschreibung (vgl. Abschnitt 3.2.3.5.1) und mit einem kalkulatorischen Zinssatz von 10 % p. a. nach der Durchschnittsmethode (vgl. Abschnitt 3.2.3.5.2) gerechnet wird, und dass alle anderen Daten in Zukunft unverändert bleiben.

Ad a) Die langfristige Preisobergrenze entspricht den vollen Stückkosten, die man im vorliegenden „Einprodukt“-Fall durch Verteilung der Fixkosten auf die Gesamtstückzahl nach dem Durchschnittsprinzip errechnen kann:

Jahresfixkosten	=	Kalk. Abschreibungen + Kalk. Zinsen
	=	A/n + A/2 × i
	=	(67.200/5) + (67.200/2) × 0,1
	=	13.440€ + 3.360€
	=	16.800€
durchschnittliche Fixkosten pro Stück	=	Jahresfixkosten/Jahresmenge
	=	16.800/1.200 = 14
volle Stückk.	=	variable Stückk. + anteilige Fixkosten
	=	16€ + 14€
	=	30€ = langfristige Preisobergrenze

Der tatsächliche Fremdbezugspreis liegt mit 20 € unter der langfristigen Preisobergrenze von 30 €. Die Investition ist damit nicht lohnend; der Betrieb sollte seine Einbauteile besser vom Zulieferer beziehen.

Ad b) Für die kritische Menge (break-even-Menge) ermittelt man einen „Deckungsbeitrag“ als Differenz zwischen dem Fremdbezugspreis und den niedrigeren variablen Stückkosten bei Eigenerstellung. Es wird dann gefragt, bei welcher Stückzahl diese laufende Kostenersparnis ausreicht, um die Investitionssumme (bzw. die Fixkosten) zu decken:

kritische Jahresmenge	=	Fixkosten/(q - k_V)
	=	16.800/4
	=	4.200

Dieses Ergebnis zeigt – wie im Fall a) –, dass die Investition nicht lohnt. Erst wenn pro Jahr mehr als 4.200 Einbauteile (d. h. mehr als 350 Einbauteile pro Monat) selbst erstellt werden, wird die Maschine in den 5 Jahren ihrer Nutzungsdauer verdient (amortisiert); der tatsächliche Monatsbedarf beträgt aber durchschnittlich nur 100 Stück. Im Übrigen würde die Kapazität der Anlage mit 250 Stück/Monat überhaupt nicht ausreichen, um die kritische Menge zu produzieren.

Lösung der Übungsaufgabe 4.1/7:

Die Programmbereinigung war eine Fehlentscheidung, weil sie sich nicht an den für diese Situation „relevanten Kosten“ orientiert hat.

Die Ursache der falschen Programmbereinigung wird deutlich, nachdem man das Zahlenmaterial der Tabelle von Voll- auf Grenzkostenbasis umgestellt hat (diese Umstellung ist hier ohne weitere Daten aus der Kostenrechnung nicht nachvollziehbar; sie möge als Ergebnis akzeptiert werden).

Es zeigt sich,

- dass die Streichung des Produktes 4 falsch war, denn dieses Produkt weist den höchsten Deckungsbeitrag pro Stück auf und ist damit absatzpolitisch das förderungswürdigste.
- dass die Streichung des Produktes 3 (zufällig) richtig war, weil dieses Produkt nicht nur einen negativen Netto-, sondern auch einen negativen Bruttogewinn aufweist.
- dass der Verlust von 1.100€ entsteht, weil die Deckungsbeiträge der Produkte 1 und 2 (2.800€ + 6.400€ = 9.200€) nicht ausreichen, den Fixkostenblock von 10.300€ abzudecken.

Produkt-art	**Absatz-menge**	**Stück-preis**	**Variable Stückk.**	**Deckungsbei-trag pro Stück**	**Rang-folge**	**Bruttoge-winn pro Produktart**
1	200	10 €	3 €	7 €	3.	1.400 €
2	400	12 €	4 €	8 €	2.	3.200 €
3	100	6 €	7 €	./. 1 €	4.	./. 100 €
4	800	16 €	6 €	9 €	1.	7.200 €
			Bruttoerfolg:			11.700 €
		./.	Fixkosten			10.300 €
		–	Nettoerfolg			1.400 €

Bei Entscheidungen über die „Programmbereinigung“ (Artikelwahl, Verkaufsförderung) ist die Rangfolge der Nettogewinne kein geeignetes Kriterium, weil sich im Nettogewinn entscheidungsrelevante stückabhängige Kosten (variable, proportionale Kosten) mit nicht entscheidungsrelevanten Periodenkosten (fixen Kosten) vermengen. Der Fixkostenblock bleibt von kurzfristigen Maßnahmen, die eine Änderung der Absatzmengen zur Folge haben, grundsätzlich unberührt. Man kann sich deshalb bei absatzpolitischen Entscheidungen im Falle freier Kapazitäten allein an den Deckungsbeiträgen pro Produktionseinheit orientieren:

$$p_i \lesseqgtr k_{vi}$$

Es wird jede Produktart i produziert und abgesetzt, deren Deckungsbeitrag nicht negativ ist, deren Preis also nicht unter den Grenzkosten liegt. Die (kurzfristige) Preisuntergrenze bei freien Kapazitäten entspricht damit den Grenzkosten.

7.4.2 Lösungen zu Kapitel 4.2

Lösung der Übungsaufgabe 4.2/1:[409]

a) Herstellkosten je Lautsprechertyp
   Einzelkosten:
   - Material: 112€/ME × 600 ME + 220€/ME × 400 ME + 368€/ME × 300 ME = 265.600€
   - Fertigung I: 25€/ME × 600 ME + 35€/ME × 400 ME + 50€/ME × 300 ME = 44.000€
   - Fertigung II: 42€/ME × 600 ME + 50€/ME × 400 ME + 62€/ME × 300 ME = 63.800€
   - Fertigung III: 30€/ME × 600 ME + 40€/ME × 400 ME + 44€/ME × 300 ME = 47.200€

   Gemeinkostenzuschlagssätze:
   - Material: 39.840€/265.600€ × 100 = 15%
   - Fertigung I: 96.800€/44.000€ × 100 = 220%
   - Fertigung II: 76.560€/63.800€ × 100 = 120%
   - Fertigung III: 70.800€/47.200 × 100 = 150%

Maschinentyp	Alexa	Echo	Dot
Materialeinzelkosten	112,00	220,00	368,00
Materialgemeinkosten (15 %)	16,80	33,00	55,20
Fertigungseinzelkosten I	25,00	35,00	50,00
Fertigungsgemeinkosten I (220 %)	55,00	77,00	110,00
Fertigungseinzelkosten II	42,00	50,00	62,00
Fertigungsgemeinkosten II (120 %)	50,40	60,00	74,40
Fertigungseinzelkosten III	30,00	40,00	44,00
Fertigungsgemeinkosten III (150 %)	45,00	60,00	66,00
Herstellkosten (€/ME)	376,20	575,00	829,60

b) Selbstkosten je Lautsprechertyp

409 In Anlehnung an Kalenberg (2013), S. 349 ff.

Die Herstellkosten des Umsatzes lassen sich folgendermaßen ermitteln:

Herstellkosten des Umsatzes =
376,20 €/ME × 500 ME
+ 575,00 €/ME × 450 ME
+ 829,60 €/ME × 200 ME = 612.770 €

Zuschlagssatz für Verwaltung/Vertrieb:
76.600€/612.770€ × 100 = 12,5%

Maschinentyp	**Alexa**	**Echo**	**Dot**
Herstellkosten (€/ME)	376,20	575,00	829,60
Verw.- und Vertr.gemeinkosten (12,5 %)	47,03	71,88	103,70
Selbstkosten (€/ME)	423,23	646,88	933,30

c) Betriebsergebnis nach dem UKV und GKV:

Betriebsergebniskonto (UKV)

Umsatzkosten		Umsatz	
Herstellkosten Alexa		Alexa	
(376,20€/ME × 500 ME)	188.100 €	(450,00€/ME × 500 ME)	225.000 €
Herstellkosten Echo		Echo	
(575,00€/ME × 450 ME)	258.750 €	(650,00€/ME × 450 ME)	292.500 €
Herstellkosten Dot		Dot	
(829,60€/ME × 200 ME)	165.920 €	(990,00€/ME × 200 ME)	198.000 €
Verwaltung/Vertrieb	76.600 €		
Betriebsgewinn	26.130 €		
Herstellkosten (€/ME)	715.500 €		715.500 €

Betriebsergebniskonto (GKV)

Gesamtkosten		Umsatz	
Materialeinzelkosten	265.600 €	Alexa	225.000 €
Fertigungseinzelkosten	155.000 €	Echo	292.500 €
Materialgemeinkosten	39.840 €	Dot	198.000 €
Fertigungsgemeinkosten	244.160 €		
Verwaltung/Vertrieb	76.600 €		
Bestandsminderung Echo		Bestandserhöhung Alexa	
(575,00€/ME × 50 ME)	28.750 €	(376,20€/ME × 100 ME)	37.620 €
		Bestandserhöhung Dot	

Betriebsergebniskonto (GKV)			
		(829,60€/ME × 100 ME)	82.960 €
Betriebsgewinn	26.130 €		
Herstellkosten (€/ME)	836.080 €		836.080 €

Lösung der Übungsaufgabe 4.2/2:[410]

a) Herstellkosten

Die Herstellkosten lassen sich folgendermaßen ermitteln:

	A	B
Materialeinzelkosten	240,00	80,00
+ Materialgemeinskosten (10 %)	24,00	8,00
+ Fertigungseinzelkosten I	156,00	52,00
+ Fertigungsgemeinkosten I (38,5 %)	60,00	20,00
+ Fertigungseinzelkosten II	30,00	10,00
+ Fertigungsgemeinkosten II (300 %)	90,00	30,00
Herstellkosten / ME	600,00	200,00
Herstellkosten / Sorte	600.000,00	400.000,00

c) Betriebsergebnis nach GKV und UKV

Nach dem Gesamtkostenverfahren berechnet sich das Betriebsergebnis folgendermaßen:

Kurzfristige Erfolgsrechnung (GKV)	
Umsatzerlöse A	630.000,00
+ Umsatzerlöse B	600.000,00
- Materialkosten	400.000,00
- Personalkosten	390.000,00
- Abschreibungen	100.000,00
- Zinskosten	50.000,00
- Sonstige Kosten	170.000,00
Betriebsergebnis	120.000,00

Nach dem Umsatzkostenverfahren berechnet sich das Betriebsergebnis folgendermaßen:

410 In Anlehnung an Wöhe, G., Döring, U. (2013), S. 602 ff.

Kurzfristige Erfolgsrechnung (UKV)		
Umsatzerlöse A	630.000,00	
- Herstellkosten des Umsatzes A	600.000,00	
= Bruttoergebnis vom Umsatz A	30.000,00	30.000,00
Umsatzerlöse B	600.000,00	
- Herstellkosten des Umsatzes B	400.000,00	
= Bruttoergebnis vom Umsatz B	200.000,00	200.000,00
Bruttoergebnis vom Umsatz insgesamt		230.000,00
- Verwaltungskosten		88.000,00
- Vertriebskosten		22.000,00
Betriebsergebnis		120.000,00

Auch wenn beide Formen der Erfolgsrechnung zum gleichen Betriebsergebnis (+ 120.000 €) führen, ist der Kurzfristigen Erfolgsrechnung nach dem UKV der Vorzug zu geben: Hierbei wird deutlich, dass das (gesamte) Bruttoergebnis vom Umsatz (+ 230.000 €) in weit überwiegendem Maße aus Produkt B (+ 200.000 €) erwirtschaftet wird.

7.4.3 Lösungen zu Kapitel 4.3

Lösung der Übungsaufgabe 4.3/1:

a) Fixkosten und Gewinn in der Ausgangssituation
In der Ausgangssituation berechnen sich die Fixkosten (K_f) folgendermaßen:
$K_f = (k_a - k_{va}) \times x_a + (k_b - k_{vb}) \times x_b + (k_c - k_{vc}) \times x_c + (k_d - k_{vd}) \times x_d$
$K_f = 11 \times 20.000 + 25 \times 20.000 + 5 \times 20.000 + 2 \times 20.000 = 860.000$ €/Monat
In der Ausgangssituation berechnet sich der Gewinn G1 folgendermaßen:
$G_1 = 20.000 \times 15 + 20.000 \times 20 + 20.000 \times 10 + 20.000 \times 12 - 860.000 = 280.000$ €/Monat

b) Optimales Produktionsprogramm und Ergebnis nach dem Vollkostenprinzip
Bei der Priorisierung nach dem Vollkostenprinzip dient das (Stück-)Ergebnis als Maßstab: sofern ein Gewinn (pro ME) erzielt wird (sofern kein Kapazitätsengpass vorliegt), wird die maximal mögliche Menge gefertigt; bei einem Verlust (pro ME) wird so wenig wie möglich gefertigt. Da nur Produkt B einen negatives Stückergebnis aufweist, wird bei Produkt B die Menge auf 15.000 ME reduziert. Bei den anderen drei Produkten, die einen Gewinn pro Stück aufweisen, wird die Produktionsmenge entsprechend auf 25.000 ME erhöht.

Sport-uhr	p (€)	k_{ges} (€/ME>)	g = p – k (€)	Rang gemäß Vollkosten-prinzip	Programment-scheidung (ME)
D	20	10	10	1.	x_d = 25.000
C	30	25	5	2.	x_c = 25.000
A	50	46	4	3.	x_a = 25.000
B	40	45	-5	4.	x_b = 15.000

Wenn das Produktionsprogramm nach Maßgabe des Vollkostenprinzip entsprechend angepasst wird, so ergibt sich der Gewinn G_2 : in Höhe von 365.000 €. Entscheidend ist, dass sich die Fixkosten im Vergleich zur Ausgangssituation nicht verändern und in Höhe von 860.000 € zu berücksichtigen sind.

Sportuhr	x_{neu} (ME/Monat)	db (€/ME)	DB = db × x_{neu} (€/Monat)
A	25.000	15	375.000
B	15.000	20	300.000
C	25.000	10	250.000
D	25.000	12	300.000
Bruttogewinn (€/Monat)			1.225.000
- Fixkosten (€/Monat)			860.000
Nettogewinn (€/Monat)			365.000

c) Optimales Produktionsprogramm und Ergebnis nach dem Teilkostenprinzip
Bei der Priorisierung nach dem Teilkostenprinzip dient der (Stück-)Deckungsbeitrag als Maßstab: sofern ein positiver Deckungsbeitrag (pro ME) erzielt wird (sofern kein Kapazitätsengpass vorliegt), wird die maximal mögliche Menge gefertigt; bei einem negativen Deckungsbeitrag (pro ME) wird so wenig wie möglich gefertigt. Da alle Produkte einen positiven Deckungsbeitrag aufweisen, wird die Produktionsmenge entsprechend bei allen vier Produkten auf 25.000 ME erhöht.

Sport-uhr	p (€)	k_{ges} (€/ME)	db = p - k_v (€)	Rang gemäß Vollkosten-prinzip	Programment-scheidung (ME)
B	40	20	20	1.	x_b = 25.000
A	50	35	15	2.	x_a = 25.000
D	20	8	12	3.	x_d = 25.000
C	30	20	10	4.	x_c = 25.000

Optimiert man das Programm nach Maßgabe des Teilkostenprinzip, so ergibt sich der Gewinn G3:

Sportuhr	x_{neu} (ME/Monat)	db (€/ME)	DB = db × x_{neu} (€/Monat)
A	25.000	15	375.000
B	25.000	20	500.000
C	25.000	10	250.000
D	25.000	12	300.000
Bruttogewinn (€/Monat)			1.425.000
- Fixkosten (€/Monat)			860.000
Nettogewinn (€/Monat)			565.000

Zusammenfassend zeigt sich, dass die Anwendung der Teilkostenrechnung und somit die Orientierung am Maßstab des Deckungsbeitrages zu einer Ergebnisverbesserung von 200.000 € führt und somit richtig und sinnvoll ist.

Lösung der Übungsaufgabe 4.3/2:[411]

a) Deckungsbeitrag pro Sorte, der Gewinnbeitrag pro Sorte und Periodenerfolg
Bei jährlichen Fixkosten K_f von 12 Mio. € wurde jeder Verkaufseinheit ein Fixkostenanteil (k_f) von 3 € / Stück zugerechnet. Zur Ermittlung der variablen Stückkosten (k_v) sind also die Stückkosten k um jeweils 3 € zu kürzen.

Produkt	x (ME)	p (€)	k_v (€)	db (€)	DB (€)	G (€)
A	1 Mio.	10,00	12,00	9,00	+ 1 Mio.	– 2 Mio.
B	1 Mio.	20,00	25,00	22,00	– 2 Mio.	– 5 Mio.
C	1 Mio.	8,00	5,00	2,00	+ 6 Mio.	+ 3 Mio.
D	1 Mio.	24,00	17,00	14,00	+ 10 Mio.	+ 7 Mio.
					+15 Mio. €	+ 3 Mio.
				– Fixkosten	– 12 Mio. €	
				Periodenerfolg	+ 3 Mio. €	+ 3 Mio. €

b) Produktionsprogrammplanung
Eine Vollkostenrechnung er weckt vordergründig den Eindruck, dass bei einer Eliminierung der Verlustprodukte A und B der Periodenerfolg von 3 Mio. € auf 10 Mio. € gesteigert werden konnte, wobei Produkt C einen

411 In Anlehnung an Wöhe/Döring/Brösel (2016a), S. 221.

Gewinnbeitrag von 3 Mio. € und Produkt D von 7 Mio. € leisten. Eine Produkteliminierung auf der Basis der Vollkostenrechnung führt aber zu falschen Ergebnissen.
Verzichtet die FRODO KG auf den Verkauf einer Einheit des Produkts A, verliert sie auf der einen Seite den Verkaufserlös von 10 €/Stück. Andererseits beziffert sich die Kosteneinsparung/Stück nicht auf 12 € (Stückkosten k), sondern nur auf 9 € (variable Stückkosten k_v). Die Fixkosten von 12 Mio. €/Jahr fallen unabhängig davon an, ob die Produkte A und B produziert werden oder nicht. Die Fixkosteneinsparung ist also bei Produkteliminierung gleich null. Die Fixkosten sind entscheidungsirrelevant. Die Produktion sollte unter den gegebenen Bedingungen solange fortgesetzt werden, wie die Stückerlöse p die variablen Stückkosten k_v übersteigen. Eliminierungskriterium ist somit der Deckungsbeitrag: $d_b = p - k_v$.

Produkt	x (ME)	p (€)	k_v (€)	db (€)	DB (€)	G (€)
A	1 Mio.	10,00	9,00	1,00	+ 1 Mio.	– 2 Mio.
B	1 Mio.	20,00	22,00	–2,00	– 2 Mio.	– 5 Mio.
C	1 Mio.	8,00	2,00	6,00	+ 6 Mio.	+ 3 Mio.
D	1 Mio.	24,00	14,00	10,00	+ 10 Mio.	+ 7 Mio.
					+15 Mio. €	+ 3 Mio.
				– Fixkosten	– 12 Mio. €	
				Periodenerfolg	+ 3 Mio. €	+ 3 Mio. €

Durch Eliminierung des Produkts B würde der Periodenerfolg von 3 Mio. € auf 5 Mio. € ansteigen. Würde auch noch das Produkt A eliminiert, würde der Periodengewinn nur 4 Mio. € betragen.

Lösung der Übungsaufgabe 4.3/3:

a) Deckungsbeitragsrechnung

Werk	Werk I			Werk II		
Produktgruppe	A			B		C
Produkt	A_1	A_2	A_3	B_1	B_2	C
Umsatzerlöse	280	180	240	80	100	600
– variable Kosten	100	120	140	20	40	180
= DB I	180	60	100	60	60	420
– Produktfixkosten	60	80	20	20	40	200
= DB II	120	–20	80	40	20	220
– Produktgruppenfixkosten	20			10		30
= DB III	160			50		190
– Betriebsfixkosten	–			20		
= DB IV	160			220		
– Unternehmensfixkosten	30					
= Betriebsergebnis	350					

Anmerkungen: alle Werte in '000 €

b) Entscheidung auf Basis der Ergebnisse der Deckungsbeitragsrechnung
Die mehrstufige Deckungsbeitragsrechnung liefert einen detaillierten Einblick in die Betriebskostenstruktur. Daraus wird ersichtlich, welches Produkt in der Lage ist, zusätzlich zur Deckung der produktspezifischen Kosten fixe Kosten zu decken und zur Gewinnerzielung beizutragen. Dadurch können Entscheidungen über die Sortimentsgestaltung beeinflusst werden. Der Deckungsbeitrag I entspricht den Deckungsbeiträgen der einzelnen Produkte und ist im vorliegenden Fall bei allen Produkten positiv.
Nach Abzug der Produktfixkosten vom Deckungsbeitrag I ergibt sich der Deckungsbeitrag II. Dieser zeigt, ob das jeweilige Produkt in der Lage ist, seine eigenen Fixkosten zu decken. Im betrachteten Unternehmen kann auf diese Weise A_2 als verlustträchtig identifiziert werden.
Sollte A_2 kurzfristig aus dem Produktionsprogramm genommen werden, müssten Fixkosten in Höhe von 60 + 80 + 20 = 160 T€ durch die Produkte A_1 und A_3 gedeckt werden. Bei einem Deckungsbeitrag I von A_2 in Höhe von 60 T€ würde sich dann ein Deckungsbeitrag II des Bereichs A in Höhe von 120 T€ ergeben, der den kalkulatorischen Erfolg des Unternehmens erheblich verschlechtern würde (vorher 180 T€). Damit keine zusätzliche Verschlechterung gegenüber der bisherigen Situation eintritt, müssen die

Produkt- und Produktgruppenfixkosten von A um min. 60 T€ gesenkt werden.

c) Voraussetzungen für Produktionsprogrammentscheidungen
Folgende Voraussetzungen müssen für das Entfernen von A_2 gegeben sein:
- A_2 ist nicht in der Einführungsphase
- A_2 ist kein komplementäres Produkt
- A_2 ist kein Imageträger des Unternehmens
- A_2 ist nicht von strategischer Bedeutung
- Alle Fixkosten lassen sich eindeutig bestimmten Hierarchieebenen zuordnen.

Lösung der Übungsaufgabe 4.3/4:

a) Mehrstufige Deckungsbeitragsrechnung

	Bereich I		**Bereich II**			
	A_1	**A_2**	**B_1**	**B_2**	**C_1**	**C_2**
Menge (Stück/Jahr)	550	3.120	705	195	4.025	380
Preis (GE/Stück)	2,00	0,50	3,00	12,00	0,20	7,25
Umsatz	1.100	1.560	2.115	2.340	805	2.755
- Rabatt A - Rabatt C	55	78			161	551
-Vertriebseinzelkosten	45	82	15	90	44	104
Nettoerlös	1.000	1.400	2.100	2.250	600	2.100
- variable Kosten	300	700	900	1.200	100	1.500
DB I	700	700	1.200	1.050	500	600
- Produktfixkosten	710	330	710	420	540	210
DB II	−10	370	490	630	−40	390
DB II der Produktgruppe	360		1.120		350	
-Produktgruppenfixkosten	400		520		175	
DB III	−40		600		175	
DB III des Bereichs	−40		775			
-Bereichsfixkosten	0		320			
DB IV	−40		455			
DB IV des Unternehmens	415					
- Unternehmensfixkosten	150					
Kalk. Unternehmenserfolg.	**265**					

b) Die mehrstufige Deckungsbeitragsrechnung liefert einen detaillierten Einblick in die Betriebskostenstruktur. Daraus wird ersichtlich, welches Produkt in der Lage ist, zusätzlich zur Deckung der produktspezifischen Kosten fixe Kosten zu decken und zur Gewinnerzielung beizutragen. Dadurch können Entscheidungen über die Sortimentsgestaltung beeinflusst werden.
Deckungsbeitrag I entspricht den Deckungsbeiträgen der einzelnen Produkte und ist im vorliegenden Fall bei allen Produkten positiv.
Nach Abzug der Produktfixkosten vom Deckungsbeitrag I ergibt sich der Deckungsbeitrag II. Dieser zeigt, ob das jeweilige Produkt in der Lage ist, seine eigenen Fixkosten zu decken. Im betrachteten Unternehmen können auf diese Weise zwei Produkte, und zwar A_1 und C_1 als verlustträchtig identifiziert werden.
Sollte A_1 kurzfristig aus dem Produktionsprogramm genommen werden, müssten Fixkosten in Höhe von 710 + 330 + 400 = 1.440€ durch das Produkt A_2 gedeckt werden. Bei einem Deckungsbeitrag I von A_2 in Höhe von 700 € würde sich dann ein negativer Deckungsbeitrag III des Bereichs A ergeben (-740 €), der den kalkulatorischen Erfolg des Unternehmens erheblich verschlechtern würde. Damit keine zusätzliche Verschlechterung gegenüber der bisherigen Situation (mit einem negativen DB III in Höhe von -40 €) eintritt, müssen die Produkt- und Produktgruppenfixkosten von A zumindest um 700 € gesenkt werden. Ist eine Senkung der Fixkosten um mehr als 740 € möglich, wird DB III positiv.
A_1 soll nur dann eliminiert werden, wenn mehr als 700 € Fixkosten in der Produktgruppe A abgebaut werden können. Es ist nicht von Belang, ob Produkt- oder Produktgruppenfixkosten abgebaut werden. Zu beachten sind ferner bestimmte Tatbestände, die eine Eliminierung von Verlustprodukten ausschließen (vgl. hierzu die Ausführungen zu Produkt C_1).
Der DB II des Produkts C1 ist ebenfalls negativ. Also ist auch dieses Produkt nicht in der Lage, die eigenen Produktfixkosten zu decken. Hier müssen ähnliche Überlegungen angestellt werden wie im Fall des Produkts A1.

c) In folgenden Fällen ist die mehrstufige Deckungsbeitragsrechnung als produktpolitisches Steuerungsinstrument ungeeignet:
   - in der Einführungsphase von Produkten (können Stückdeckungsbeiträge vergleichsweise gering oder negativ sein),
   - bei komplementären Produkten (können diese einen hohen Deckungsbeitrag erwirtschaften und damit einen negativen Deckungsbeitrag bei einem anderen Produkt kompensieren),

- bei Produkten, die als Imageträger für das Unternehmen anzusehen sind,
- wenn Fixkosten nicht eindeutig bestimmten Hierarchieebenen zugeordnet werden können.

Lösung der Übungsaufgabe 4.3/5:[412]

a) Kurzfristige Erfolgsrechnung auf Vollkostenbasis
Durch die beiden Verlustartikel A und B wird das positive Ergebnis aus Artikel C von 40.000 € auf ein Gesamtergebnis von 29.000 € reduziert.

KER auf Vollkostenbasis in €	A	B	C	Summe
Umsatzerlös/Sorte	80.000	30.000	200.000	310.000
Variable Kosten/Sorte	36.000	10.000	60.000	106.000
Fixe Kosten/Sorte	50.000	25.000	100.000	175.000
Betriebsergebnis/Sorte	–6.000	–5.000	40.000	29.000

b) Produktionsprogrammplanung
Die beiden „Verlustprodukte" A und B erwirtschaften einen positiven Deckungsbeitrag/Sorte in Höhe von 44.000 bzw. 20.000 €. Der Deckungsbeitrag/Stück ($db = p - k_v$) liegt für Produkt A bei 22 €, für Produkt B bei 20 €.

KER auf Teilkostenbasis in €	A	B	C	Summe
Umsatzerlös/Sorte	80.000	30.000	200.000	310.000
Variable Kosten/Sorte	36.000	10.000	60.000	106.000
Deckungsbeitrag/Sorte	44.000	20.000	140.000	204.000
Fixe Kosten/Sorte				175.000
Betriebsergebnis/Sorte				29.000

Würden die Produkte A und B aus dem Produktionsprogramm gestrichen, gingen die beiden Deckungsbeiträge (A = + 44.000) (B = + 20.000) verloren. Das Betriebsergebnis verringerte sich um 64.000 € von + 29.000 € auf - 35.000 €:

Umsatzerlöse C (€)	200.000
- Variable Kosten C (€)	60.000
Deckungsbeitrag C (€)	140.000
Fixe Kosten (€)	175.000
Betriebsergebnis (€)	–35.000

412 In Anlehnung an Wöhe/Döring/Brösel (2016a), S. 604 f.

Da die fixen Kosten K_f kurzfristig nicht abgebaut werden können, sollten im Rahmen der kurzfristigen Produktionsplanung alle Produkte in das Produktionsprogramm aufgenommen werden, die einen positiven Deckungsbeitrag erwarten lassen.

7.4.4 Lösungen zu Kapitel 4.4

Lösung der Übungsaufgabe 4.4/1:[413]

a) Gemeinkostenzuschlag = 150.000€/40.000h = 3,75€/h
Produkt A: 3,75 x 6.000 = 22.500€
Produkt B: 3,75 × 34.000 = 127.500 €

b) Prozesskostensatz = 5.000€/6 Umrüstungen = 833,33€/Umrüstung
Produkt A: 833,33 × 4 = 3.333€
Produkt B: 833,33 × 2 = 1.667€

c) Die Beschaffungskosten des Produktes A basierend auf Maschinenstunden belaufen sich auf 6/40 × 10.000 = 1.500€ und prozessbezogen auf 1/2 × 10.000 = 5.000€. Bei Anwendung der herkömmlichen Zurechnungspraxis würden Produkt A also 3.500 € zu wenig an Gemeinkosten zugerechnet.

d) Die Prozesskosten eines Produktes vom Typ A werden wie folgt berechnet:

Maschinelle Bearbeitung:	6/40 × 100.000	=	15.000 €
Umrüstungen:	4/6 × 5.000	=	3.333 €
Beschaffung:	50/100 × 10.000	=	5.000 €
Konstruktion:	20/40 × 15.000	=	7.500 €
Materiallogistik:	1/10 × 20.000	=	2.000 €
Summe:			32.833 €
Prozesskosten pro Stück			32,83 €

e) Die prozessorientierten Gemeinkosten des Produkts A sind aus Aufgabe d) bekannt und betragen 32.833 €. Werden hiervon die traditionell errechneten Gemeinkosten von 22.500 € (s. Aufgabe a) abgezogen, so ergibt sich eine Differenz von 10.330 €. Die Herstellkosten des Produkts A wurden um diesen Betrag zu niedrig angesetzt, d. h. Produkt A wurde in dieser Höhe durch Produkt B „quersubventioniert".

413 Jung (2014), S. 99 f.

Lösung der Übungsaufgabe 4.4/2:[414]

Teilprozess	Mitarbeiterjahre	Prozesskosten	Imn-Umlage	Gesamtprozesskosten	Prozesskostensatz
1.	8.000 × (24 Min. ÷ 60 Min./h) ÷ 1.600 h = 2	2 × 40.000 = 80.000 €	40.000 × 2 ÷ 4 = 20.000 €	80.000 + 20.000 = 100.000 €	100.000 ÷ 8.000 = 12,50 €
2.	0,5	20.000 €	5.000 €	25.000 €	4,17 €
3.	1,5	60.000 €	15.000 €	75.000 €	16,67 €
4.	5 – 4 = 1	40.000 €	–40.000 €	0 €	
Summe	5	200.000 €	0 €	200.000 €	

7.5 Lösungen der Übungsaufgaben zu Kapitel 5

Lösung der Übungsaufgabe 5.1:[415]

a) Zielsetzung beim Target Costing
   Das primäre Ziel des Target Costing ist, die Konkurrenzfähigkeit des Produktes durch einen am Markt erzielbaren Preis sicherzustellen. Im Mittelpunkt steht die Frage, was ein Produkt (maximal) kosten darf.
b) Nutzenanteil und Zielkostenindex je Komponente
   Berechnung der Nutzenanteile der Komponenten K1 bis K4.

414 Schreiber/Schulte (2018), S. 372.
415 In Anlehnung an Littkemann et al. (2019), S. 41 ff.

Komponente		Funktion F1 40,00 %	F2 25,00 %	F3 15,00 %	F4 10,00 %	F5 5,00 %	F6 5,00 %	Gesamtgewichtung in %
K1	Federkern	28,00 %	6,25 %	0,75 %	3,00 %	0,25 %	0,75 %	39,00 %
K2	Schaumstoff	4,00 %	1,25 %	7,50 %	4,00 %	0,75 %	2,00 %	19,50 %
K3	Rahmen	2,00 %	0,00 %	4,50 %	2,50 %	1,75 %	2,00 %	12,75 %
K4	Bezug	6,00 %	17,50 %	2,25 %	0,50 %	2,25 %	0,25 %	28,75 %

Berechnung Zielkostenindex:
Zielkostenindex: Nutzenanteil („Gewichtung") je Komponente / Kostenanteil je Komponente

K1: 39,00/45 = 0,87
K2: 19,50/20 = 0,98
K3: 12,75/10 = 1,28
K4: 28,75/25 = 1,15

c) Analyse mit Hilfe des Zielkostendiagramms
Mit Hilfe des Zielkostendiagramms können Aussagen darüber getroffen werden, ob Kostensenkungen oder Produktionsverbesserungen bei den einzelnen Komponenten vorzunehmen sind, um das Zielkostenniveau zu erreichen. Wie in der folgenden Darstellung veranschaulicht weist im vorliegenden Fall die Komponente 1 (K1) die größte negative Zielkostenabweichung auf, d. h. hier gilt es die Kosten zu reduzieren. Bei den Komponenten K3 und K4 ließen sich Kosten erhöhen, um dem Kundennutzen gerecht zu werden und einen idealen Zielkostenindex von 1,0 zu erreichen.

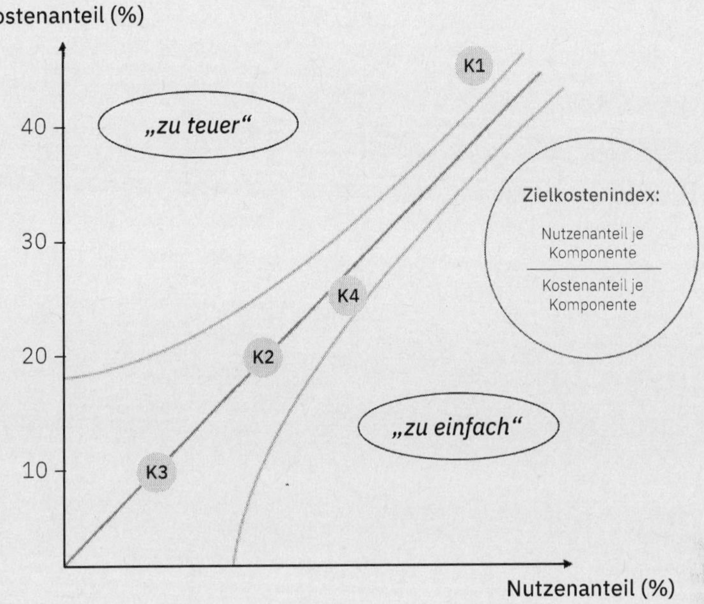

Abb. 49: Zielkostenkontrolldiagramm und Zielkostenzone

Lösung der Übungsaufgabe 5.2:[416]

a) Vollständige Produktlebenszyklusrechnung

Jahr (Werte in Mio. €)	2020	2021 (erwartet)	2022 (erwartet)	2023 (erwartet)	2024 (erwartet)	2025 (erwartet)	2026 (erwartet)	Gesamt
Erlöse	**0**	**0**	**160**	**380**	**460**	**300**	**100**	**1.400**
Vorlaufkosten gesamt	80	120	100	60	0	0	0	360
davon Entwicklung/Design	80	80	50	0	0	0	0	210
davon Lizenzen	0	20	20	20	0	0	0	60
davon Marketing	0	20	30	40	0	0	0	90
Laufende Kosten gesamt	0	0	120	180	160	110	30	600
davon Herstellkosten	0	0	80	140	120	80	20	440
davon Verw. & Vertrieb	0	0	40	40	40	30	10	160

416 In Anlehnung an Graumann (2019), S. 123 f.

Jahr (Werte in Mio. €)	2020	2021 (erwartet)	2022 (erwartet)	2023 (erwartet)	2024 (erwartet)	2025 (erwartet)	2026 (erwartet)	Gesamt
Folgekosten gesamt	0	0	0	40	60	40	20	160
davon Garantien/Rücknahme	0	0	0	30	30	30	10	100
davon sonstige Kosten	0	0	0	10	30	10	10	60
Summe der Kosten	**80**	**120**	**220**	**280**	**220**	**150**	**50**	**1.120**
Betriebsergebnis	**–80**	**–120**	**–60**	**100**	**240**	**150**	**50**	**280**
Betriebsergebnis kumuliert	**–80**	**–200**	**–260**	**–160**	**80**	**230**	**280**	**280**

b) Umsatzrentabilität

Die Umsatzrentabilität beträgt 20 % und lässt sich folgendermaßen berechnen:

Umsatzrentabilität = (280/1.400) × 100 = 20%

Lösung der Übungsaufgabe 5.3:[417]

a) Dynamische Produktlebenszyklusrechnung

Kalkulationszins i = 12%	1	2	3	4	5	6	7	8	9	10	Summe
Einzahlungen (E_t)											
Anlagenverkauf				100	250	350	200	100			1.000
Auszahlungen (A_t)											
Herstellung				75	100	150	125	50			500
Entwicklung	12	15	18	20	27	21	6				119
Verwaltung	15	16	16	22	22	22	22	22	18	16	191
Marketing/Vertr.				18	18	18	14	8			76
Entsorgung									10	8	18
(E_t - A_t) nominal	–27	–31	–34	–35	83	139	33	20	–28	–24	96
kumuliert	–27	–58	–92	–127	–44	95	128	148	120	96	96
(E_t - A_t) diskontiert	–27	–27,68	–27,10	–24,91	52,75	78,87	16,72	9,05	–11,31	–8,65	30,73
kumuliert	–27	–54,68	–81,78	–106,7	–53,95	24,92	41,64	50,69	39,38	30,73	30,73

417 In Anlehnung an Coenenberg/Fischer/Günther (2016), S. 615 f.

b) Kapitalwert
Der Kapitalwert beträgt 30,73 Mio. €.

7.6 Lösung Fallstudie TENO Sitzmöbel GmbH

Lösung zu Aufgabe 1: Ermittlung der im Monat September angefallenen Gesamtkosten

GKR-Konto-Nr.	Kostenart	Einzelkosten	Gemeinkosten	Gesamtkosten
40/42	*Stoffkosten*			
401	Holzbohlen	55.960		
402	Holzrohlinge	7.000		
403	Stahlrohrgestelle	99.000		
404	Sitzgeflechte	60.000		
405	Lehngeflechte	33.000		254.960
411	Hilfsstoffe		14.100	
412	Schmierstoffe		2.300	
413	Ersatzwerkzeug		12.000	
420	Strom		6.000	34.400
				289.360
43/44	*Personalkosten*			
4311	Brutto-Akkordlö.	4.275		4.275
4312	Brutto-Löhne		41.537	
439	Brutto-Gehälter		22.600	
441	Sozialk. (Löhne)		38.940,20	
442	Sozialk. (Gehäl.)		14.238	117.315,20
				121.590,20
46	*Steuern, Gebühren etc.*			
460	GewSt		8.335	
461	GrSt		950	
464	Beiträge, Gebühren, Versicherungen		3.000	12.285
47	*Mieten, Verkehrs-, Büro-, Werbekosten und dergleichen*			
470	Raummiete		3.750	
471	Raumkosten		500	
472	Verkehrskosten		7.600	
476	Bürokosten		2.000	

GKR-Konto-Nr.	Kostenart	Einzelkosten	Gemeinkosten	Gesamtkosten
477	Werbekosten		3.500	
479	Verpackungs.k.		4.000	21.350
48	Kalk. Kosten			
480	Kalk. Abschreib.		10.767	
481	Kalk. Zinsen		7.000	
4821	Kalk. Best. wag.		1.500	
4822	Kalk. Fert. wagn.		300	
4823	Kalk. Vertr. wag.		3.100	
483	Kalk. Unt.lohn		2.000	24.667
		259.235	**210.017,20**	**469.252,20**

Anmerkungen zu den obigen Wertansätzen, soweit sie sich von den Aufwendungen der Finanzbuchhaltung unterscheiden:

- Andere Wertansätze gegenüber der Finanzbuchhaltung liegen bei den Sozialkosten, Gebühren, Rechtsberatungskosten, Versicherungen, Werbekosten, Abschreibungen und Zinsen vor.
- Um Kosten, denen in der Fallstudie im September kein Aufwand gegenübersteht, handelt es sich bei den kalkulatorischen Wagnissen, dem kalkulatorischen Unternehmerlohn und den einzubeziehenden Steuern.
- Kostenmäßig nicht erfasst werden der Verlust aus der Veräußerung der alten Maschine, die Spende sowie die GrSt-Nachzahlung (neutraler Aufwand).

Lösung zu Aufgaben 2 und 3: Verteilung der Gemeinkosten auf die Kostenstellen und Durchführung der innerbetrieblichen Leistungsverrechnung anhand des Stufenleiterverfahrens (vgl. Tab. 22; zu den Verrechnungssätzen vgl. die Lösung zur Aufgabe 4).

Kostenart	Summe	Meisterbüro	Reparaturwerkstatt	Spanabsaugung	Raumstelle	ibTr	Materiallager	Einkauf	Maschine I	Maschine II	Maschine III	Leimerei	Schleiferei Lackiererei Maschine IV	Montage Verpackung	Verwaltung	Verkauf	Auslieferungslager
401	55.960,00																
402	7.000,00																
403	99.000,00																
404	60.000,00																
405	33.000,00																
4311	4.275,00																
411	14.100,00											900,00	10.500,00	2.700,00			
412	2.300,00		950,00			400,00			150,00	150,00	150,00		500,00				
413	12.000,00								4.000,00	2.000,00	5.000,00		1.000,00				
420	6.000,00		114,00	660,00	798,00	330,00	57,00	25,00	1.479,00	582,00	1.425,00		141,00	57,00	240,00	35,00	57,00
4312	41.537,00		3.410,00				5.953,00		3.258,00	3.317,00	3.394,00	6.694,00	11.459,00				4.052,00
439	22.600,00	3.550,00						3.420,00							9.530,00	6.130,00	
441	38.940,20		2.898,50				5.060,05		2.769,30	2.819,45	2.884,90	5.689,90	9.740,15	3.633,75			3.444,20
442	14.238,00	2.236,50						2.154,60							5.985,00	3.861,90	
460	8.335,00														8.335,00		
461	950,00				950,00												
464	3.000,00				700,00			230,00							1.840,00	230,00	
470	3.750,00							450,00							2.400,00	900,00	
471	500,00				500,00												
472	7.600,00							2.500,00								5.100,00	
476	2.000,00	71,00						300,00							1.185,00	444,00	
477	3.500,00															3.500,00	
479	4.000,00													4.000,00			
480	10.767,00	62,40	83,20	208,00	1.333,00	1.872,00	166,40	104,00	694,00	486,00	2.500,00	1.248,00	1.386,00	104,00	312,00	104,00	104,00
481	7.000,00	10,00	13,33	33,33	3.333,33	300,00	693,33	16,67	333,33	233,33	1.000,00	200,00	466,67	16,66	50,00	16,66	283,33
4821	1.500,00						900,00										600,00
4822	300,00								100,00	100,00	100,00						
4823	3.100,00															3.100,00	
483	2.000,00														2.000,00		
SUMME	**210.017,20**	**5.929,90**	**7.469,03**	**901,33**	**7.614,33**	**2.902,00**	**12.829,78**	**9.200,27**	**12.783,63**	**9.687,78**	**16.453,90**	**14.731,90**	**35.192,82**	**10.511,41**	**31.847,00**	**23.421,56**	**8.540,53**
		↳	741,24			741,24			741,24	741,24	741,24	741,24	741,24	741,24			
			8.210,27														
			↳	264,85	1.059,39	1.059,39	264,85	264,85	1.589,08	1.059,39	1.059,39		1.059,39				529,69
				1.166,18	8.673,72	4.702,63											

Kostenart	Summe	Meisterbüro	Reparaturwerkstatt	Spanabsaugung	Raumstelle	ibTr	Materiallager	Einkauf	Maschine I	Maschine II	Maschine III	Leimerei	Schleiferei Lackiererei Maschine IV	Montage Verpackung	Verwaltung	Verkauf	Auslieferungslager
				↳					116,62	583,09	466,47						
					↳		1.954,64		651,55	651,55	651,55	1.221,65	977,32	977,32			1.588,15
						↳	940,53		470,26	470,26	470,26	470,26	470,26	470,26			940,53
SUMME	**210.017,20**						**15.989,80**	**9.465,12**	**16.352,38**	**13.193,31**	**19.842,81**	**17.165,05**	**38.441,03**	**12.700,23**	**31.847,00**	**23.421,56**	**11.598,90**
							25.454,90										35.020,46

***Tab. 22:** TENO Gemeinkostenverteilung*

Lösung zu Aufgabe 4: Ermittlung der Kalkulationssätze

Die Kalkulationssätze der Hauptkostenstellen werden durch das Verhältnis der Gemeinkosten zur jeweiligen Bezugsgröße bestimmt. Die folgende Tabelle zeigt die relevanten Kostenstellen, die Höhe ihrer Gemeinkosten und der Bezugsgrößen sowie die einzelnen Kalkulationssätze auf.

Kostenstelle	Gemeinkosten	Höhe der Bezugsgröße[418]	Kalkulationssätze
Beschaffung	25.454,90	254.960	9,98 % auf die Einzelmaterialkosten
Maschine I	16.352,38	3.685	4,44 € pro Einheit der Bezugsgröße
Maschine II	13.193,31	3.685	3,58 € pro Einheit der Bezugsgröße
Maschine III	19.842,81	3.505	5,66 € pro Einheit der Bezugsgröße
Leimerei	17.165,05	61.200	0,28 € pro Leimpunkt
Schleiferei/Lackiererei/Maschine IV	38.441,02	4.000	9,61 € pro Einheit der Bezugsgröße
Montage/Verpackung	12.700,23	4.275	297 % auf den Akkordlohn
Verwaltung	31.847,00	402.347	7,92 % auf die gesamten HK
Vertrieb	35.020,46	377.049,40	9,28 % auf die HK des Umsatzes

Lösung zu Aufgabe 5: Kalkulation der Herstell- und Selbstkosten nach dem Verfahren der differenzierenden Zuschlagskalkulation

Kosten	Stuhl (Esche)	Stuhl (Buche)	Hocker
Materialeinzelkosten	75,60	68,60	30,83
Materialgemeinkosten	7,54	6,85	3,08
Materialkosten	83,14	75,45	33,91
Lohneinzelkosten	1,20	1,20	0,45
Lohn-Zuschlag	3,56	3,56	1,34
Zuschlag Maschine I	4,44	4,44	2,44
Zuschlag Maschine II	3,58	3,58	1,97

418 Die Aufgaben 4 und 5 sind zum Teil ineinander verzahnt. Um die Herstellkosten (HK) als Bezugsgröße verwenden zu können, müssen diese zunächst in Aufgabe 5 ermittelt werden.

Kosten	Stuhl (Esche)	Stuhl (Buche)	Hocker
Zuschlag Maschine III	5,66	4,53	5,38
Leim-Zuschlag	4,48	4,48	3,36
Schleif./Lack.-Zuschl.	9,61	9,61	9,61
Fertigungskosten	32,53	31,40	24,55
Herstellkosten/Stück	*115,67*	*106,85*	*58,46*
Verwaltungs-Zuschlag	9,16	8,46	4,63
Vertriebs-Zuschlag	10,73	9,92	5,43
Selbstkosten/Stück	*135,56*	*125,23*	*68,52*

7.7 Lösung Fallstudie KOOL CYCLES GmbH

Lösung zu Aufgabe 1:

Tab. 23 stellt die Berechnung der gesamten Fertigungskosten pro Rahmenset dar. Dabei werden die Verwaltungs- und Vertriebskosten sowie die Kosten der Personalabteilung über die Fertigungsminuten als Bezugsgröße auf die drei Rahmenmodelle verrechnet. Die Kostenarten „So. Fertigungskosten" und „AfA Maschinen" sind Bestandteil der Gesamtkosten je Fertigungsstufe.

Kostenstelle	Einheit	1001 Konstruktion	1002 Produktion	1003 Quali.prüfung	2001 Personal	2002 Verwaltung	2003 Vertrieb	Gesamt
Lohn/Gehalt	€	1.467.648	366.912	917.280	231.790	1.100.736	733.824	**4.818.190**
Strom	€	40.326	266.152	40.326	1.157	32.261	24.196	**404.417**
Miete	€	78.390	106.610	62.712	15.990	50.170	15.678	**329.550**
So. Fertigungskosten	€	187.799	281.699	117.374				**586.872**
AfA Maschinen	€	19.760	122.512	55.328				**197.600**
Gesamtkosten	**€**	**1.793.923**	**1.143.885**	**1.193.020**	**248.937**	**1.183.166**	**773.698**	**6.336.629**
davon Fixkosten (grau markiert) €								***2.990.273***
Produktions-/Absatzmenge EPIC	Rahmen	2.350	2.350	2.350				**2.350**
Produktions-/Absatzmenge MAX	Rahmen	1.800	1.800	1.800				**1.800**
Produktions-/Absatzmenge EVO	Rahmen	2.150	2.150	2.150				**2.150**
Fertigungszeit EPIC pro Rahmen	Min. pro Rahmen	150	240	330				**720**
Fertigungszeit MAX pro Rahmen	Min. pro Rahmen	210	240	390				**840**
Fertigungszeit EVO pro Rahmen	Min. pro Rahmen	180	240	360				**780**
Fertigungszeit EPIC gesamt	Min.	352.500	564.000	775.500				**1.692.000**
Fertigungszeit MAX gesamt	Min.	378.000	432.000	702.000				**1.512.000**

Kostenstelle Einheit		1001 Konstruktion	1002 Produktion	1003 Quali.prüfung	2001 Personal	2002 Verwaltung	2003 Vertrieb	Gesamt
Fertigungszeit EVO gesamt	Min.	387.000	516.000	774.000				**1.677.000**
Fertigungszeit gesamt	**Min.**	**1.117.500**	**1.512.000**	**2.251.500**				4.881.000
Gesamtkosten Fertigungsstufe	€ pro Min.	1,61	0,76	0,53				
Umlage Personal, Verw., Vertrieb	€ pro Min.	0,45	0,45	0,45				
Summe Fert.kosten EPIC	€ pro Rahmen	308,58	290,03	323,99				**922,60**
Summe Fert.kosten MAX	€ pro Rahmen	432,02	290,03	382,90				**1.104,94**
Summe Fert.kosten EVO	€ pro Rahmen	370,30	290,03	353,45				**1.013,77**
								3.041,32

Tab. 23: *Jährliche Fertigungskosten pro Rahmenmodell*

Zur Ermittlung der Selbstkosten pro Rahmen müssen die Materialeinzelkosten für die Carbon-Matten über den Verbrauch in m^2 sowie für das sonstige Produktionsmaterial ermittelt werden (vgl. Tab. 24). Materialgemeinkosten fallen nicht an.

	Einheit	EPIC	MAX	EVO	Gesamt
Großhandelspreis	**€ pro Rahmen**	**2.400,00**	**2.900,00**	**2.750,00**	
Kosten Carbon	€ pro Rahmen	-428,40	-700,80	-708,40	
Kosten So. Prod.material	€ pro Rahmen	-274,00	-332,00	-320,00	
Fertigungskosten	€ pro Rahmen	-922,60	-1.104,94	-1.013,77	
Selbstkosten	**€ pro Rahmen**	**-1.625,00**	**-2.137,74**	**-2.042,17**	
Ergebnis je Rahmenmodell	**€ pro Rahmen**	**775,00**	**762,26**	**707,83**	
	Prozent pro Rahmen	*32,3 %*	*26,3 %*	*25,7 %*	
Absatzmenge	Rahmen	2.350	1.800	2.150	6.300
Brutto-Umsatzerlöse	€	5.640.000,00	5.220.000,00	5.912.500,00	16.772.500,00
Gesamte Selbstkosten	€	-3.818.750,00	-3.847.938,72	-4.390.672,89	-12.057.361,62
Ergebnis	**€**	**1.821.250,00**	**1.372.061,28**	**1.521.827,11**	**4.715.138,38**

Tab. 24: *Selbstkosten und Ergebnis pro Rahmenmodell*

Da die Absatzmenge der Produktionsmenge entspricht, kann der Jahresgewinn durch die Multiplikation des Ergebnisses pro Rahmen mit der Absatzmenge ermittelt werden. Bei einer Differenz von Absatz- und Produktionsmenge müssten bei Anwendung des Gesamtkostenverfahrens die Bestandsveränderung bzw. bei Anwendung des Umsatzkostenverfahrens die Herstellkosten der abgesetzten Erzeugnisse berücksichtigt werden.

Fazit: Es handelt sich um eine Vollkostenrechnung, d.h. die fixen und variablen Kosten wurden in ihrer gesamten Höhe berücksichtigt. Es wurden zunächst die Gemeinkosten für So. Fertigungskosten und AfA Maschinen gemäß der insgesamt angefallen Fertigungsminuten pro Fertigungsstufe verteilt. Im Anschluss wurden die Gemeinkosten für die Abteilungen Personal, Verwaltung und Vertrieb als einheitlicher Minutensatz den einzelnen Fertigungsstufen zugeordnet und mit den Gesamtfertigungsminuten pro Fertigungsstufe multipliziert. Werden vom Brutto-Umsatz die gesamten Selbstkosten abgezogen, ergibt sich ein positives Ergebnis. Es handelt sich um den Gesamtgewinn in der Ausgangslage in Höhe von 4.715.131 €.

Lösung zu Aufgabe 2:

Die Selbstkosten pro Rahmenset EPIC betragen 1.625 € (s. Lösung zu Aufgabenteil 1), so dass bei 400 Rahmensets die gesamten Selbstkosten gerundet 650.000 € betragen. Die zusätzlichen Umsätze bei einem Absatzpreis in Höhe von 1.560 € (nach Abzug von 35 Prozent vom regulären Absatzpreis) betragen insgesamt 624.000 €. Das auf Basis dieser Werte ermittelte Ergebnis aus der Annahme des Zusatzauftrags ist negativ in Höhe von -26.000 €. Der Zusatzauftrag sollte daher zu diesem Konditionen nicht angenommen werden (vgl. Tab. 25).

Brutto-Umsatzerlöse	960.000
Rabatt	-336.000
Netto-Umsatzerlöse	624.000
Gesamte Selbstkosten	-650.000
Ergebnis	**-26.000**

Tab. 25: *Ergebnis des Zusatzauftrags über 400 Rahmensets EPIC (Angaben in €)*

Fazit: Wird bei der Entscheidung, den Zusatzauftrag bei verfügbaren Produktionskapazitäten anzunehmen, vom Ergebnisbeitrag pro Stück bzw. dem Gesamtergebnisbeitrag ausgegangen, so ist in diesem Fall der Zusatzauftrag abzulehnen, weil der Gesamtergebnisbeitrag negativ ist. Im folgenden Aufgabenteil 3 wird jedoch der Deckungsbeitrag als Entscheidungsgröße verwendet, der als Entscheidungsgröße bei der Beurteilung der Annahme von Zusatzaufträgen besser geeignet ist und zu einem anderen Ergebnis kommt.

Lösung zu Aufgabe 3:

Es ist zu beachten, dass die Fixkosten, die unabhängig von den Fertigungsminuten anfallen und nicht verursachungsgerecht geschlüsselt werden können, als Fix- bzw. Gemeinkosten keine Berücksichtigung finden. Wenn diese Fixkosten für So. Fertigungskosten und AfA Maschinen sowie für die Kostenstellen Personal, Verwaltung und Vertrieb in Höhe von insgesamt 2.990.273 € nicht berücksichtigt werden, ergibt sich als im Anschluss als Ergebnis nicht ein Gewinn oder Verlust sondern der Deckungsbeitrag, indem vom Umsatz nur die variablen Kosten abgezogen werden (vgl. Tab. 23).

Zur Berechnung der Deckungsbeiträge pro Rahmenset werden daher zunächst nur die variablen Fertigungskosten ermittelt (vgl. Tab. 26). Die variablen Materialkosten, d.h. die Kosten für Carbon und die So. Kosten Produktionsmaterial, sind an dieser Stelle noch nicht berücksichtigt.[419]

	Kostenstelle	1001	1002	1003	2001	2002	2003	
	Einheit	**Konstruktion**	**Produktion**	**Quali.prüfung**	**Personal**	**Verwaltung**	**Vertrieb**	**Gesamt**
Lohn/Gehalt	€	1,31	0,24	0,41				
Strom	€	0,04	0,18	0,02				
Miete	€	0,07	0,07	0,03				
Var. Fertigungskosten EPIC	€ pro Rahmen	212,93	117,41	149,55				**479,89**
Var. Fertigungskosten MAX	€ pro Rahmen	298,11	117,41	176,74				**592,25**
Var. Fertigungskosten EVO	€ pro Rahmen	255,52	117,41	163,14				**536,07**

Tab. 26: *Jährliche variable Fertigungskosten pro Rahmenset*

Im Folgenden sind nun die variablen Materialkosten zu den variablen Fertigungskosten zu addieren, um den Stückdeckungsbeitrag pro Rahmenset zu ermitteln. Wie in Tab. 27 dargestellt ergibt die Summe der variablen Fertigungs- und Materialeinzelkosten die variablen Herstellkosten. Werden diese variablen Herstellkosten von den Umsatzerlösen subtrahiert ergeben sich der Deckungsbeitrag pro abgesetztem Rahmenset und in Summe der Gesamtdeckungsbeitrag. Nach Abzug der gesamten verbleibenden Fixkosten in Höhe von 2.990.273 € (vgl. Tab. 23) ergibt sich das gleiche Ergebnis wie in Aufgabenteil 1: ein Gewinn von 4.715.131 €.

	Einheit	EPIC	MAX	EVO	Gesamt
Absatzpreis	**€ pro Rahmen**	**2.400,00**	**2.900,00**	**2.750,00**	
Kosten Carbon	€ pro Rahmen	-428,40	-700,80	-708,40	
Kosten So. Prod.material	€ pro Rahmen	-274,00	-332,00	-320,00	
Variable Fertigungskosten	€ pro Rahmen	-479,89	-592,25	-536,07	
Variable Herstellkosten	**€ pro Rahmen**	**-1.182,29**	**-1.625,05**	**-1.564,47**	
Deckungsbeitrag	**€ pro Rahmen**	**1.217,71**	**1.274,95**	**1.185,53**	
	Prozent pro Rahmen	*50,7 %*	*44,0 %*	*43,1 %*	
Absatzmenge	Rahmen	2.350	1.800	2.150	
Brutto-Umsatzerlöse	€	5.640.000,00	5.220.000,00	5.912.500,00	16.772.500,00
Gesamte variable Herstellkosten	€	-2.778.382,15	-2.925.098,17	-3.363.615,68	-9.067.096,00
Gesamter Deckungsbeitrag	**€**	**2.861.617,85**	**2.294.901,83**	**2.548.884,32**	**7.705.404,00**
Gesamte Fixkosten	€				-2.990.273,00
Gesamter Ergebnisbeitrag	**€**				**4.715.131,00**

Tab. 27: *Variable Herstellkosten und Deckungsbeiträge pro Rahmenset*

419 In vorliegenden Fall sind die Löhne als Akkordlöhne vollständig von der geleisteten Fertigungszeit abhängig und somit variabel. Im Gegensatz dazu würden Monatslöhne, die keine Akkordlöhne und somit unabhängig vom Output sind, als Fixkosten behandelt.

Bei der Bewertung des Zusatzauftrags geht es um das Rahmenset EPIC. Bei verfügbaren Produktionskapazitäten, d.h. ohne dass ein Kapazitätsengpass und zu wenig Fertigungszeit vorliegt, ist zu prüfen, ob der Deckungsbeitrag für EPIC positiv ist. In diesem Fall ist der Stückdeckungsbeitrag in Höhe von 1.217,71 € pro Rahmenset EPIC positiv und damit auch der Gesamtdeckungsbeitrag für die 400 zusätzlichen EPIC-Rahmensets in Höhe von 199.084 €. Die Annahme des Zusatzauftrages würde daher den Gesamt-Deckungsbeitrag erhöhen (vgl. Tab. 28). Der Zusatzauftrag sollte daher zu diesem Konditionen angenommen werden.

Brutto-Umsatzerlöse	960.000
Rabatt	-288.000
Netto-Umsatzerlöse	672.000
Var. Herstellkosten	-472.916
Deckungsbeitrag	**199.084**

Tab. 28: *Ergebnis des Zusatzauftrags über 400 Rahmensets EPIC (Angaben in €)*

Fazit: Entscheidend ist bei dieser kurzfristigen Betrachtungsweise und vorhandenen, nicht ausgelasteten Produktionskapazitäten der Deckungsbeitrag und nicht der Ergebnisbeitrag. Im Gegensatz zur Vollkostenrechnung ist die Teilkostenrechnung geeignet, Entscheidungen über die Annahme von Zusatzaufträgen zu unterstützen. Richtig ist es in diesem Fall, den Zusatzauftrag anzunehmen, weil sich der Deckungsbeitrag dadurch erhöht. Die Anwendung der Vollkostenrechnung im Aufgabenteil 2 ist nicht zielführend. Jede Verteilung von fixen Kosten (z.B. Miete oder Abschreibungen) im Rahmen der Vollkostenrechnung birgt die Gefahr der Fehlinterpretation. Durch die ausschließliche Berucksichtigung der variablen Kosten umgeht die Teilkostenrechnung dieses Problem. Der Deckungsbeitrag ermöglicht die Identifikation von Verlust- und Gewinnbringern. Nach Abzug der gesamten Fixkosten vom gesamten Deckungsbeitrag ergibt sich immer das gleiche Ergebnis wie bei der Vollkostenrechnung.

Lösung zu Aufgabe 4:

Der Vergleich der maximal vorhandenen Fertigungszeit mit der benötigten Fertigungszeit je Fertigungsstufe zeigt einen Engpass in der Fertigungsstufe Qualitätsprüfung in der Höhe von 28.004 Minuten (vgl. Tab. 29).

Kostenstelle		1001	1002	1003	2001	2002	2003	
	Einheit	Konstruktion	Produktion	Quali.prüfung	Personal	Verwaltung	Vertrieb	Gesamt
Produktions-menge EPIC	Rahmen	2.585	2.585	2.585				2.585
Produktions-menge MAX	Rahmen	2.070	2.070	2.070				2.070
Produktions-menge EVO	Rahmen	2.410	2.410	2.410				2.410
Fertigungszeit EPIC pro Rahmen	Min. pro Rahmen	150	240	330				720
Fertigungszeit MAX pro Rahmen	Min. pro Rahmen	210	240	390				840
Fertigungszeit EVO pro Rahmen	Min. pro Rahmen	180	240	360				780
Fertigungszeit EPIC gesamt	Min.	387.750	620.400	853.050				1.861.200
Fertigungszeit MAX gesamt	Min.	434.700	496.800	807.300				1.738.800
Fertigungszeit EVO gesamt	Min.	433.827	578.436	867.654				1.879.917
Fertigungszeit gesamt	**Min.**	**1.256.277**	**1.695.636**	**2.528.004**				**5.479.917**
Maximale Kapazität	Min.	1.300.000	1.700.000	2.500.000				5.500.000
Freie Kapazität	**Min.**	**43.723**	**4.364**	**-28.004**				

Tab. 29: Benötigte und verfügbare jährliche Fertigungskapazität (in Minuten)

Um den Gewinn zu maximieren, muss zunächst das Modell produziert werden, welches je Fertigungsminute am Engpass den höchsten Deckungsbeitrag erzielt. Bei Anwendung dieser Entscheidungsregel und der Priorisierung anhand der relativen Deckungsbeiträge ergibt folgende Fertigungsreihenfolge: (1.) EPIC, (2.) EVO und (3.) MAX (vgl. Tab. 30).

	Einheit	EPIC	MAX	EVO
Deckungsbeitrag je Rahmen	€ pro Rahmen	1217,71	1274,95	1185,53
Fertigungsstufe Quali.prüfung	Min. pro Rahmen	330	390	360
Relativer DB am Engpass	**€ pro Min.**	**3,69**	**3,27**	**3,29**
Fertigungspriorität		1.	3.	2.

Tab. 30: Relativer Deckungsbeitrag am Engpass Qualitätsprüfung und Fertigungspriorisierung

Die Fertigung der neuen Absatzmengen der beiden Rahmenmodelle EPIC und EVO nimmt beim Kapazitätsengpass Qualitätsprüfung insgesamt 1.720.704 Minuten in Anspruch. Bei einer maximalen Fertigungskapazität von 2.500.000 Minuten bei dieser Fertigungsstufe verbleiben noch 779.296 Minuten für die Fertigung des Rahmenmodells MAX. In dieser verbleibenden Zeit lassen sich bei einer Inanspruchnahme von 390 Minuten bei dieser Fertigungsstufe noch 1.998 Rahmensets von MAX fertigen.[420] Das bedeutet im Ergebnis, dass als optimales Produktionsplanungsprogramm die gesamte neuen Absatzmengen vom Rahmenset EPIC und EVO produziert werden können und die verbleibende Kapazitäten zur Produktion von 1.998 MAX-Rahmensets genutzt werden sollte. Der Gesamtdeckungsbeitrag beim optimalen Produktionsprogramm beträgt 8.155.600,87 €. Der hieraus resultierende Gewinn nach Abzug der Fixkosten in Höhe von 2.990.273,00 € (vgl. Tab. 23) beträgt 5.165.327,87 € (vgl. Tab. 31).

	Einheit	EPIC	MAX	EVO	Gesamt
Absatzpreis	€ pro Rahmen	2.400,00	2.900,00	2.750,00	
Deckungsbeitrag	€ pro Rahmen	1.217,71	1.274,95	1.185,53	
Absatzmenge	Rahmen	2.585	2.070	1.998	
Brutto-Umsatzerlöse	€	6.204.000,00	6.003.000,00	5.494.500,00	17.701.500,00
Deckungsbeitrag	€	3.147.779,63	2.639.137,11	2.368.684,13	8.155.600,87
Gesamte Fixkosten	€				-2.990.273,00
Gewinn	**€**				**5.165.327,87**

Tab. 31: *Deckungsbeitrag und Gewinn beim optimalen Produktionsprogramm*

Fazit: Bei Entscheidungen zum optionalen Produktionsprogramm bei einem Kapazitätsengpass ist der relative Deckungsbeitrag die Entscheidungsgröße nach der die einzelnen Produkte in der Fertigungsreihenfolge priorisiert werden. Es werden nur Produkte mit positiven Deckungsbeiträgen berücksichtigt. Das Produkt mit dem höchsten relativen Deckungsbeitrag bezogen auf die Engpasssituation wird zuerst gefertigt, gefolgt vom Produkt mit dem zweithöchsten relativen Deckungsbeitrag etc. bis die Fertigungskapazität vollständig ausgenutzt ist. Bestimmte Mengen einiger Produkte können dann aufgrund des Kapazitätsengpasses nicht mehr gefertigt werden, obwohl deren Deckungsbeitrag positiv wäre (sogen. „entgangener Deckungsbeitrag").

Lösung zu Aufgabe 5:

Für den Rennradrahmen EPIC sind die variablen Kosten der Eigenfertigung geringer als bei der Beschaffung über den externen Anbieter (vgl. Tab. 32). Es ist daher für die KOOL CYCLES GmbH vorteilhafter, das Modell im eigenen Werk zu produzieren.

420 Der genaue Wert ist abzurunden.

Eigenfertigung		Fremdbezug	
Kostenart	**Betrag in €**	**Kostenart**	**Betrag in €**
Kosten Carbon	-428,40	Einkaufspreis	-1.217,39
Kosten So. Prod.material	-274,00	Zollkosten	-182,61
Variable Fertigungskosten	-479,89	Transport	-55,00
Variable Kosten	**-1.182,29**	**Variable Kosten**	**-1.455,00**

Tab. 32: Kostenvergleich EPIC Eigenfertigung vs. Fremdbezug (Angaben in €)

Fazit: Bei freien Produktionskapazitäten erfolgt ein Vergleich der variablen Herstellkosten bei Eigenfertigung mit den Fremdbezugskosten. Im vorliegenden Fall ist der Fremdbezug um 272,71 € teurer als die eigene Herstellung, so dass die Eigenfertigung vorzuziehen ist. Sollten keine freien Produktionskapazitäten im Unternehmen verfügbar sein, erfolgt der Vergleich des Fremdbezugspreises mit den gesamten Stückkosten des Produktes.

Lösung zu Aufgabe 6:

Um eine Entscheidung treffen zu können, müssen zunächst die variablen Kosten der Eigenproduktion und der Fremdbeschaffung ermittelt werden. Da für die drei Rahmensets die Eigenproduktion günstiger ist als der Fremdbezug und die Produktionskapazität im eigenen Werk in Hamburg nicht ausreicht, um die gesamte Menge zu produzieren, gilt der Kostenvorteil der Eigenproduktion je benötigter Fertigungsminute am Engpass als Entscheidungskriterium. Anhand der relativen Einsparung pro Fertigungsminute am Engpass (hier Qualitätsprüfung) lässt sich eine Priorisierung bzgl. der Fertigungsreihenfolge vornehmen; es werden zunächst diejenigen Rahmensets gefertigt, bei denen das relative Einsparungspotential, d.h. das Einsparungspotential je Fertigungsminute, am höchsten ist. Erst wenn die Kapazitäten nicht mehr ausreichen, wird auf den Fremdbezug umgestellt.

In vorliegenden Fall sollte mit der Eigenfertigung der MAX-Rahmen begonnen werden, da diese das höchste relative Einsparungspotential aufweisen (daher erste Priorität). Es können alle 2.070 nachgefragten Rahmensets von MAX gefertigt werden, ohne dass es zu einem Kapazitätsengpass kommt. Als nächstes sollte das Rahmenset EVO in Eigenfertigung erstellt werden, da dies die zweithöchste Fertigungspriorität aufweist, d.h. das zweithöchste relative Einsparungspotential. Auch die 2.410 nachgefragten Rahmen von EVO können vollständig in Eigenproduktion erstellt werden, ohne dass die Kapazitätsgrenze von 2.500.000 Minuten bei der Fertigungsstufe Qualitätsprüfung erreicht werden. Erst wenn auch die gesamte Anzahl der 2.585 nachgefragten Rahmensets von EPIC vollständig in Eigenfertigung gefertigt werden sollen, wird die Kapazitätsgrenze um 28.004 Minuten überschritten. Bei einem Kapazitätsbedarf von 330 Minuten pro Qualitätsprüfung je EPIC-Rahmenset handelt es sich um aufgerundet 85 EPIC-Rahmensets, die zu einem Einkaufpreis von 1.455,00 € von Calibur Carbon in Taiwan bezogen werden sollten. Das optimale Produktionsprogramm und der daraus resultierende Deckungsbeitrag sowie der Gewinn sind in Tab. 33 zusammengefasst: Der resultierende Deckungsbeitrag beträgt 8.621.036 € und der resultierende Gewinn beträgt 5.630.763 €; von dem Schweizer Unternehmen CMB werden keine Rahmen beschafft.

	Einheit	EPIC	MAX	EVO	Gesamt
Absatzpreis	€ pro Rahmen	2.400,00	2.900,00	2.750,00	
Variable Kosten Eigenfertigung	€ pro Rahmen	-1.182,29	-1.625,05	-1.564,47	
Kosten Fremdbezug	€ pro Rahmen	-1.455,00	-2.200,00	-1.950,00	
Kostenvorteil Eigenproduktion	€ pro Rahmen	272,71	574,95	385,53	
Fertigungsschritt Quali.prüfung	Min. pro Rahmen	330	390	360	
Relativer Kostenvorteil	**€ pro Min.**	**0,83**	**1,47**	**1,07**	
Fertigungspriorität		**3.**	**1.**	**2.**	
Absatzmenge	Rahmen	2.585	2.070	2.410	
davon Eigenproduktion	*Rahmen*	*2.500*	*2.070*	*2.410*	
davon Fremdbezug	*Rahmen*	*85*	*0*	*0*	
Kapazitätsbedarf	Min.	825.000	807.300	867.654	**2.499.954**
Brutto-Umsatzerlöse	€	6.204.000	6.003.000	6.627.913	**18.834.913**
Gesamte variable Fertigungskosten	€	-3.079.401	-3.363.863	-3.770.613	**-10.213.877**
Deckungsbeitrag	€	3.124.599	2.639.137	2.857.299	**8.621.036**
Fixkosten	€				**-2.990.273**
Gewinn	**€**				**5.630.763**

Tab. 33: *Make-or-Buy bei Kapazitätsengpass*

Fazit: Bei Make-or-Buy-Entscheidungen bei einem Kapazitätsengpass orientiert sich die Fertigungspriorisierung nicht an den absoluten Einsparungen pro Produkt bei Eigenfertigung sondern an den relativen Einsparungen bzw. dem relativen Einsparungspotential. Dabei werden die potentiellen absoluten Einsparungen bei Eigenfertigung gegenüber dem Fremdbezug durch die Kapazitätsinanspruchnahme beim Engpassfaktor geteilt.

Lösung zu Aufgabe 7:

Im Bereich Personal (Kostenstelle 2001) fallen jährlichen Kosten für Löhne und Gehälter in Höhe von 231.790,00 € an (vgl. Tab. 20). Diese verteilen sich auf insgesamt 4.224 verfügbare Arbeitsstunden im Personalbereich (vgl. Tab. 34), so dass sich ein kalkulatorischer Stundensatz von 54,87 € ergibt.

Mitarbeiter/innen Kostenstelle Personal	Stunden pro Woche	Stunden pro Monat	Anzahl Arbeits-Monate	Arbeitsstunden insg. pro Jahr
Abteilungsleitung	38,00	152,00	11,00	1.672,00
Mitarbeiter/in	38,00	152,00	11,00	1.672,00
Mitarbeiter/in	20,00	80,00	11,00	880,00
Summe	**96,00**	**384,00**	**11,00**	**4.224,00**

Tab. 34: *Leistungsmengen und Zeitaufwand der Teilprozesse im Bereich Personal pro Monat*

Die Multiplikation der monatlichen Leistungsmengen je Personal-Teilprozess („TP") mit 11 Monaten (1 Monat pro Jahr entfällt auf Urlaubs- und Krankheitstage und steht somit nicht als Arbeitszeit zur Verfügung) mit dem jeweiligen Zeitbedarf in Stunden ergibt die jährliche Stundenanzahl je Personal-Teilprozess (vgl. Tab. 35).

Nr. TP	Teilprozesse Kostenstelle Personal	Kostentreiber	Zeitaufwand in Stunden pro Jahr	*davon KoSt. 1001 Konstruktion*	*davon KoSt. 1002 Produktion*	*davon KoSt. 1003 Quali.prüfung*
P-1	Bewerbungsunterlagen sichten	Anzahl Bewerbungen	270,00	*90,00*	*60,00*	*120,00*
P-2	Telefoninterviews führen	Anzahl Interviews	225,00	*72,00*	*63,00*	*90,00*
P-3	Bewerbungsgespräche organisieren	Anzahl Pers.gespräche	135,00	*45,00*	*36,00*	*54,00*
P-4	Bewerbungsgespräche führen	Anzahl Pers.gespräche	240,00	*72,00*	*48,00*	*120,00*
P-5	Vertragsverhandlungen führen	Anzahl Verhandlungen	60,00	*24,00*	*12,00*	*24,00*
P-6	Mitarbeiter Onboarding	Anzahl neue Mitarbeiter	1.600,00	*512,00*	*384,00*	*704,00*
P-7	Gehalts-/Personalgespräche	Anzahl Gespräche	720,00	*216,00*	*180,00*	*324,00*
P-8	Gehaltsabrechung	Anzahl Mitarbeiter	165,00	*48,00*	*42,00*	*75,00*
P-9	Abteilung leiten und So.	nicht mengeninduziert				
			3.415,00	*1.079,00*	*825,00*	*1.511,00*

Tab. 35: *Zeitaufwand der Personal-Teilprozesse pro Jahr nach Fertigungsbereichen in Stunden*

Durch die Multiplikation der benötigten Stunden je Teilprozess mit dem bereits berechneten kalkulatorischen Stundensatz von 54,87 € ergeben sich die Personalkosten der Personal-Teilprozesse pro Jahr nach Fertigungsbereichen (vgl. Tab. 36).

Nr. TP	Teilprozesse Kostenstelle Personal	Kostentreiber	Personalkosten in € pro Jahr	*davon KoSt. 1001 Konstruktion*	*davon KoSt. 1002 Produktion*	*davon KoSt. 1003 Quali.prüfung*
P-1	Bewerbungsunterlagen sichten	Anzahl Bewerbungen	14.816,12	*4.938,71*	*3.292,47*	*6.584,94*
P-2	Telefoninterviews führen	Anzahl Interviews	12.346,77	*3.950,97*	*3.457,10*	*4.938,71*
P-3	Bewerbungsgespräche organisieren	Anzahl Pers.gespräche	7.408,06	*2.469,35*	*1.975,48*	*2.963,22*
P-4	Bewerbungsgespräche führen	Anzahl Pers.gespräche	13.169,89	*3.950,97*	*2.633,98*	*6.584,94*
P-5	Vertragsverhandlungen führen	Anzahl Verhandlungen	3.292,47	*1.316,99*	*658,49*	*1.316,99*
P-6	Mitarbeiter Onboarding	Anzahl neue Mitarbeiter	87.799,24	*28.095,76*	*21.071,82*	*38.631,67*
P-7	Gehalts-/Personalgespräche	Anzahl Gespräche	39.509,66	*11.852,90*	*9.877,41*	*17.779,35*
P-8	Gehaltsabrechung	Anzahl Mitarbeiter	9.054,30	*2.633,98*	*2.304,73*	*4.115,59*
P-9	Abteilung leiten und So.	nicht mengeninduziert	-	-	-	-
			187.396,51	*59.209,61*	*45.271,48*	*82.915,41*

Tab. 36: *Personalkosten der Personal-Teilprozesse pro Jahr nach Fertigungsbereichen in €*

Insgesamt lassen sich von den gesamten Personalkosten im Personalbereich 187,396,51 € verursachungsgerecht auf die drei verschiedenen Fertigungsstufen verteilen. Die Differenz zu den Gesamten Personalkosten in Höhe von 231.790,00 € (vgl. Tab. 20) beträgt 44.393,49 € und verbleibt als Gemeinkostenanteil, der nicht mengeninduziert ist und für die Abteilungsleitung sowie So. Personalaufgaben anfällt. Es ergibt sich somit eine genauere Zuordnung der Personalkosten des Personalbereichs auf die einzelnen Fertigungsbereiche (vgl. Tab. 37).

Kostenstelle	Einheit	1001 Konstruktion	1002 Produktion	1003 Quali.prüfung	2001 Personal	2002 Verwaltung	2003 Vertrieb	Gesamt
Lohn/Gehalt (nach Umverteilung)	€	1.526.858	412.183	1.000.195	44.393	1.100.736	733.824	**4.818.190**
Strom	€	40.326	266.152	40.326	1.157	32.261	24.196	**404.417**
Miete	€	78.390	106.610	62.712	15.990	50.170	15.678	**329.550**
So. Fertigungskosten	€	187.799	281.699	117.374				**586.872**
AfA Maschinen	€	19.760	122.512	55.328				**197.600**
Gesamtkosten	**€**	**1.853.133**	**1.189.156**	**1.275.936**	**61.540**	**1.183.166**	**773.698**	6.336.629
davon Fixkosten (grau markiert) €								***2.802.876***
Produktions-/Absatzmenge EPIC	Rahmen	2.350	2.350	2.350				**2.350**
Produktions-/Absatzmenge MAX	Rahmen	1.800	1.800	1.800				**1.800**

Kostenstelle Einheit		1001 Konstruktion	1002 Produktion	1003 Quali.prüfung	2001 Personal	2002 Verwaltung	2003 Vertrieb	Gesamt
Produktions-/Absatzmenge EVO	Rahmen	2.150	2.150	2.150				**2.150**
Fertigungszeit EPIC pro Rahmen	Min. pro Rahmen	150	240	330				**720**
Fertigungszeit MAX pro Rahmen	Min. pro Rahmen	210	240	390				**840**
Fertigungszeit EVO pro Rahmen	Min. pro Rahmen	180	240	360				**780**
Fertigungszeit EPIC gesamt	Min.	352.500	564.000	775.500				**1.692.000**
Fertigungszeit MAX gesamt	Min.	378.000	432.000	702.000				**1.512.000**
Fertigungszeit EVO gesamt	Min.	387.000	516.000	774.000				**1.677.000**
Fertigungszeit gesamt	**Min.**	**1.117.500**	**1.512.000**	**2.251.500**				**4.881.000**

Tab. 37: *Jährliche Fertigungskosten/-zeiten pro Rahmenmodell nach Prozesskostenrechnung*

In Folge ergeben sich in der gleichen Struktur wie in Aufgabenteil 3 neue Werte für die variablen Fertigungskosten je Rahmenset (vgl. Tab. 38) sowie als Konsequenz für den Deckungsbeitrag je Rahmenset (vgl. Tab. 39).

Kostenstelle Einheit		1001 Konstruktion	1002 Produktion	1003 Quali.prüfung	2001 Personal	2002 Verwaltung	2003 Vertrieb	Gesamt
Lohn/Gehalt	€	1,37	0,27	0,44				
Strom	€	0,04	0,18	0,02				
Miete	€	0,07	0,07	0,03				
Var. Fertigungskosten EPIC	€ pro Rahmen	220,88	124,59	161,70				**507,18**
Var. Fertigungskosten MAX	€ pro Rahmen	309,24	124,59	191,10				**624,93**
Var. Fertigungskosten EVO	€ pro Rahmen	265,06	124,59	176,40				**566,05**

Tab. 38: *Jährliche variable Fertigungskosten pro Rahmenset nach Prozesskostenrechnung*

	Einheit	EPIC	MAX	EVO	Gesamt
Absatzpreis	**€ pro Rahmen**	**2.400,00**	**2.900,00**	**2.750,00**	
Kosten Carbon	€ pro Rahmen	-428,40	-700,80	-708,40	
Kosten So. Prod.material	€ pro Rahmen	-274,00	-332,00	-320,00	
Variable Fertigungskosten	€ pro Rahmen	-507,18	-624,93	-566,05	
Variable Herstellkosten	**€ pro Rahmen**	**-1.209,58**	**-1.657,73**	**-1.594,45**	
Deckungsbeitrag	**€ pro Rahmen**	**1.190,42**	**1.242,27**	**1.155,55**	
	Prozent pro Rahmen	*49,6 %*	*42,8 %*	*42,0 %*	
Absatzmenge	Rahmen	2.350	1.800	2.150	
Brutto-Umsatzerlöse	€	5.640.000,00	5.220.000,00	5.912.500,00	16.772.500,00
Gesamte variable Herstellkosten	€	-2.842.505,13	-2.983.913,20	-3.428.074,17	-9.254.492,51
Gesamter Deckungsbeitrag	**€**	**2.797.494,87**	**2.236.086,80**	**2.484.425,83**	**7.518.007,49**
Gesamte Fixkosten	€				-2.802.876,49
Gesamter Ergebnisbeitrag	**€**				**4.715.131,00**

Tab. 39: *Variable Herstellkosten und DB pro Rahmenset nach Prozesskostenrechnung*

Nach Abzug der gesamten verbleibenden Fixkosten in Höhe von 2.802.876 € (vgl. Tab. 37) ergibt sich das gleiche Ergebnis wie in Aufgabenteil 1 und 3: ein Gewinn von 4.715.131 €. Die genauere Zuordnung der Fixkosten mit Hilfe der Prozesskostenrechnung ergibt jedoch leicht unterschiedliche Deckungsbeiträge je Rahmenset und in Summe im Vergleich mit Aufgabenteil 3 einen niedrigeren Deckungsbeitrag (vgl. Tab. 27).

Fazit: Auch wenn sich in diesem Fall die Ergebnisse nach Anwendung der Prozesskostenrechnung nur marginal von den Ergebnissen aus Aufgabenteil 3 unterscheiden, handelt es sich bei der Prozesskostenrechnung um eine sinnvolle Ergänzung der Voll- und auch Teilkostenrechnung, die eine bessere verursachungsgerechte Kostenverteilung erlaubt. Durch eine mögliche Anwendung der Prozesskostenrechnung auf die Bereiche Administration und Vertrieb ließen sich die Ergebnisse weiter verbessern, um so z.B. eine bessere Preisfindung vornehmen zu können.

Abkürzungsverzeichnis

A	Ausgangswert
AB	Anfangsbestand
Abschreib.	Abschreibungen
AfA	Absetzungen für Abnutzung
AK	Anschaffungskosten
Akkordl.	Akkordlohn
AktG	Aktiengesetz
ALV	Arbeitslosenversicherung
Anl.verm.	Anlagevermögen
AO	Abgabenordnung
Äquiv.	Äquivalenz
arith.	arithmetisch
Aufw.	Aufwand
Ausg.	Ausgabe
Auslief.	Auslieferung
Auszahl.	Auszahlung
AV	Arbeitsvorbereitung
BA	Beschäftigungsabweichung
BAB	Betriebsabrechnungsbogen
Bd.	Band
Betr.ertr.	Betriebsertrag
BFuP	Betriebswirtschaftliche Forschung und Praxis (Zeitschrift)
BGB	Bürgerliches Gesetzbuch
BI	Business Intelligence
BiRiLiG	Bilanzrichtlinien-Gesetz
BWL	Betriebswirtschaftslehre
cal	Kalorie
cbm	Kubikmeter
c.p.	ceteris paribus
DB	Der Betrieb (Zeitschrift)
DBW	Die Betriebswirtschaft (Zeitschrift)
dgl.	dergleichen
DIN	Deutsche Industrienorm

DRK	Deutsches Rotes Kreuz
Durchs.gew.	Durchsatzgewicht
d.V.	der/des Verfasser/s
EB	Endbestand
EDV	Elektronische Datenverarbeitung
Eigenkap.	Eigenkapital
Einnah.	Einnahme
Einzahl.	Einzahlung
EK	Eigenkapital
ElektroG	Elektro- und Elektronikgerätegesetz
ERP	Enterprise Resource Planning
ESt(G)(R)	Einkommensteuer/-gesetz/-richtlinie
F&E	Forschung und Entwicklung
Fert.	Fertigung
FF	Fertigfabrikat
Fifo	First in first out
FK	Fremdkapital
Fn.	Fußnote
Ford.	Forderungen
Fuhrp.	Fuhrpark
G	Brutto-Gehalt
Geldverm.	Geldvermögen
geom.-degr.	geometrisch-degressiv
Gesamtverm.	Gesamtvermögen
GewErtrSt	Gewerbeertragsteuer
GewKapSt	Gewerbekapitalsteuer
GewSt	Gewerbesteuer
GK	Gesamtkapital
GKR	Gemeinschaftskontenrahmen der Industrie
GKV	Gesamtkostenverfahren
GmbH	Gesellschaft mit beschränkter Haftung
GmbHG	Gesetz betreffend die Gesellschaften mit beschränkter Haftung
GrdESt	Grunderwerbsteuer
GrdSt	Grundsteuer
GuV	Gewinn- und Verlustrechnung
Haupt-KoSt	Hauptkostenstelle

HF	Halbfabrikat
HGB	Handelsgesetzbuch
Hifo	Highest in first out
HiKoSt	Hilfskostenstelle
HK	Herstellkosten
Hrsg.	Herausgeber
ibL	innerbetriebliche Leistungsverrechnung
ibTr	innerbetrieblicher Transport
i. e. S.	im engeren Sinne
IHK	Industrie- und Handelskammer
IKR	Industrie-Kontenrahmen
innerbetriebl.	innerbetrieblich(e)
IT	Informationstechnik
i. w. S.	im weiteren Sinne
Jg.	Jahrgang
K.	Kosten
Kap.	Kapital (oder auch Kapitel)
KfzSt	Kraftfahrzeugsteuer
KiSt	Kirchensteuer
Kl.	(Konten-)Klasse
krp	Kostenrechnungspraxis (Zeitschrift)
KSt	Körperschaftsteuer
KV	Krankenversicherung
kWh	Kilowattstunde
L	Brutto-Lohn
Lackier.	Lackiererei
LE	Leistungseinheiten
Lifo	Last in first out
LKW	Lastkraftwagen
LSÖ	Leitsätze für die Preisermittlung auf Grund von Selbstkosten bei Leistungen für öffentliche Auftraggeber
LSP	Leitsätze für die Preisermittlung auf Grund von Selbstkosten
Masch.	Maschine(n)
Mat.	Material
Max!	Maximiere!
Mei-bü.	Meisterbüro
Meth.	Methode

Mio.	Millionen
n	Nutzungsdauer
NG	Normenausschuss Grundlagen der Normung
o. J.	ohne Jahresangabe
o.O.	ohne Ortsangabe
p. a.	per annum (pro Jahr)
PC	Personal Computer
PflV	Pflegeversicherung
PKW	Personenkraftwagen
prim.	primär(e)
R	Richtlinie
Rent.	Rentabilität
Rep.std.	Reparaturstunde
RV	Rentenversicherung
Sachverm.	Sachvermögen
SK	Selbstkosten
SolZ(G)	Solidaritätszuschlag(sgesetz)
Su.	Summe
tkm	Tausend Kilometer
Transportk.	Transportkosten
Tz.	Textziffer
Überstd.	Überstunde(n)
UKV	Umsatzkostenverfahren
Unterd.	Unterdeckung
USt(G)(R)(DV)	Umsatzsteuer/-gesetz/-richtlinie/-durchführungsverordnung
VA	Verbrauchsabweichung
vBP	vereidigter Buchprüfer
Verbind.	Verbindlichkeiten
Verr.satz	Verrechnungssatz
VersSt(G)	Versicherungsteuer/-gesetz
Vertr.	Vertrieb
Verwalt.	Verwaltung
VSt(G)(R)	Vermögensteuer/-gesetz/-richtlinie
V.u.V.-	Verwaltungs- und Vertriebs-
Wag(n).	Wagnis
Werkst.	Werkstatt

WP	Wirtschaftsprüfer
ZfB	Zeitschrift für Betriebswirtschaft
ZfbF	(Schmalenbachs) Zeitschrift für betriebswirtschaftliche Forschung
ZfhF	Zeitschrift für handelswissenschaftliche Forschung

Symbolverzeichnis

a	jährlicher Abschreibungsbetrag
a_t	jährlicher Abschreibungsbetrag in der Periode t
A	Anschaffungskosten
AB	Anfangsbestand
a_i	Äquivalenzziffer des Produktes i
b_{ij}	Bezugsgrößeneinheit(-inanspruchnahme) für eine Einheit der Produktart i in der Kostenstelle j
B_j	Bezugsgröße der Kostenstelle j
CNY	internationaler Währungscode für Renminbi (Yuán), die Währung Chinas
D	Degressionsbetrag
dK	Differentiation der Kosten
dx	Differentiation der Ausbringungsmenge
EB	Endbestand
e_{Lij}	Fertigungseinzellöhne der Kostenstelle j pro Einheit des Produkts i
e_M	Materialkosten pro Stück
e_{Mi}	Materialkosten pro Stück i
e_{SFi}	Sondereinzelkosten der Fertigung pro Stück i
e_{sVi}	Sondereinzelkosten des Vertriebs pro Stück i
f	Funktion
i	Index der Produktarten/Index der Nebenprodukte (i = 1,2, ..., n)
j	Index der Kostenstellen (j = 1,2, ..., m)
k	durchschnittliche Stückkosten
K	Gesamtkosten(verlauf)
K	Kapitalbindung
K'	Grenzkosten(verlauf)
K“	2. Ableitung der Kostenkurve
$k\varphi$	Durchschnitts-Kalkulationssatz
K_F	Fixkosten(verlauf)
K_{Fj}	Fertigungskosten der Kostenstelle j
k_H	Herstellkosten pro Stück
k_H	Herstellkosten pro Einheit des Hauptproduktes
k_i	Selbstkosten einer Einheit des Produktes i

K_j	Kalkulationssatz der Kostenstelle j
K_j	Gesamte Gemeinkosten (primär und sekundär) der (Hilfs-)Kostenstelle j
K_K	Gesamtkosten des Kuppelprozesses
k_{Min}	Minimum des Durchschnittskostenverlaufs
k'_v	erste Ableitung der variablen Stückkosten
K'_{Min}	Minimum der Grenzkosten(kurve)
k_{Ni}	Weiterverarbeitungskosten pro Einheit von Nebenprodukt i
K_{Pj}	Summe der primären Gemeinkosten der Hilfskostenstelle j
k_v	durchschnittliche variable Stückkosten
$k_{v,Min}$	Minimum der variablen Stückkosten
K_V	Verlauf der variablen Kosten
k_{VV}	Verwaltungs- und Vertriebskosten pro Stück
K_{VV}	gesamte Verwaltungs- und Vertriebskosten der Periode
L	Liquidationserlös
L_G	(gesamter) Leistungsvorrat des Betriebsmittels
L_{Pt}	Leistungsentnahme in der Periode t
m	Anzahl der Hilfskostenstellen
n	Nutzungsdauer (in Jahren) oder auch Anzahl der Produkte
p	Prozentsatz
p	vorgegebener maximaler Fehler-Prozentsatz
P_{Ni}	Stückpreis der Nebenproduktart i
q	Preise der Faktormengen
q_j	innerbetrieblicher Verrechnungssatz der Hilfskostenstelle j
r	eingesetzte Produktionsfaktorarten
R	Reagibilitätsgrad o. kalkulatorischer Restbuchwert
W	Wendepunkt
W	Wirtschaftlichkeit
x	Ausbringung (in Stück, kg, kWh etc.)
x_A	Absatzmenge der Periode
x_H	Menge des Hauptproduktes
x_i	Gesamtmenge des Produktes i
x_{ij}	Anzahl der von der Hilfskostenstelle i an die Hilfskostenstelle j abgegebenen innerbetrieblichen Leistungseinheiten
x_j	Gesamterzeugungsmenge innerbetrieblicher Leistungseinheiten in der Hilfskostenstelle j

x_{ji} Anzahl der von der Hilfskostenstelle j an die Hilfskostenstelle i unentgeltlich abgegebenen innerbetrieblichen Leistungseinheiten

x_{Ni} Menge der Nebenproduktart i

x_p Produktionsmenge der Periode

x_{pj} in Kostenstelle j bearbeitete Menge

z_{Fj} Fertigungsgemeinkostenzuschlag der Kostenstelle j (in % der Fertigungseinzellöhne der Stelle j)

z_j Kalkulationssatz pro Bezugsgrößeneinheit in der Kostenstelle j

z_M Materialgemeinkostenzuschlag (in % des Einzelmaterials)

z_{VV} Verwaltungs- und Vertriebsgemeinkostenzuschlag (in % der Herstellkosten, meistens ohne eSF)

Literaturverzeichnis

AGTHE, Klaus (1959): Stufenweise Fixkostendeckungsrechnung im System des Direct Costing, in: ZfB, 29. Jg. (1959), S. 404–418

BEA, Franz Xaver/FRIEDL, Birgit/SCHWEITZER, Marcell (2005): Allgemeine Betriebswirtschaftslehre, Band 2: Führung, 9. Aufl., Stuttgart 2005

BREITHECKER, Volker (2016): Einführung in die Betriebswirtschaftliche Steuerlehre, 17. Aufl., Berlin 2016

BREITHECKER, Volker/SCHMIEL, Ute (2003): Steuerbilanz und Vermögensaufstellung in der Betriebswirtschaftlichen Steuerlehre, Bielefeld 2003

BRITT, Wolfgang (2015): Rechnungswesen kompakt, 2. Aufl., Freiburg 2015

BUNDESVERBAND DER DEUTSCHEN INDUSTRIE (o.J.): Gemeinschafts-Richtlinien für das Rechnungswesen, Ausgabe Industrie, Teil II, GRK, Frankfurt o.J.

CAMP, Robert (1994): Benchmarking, München 1994

COENENBERG, Adolf Gerhard/FISCHER, Thomas M./GÜNTHER, Thomas (2016): Kostenrechnung und Kostenanalyse, 9. Aufl., Stuttgart 2016

COENENBERG, Adolf Gerhard/MATTNER, Gerhard/SCHULTZE, Wolfgang (2016): Einführung in das Rechnungswesen: Grundlagen der Buchführung und Bilanzierung, 6. Aufl., Stuttgart 2016

COOPER, Robin (1990): Cost Classification in Unit-Based and Activity-Based Manufacturing Cost Systems, in: Journal of Cost Management, 4. Jg., 1990, Heft 3, S. 4–14

DÄUMLER, Klaus-Dieter/GRABE, Jürgen (2013a): Kostenrechnung 1 – Grundlagen, 11. Aufl., Herne 2013

DÄUMLER, Klaus-Dieter/GRABE, Jürgen (2013b): Kostenrechnung 2 – Deckungsbeitragsrechnung, 10. Aufl., Herne 2013

DÖRING, Ulrich (1984): Kostensteuern, Stuttgart 1984

DÖRING, Ulrich/BUCHHOLZ, Rainer (2018): Buchhaltung und Jahresabschluss, 15. Aufl., Berlin 2018

DROSSE, Volker (2014): Managerial Accounting: Kosten- und Leistungsrechnung, Investitionsrechnung, Kennzahlen, Stuttgart 2014

EHRLENSPIEL, Klaus/KIEWERT, Alfons/LINDEMANN, Udo (2002): Kostengünstig Entwickeln und Konstruieren: Kostenmanagement bei der integrierten Produktentwicklung, Berlin 2002

EISELE, Wolfgang/KNOBLOCH, Alois Paul (2011): Technik des betrieblichen Rechnungswesens: Buchführung und Bilanzierung, Kosten- und Leistungsrechnung, Sonderbilanzen, 8. Aufl., München 2011

EISENBERG, David/OLDENBURG-TIETJEN, Florian (2018): Schnittstellen-controlling; in: LITT-KEMANN, Jörn/DERFUß, Klaus/HOLTRUP, Michael: Unternehmenscontrolling: Praxis-handbuch für den Mittelstand, 2. Aufl., Herne 2018, S. 579–715

EWERT, Ralf/WAGENHOFER, Alfred (2014): Interne Unternehmensrechnung, 8. Aufl., Berlin u.a. 2014

FISCHER, Thomas M./MÖLLER, Klaus/SCHULTZE, Wolfgang (2015): Controlling: Grundlagen, Instrumente und Entwicklungsperspektiven, 2. Aufl., Stuttgart 2015

FREIDANK, Carl-Christian (2013): Kostenrechnung, 9. Aufl., München/Wien 2013

FRIEDL, Birgit (2009): Kostenmanagement, Stuttgart 2009

FRIEDL, Gunther/HOFMANN, Christian/PEDELL, Burkhard (2017): Kostenrechnung – Eine entscheidungsorientierte Einführung, 3. Aufl., München 2017

GRAUMANN, Mathias (2017): Kostenrechnung und Kostenmanagement: mit Kontrollfragen, Übungsaufgaben und Fallstudien; 6. Aufl., Herne 2017

GRAUMANN, Mathias (2019): Fallstudien zum Controlling: Strategisches und operatives Controlling; 4. Aufl., Herne 2017

GÜNTHER, Thomas: (2018) Strategisches Kostenmanagement – Stand der Umsetzung und neue Methoden, in VELTE, Patrick/MÜLLER, Stefan/WEBER, Stefan C./SASSEN, Remmer/MAMMEN, Andreas (Hrsg.): Rechnungslegung, Steuern, Corporate Governance, Wirtschaftsprüfung und Controlling, Wiesbaden 2018, S. 543–558

GUTENBERG, Erich (1983): Grundlagen der Betriebswirtschaftslehre, Erster Band: Die Produktion, 24. Aufl., Berlin/Heidelberg/New York 1983

HABERSTOCK, Lothar (1991): Steuerbilanz und Vermögensaufstellung, 3. Aufl., Hamburg 1991

HABERSTOCK, Lothar (1993a): Stichwort: Erfolgsrechnungssysteme, in: DICHTL, Erwin/ISSING, Otmar (Hrsg.): Vahlens Großes Wirtschaftslexikon, 2. Aufl., München 1993

HABERSTOCK, Lothar (1993b): Stichwort: Fixkostendeckungsrechnung, in: DICHTL, Erwin/ISSING, Otmar (Hrsg.): Vahlens Großes Wirtschaftslexikon, 2. Aufl., München 1993

HABERSTOCK, Lothar (2008): Kostenrechnung II, (Grenz-)Plankostenrechnung, 10. Aufl., Berlin 2008

HIMME, Alexander (2009): Kostenmanagement-Projekte in Deutschland, in: Controlling, 21. Jg., Nr. 7, 2009, S. 402–408

HOITSCH, Hans-Jörg/LINGNAU, Volker (2007): Kosten- und Erlösrechnung: Eine controllingorientierte Einführung, 6. Aufl., Berlin u.a. 2007

HOMBURG, Carsten/LIESENFELD, Stefanie/KÜBEL, Julia: Übungsbuch Kosten- und Leistungsrechnung, 4. Aufl., München 2019

HORVÁTH, Péter/GLEICH, Ronald/SEITER, Mischa (2015): Controlling, 13. Aufl., München 2015

HORVÁTH, Péter/GLEICH, Ronald/VOGGENREITER, Dietmar (2012): Controlling umsetzen – Fallstudien, Lösungen und Basiswissen, 5. Aufl., Stuttgart 2012

HORVÁTH, Péter/KIENINGER, Michael/MAYER, Reinhold/SCHIMANEK, Christof (1993): Prozeßkostenrechnung – oder wie die Praxis die Theorie überholt, in: DBW, 53. Jg. (1993), S. 609–628

HORVÁTH, Péter/SEIDENSCHWARZ, Werner (1992): Zielkostenmanagement, in: Controlling, 4. Jg., 1992, S. 142–150

HUMMEL, Siegfried (1992): Die Forderung nach entscheidungsrelevanten Kosteninformationen, in: MÄNNEL, Wolfgang (Hrsg.): Handbuch Kostenrechnung, Wiesbaden 1992, S. 76–83

JOOS, Thomas (2014): Controlling, Kostenrechnung und Kostenmanagement: Grundlagen – Anwendungen – Instrumente, 5. Aufl., Wiesbaden 2014

JÓRASZ, William (2009): Kosten- und Leistungsrechnung – Lehrbuch mit Aufgaben und Lösungen; 5. Aufl., Stuttgart 2009

JUNG, Hans (2014): Controlling, 4. Aufl., München 2014

KAJÜTER, Peter (2000): Proaktives Kostenmanagement: Konzeption und Realprofile, Wiesbaden 2000

KAJÜTER, Peter (2005): Kostenmanagement in der deutschen Unternehmenspraxis. Empirische Befunde einer branchenübergreifenden Feldstudie, in: Schmalenbachs Zeitschrift für betriebswirtschaftliche Forschung, 57. Jg., 2005, Heft 1, S. 79–100

KALENBERG, Frank (2013): Kostenrechnung: Grundlagen und Anwendungen – Mit Übungen und Lösungen, 3. Aufl., München 2013

KAPLAN, Robert Samuel/COOPER, Robin (1998): Cost & Effect. Using Integrated Cost Systems to Drive Profitability and Performance, Boston 1998

KILGER, Wolfgang (1969): Betriebliches Rechnungswesen, in: JACOB, Herbert (Hrsg.): Allgemeine Betriebswirtschaftslehre in programmierter Form, Wiesbaden 1969, S. 833–946

KILGER, Wolfgang (1987): Einführung in die Kostenrechnung, 3. Aufl., Wiesbaden 1987

KILGER, Wolfgang (1993): Grenzplankosten- und Deckungsbeitragsrechnung, 10. Aufl., Wiesbaden 1993

KILGER, Wolfgang/PAMPEL, Jochen/VIKAS, Kurt (2012): Flexible Plankostenrechnung und Deckungsbeitragsrechnung, 13. Aufl., Wiesbaden 2012

KLOOCK, Josef/SIEBEN, Günter/SCHILDBACH, Thomas/HOMBURG, Carsten (2008): Kosten- und Leistungsrechnung, 10. Aufl., Stuttgart 2008

KNAUER, Thorsten/MÖSLANG, Katja (2015): Einsatz und Wirkung von Target Costing in deutschen Unternehmen, in: Controlling, 27. Jg., 2015, Nr. 3, S. 160–165

KOCH, Helmut (1958): Zur Diskussion über den Kostenbegriff, in: ZfhF, 10. Jg. (1958), S. 355–399

KOSIOL, Erich (1964): Kostenrechnung, Wiesbaden 1964

KOSIOL; Erich (1969): Kostenrechnung und Kalkulation, Berlin 1969

KÜPPER, Hans-Ulrich/FRIEDL, Gunther/HOFMANN, Christian/PEDELL, Burkhard (2013): Controlling: Konzeption, Aufgaben und Instrumente, 6. Aufl., Stuttgart 2013

LITTKEMANN, Jörn et al. (2019): Übungen zum Controlling, Band 2, 2. Aufl., Norderstedt 2019

MAYER, Reinhold (2005): Das Process Performance Management-Konzept, in: Horváth, Péter (Hrsg.), Organisationsstrukturen und Geschäftsprozesse wirkungsvoll steuern, Stuttgart 2005, S. 95–115

MÖLLER, Hans Peter/ZIMMERMANN, Jochen/HÜFNER, Bernd (2005): Erlös- und Kostenrechnung, München 2005

NEUBRAND, Markus/MARIC, Ivica (2020): Praxisfall der HUGO BOSS AG zur Nutzung der Deckungsbeitragsrechnung für die Geschäftssteuerung; in: WEBER, Jürgen/SCHÄFFER, Utz/BINDER, Christoph: Einführung in das Controlling: Übungen und Fallstudien mit Lösungen, 4. Aufl., Stuttgart 2020, S. 375-389

OLFERT, Klaus (2015): Investition, Herne 2015

OLFERT, Klaus (2016): Kompakt-Training Kostenrechnung, 8. Aufl., Herne 2016

PFOHL, Markus (2002): Prototypgestützte Lebenszyklusrechnung: Dargestellt an einem Beispiel aus der Antriebstechnik, München 2002.

PLAUT, Hans Georg (1961): Unternehmenssteuerung mit Hilfe der Voll- oder Grenzplankostenrechnung, in: ZfB, 31. Jg. (1961), S. 460–482

PLAUT, Hans Georg (1992): Grenzplankosten- und Deckungsbeitragsrechnung als modernes Kostenrechnungssystem, in: MÄNNEL, Wolfgang (Hrsg.): Handbuch Kostenrechnung, Wiesbaden 1992, S. 203–225

PREIẞNER, Andreas (2010): Praxiswissen Controlling: Grundlagen – Werkzeuge – Anwendungen; 6. Aufl., München 2010

REICHMANN, Thomas/KIẞLER, Martin/BAUMÖL, Ulrike (2017): Controlling mit Kennzahlen: Die systemgestützte Controlling-Konzeption, 9. Aufl., München 2017

RIEBEL, Paul (1972): Einzelkosten- und Deckungsbeitragsrechnung, Opladen 1972

RIEBEL, Paul (1990): Einzelkosten- und Deckungsbeitragsrechnung, 6. Aufl., Opladen 1990

RIEBEL, Paul (1994): Einzelerlös-, Einzelkosten- und Deckungsbeitragsrechnung als Kern einer ganzheitlichen Führungsrechnung, in: krp, 38. Jg. (1994), S. 9–31

ROEVER, Michael (1982): Gemeinkosten-Wertanalyse – Erfolgreiche Antwort auf den wachsenden Gemeinkostendruck, in: Zeitschrift für Organisation, 51. Jg., 1982, Heft 5/6, S. 249–253

SCHIERENBECK, Henner/WÖHLE, Claudia B. (2011): Übungsbuch Grundzüge der Betriebswirtschaftslehre, 10. Aufl., Berlin 2011

SCHIERENBECK, Henner/WÖHLE, Claudia B. (2016): Grundzüge der Betriebswirtschaftslehre, 19. Aufl., Berlin 2016

SCHILDBACH, Thomas/HOMBURG, Carsten (2008): Kosten- und Leistungsrechnung, 10. Aufl., Stuttgart 2008.

SCHMALENBACH, Eugen (1919): Selbstkostenrechnung I, in: ZfhF, 13. Jg. (1919), S. 257–299; S. 321–356

SCHMALENBACH, Eugen (1963): Kostenrechnung und Preispolitik, 8. Aufl., Köln/Opladen 1963

SCHNEEWEIß, Christoph/STEINBACH, Jochen (1996): Zur Beurteilung der Prozeßkostenrechnung als Planungsinstrument, DBW, 56. Jg. (1996), S. 459–473

SCHNEIDER, Dieter (1997): Betriebswirtschaftslehre, Band 2: Rechnungswesen, 2. Aufl., München/Wien 1997

SCHÖN, Dietmar (2018): Planung und Reporting im BI-gestützten Controlling: Grundlagen, Business Intelligence, Mobile BI und Big-Data-Analytics, 3. Aufl., Wiesbaden 2018

SCHREIBER, Martin/SCHULTE, Klaus (2018): Controlling, Herne 2018

SCHWEITZER, Marcell et al. (2015): Systeme der Kosten- und Erlösrechnung, 11. Aufl., München 2015

SEIDENSCHWARZ, Werner (1991): Target Costing – Ein japanischer Ansatz für das Kostenmanagement; in Controlling, 3. Jg., 1991, Nr. 4, S. 198–203

SEIDENSCHWARZ, Werner (1993): Target Costing, München 1993

SEIDENSCHWARZ, Werner (2011): Target Costing: Das erfolgreiche Konzept für ein marktorientiertes Zielkostenmanagement, 2. Aufl., München 2011

STATISTISCHES BUNDESAMT (2017): EU-Vergleich der Arbeitskosten 2016: Deutschland auf Rang sieben, Wiesbaden 2017

SWOBODA, Peter (1978): Kostenrechnung und Preispolitik, 10 Aufl., Wien 1978

THOMMEN, Jean-Paul/ACHLEITNER, Ann-Kristin (2016): Allgemeine Betriebswirtschaftslehre: Umfassende Einführung aus managementorientierter Sicht, 8. Aufl., Wiesbaden 2016

VAHS, Dietmar/SCHÄFFER-KUNZ, Jan (2015): Einführung in die Betriebswirtschaftslehre, 7. Aufl., Stuttgart 2015

WAHLE, Otto: (1989): Kostenrechnung II für Studium und Praxis. Ist- und Normalkostenrechnung, 3. Aufl., Bad Homburg 1989

WALTER, Wolfgang G./WÜNCHE, Isabella (2013): Einführung in die moderne Kostenrechnung: Grundlagen – Methoden – Neue Ansätze, 4. Aufl., Wiesbaden 2013

WEBER, Helmut Kurt/ROGLER, Silvia (2006): Betriebswirtschaftliches Rechnungswesen, Band 2: Kosten- und Leistungsrechnung sowie kalkulatorische Bilanz, 4. Aufl., München 2006

WEBER, Jürgen/SCHÄFFER, Utz (2016): Einführung in das Controlling, 15. Aufl., Stuttgart 2016

WEBER, Jürgen/SCHÄFFER, Utz/BINDER, Christoph (2020): Einführung in das Controlling: Übungen und Fallstudien mit Lösungen, 4. Aufl., Stuttgart 2020

WEBER, Jürgen/WEIẞENBERGER, Barbara (2015): Einführung in das Rechnungswesen: Bilanzierung und Kostenrechnung, 9. Aufl., Stuttgart 2015

WEDELL, Harald/DILLING, Achim A. (2015): Grundlagen des Rechnungswesens, 15. Aufl., Herne 2015

WÖHE, Günter/DÖRING, Ulrich/BRÖSEL, Gerrit (2016): Einführung in die Allgemeine Betriebswirtschaftslehre, 26. Aufl., München 2016

WÖHE, Günter/DÖRING, Ulrich/BRÖSEL, Gerrit (2016a): Übungsbuch zur Einführung in die Allgemeine Betriebswirtschaftslehre, 15. Aufl., München 2016

WÖLTJE, Jörg (2016): Kosten- und Leistungsrechnung – Alle Verfahren und Systeme auf einen Blick, 2. Aufl., Freiburg 2016

WÖLTJE, Jörg (2017): Schnelleinstieg Rechnungswesen, 2. Aufl., Freiburg 2017

WÜBBENHORST, Klaus L. (1984): Konzept der Lebenszykluskosten, Darmstadt 1984

Stichwortverzeichnis